AutoCAD 2016 中文版
完全自学一本通

尹嫒 高璐静 编著

畅销升级版
完全自学一本通

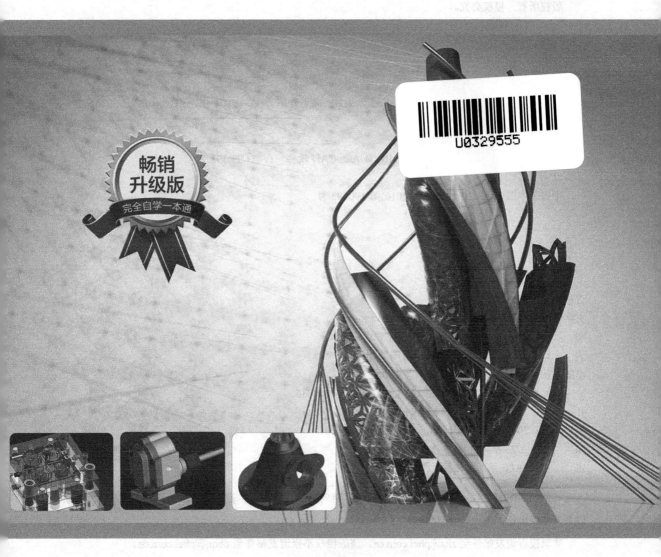

电子工业出版社
Publishing House of Electronics Industry
北京·BEIJING

内容简介

本书以目前最新版本 AutoCAD 2016 为平台，从基础操作到实际应用都做了详细、全面的讲解，使读者通过学习本书，彻底掌握 Auto CAD 2016 的基本操作技能与实际应用技能。

本书语言通俗易懂，内容讲解到位，书中操作实例通俗易懂，具有很强的实用性、操作性和代表性；专业性、层次性和技巧性等特点也比较突出。

随书光盘中包含动手操作和综合范例的源文件及视频教程；附赠电子书——机械设计、建筑制图和室内装饰设计等方面的设计与制图技巧，AutoCAD 认证考试习题集及答案。

本书不仅可以作为高等学校、高职高专院校的教材，还可以作为各类 AutoCAD 培训班的教材，同时也可作为从事 CAD 工作的技术人员的学习参考书。

未经许可，不得以任何方式复制或抄袭本书之部分或全部内容。
版权所有，侵权必究。

图书在版编目（CIP）数据

AutoCAD 2016 中文版完全自学一本通 / 尹媛，高璐静编著.-- 北京：电子工业出版社，2016.9
ISBN 978-7-121-29703-8

Ⅰ．①A… Ⅱ．①尹… ②高… Ⅲ．①AutoCAD 软件 Ⅳ．①TP391.72

中国版本图书馆 CIP 数据核字(2016)第 190893 号

责任编辑：姜　伟
文字编辑：赵英华
印　　刷：北京七彩京通数码快印有限公司
装　　订：北京七彩京通数码快印有限公司
出版发行：电子工业出版社
　　　　　北京市海淀区万寿路 173 信箱　邮编：100036
开　　本：787×1092　1/16　印张：37.5　字数：960 千字
版　　次：2016 年 9 月第 1 版
印　　次：2023 年 4 月第 19 次印刷
定　　价：79.00 元（含光盘 1 张）

凡所购买电子工业出版社图书有缺损问题，请向购买书店调换。若书店售缺，请与本社发行部联系，联系及邮购电话：(010) 88254888，88258888。
质量投诉请发邮件至 zlts@phei.com.cn，盗版侵权举报请发邮件至 dbqq@phei.com.cn。
本书咨询联系方式：(010) 88254161~88254167 转 1897。

前　言

　　AutoCAD 是 Autodesk 公司开发的通用计算机辅助绘图和设计软件，广泛应用于机械、建筑、电子、航天、造船、石油化工、土木工程、冶金、气象、纺织、轻工等领域。AutoCAD 2016 是适应当今科学技术的快速发展和用户需要而开发的面向 21 世纪的 CAD 软件包，它贯彻了 Autodesk 公司一贯为广大用户考虑的方便性和高效率，为多用户合作提供了便捷的工具与规范和标准，以及方便的管理功能，因此用户可以与设计组密切而高效地共享信息。

本书内容

　　本书以目前最新版本 AutoCAD 2016 为平台，从基础操作到实际应用、从二维绘图到三维实体建模都做了详细、全面的讲解，使读者通过学习本书，彻底掌握 AutoCAD 2016 的操作技能与行业设计与应用。

- 第 1~2 章：主要介绍的是 AutoCAD 2016 的入门基础知识和基本操作，其内容包括 AutoCAD 2016 的软件介绍、基本界面认识、绘图环境设置、AutoCAD 图形与文件的基本操作、视图工具的应用等。
- 第 3~14 章：主要介绍 AutoCAD 2016 绘制基本图形及工程制图所涉及的所有指令。
- 第 15~16 章：主要介绍 AutoCAD 2016 的三维建模设计功能。
-

本书特色

　　本书从软件的基本应用及行业知识入手，以 AutoCAD 2016 软件的模块和插件程序的应用为主线，以实例为引导，按照由浅入深、循序渐进的方式，讲解软件的新特性和软件操作方法，使读者能快速掌握 AutoCAD 2016 的软件设计技巧。

Preface

本书最大特色在于：

- 功能指令全；
- 穿插海量典型实例；
- 附赠大量的教学视频，帮助读者轻松学习；
- 附赠大量有价值的学习资料及练习内容，帮助读者充分利用软件功能进行相关设计。

参与本书编写的人员有：尹媛、高璐静、王瑞东、潘文斌、牛聪、余望、张蕾、方丹、马媛、李燕君、杨彩平、蒲勇、何智娟、周丽萍、刘明明。由于时间仓促，本书难免有不足和错漏之处。如有问题，请通过以下方式与作者取得联系。

设计之门微信公众号：设计之门
官方 QQ 群：159814370　368316329
Shejizhimen@163.com　shejizhimen@outlook.com

目录

第1章 AutoCAD 2016 应用入门 1
1.1 初识 AutoCAD 1
- 1.1.1 CAD 技术发展 1
- 1.1.2 CAD 系统的组成 2
- 1.1.3 AutoCAD 的基本概念 3
1.2 AutoCAD 2016 正版软件下载 3
1.3 安装 AutoCAD 2016 7
- 1.3.1 系统配置要求 7
- 1.3.2 安装 AutoCAD 2016 8
- 1.3.3 卸载 AutoCAD 2016 14
1.4 AutoCAD 2016 的启动界面 14
- 1.4.1 【了解】页面 15
- 1.4.2 【创建】页面 18
1.5 AutoCAD 2016 工作界面 24
1.6 综合范例——绘制 T 型图形 35

第2章 AutoCAD 文件管理与操作 37
2.1 AutoCAD 文件的管理 37
- 2.1.1 创建 AutoCAD 图形文件 37
- 动手操作——从草图开始 38
- 动手操作——使用样板 38
- 动手操作——使用向导 39
- 2.1.2 打开 AutoCAD 文件 41
- 动手操作——常规打开方法 41
- 动手操作——以查找方式打开文件 42
- 动手操作——局部打开图形 43
- 2.1.3 保存 AutoCAD 文件 44
- 动手操作——保存文件 44
- 动手操作——另存为文件 45
- 动手操作——设定自动保存 46

2.2 AutoCAD 系统变量与命令输入 47
- 2.2.1 系统变量定义与类型 47
- 2.2.2 系统变量的查看和设置 47
- 2.2.3 命令 48
- 动手操作——定制快捷键 51
- 动手操作——绘制交通标志图形 53
- 2.2.4 AutoCAD 执行命令方式 55
- 动手操作——绘制办公桌 56
- 动手操作——绘制棘轮 59
- 动手操作——绘制石作雕花大样 62
2.3 修复或恢复图形文件 64
- 2.3.1 修复损坏的图形文件 64
- 动手操作——修复图形 65
- 动手操作——使用外部参照修复图形 66
- 动手操作——核查 67
- 2.3.2 创建和恢复备份文件 68
- 2.3.3 图形修复管理器 69
2.4 综合范例——配合捕捉与追踪功能精确画图 69

第3章 必备的辅助绘图工具 75
3.1 认识 AutoCAD 2016 坐标系 75
- 3.1.1 认识 AutoCAD 坐标系 75
- 3.1.2 笛卡儿坐标系 76
- 动手操作——利用笛卡儿坐标绘制五角星和多边形 77
- 3.1.3 极坐标系 78

动手操作——利用极坐标绘制五
　　角星和多边形 80
3.2 如何控制图形与视图 81
　　3.2.1 视图缩放 81
　　3.2.2 平移视图 85
　　3.2.3 重画与重生成 86
　　3.2.4 显示多个视口 87
　　3.2.5 命名视图 89
　　3.2.6 ViewCube 和导航栏 90
3.3 认识快速计算器 91
　　3.3.1 了解快速计算器 91
　　3.3.2 使用快速计算器 92
　　动手操作——使用快速
　　计算器 93
3.4 综合范例 94
　　3.4.1 范例一：绘制多边形组合
　　　　　图形 95
　　3.4.2 范例二：绘制密封垫 98

第 4 章　简单绘图 101
4.1 绘制点对象 101
　　4.1.1 设置点样式 101
　　动手操作——设置点样式 101
　　4.1.2 绘制单点和多点 102
　　4.1.3 绘制定数等分点 103
　　动手操作——利用"定数等分"
　　等分直线 103
　　4.1.4 绘制定距等分点 104
　　动手操作——利用"定距等分"
　　等分直线 104
4.2 绘制直线、射线和构造线 104
　　4.2.1 绘制直线 104
　　动手操作——利用【直线】命令
　　绘制图形 105
　　4.2.2 绘制射线 105
　　动手操作——绘制射线 106
　　4.2.3 绘制构造线 106

　　动手操作——绘制构造线 106
4.3 绘制矩形和正多边形 107
　　4.3.1 绘制矩形 107
　　动手操作——矩形的绘制 107
　　4.3.2 绘制正多边形 108
　　动手操作——根据边长绘制
　　正多边形 108
　　动手操作——根据半径绘制
　　正多边形 108
4.4 绘制圆、圆弧、椭圆和
　　椭圆弧 109
　　4.4.1 绘制圆 110
　　动手操作——用半径或直径
　　画圆 110
　　动手操作——用两点和三点
　　画圆 111
　　4.4.2 绘制圆弧 112
　　4.4.3 绘制椭圆 118
　　4.4.4 圆环 121
4.5 综合范例 121
　　4.5.1 范例一：绘制曲柄 121
　　4.5.2 范例二：绘制洗手池 125

第 5 章　高级绘图 129
5.1 利用多线绘制与编辑图形 129
　　5.1.1 绘制多线 129
　　动手操作——绘制多线 130
　　5.1.2 编辑多线 131
　　动手操作——编辑多线 131
　　动手操作——绘制建筑墙体 ... 132
　　5.1.3 创建与修改多线样式 135
　　动手操作——创建多线样式 ... 136
5.2 利用多段线绘图 137
　　5.2.1 绘制多段线 137
　　动手操作——绘制楼梯剖面
　　示意图 139
　　5.2.2 编辑多段线 140

动手操作——绘制剪刀
　　　平面图 140
5.3 利用样条曲线绘图 143
　　　动手操作——绘制异形轮 145
5.4 绘制曲线与参照几何图形
　　　命令 147
　　5.4.1 螺旋线（HELIX）..... 147
　　5.4.2 修订云线 148
　　　动手操作——绘制修订云线 149
　　　动手操作——设置云线的
　　　弧长 150
5.5 综合范例 151
　　5.5.1 范例一：绘制房屋
　　　　　横切面 151
　　5.5.2 范例二：绘制健身
　　　　　器材 154

第6章 面域、填充与渐变绘图 159
6.1 面域 159
　　6.1.1 创建面域 160
　　6.1.2 对面域进行逻辑运算 ... 160
　　　动手操作——并集面域 161
　　　动手操作——差集面域 162
　　　动手操作——交集面域 163
　　6.1.3 使用 MASSPROP 提取
　　　　　面域质量特性 163
6.2 填充概述 164
6.3 图案填充 166
　　6.3.1 使用图案填充 166
　　6.3.2 创建无边界的图案
　　　　　填充 173
　　　动手操作——创建图案填充 174
6.4 渐变色填充 174
　　6.4.1 设置渐变色 174
　　6.4.2 创建渐变色填充 177
　　　动手操作——创建渐变色
　　　填充 177

6.5 区域覆盖 178
　　　动手操作——创建区域覆盖 ... 179
6.6 测量与面积、体积计算 179
　　6.6.1 测量距离、半径和
　　　　　角度 179
　　　动手操作——测量直线长度
　　　和角度 179
　　　动手操作——测量圆弧周长 ... 181
　　　动手操作——测量样条曲线
　　　的长度 182
　　　动手操作——测量圆弧
　　　半径 183
　　6.6.2 面积与体积的计算 184
　　　动手操作——计算图形的
　　　面积 185
　　　动手操作——计算三维模型
　　　的体积 191
6.7 综合范例 192
　　6.7.1 范例一：利用面域绘制
　　　　　图形 192
　　6.7.2 范例二：给图形进行
　　　　　图案填充 194

第7章 常规变换作图 197
7.1 利用夹点变换操作图形 197
　　7.1.1 夹点定义和设置 197
　　　动手操作——设置夹点选项 ... 198
　　7.1.2 利用【夹点】拉伸
　　　　　对象 199
　　　动手操作——利用夹点拉伸
　　　图形 199
　　7.1.3 利用【夹点】移动
　　　　　对象 200
　　　动手操作——利用夹点移动
　　　图形 200
　　7.1.4 利用【夹点】修改
　　　　　对象 202

VII

　　　　动手操作——利用夹点修改
　　　　图形...................................202
　　7.1.5 利用【夹点】比例
　　　　缩放...................................203
　　　　动手操作——缩放图形...........203
7.2 删除图形......................................204
7.3 移动与旋转..................................204
　　7.3.1 移动对象...........................204
　　　　动手操作——利用【移动】命令
　　　　绘图...................................205
　　7.3.2 旋转对象...........................208
　　　　动手操作——旋转对象...........208
7.4 副本的变换操作..........................209
　　7.4.1 复制对象...........................209
　　　　动手操作——复制对象...........209
　　7.4.2 镜像对象...........................210
　　　　动手操作——镜像对象...........211
　　7.4.3 阵列对象...........................213
　　　　动手操作——环形阵列...........214
　　　　动手操作——路径阵列...........215
　　7.4.4 偏移对象...........................216
　　　　动手操作——利用【偏移】命令
　　　　绘制底座局部视图...................216
　　　　动手操作——定点偏移对象...218
7.5 综合范例......................................219
　　7.5.1 范例一：绘制法兰盘...........219
　　7.5.2 范例二：绘制机制
　　　　夹具...................................223

第8章 修改图形.................................231
8.1 对象的常规修改..........................231
　　8.1.1 缩放对象...........................231
　　　　动手操作——图形的缩放.......231
　　8.1.2 拉伸对象...........................232
　　　　动手操作——拉伸对象...........233
　　8.1.3 修剪对象...........................234
　　　　动手操作——对象的修剪.......234

　　　　动手操作——隐含交点下的
　　　　修剪...................................235
　　8.1.4 延伸对象...........................236
　　　　动手操作——对象的延伸.......237
　　　　动手操作——隐含交点下的
　　　　延伸...................................238
　　8.1.5 拉长对象...........................238
　　　　动手操作——拉长对象...........239
　　　　动手操作——用百分比拉长
　　　　对象...................................239
　　　　动手操作——将对象全部
　　　　拉长...................................240
　　8.1.6 倒角...................................241
　　　　动手操作——距离倒角...........241
　　　　动手操作——角度倒角...........242
　　　　动手操作——多段线倒角.......243
　　8.1.7 倒圆角...............................244
　　　　动手操作——直线与圆弧倒
　　　　圆角...................................244
8.2 对象分解与合并..........................246
　　8.2.1 打断对象...........................246
　　　　动手操作——打断图形...........246
　　8.2.2 合并对象...........................247
　　　　动手操作——图形的合并.......247
　　8.2.3 分解对象...........................248
8.3 编辑对象特性..............................249
　　8.3.1 【特性】选项板..................249
　　8.3.2 特性匹配...........................250
8.4 综合范例......................................250
　　8.4.1 范例一：将辅助线转化为
　　　　图形轮廓线...........................251
　　8.4.2 范例二：绘制凸轮...........254
　　8.4.3 范例三：绘制定位板...256
　　8.4.4 范例四：绘制垫片...........259

第9章 高效辅助作图技巧.................263
9.1 捕捉、追踪与正交绘图..........263

9.1.1 设置捕捉选项 263
9.1.2 栅格显示 264
9.1.3 对象捕捉 265
动手操作——利用【对象捕捉】
绘制图形 266
动手操作——盘盖的绘制 268
9.1.4 对象追踪 270
动手操作——利用【极轴追踪】
绘制图形 271
动手操作——利用【对象捕捉
追踪】绘制图形 274
9.1.5 正交模式 275
动手操作——利用【正交】模式
绘制图形 276
9.2 巧用动态输入与角度替代 278
9.2.1 锁定角度 278
9.2.2 动态输入 278
动手操作——使用动态输入
功能绘制图形 280
9.3 图形的更正与删除 282
9.3.1 更正错误 282
动手操作——放弃单个操作 ...282
动手操作——放弃几步操作 ...283
9.3.2 删除对象 284
动手操作——删除一般对象 ...284
9.3.3 Windows 剪贴板工具 ...285
9.4 对象的选择技巧 285
9.4.1 常规选择 286
9.4.2 快速选择 287
动手操作——快速选择
对象 288
9.4.3 过滤选择 289
动手操作——过滤选择图形
元素 289
9.5 综合范例 291
9.5.1 范例一：绘制简单零件
的二视图 291

9.5.2 范例二：利用栅格绘制
茶几 296
9.5.3 范例三：利用对象捕捉
绘制大理石拼花 298
9.5.4 范例四：利用交点和平
行捕捉绘制防护栏 300
9.5.5 范例五：利用 from 捕捉
绘制三桩承台 302

第 10 章 用"块"作图 305
10.1 块与外部参照 305
10.1.1 "块"的定义 306
10.1.2 块的特点 306
10.2 创建块 307
10.2.1 块的创建 307
动手操作——块的创建 309
10.2.2 插入块 311
动手操作——插入块 313
10.2.3 删除块 314
10.2.4 存储并参照块 315
10.2.5 嵌套块 317
10.2.6 间隔插入块 317
10.2.7 多重插入块 318
动手操作——多重插入块 318
10.2.8 创建块库 319
动手操作——创建块库 319
10.3 块编辑器 320
10.3.1 【块编辑器】
选项卡 320
动手操作——创建粗糙度符号
块 321
10.3.2 块编写选项板 322
10.4 动态块 323
10.4.1 动态块概述 323
10.4.2 向块中添加元素 324
10.4.3 创建动态块 325
动手操作——创建动态块 325

10.5 块属性 328
   10.5.1 块属性特点 329
   10.5.2 定义块属性 329
   动手操作——定义块属性 330
   10.5.3 编辑块属性 332
10.6 使用外部参照 333
   10.6.1 使用外部参照 333
   10.6.2 外部参照管理器 335
   10.6.3 附着外部参照 336
   10.6.4 拆离外部参照 337
   10.6.5 外部参照应用实例 337
   动手操作——外部参照的应用 337
10.7 剪裁外部参照与光栅图像 340
   10.7.1 剪裁外部参照 340
   动手操作——剪裁外部参照 ...341
   10.7.2 光栅图像 342
   10.7.3 附着图像 342
   动手操作——附着外部图像操作 344
   10.7.4 调整图像 345
   10.7.5 图像边框 346
   动手操作——图像边框的隐藏 347
10.8 综合范例——标注零件图表面粗糙度 347

第 11 章 参数驱动作图 351

11.1 图形参数化绘图概述 351
   11.1.1 几何约束关系 351
   11.1.2 尺寸驱动约束 352
11.2 几何约束 352
   11.2.1 手动几何约束 353
   11.2.2 自动几何约束 357
   11.2.3 约束设置 358
   11.2.4 几何约束的显示与隐藏 360

11.3 尺寸驱动约束 361
   11.3.1 标注约束类型 361
   11.3.2 约束模式 363
   11.3.3 标注约束的显示与隐藏 363
11.4 约束管理 363
   11.4.1 删除约束 363
   11.4.2 参数管理器 364
11.5 综合范例——绘制减速器透视孔盖 365

第 12 章 图纸中的尺寸标注 ..369

12.1 AutoCAD 图纸尺寸标注常识 369
   12.1.1 尺寸的组成 369
   12.1.2 尺寸标注类型 370
   12.1.3 标注样式管理器 372
12.2 标注样式创建与修改 373
12.3 基本尺寸标注 376
   12.3.1 线性尺寸标注 376
   12.3.2 角度尺寸标注 377
   12.3.3 半径或直径标注 378
   12.3.4 弧长标注 379
   12.3.5 坐标标注 380
   12.3.6 对齐标注 381
   12.3.7 折弯标注 382
   12.3.8 折断标注 383
   12.3.9 倾斜标注 384
   动手操作——常规尺寸的标注 384
12.4 快速标注 387
   12.4.1 快速标注 387
   12.4.2 基线标注 387
   12.4.3 连续标注 388
   12.4.4 等距标注 389
   动手操作——快速标注范例 ...389
12.5 其他标注样式 393

12.5.1　形位公差标注 394
　　　12.5.2　多重引线标注 395
　12.6　编辑标注 396
　12.7　综合范例 398
　　　12.7.1　范例一：标注曲柄
　　　　　　　零件尺寸 398
　　　12.7.2　范例二：标注泵轴
　　　　　　　尺寸 408

第13章　图纸中的文字与表格注释 413
　13.1　文字注释概述 413
　13.2　使用文字样式 414
　　　13.2.1　创建文字样式 414
　　　13.2.2　修改文字样式 415
　13.3　单行文字 415
　　　13.3.1　创建单行文字 415
　　　13.3.2　编辑单行文字 417
　13.4　多行文字 418
　　　13.4.1　创建多行文字 419
　　　动手操作——创建多行文字 ... 424
　　　13.4.2　编辑多行文字 425
　　　动手操作——编辑多行文字 ... 425
　13.5　符号与特殊字符 426
　13.6　表格的创建与编辑 427
　　　13.6.1　新建表格样式 428
　　　13.6.2　创建表格 431
　　　动手操作——创建表格 432
　　　13.6.3　修改表格 433
　　　动手操作——打断表格的
　　　操作 435
　　　13.6.4　功能区【表格单元】
　　　　　　　选项卡 437
　13.7　综合范例 440
　　　13.7.1　范例一：在机械零件
　　　　　　　图纸中建立表格 440
　　　13.7.2　范例二：在建筑立面图
　　　　　　　中进行文字注释 445

第14章　图层、特性与样板制作 449
　14.1　图层概述 449
　　　14.1.1　图层特性管理器 450
　　　14.1.2　图层工具 454
　　　动手操作——利用图层绘制
　　　楼梯间平面图 457
　14.2　操作图层 461
　　　14.2.1　打开/关闭图层 461
　　　14.2.2　冻结/解冻图层 462
　　　14.2.3　锁定/解锁图层 463
　　　动手操作——图层基本操作 ... 463
　14.3　图形特性 465
　　　14.3.1　修改对象特性 465
　　　14.3.2　匹配对象特性 467
　　　动手操作——特性匹配操作 ... 467
　14.4　CAD标准图纸样板 469
　　　动手操作——制作标注图纸
　　　样板 470

第15章　在AutoCAD中建立模型 475
　15.1　三维建模概述 475
　　　15.1.1　设置三维视图投影
　　　　　　　方式 475
　　　15.1.2　视图管理器 479
　　　15.1.3　设置平面视图 483
　　　15.1.4　视觉样式设置 484
　　　15.1.5　三维模型的表现
　　　　　　　形式 486
　　　15.1.6　三维UCS 487
　15.2　简单三维模型的建立 491
　　　15.2.1　创建三维点 491
　　　15.2.2　绘制三维多段线 492
　15.3　由曲线创建实体或曲面 493
　　　15.3.1　创建拉伸特征 493
　　　动手操作——创建拉伸曲面 ... 494
　　　15.3.2　创建扫掠特征 495
　　　动手操作——创建扫掠实体 ... 496

XI

15.3.3 创建旋转特征............497
动手操作——创建旋转实体...498
15.3.4 创建放样特征............499
动手操作——创建放样实体...501
15.3.5 创建【按住并拖动】
实体........................502
动手操作——利用【按住并拖动】
创建实体........................503
15.4 创建三维实体图元..............504
15.4.1 圆柱体........................504
动手操作——创建圆柱体...505
15.4.2 圆锥体........................506
动手操作——创建圆锥体...507
15.4.3 长方体........................507
动手操作——创建长方体...508
15.4.4 球体............................509
动手操作——创建球体......510
15.4.5 棱锥体........................510
动手操作——创建棱锥体...512
15.4.6 圆环体........................512
15.4.7 楔体............................513
15.5 网格曲面模型......................514
15.5.1 多段体........................514
动手操作——创建多段体...515
15.5.2 平面曲面....................516
15.5.3 二维实体填充............517
动手操作——二维实体填充...517
15.5.4 三维面........................518
动手操作——构建三维面...518
15.5.5 旋转网格....................520
动手操作——创建旋转曲面...521
15.5.6 平移曲面....................521
动手操作——创建平移曲面...522
15.5.7 直纹曲面....................523
动手操作——创建直纹曲面...524
15.5.8 边界曲面....................524
动手操作——创建边界曲面...525
15.6 综合范例..............................526
15.6.1 范例一：创建基本线
框模型....................526
15.6.2 范例二：法兰盘建模.529
15.6.3 范例三：轴承支架
建模........................531
15.6.4 范例四：绘制凉亭
模型........................535

第 16 章 在 AutoCAD 中编辑模型........543

16.1 基本操作工具......................543
16.1.1 三维小控件工具........543
16.1.2 三维移动....................544
16.1.3 三维旋转....................544
16.1.4 三维缩放....................545
16.1.5 三维对齐....................546
16.1.6 三维镜像....................546
16.1.7 三维阵列....................547
16.2 三维布尔运算......................547
16.3 曲面编辑工具......................549
16.4 实体编辑工具......................552
16.5 综合范例..............................556
16.5.1 范例一：箱体零件
建模........................556
16.5.2 范例二：摇柄手轮
建模........................561
16.5.3 范例三：手动阀门
建模........................565
16.5.4 范例四：建筑单扇门
的三维模型................577
16.5.5 范例五：建筑双扇门
的三维模型................583

第 1 章　AutoCAD 2016 应用入门

本章导读

有很多零基础读者一直对软件的安装与正常启动感到十分困惑，因为软件升级换代带来的是软件内存越来越大，系统要求也越来越高。鉴于此，我们在本章课程中详细地描述 AutoCAD 2016 软件的安装过程，并告知大家在安装过程中需要注意哪些事项，避免安装不成功。

学习要点

初识 AutoCAD

AutoCAD 2016 正版软件下载

安装 AutoCAD 2016

AutoCAD 2016 的启动界面

1.1　初识 AutoCAD

计算机辅助设计技术的飞速发展，推动着制造业从产品设计、制造到技术管理一系列深刻、全面、具有深远意义的变革，这是产品设计、产品制造业的一场技术革命。

1.1.1　CAD 技术发展

计算机绘图是 20 世纪 60 年代发展起来的新型学科，是随着计算机图形学理论及其技术的发展而发展的。图与数在客观上存在着相互对应的关系。把数字化的图形信息通过计算机存储、处理，并通过输出设备将图形显示或打印出来，这个过程称为计算机绘图，而研究计算机绘图领域中各种理论与实际问题的学科称为计算机图形学。

20 世纪 40 年代中期在美国诞生了世界上第一台电子计算机，这是 20 世纪科学技术领域的一个重要成就。

20 世纪 50 年代，第一台图形显示器作为美国麻省理工学院（MIT）研制的旋风 I 号（Whirlwind I）计算机的附件诞生。该显示器可以显示一些简单的图形，但因其只能进行显示输出，故称为【被动式】图形处理。随后，MIT 林肯实验室在旋风计算机上开发出了 SAGE 空中防御系统，第一次使用了具有指挥和控制功能的 CRT（Cathode Ray Tube，阴极射线管）显示器。利用该显示器，使用者可以用光笔进行简单的图形交互操作，这预示着交互式计算机图形处理技术的诞生。

20世纪60年代是交互式计算机图形学发展的重要时期。1962年，MIT林肯实验室的Ivan E.Sutherland在其博士论文《Sketchpad：一个人-机通信的图形系统》中，首次提出了【计算机图形学】（Computer Graphics）这个术语，他开发的Sketchpad图形软件包可以实现在计算机屏幕上进行图形显示与修改的交互操作。在此基础上，美国的一些大公司和实验室开展了对计算机图形学的大规模研究。

20世纪70年代，交互式计算机图形处理技术日趋成熟，在此期间出现了大量的研究成果，计算机绘图技术也得到了广泛的应用。与此同时，基于电视技术的光栅扫描显示器的出现也极大地推动了计算机图形学的发展。20世纪70年代末~20世纪80年代中后期，随着工程工作站和微型计算机的出现，计算机图形学进入了一个新的发展时期。在此期间相继推出了有关的图形标准，如计算机图形接口（Computer Graphics Interface，CGI）、图形核心系统（Graphics Kernel System，GKS）、程序员层次交互式图形系统（Programmer's Hierarchical Interactive Graphics System，PHIGS）、以及初始图形交换规范（Initial Graphics Exchange Specification，IGES）、产品模型数据转换标准（Standard for the Exchange of Product model Data，STEP）等。

随着计算机硬件功能的不断提高、系统软件的不断完善，计算机绘图已广泛应用于各个相关领域，并发挥愈来愈大的作用。

1.1.2 CAD系统的组成

计算机绘图系统由硬件系统和软件系统组成。其中，软件是计算机绘图系统的核心，而相应的系统硬件设备则为软件的正常运行提供了基础保障和运行环境。另外，任何功能强大的计算机绘图系统都只是一个辅助工具，系统的运行离不开系统使用人员的创造性思维活动。因此，使用计算机绘图系统的技术人员也属于系统组成的一部分，将软件、硬件及人这三者有效地融合在一起，是发挥计算机绘图系统强大功能的前提。

1. 硬件系统

计算机绘图的硬件系统通常是指可以进行计算机绘图作业的独立硬件环境，主要由主机、输入设备（键盘、鼠标、扫描仪等）、输出设备（显示器、绘图仪、打印机等）、信息存储设备（主要指外存，如硬盘、软盘、光盘等）以及网络设备、多媒体设备等组成，如图1-1所示。

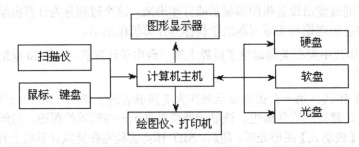

图1-1 计算机绘图的硬件系统组成

2. 软件系统

在计算机绘图系统中，软件配置的高低决定着整个计算机绘图系统的性能优劣，是计算机绘图系统的核心。计算机绘图系统的软件可分为3个层次，即系统软件、支撑软件和应用软件。

- 系统软件：如 Windows 7 / Windows 10。
- 支撑软件：一般的三维、二维图形软件，如 UG、Pro/E、AutoCAD 等。
- 应用软件（模块）：如 AutoCAD 中的【二维草图与注释】、【三维建模】等应用模块。

1.1.3 AutoCAD 的基本概念

AutoCAD 是一款大众化的图形设计软件，其中 "Auto" 是英语单词 Automation 的词头，意思是"自动化"；"CAD" 是英语 Computer-Aided-Design 的缩写，意思是"计算机辅助设计"；而 "2016" 则表示 AutoCAD 软件的版本号，表示 2016 年的意思，不过按照 Autodesk 公司的习惯，基本都是提前一年推出当年的新版本。

另外，AutoCAD 早期版本是以版本的升级顺序进行命名的，如第一个版本为 "AutoCAD R1.0"、第二个版本为 "AutoCAD R2.0" 等，此软件发展到 2000 年以后，则变为以年代作为软件的版本名，如 AutoCAD 2000、AutoCAD 2002、AutoCAD 2004、AutoCAD 2007、AutoCAD 2008、AutoCAD 2009，直至今天来到我们面前的 AutoCAD 2016。

1.2 AutoCAD 2016 正版软件下载

AutoCAD 2016 软件除了通过正规渠道购买正版以外，Aotodesk 欧特克公司还在其官方网站提供 AutoCAD 2016 软件供免费下载使用服务。

💻 **动手操作——AutoCAD 2016 官网下载方法**

（1）首先打开计算机上安装的任意一款浏览器，并输入 "http://www.autodesk.com.cn/" 进入 Autodesk 欧特克中国官方网站，如图 1-2 所示。

（2）在首页的标题栏【产品】中单击展开 Autodesk 公司提供的所有免费使用软件程序，然后选中 AutoCAD 产品，如图 1-3 所示。

图 1-2　进入 Autodesk 欧特克中国官方网站

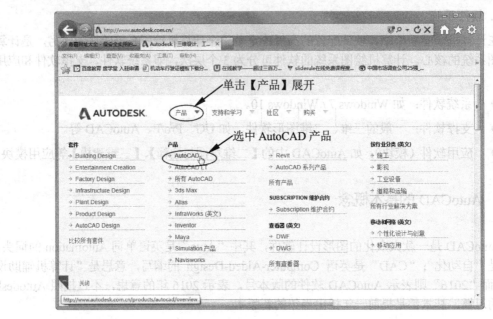

图 1-3 选中 AutoCAD 产品

（3）进入 AutoCAD 产品介绍的网页页面，并在左侧选择【免费试用版】下载选项，然后进入下载页面，如图 1-4 所示。

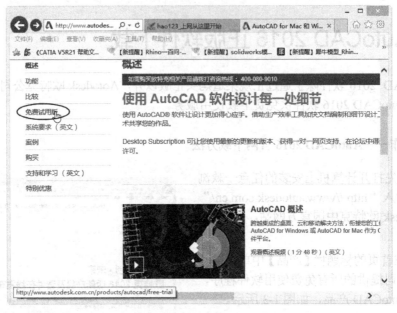

图 1-4 选择【免费试用版】下载选项

（4）在 AutoCAD 产品下载页面设置试用版软件的语言和操作系统，并同时勾选下方的【我接受许可和服务协议的条款】和【我接受上述试用版隐私声明的条款，并明确同意接收声明中所述的个性化营销】下载协议复选框，最后单击【继续】按钮，将进入在线安装 AutoCAD

2016 环节，如图 1-5 所示。

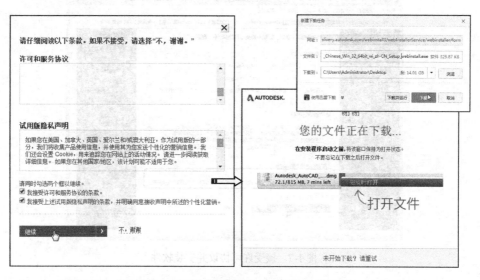

图 1-5　同意接受服务协议并开始下载

> **提示**
> 在选择操作系统时，一定要查看自己计算机的操作系统是 32 位还是 64 位。查看方法是：在 Win7/Win8 系统的桌面上右键选择【计算机】图标，在打开的右键菜单中选择【属性】命令，弹出系统控制面板，随后就可以查看自己计算机的系统类型是 32 位还是 64 位了，如图 1-6 所示。

图 1-6　查看系统类型

（5）随后弹出安装 AutoCAD 2016【许可服务协议】对话框，选择【我接受】单选选项并单击【安装】按钮，如图 1-7 所示。

图 1-7 接受许可协议并安装软件

（6）接下来会弹出试用版软件的下载、安装及配置的操作步骤对话框。在 AutoCAD 2016 安装启动之前最好不要关闭此对话框，此时浏览器下方会自动打开浏览器的下载器，如图 1-8 所示。只要单击【运行】按钮或【保存】按钮，即可进行下载并自动安装 AutoCAD 2016。

图 1-8 下载 AutoCAD 2016

> **提示**
> 如果安装了迅雷 7、快车等下载器，此时将自动弹出这些下载工具的页面，如图 1-9 所示为自动弹出的迅雷 7 下载工具，直接单击【立即下载】按钮即可自动下载软件。

图 1-9 迅雷 7 的下载

1.3 安装 AutoCAD 2016

AutoCAD 2016 的安装过程可分为安装和注册并激活两个步骤,接下来将 AutoCAD 2016 简体中文版的安装与卸载过程做详细介绍。

1.3.1 系统配置要求

在独立的计算机上安装产品之前,请确保计算机满足最低系统需求。

安装 AutoCAD 2016 时,将自动检测 Windows 7 或 Windows 8 操作系统是 32 位版本还是 64 位版本。用户需选择适用于工作主机的 AutoCAD 版本。例如,不能在 32 位版本的 Windows 操作系统上安装 64 位版本的 AutoCAD。

> **提示**
> 可以在 64 位系统中安装 32 位的软件。为什么呢?原因就是 64 位系统配置超出了 32 位系统的配置,而 64 位软件要比 32 位软件的系统要求要高很多,所以在 64 位系统中运行 32 位软件是绰绰有余的。此外,从 AutoCAD 2015 版本开始,后续的新版将不再支持 Windows XP 系统,这点请大家注意,请及时换装 Windows 7 或 Windows 8 系统。

1. 32 位的 AutoCAD 2016 软件配置要求

- Windows 8 的标准版、企业版或专业版,Windows 7 企业版、旗舰版、专业版或家庭高级版,Windows XP 专业版或家庭版(SP3 或更高版本)操作系统。
- 对于 Windows 8 和 Windows 7 系统:英特尔 i3 或 AMD 速龙双核处理器,需要 3.0 GHz 或更高,并支持 SSE2 技术。
- 2 GB 内存(推荐使用 4 GB)。
- 6 GB 的可用磁盘空间用于安装。
- 1 024×768 显示分辨率真彩色(推荐 1 600 × 1 050)。
- 安装 Internet Explorer 7 或更高版本的 Web 浏览器。

2. 对于 64 位的 AutoCAD 2016 软件配置要求

- Windows 8 的标准版、企业版,专业版,Windows 7 企业版、旗舰版、专业版或家庭高级版。

- 支持 SSE2 技术的 AMD Opteron（皓龙）处理器支持 SSE2 技术，支持英特尔 EM64T 和 SSE2 技术的英特尔至强处理器，支持英特尔 EM64T 和 SSE2 技术的奔腾 4 的 Athlon 64。
- 2 GB RAM（推荐使用 4 GB）。
- 6 GB 的可用空间用于安装。
- 1 024×768 显示分辨率真彩色（推荐 1 600 × 1 050）。
- Internet Explorer 7 或更高版本的 Web 浏览器。

3. 附加要求的大型数据集、点云和 3D 建模（所有配置）

- Pentium 4 或 Athlon 处理器，3 GHz 或更高；英特尔或 AMD 双核处理器，2 GHz 或更高。
- 1 280 × 1 024 真彩色视频显示适配器 128 MB 或更高，支持 Pixel Shader 3.0 或更高版本的 Microsoft 的 Direct 3D 的工作站级图形卡。

1.3.2 安装 AutoCAD 2016

在独立的计算机上安装产品之前，请确保计算机满足最低系统需求。

动手操作——安装 AutoCAD 2016

AutoCAD 2016 安装过程的操作步骤如下：

（1）在安装程序包中双击 setup.exe，AutoCAD 2016 安装程序进入安装初始化进程，并弹出【安装初始化】界面，如图 1-10 所示。

图 1-10 安装初始化

第 1 章　AutoCAD 2016 应用入门

（2）安装初始化进程结束以后，弹出【AutoCAD 2016】安装窗口，如图 1-11 所示。

图 1-11　【AutoCAD 2016】安装窗口

（3）在【AutoCAD 2016】安装窗口中单击【安装】按钮，弹出 AutoCAD 2016 安装"许可协议"的界面窗口。窗口中单击【我接受】单选按钮，保留其余选项默认设置，再单击【下一步】按钮，如图 1-12 所示。

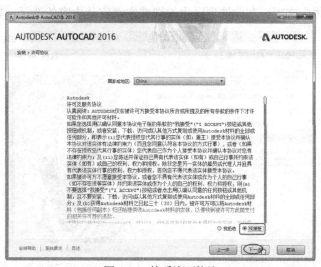

图 1-12　接受许可协议

> 提示
> 如果不同意许可的条款并希望终止安装，可单击【取消】按钮。

（4）随后【AutoCAD 2016】窗口中弹出【产品信息】选项区。如果用户有序列号与产品钥匙，直接输入即可；若没有则可以试用 30 天，完成产品信息的输入后，请单击【下一步】按钮，如图 1-13 所示。

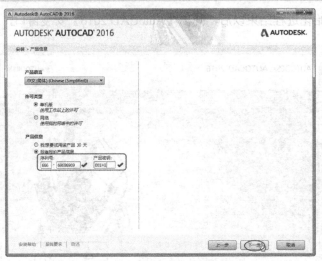

图1-13　设置产品和用户信息

> **提示**
> 在此处输入的信息是永久性的,将显示在 AutoCAD 软件的窗口中,由于以后无法更改此信息（除非卸载该产品）,因此请确保在此处输入的信息正确。

（5）设置产品和用户信息的安装步骤完成后,在【AutoCAD 2016】窗口中弹出【配置安装】选项区,若保留默认的配置来安装,单击窗口的【安装】按钮,系统开始自动安装 AutoCAD 2016 简体中文版。在此选项区中勾选或取消安装内容的选择,如图1-14所示。

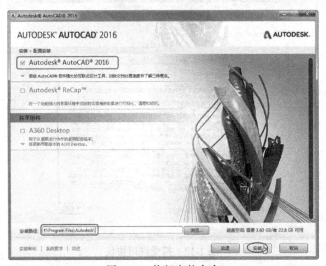

图1-14　执行安装命令

> **提示**
> 如果要重新设置安装路径,可以单击【浏览】按钮,然后在弹出的【AutoCAD 2016 安装】对话框中选择新的路径进行安装,如图1-15所示。

第 1 章　AutoCAD 2016 应用入门

图 1-15　选择安装路径

（6）随后系统依次安装用户所选择的程序组件，并最终完成 AutoCAD 2016 主程序的安装，如图 1-16 所示。

图 1-16　安装 AutoCAD 2016 的程序组件

（7）AutoCAD 2016 组件安装完成后，单击【AutoCAD 2016】窗口中的【完成】按钮，结束安装操作，如图 1-17 所示。

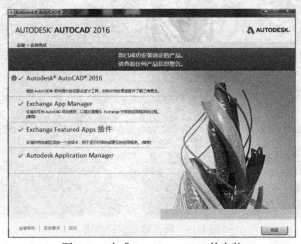

图 1-17　完成 AutoCAD 2016 的安装

动手操作——注册与激活 AutoCAD 2016

用户在第一次启动 AutoCAD 时，将显示产品激活向导。可在此时激活 AutoCAD，也可以先运行 AutoCAD 以后再激活它。

软件的注册与激活的操作步骤如下：

（1）在桌面上双击【AutoCAD 2016-Simplified Chinese】图标，启动 AutoCAD 2016。AutoCAD 程序开始检查许可，如图 1-18 所示。

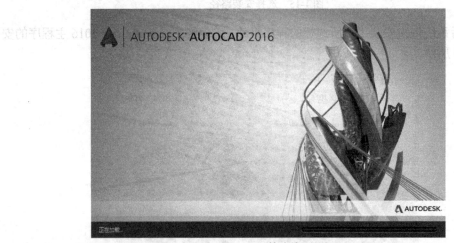

图 1-18　检查许可

（2）在打开软件之前程序弹出【Autodesk 许可】对话框，勾选此界面中唯一的复选框，然后单击【我同意】按钮，如图 1-19 所示。

图 1-19　阅读隐私保护政策

（3）随后单击【激活】按钮进入【Autodesk 许可】界面，在弹出的【请输入序列号和产品密钥】界面中输入产品序列号与钥匙（买入时产品外包装已提供），然后单击【下一步】按钮，如图 1-20 所示。

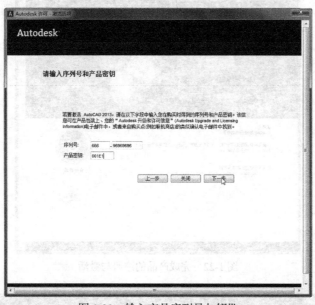

图 1-20　输入产品序列号与钥匙

（4）接着又弹出【产品许可激活选项】界面。界面中提供了两种激活方法。一种是通过 Internet 连接来注册并激活，另一种就是直接输入 Autodesk 公司提供的激活码。单击【我具有 Autodesk 提供的激活码】单选按钮，并在展开的激活码列表中输入激活码（使用复制-粘贴方法），然后单击【下一步】按钮，如图 1-21 所示。

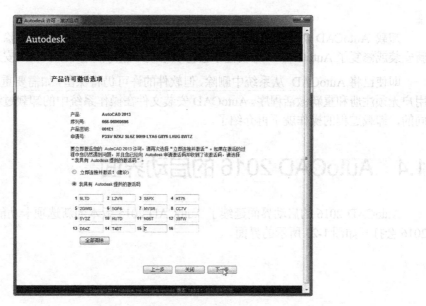

图 1-21　输入产品激活码

（5）随后自动完成产品的注册，单击【Autodesk 许可-激活完成】对话框的【完成】按钮，结束 AutoCAD 产品的注册与激活操作，如图 1-22 所示。

图 1-22　完成产品的注册与激活

> **提示**
> 　　上面主要介绍的是单机注册与激活方法。如果连接了 Internet，可以使用联机注册与激活的方法，也就是选择【立即连接并激活】单选选项。

1.3.3　卸载 AutoCAD 2016

　　卸载 AutoCAD 时，将删除所有组件，这意味着即使以前添加或删除了组件，或者已重新安装或修复了 AutoCAD，卸载程序也将从系统中删除所有 AutoCAD 安装文件。

　　即使已将 AutoCAD 从系统中删除，但软件的许可仍将保留，如需要重新安装 AutoCAD，用户无须注册和重新激活程序。AutoCAD 安装文件在操作系统中的卸载过程与其他软件是相同的，卸载过程的操作就不再介绍了。

1.4　AutoCAD 2016 的启动界面

　　AutoCAD 2016 的启动界面延续了 AutoCAD 2015 版本的新选项卡功能，启动 AutoCAD 2016 会打开如图 1-23 所示的界面。

第 1 章　AutoCAD 2016 应用入门

图 1-23　AutoCAD 2016 启动界面

这个界面称为新选项卡页面。启动程序、打开新选项卡 (+) 或关闭上一个图形时，将显示新选项卡。新选项卡为用户提供便捷的绘图入门功能介绍：【了解】页面和【创建】页面。默认打开的状态为【创建】页面。下面我们来熟悉一下这两个页面的基本功能。

1.4.1　【了解】页面

在【了解】页面，可以看到【新特性】、【快递入门视频】、【功能视频】、【安全更新】和【联机资源】等功能。

动手操作——熟悉【了解】页面的基本操作

（1）【新特性】功能。【新特性】能帮助用户观看 AutoCAD 2016 软件中新增的部分功能视频，如果你是新手，那么请务必观看该视频。单击【新特性】中的视频播放按钮，会打开 AutoCAD 2016 自带的视频播放器来播放【新功能概述】画面，如图 1-24 所示。

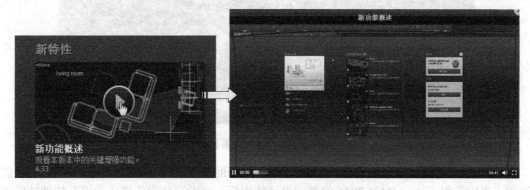

图 1-24　观看版本新增功能视频

（2）当播放完成时或者中途需要关闭播放器，在播放器右上角单击关闭按钮 即可，如图1-25所示。

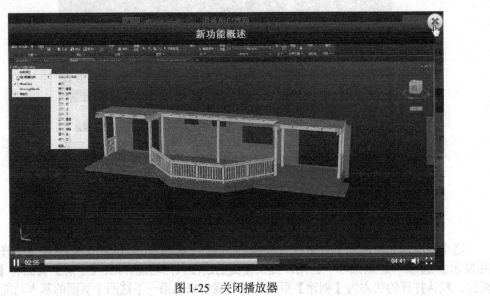

图1-25 关闭播放器

(3) 熟悉【快速入门视频】功能。在【快速入门视频】列表中,可以选择其中的视频观看,这些视频是帮助你快速熟悉AutoCAD 2016工作空间界面及相关操作的功能指令,例如单击【漫游用户界面】视频进行播放,会打开【漫游用户界面】的演示视频,如图1-26所示。【漫游用户界面】主要介绍AutoCAD 2016视图、视口及模型的操控方法。

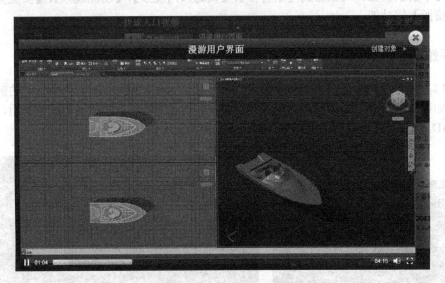

图1-26 观看【漫游用户界面】演示视频

(4) 熟悉【功能视频】功能。【功能视频】是帮助新手了解AutoCAD 2016的高级功能视频。当你获得了AutoCAD 2016的基础设计能力后,观看这些视频能让你提升软件的操作水平。例如单击【改进的图形】视频进行观看,会看到AutoCAD 2016的新增功能——平滑线显示图形。以前旧版本中在绘制圆形或斜线时,会显示极不美观的"锯齿",在有了【平滑线显示图形】功能后,能很清晰、平滑地显示图形了,如图 1-27 所示。

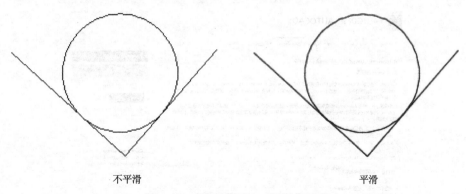

图 1-27　改进的图形——平滑线显示

（5）熟悉【安全更新】功能。【安全更新】是发布 AutoCAD 及其插件程序的补丁程序和软件更新信息的窗口。单击【单击此处以获取修补程序和详细信息】链接地址,可以打开 Autodesk 官方网站的补丁程序的信息发布页面,如图 1-28 所示。

图 1-28　AutoCAD 及其插件程序的补丁下载信息

> **提示**
> 　　默认是英文页面,要想切换为中文页面,有两种方法：一种是使用 Google Chrome 浏览器打开完成自动翻译；另一种就是在此网页右侧语言下拉列表中选择【Chinese (Simplified)】语言,再单击【View Original】按钮,即可切换成简体中文页面,如图 1-29 所示。

图 1-29　翻译网页

（6）熟悉【联机资源】功能。【联机资源】是进入 AutoCAD 2016 联机帮助的窗口。在【AutoCAD 基础知识漫游】图标处单击，即可打开联机帮助文档网页，如图 1-30 所示。

图 1-30　打开联机帮助文档网页

1.4.2　【创建】页面

在【创建】页面中，包括【快速入门】、【最近使用的文档】和【连接】3 个引导功能，下面通过操作来演示如何使用这些引导功能。

动手操作——熟悉【创建】页面的功能应用

（1）【快速入门】功能中，是新用户进入 AutoCAD 2016 的关键第一步，作用是教会你如何选择样板文件、打开已有文件、打开已创建的图纸集、获取更多联机的样板文件和了解样例图形等。

（2）如果直接单击【开始绘制】大图标，随后将进入到 AutoCAD 2016 的工作空间中，如图 1-31 所示。

> **提示**
> 直接单击【开始绘制】，AutoCAD 2016 将自动选择公制的样板进入到工作空间。

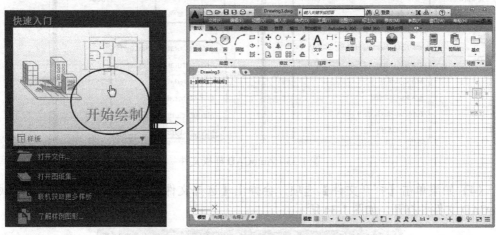

图 1-31　直接进入 AutoCAD 2016 工作空间

（3）若展开样板列表，会发现有很多 AutoCAD 样板文件可供选择，选择何种样板取决于即将绘制公制还是英制的图纸，如图 1-32 所示。

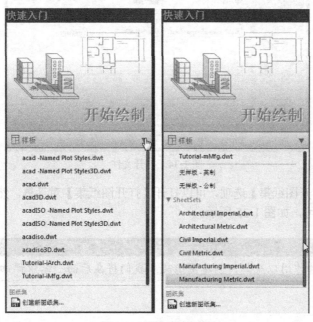

图 1-32　展开样板列表

> **提示**
>
> 样板列表中包含 AutoCAD 所有的样板文件，大致分为 3 种。首先是英制和公制的常见样板文件，凡是样板文件名中包含有 iso 的是公制样板，反之是英制样板。其次是无样板的空模板文件，最后是机械图纸和建筑图纸的模板，如图 1-33 所示。

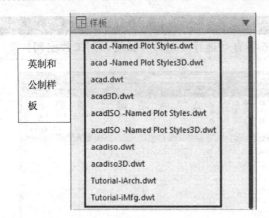 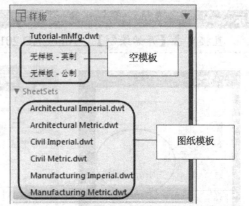

图 1-33　AutoCAD 样板文件

（4）如果单击【打开文件】选项，会弹出【选择文件】对话框。从系统路径中找到 AutoCAD 文件并打开，如图 1-34 所示。

图 1-34　打开文件

（5）单击【打开图纸集】选项，可以打开【打开图纸集】对话框。然后选择用户先前创建的图纸集打开即可，如图 1-35 所示。

> **提示**
>
> 关于图纸集的作用以及如何创建图纸集，我们将在后面一章中详细介绍。

第 1 章　AutoCAD 2016 应用入门

图 1-35　打开图纸集

（6）单击【联机获取更多样板】选项，可以到 Autodesk 官方网站下载各种符合你设计要求的样板文件，如图 1-36 所示。

图 1-36　联机获取更多样板

（7）单击【了解样例图形】选项，可以在随后弹出的【选择文件】对话框中，打开 AutoCAD 自带的样例文件，这些样例文件包括建筑、机械、室内等图纸样例和图块样例。如图 1-37 所示为在（AutoCAD 2016 软件安装盘符）:\Program Files\Autodesk\AutoCAD 2016\Sample\Sheet Sets\Manufacturing 路径下打开的机械图纸样例 VW252-02-0200.dwg。

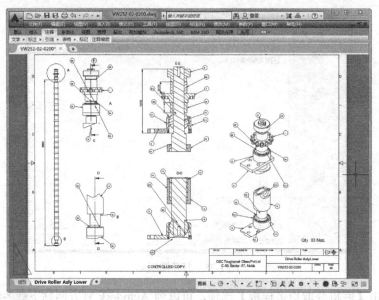

图 1-37　打开的图纸样例文件

（8）使用【最近使用的文档】功能，可以快速打开之前建立的图纸文件，而不用通过【打开文件】方式去寻找文件，如图 1-38 所示。

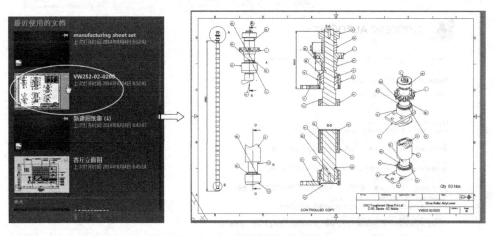

图 1-38　打开最近使用的文档

> **提示**
> 　　【最近使用文档】最下方的 3 个按钮：大图标■、小图标■和列表■，可以分别显示大小不同的文档预览图片，如图 1-39 所示。

（9）使用【连接】功能，除了可以在此登录 Autodesk 360，还可以将使用 AutoCAD 2016 过程中所遇到的困难或者发现的软件自身的缺陷，发送反馈给 Autodesk 公司。单击【登录】按钮，将弹出【Autodesk 登录】对话框，如图 1-40 所示。

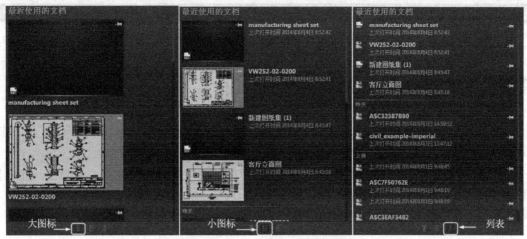

图 1-39　不同大小的文档图标显示

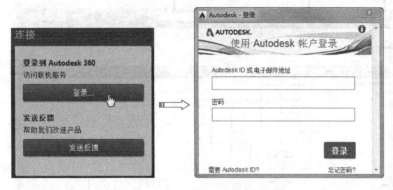

图 1-40　登录 Autodesk 360

（10）如果你没有账户，可以单击【Autodesk 登录】对话框下方的【需要 Autodesk ID？】选项，在打开的【Autodesk 创建账户】对话框中创建属于自己的新账户，如图 1-41 所示。

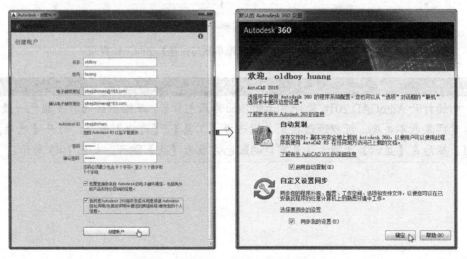

图 1-41　注册 Autodesk 360 新账户

> 提示
> 关于 Autodesk 360 的功能及应用，我们将在后面的章节中详细讲解。

1.5 AutoCAD 2016 工作界面

AutoCAD 2016 提供了【二维草图与注释】、【三维建模】和【AutoCAD 经典】3 种工作空间模式，用户在工作状态下可随时切换工作空间。

在程序默认状态下，窗口中打开的是【二维草图与注释】工作空间。【二维草图与注释】工作空间的工作界面主要由菜单浏览、快速访问工具栏、信息搜索中心、菜单栏、功能区、文件选项卡、绘图区、命令行、状态栏等元素组成，如图 1-42 所示。

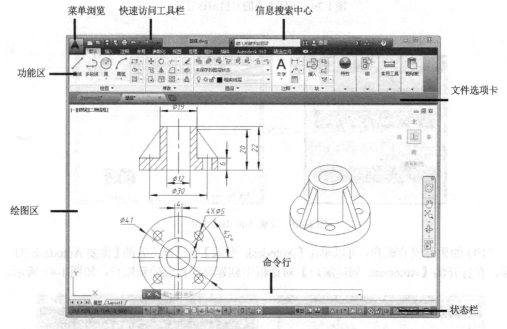

图 1-42 AutoCAD 2016【二维草图与注释】空间工作界面

> 提示
> 初始打开 AutoCAD 2016 软件显示的界面为黑色背景，跟绘图区的背景颜色一致，如果你觉得黑色不美观，可以通过在菜单栏选择【工具】/【选项】命令，打开【选项】对话框。然后在【显示】选项卡设置窗口的配色方案为【明】即可，如图 1-43 所示。

第 1 章　AutoCAD 2016 应用入门

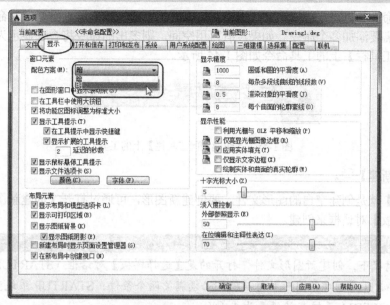

图 1-43　设置功能区窗口的背景颜色

提示

同样，如果需要设置绘图区的背景颜色，那么也是在【选项】对话框的【显示】选项卡中进行颜色设置，如图 1-44 所示。

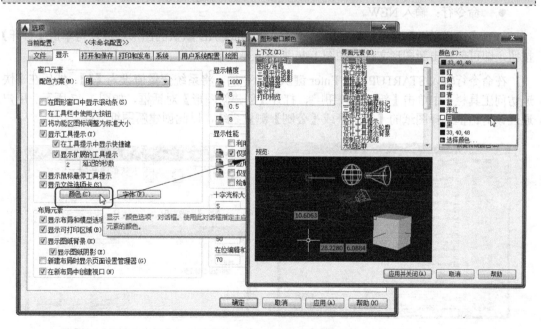

图 1-44　设置绘图区背景颜色

1.【快速访问工具栏】

【快速访问工具栏】用于存储经常访问的命令。该工具栏可以自定义，其中包含由工作空间定义的命令集。用户可以在【快速访问工具栏】上添加、删除和重新定位命令，还可以按用户设计需要添加多个命令。如果没有可用空间，则多出的命令将合并显示为弹出按钮。【快速访问工具栏】上的工具命令如图1-45所示。

图1-45 【快速访问工具栏】上的工具

(1)【新建】。

【新建】就是创建空白的图形文件。要创建新图形，可通过打开【创建新图形】对话框或【选择样板】对话框来创建。

> **提示**
> 默认情况下，创建新图形文件，打开的是【选择样板】对话框（STARTUP系统变量为0）。要打开【创建新图形】对话框，必须满足两个条件：STARTUP系统变量设置为1（开）；FILEDIA系统变量设置为1（开）。

用户可通过以下途径来新建图形文件：
- 工具栏：在【快速访问工具栏】上单击【新建】按钮。
- 菜单栏：选择【文件】/【新建】命令。
- 命令行：输入NEW。

打开【选择样板】对话框后，用户选择一个AutoCAD默认的图形样板，再单击【打开】按钮，即可创建出新图形文件，如图1-46所示。

在命令行输入STARTUP，按Enter键执行命令后，将系统变量值设为【1】，然后在【快速访问工具栏】中单击【新建】按钮，打开【创建新图形】对话框，如图1-47所示。用户通过该对话框选择图纸的【英制】或【公制】测量系统，以此创建新图纸文件。

图1-46 【选择样板】对话框　　　图1-47 【创建新图形】对话框

(2)【打开】。

【打开】就是从计算机硬盘中打开已有的AutoCAD图形文件。用户可通过以下途径来打开已有的图形文件：

- 工具栏：在【快速访问工具栏】上单击【打开】按钮。
- 菜单栏：选择【文件】/【打开】命令。
- 命令行输入 OPEN。

执行上述列举之一的命令后，弹出【选择文件】对话框，用户在图形文件存放路径下选择一个图形文件，然后单击【打开】按钮，即可打开已有的图形文件并显示在图形窗口中，如图1-48所示。

图1-48 【选择文件】对话框

（3）【保存】。

【保存】就是保存当前的图形。用户可通过以下3种途径来保存当前图形文件：

- 在【快速访问工具栏】上单击【保存】按钮。
- 依次选择【菜单栏】/【文件】/【保存】命令。
- 命令行输入 QSAVE。

执行【保存】命令后，程序自动对当前工作状态下的图形文件进行保存。

> **提示**
> 如果图形已被命名，程序将用【选项】对话框的【打开和保存】选项卡上指定的文件格式保存该图形，而不要求用户指定文件名。如果图形未命名，将显示【图形另存为】对话框，并以用户指定的名称和格式保存该图形。

（4）【打印】。

【打印】就是通过外设将图形文件打印到绘图仪、打印机。用户可通过以下途径来打印当前图形文件：

- 工具栏：在【快速访问工具栏】上单击【打印】按钮。
- 菜单栏：选择【文件】/【打开】命令。
- 面板：在功能区【输出】标签【打印】面板中单击【打印】按钮。

- 命令行：输入 PLOT。

执行【打印】命令后，弹出【打印】对话框。再按照用户自定义的设置，单击【确定】按钮后即可打印出图形文件，如图 1-49 所示。

图 1-49 【打印】对话框

（5）【放弃】。

【放弃】就是撤销上一次的操作。用户可通过以下命令方式来执行【放弃】操作：

- 工具栏：在【快速访问工具栏】上单击【放弃】按钮。
- 右键菜单：在图形窗口选择右键菜单【放弃】命令。
- 命令行：输入 U。

（6）【重做】。

【重做】就是恢复上一个用 UNDO 或 U 命令放弃的效果。用户可通过以下途径来执行【重做】操作：

- 工具栏：在【快速访问工具栏】上单击【重做】按钮。
- 右键菜单：在图形窗口选择右键菜单【重做】命令。
- 命令行：输入 MREDO。

2. 信息搜索中心

在应用程序的右上方，可以使用信息中心通过输入关键字（或输入短语）来搜索信息、显示【通信中心】面板以获取产品更新和通告，还可以显示【收藏夹】面板以访问保存的主题。信息搜索中心包括的工具如图 1-50 所示。

（1）【展开/收拢】工具。

此工具主要用来显示和隐藏信息中心的文本框。

第1章　AutoCAD 2016 应用入门

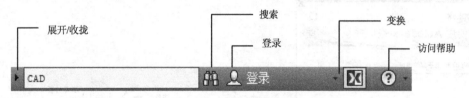

图 1-50　【信息搜索中心】工具

（2）【搜索】工具。

【搜索】工具主要用来搜索程序默认设置的文件和其他帮助文档。在【信息中心】文本框内输入要搜索的信息文字后，按 Enter 键或单击【搜索】按钮，程序开始自动搜索出所需的文件及帮助文档，并把搜索的结果作为链接显示在【Autodesk AutoCAD 2016-帮助】窗口中，如图 1-51 所示。

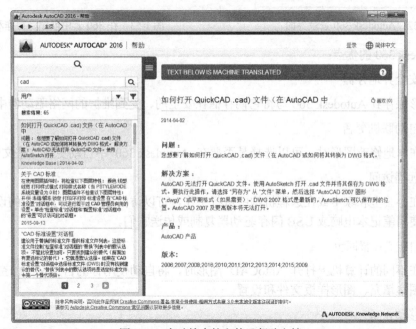

图 1-51　自动搜索的文件及帮助文档

（3）【交换】工具。

单击【交换】按钮，将显示【Autodesk Exchange】窗口，其中包括保护下载、信息和帮助内容。

（4）Autodesk 360【登录】工具。

利用此工具可登录用户的 Autodesk 360 账户，再通过账户来访问 Autodesk 网站。如图 1-52 所示为用户登录界面。

Autodesk 360 是具有基于云的服务和文件存储设施的设计工作空间，它支持团队成员之间的协作，如图 1-53 所示。可以在禁用状态下配置它以进行安装，以后根据需要进行启用。要执行此操作，请在配置面板上取消选中【启用 Autodesk 360】选项。

图 1-52　Autodesk 360 登录界面　　　　图 1-53　在 360 云中创建、协作和计算

Autodesk 360 的优点：

- 安全异地存储

将图形保存到 Autodesk 360 与将它们存储在安全的、受到维护的网络驱动器中类似。

- 自动联机更新

当你在本地修改图形时，可以选择是否要在 Autodesk 360 中自动更新这些文件。

- 远程访问

如果在办公室和家中或在远程机构中进行工作，可以访问 Autodesk 360 中的设计文档，而不需要使用笔记本电脑或 USB 闪存驱动器复制或传送它们。

- 自定义设置同步

当你在不同的计算机上打开 AutoCAD 图形时，将自动使用你的自定义工作空间、工具选项板、图案填充、图形样板文件和设置。

- 移动设备

你和你的同事以及客户可以使用常用的电话和平板电脑设备通过 AutoCAD 360 查看、编辑和共享 Autodesk 360 中的图形。

- 查看和协作

通过 Autodesk 360，可以单独或成组地授予与你一同工作的人员访问指定图形文件或文件夹的权限级别。可以授予其查看或编辑的权限，并且他们可以使用 AutoCAD、AutoCAD LT 或 AutoCAD 360 来访问这些文件。通过设计提要，你和你的联系人可以创建和回复帖子以共享注释并协作进行设计决策。

- 联机软件和服务

可以使用 Autodesk 360 资源而非本地计算机来运行渲染、分析和文档管理软件。

3. 菜单浏览与快速访问工具栏

用户可以通过访问菜单浏览来进行一些简单的操作。默认情况下，菜单浏览位于软件窗口的左上角，如图 1-54 所示。

（1）菜单浏览。

菜单浏览可查看、排序和访问最近打开的支持文件。

使用【最近使用的文档】列表来查看最近使用的文件。可以使用右侧的图钉按钮使文件保持在列表中，不论之后是否又保存了其他文件。文件将显示在最近使用的文档列表的底部，直至关闭图钉按钮。

（2）快速访问工具栏。

使用【快速访问工具栏】可以快速访问常用工具。【快速访问工具栏】中还显示用于对文件所做更改进行放弃和重做的选项，如图 1-55 所示。

图 1-54 菜单浏览

为了使图形区域尽可能最大化，但又要便于选择工具命令。用户可以向【快速访问工具栏】中添加常用的工具命令，如图 1-56 所示。

图 1-55 快速访问工具栏

图 1-56 添加工具至【快速访问工具栏】

4. 菜单栏

菜单栏位于标题栏或【快速访问工具栏】的下侧，如图 1-57 所示。

图 1-57 菜单栏

默认状态下菜单栏是不显示的，要显示菜单栏的具体操作就是：在标题栏的工作空间旁单击 图标展开下拉菜单，然后将光标移至【显示菜单栏】选项并单击，就可以调出菜单栏，如图 1-58 所示。

> **提示**
> 要关闭菜单栏，执行相同的操作，选中【隐藏菜单栏】选项即可。

图 1-58 显示菜单栏

AutoCAD 的常用制图工具和管理编辑等工具都分类排列在菜单栏中，可以非常方便地启动各主菜单中的相关菜单项，进行相关的绘图操作。

AutoCAD 2016 为用户提供了【文件】、【编辑】、【视图】、【插入】、【格式】、【工具】、【绘图】、【标注】、【修改】、【参数】、【窗口】、【帮助】等 11 个主菜单。各菜单的主要功能如下：

- 【文件】菜单主要用于对图形文件进行设置、管理和打印发布等。
- 【编辑】菜单主要用于对图形进行一些常规的编辑，包括复制、粘贴、链接等命令。
- 【视图】菜单主要用于调整和管理视图，以方便视图内图形的显示等。
- 【插入】菜单用于向当前文件中引用外部资源，如块、参照、图像等。
- 【格式】菜单用于设置与绘图环境有关的参数和样式等，如绘图单位、颜色、线型及文字、尺寸样式等。
- 【工具】菜单为用户设置了一些辅助工具和常规的资源组织管理工具。
- 【绘图】菜单是一个二维和三维图元的绘制菜单，几乎所有的绘图和建模工具都组织在此菜单内。
- 【标注】菜单专门用于为图形标注尺寸，它包含了所有与尺寸标注相关的工具。
- 【修改】菜单是一个很重要的菜单，用于对图形进行修整、编辑和完善。
- 【参数】菜单用于管理和设置图形创建的各种参数。
- 【窗口】菜单用于对 AutoCAD 文档窗口和工具栏状态进行控制。
- 【帮助】菜单主要用于为用户提供一些帮助性的信息。

菜单栏左端的图标就是【菜单栏】图标，菜单栏最右边图标按钮是 AutoCAD 文件的窗口控制按钮，如【最小化】按钮、【还原/最大化】按钮、【关闭】按钮，用于控制图形文件窗口的显示。

5. 功能区

【功能区】代替了 AutoCAD 众多的工具栏，以面板的形式，将各工具按钮分门别类地集合在选项卡内，如图 1-59 所示。

用户在调用工具时，只需在功能区中展开相应选项卡，然后在所需面板上单击工具按钮即可。由于在使用功能区时，无须再显示 AutoCAD 的工具栏，因此，使得应用程序窗口变得简洁有序。通过简洁的界面，功能区还可以将可用的工作区域最大化。

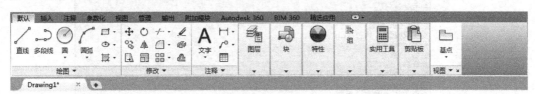

图 1-59　功能区

6. 绘图区

绘图区位于用户界面的正中央，即被工具栏和命令行所包围的整个区域，此区域是用户的工作区域，图形的设计与修改工作就是在此区域内进行操作的。默认状态下绘图区是一个无限大的电子屏幕，任何尺寸的图形，都可以在绘图区中绘制和灵活显示。

当移动鼠标时，绘图区会出现一个随光标移动的十字符号，此符号为【十字光标】，它由【拾点光标】和【选择光标】叠加而成，其中【拾点光标】是点的坐标拾取器，当执行绘图命令时，显示为拾取点光标；【选择光标】是对象拾取器，当选择对象时，显示为选择光标；当没有任何命令执行的前提下，显示为十字光标，如图 1-60 所示。

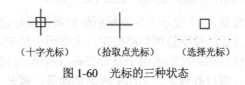

图 1-60　光标的三种状态

在绘图区左下部显示【模型】标签，表示当前工作空间为模型空间，通常在模型空间进行绘图。单击 按钮可展开布局 1、布局 2 和布局 3 空间，布局空间是默认设置下的布局空间，主要用于图形的打印输出。

7. 命令行

命令行位于绘图区的下侧，它是用户与 AutoCAD 软件进行数据交流的平台，主要功能就是用于提醒一下和显示用户当前的操作步骤，如图 1-61 所示。

【命令行】可以分为【命令输入窗口】和【命令历史窗口】两部分，上面几行为【命令历史窗口】，用于记录执行过的操作信息；下面一行是【命令输入窗口】，用于提醒一下用户输入命令或命令选项。

图 1-61　命令行

提示

按 F2 键，系统则会以【文本窗口】的形式显示更多的历史信息，如图 1-62 所示。再次按 F2 键，即可关闭【命令历史窗口】。单击命令行左侧的【关闭】按钮或按 Ctrl+9 组合键，可以关闭命令行。要重新显示命令行，再按 Ctrl+9 组合键或者在菜单栏执行【工具】/【命令行】命令即可恢复显示。

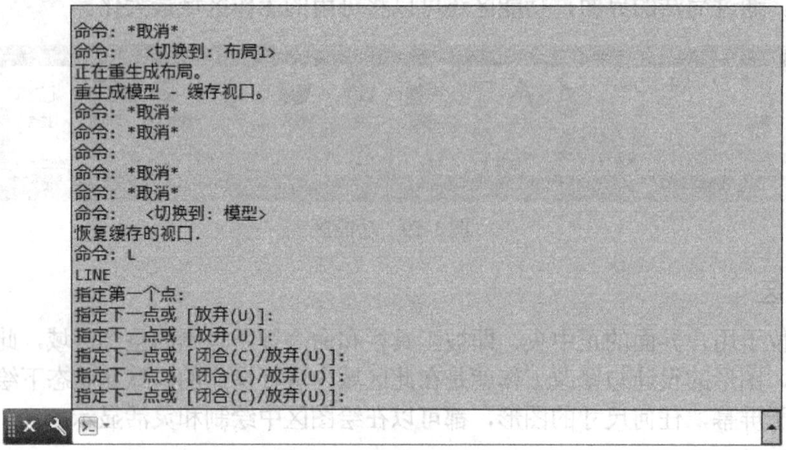

图 1-62 AutoCAD 文本窗口

8. 状态栏

状态栏位于 AutoCAD 操作界面的底部，如图 1-63 所示。

状态栏左端为坐标读数器，用于显示十字光标所处位置的坐标值；坐标读数器的右侧是一些重要的精确绘图功能按钮，主要用于控制点的精确定位和追踪；状态栏右端的按钮则用于查看布局与图形、注释比例，以及用于对工具栏、窗口等固定、工作空间的切换等，都是一些辅助绘图的功能。

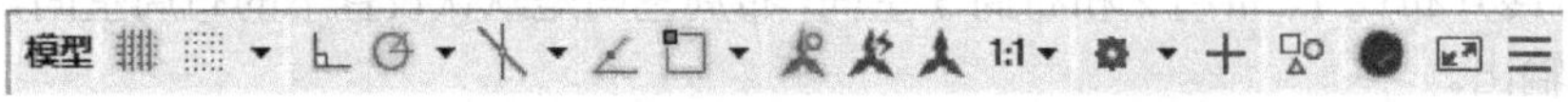

图 1-63 状态栏

单击状态栏右侧的【自定义】按钮 ≡，将打开如图 1-64 所示的状态栏快捷菜单，菜单中的各选项与状态栏上的各按钮功能一致，用户也可以通过各菜单项以及菜单中的各功能键控制各辅助按钮的开关状态。

图 1-64 状态栏菜单

1.6 综合范例——绘制 T 型图形

通过以上各小节的详细讲述，相信读者对 AutoCAD 2016 有了一个大体的了解和认识，下面通过绘制如图 1-65 所示的简单图形，对本章知识进行综合练习和应用。

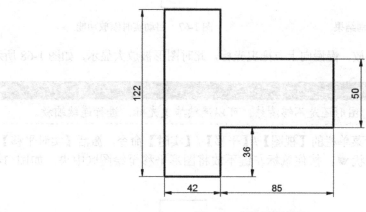

图 1-65　绘制简单图形

操作步骤

（1）在【快速访问工具栏】中单击【新建】按钮，打开【选择样板】对话框。

（2）在【选择样板】对话框中选择"acadiso.dwt"为基础样板，新建空白文件。

（3）单击【默认】选项卡【绘图】组中的【直线】按钮，根据 AutoCAD 命令行的操作提示，绘制图形的外轮廓线。

```
命令: _line
指定第一点:                                    //在绘图区单击，拾取一点作为起点
指定下一点或 [放弃(U)]: @42,0 ✓               //输入相对坐标，按 Enter 键
指定下一点或 [放弃(U)]: @0,36 ✓
指定下一点或 [闭合(C)/放弃(U)]:@85,0 ✓
指定下一点或 [闭合(C)/放弃(U)]: @0,50 ✓
指定下一点或 [闭合(C)/放弃(U)]: @-85,0 ✓
指定下一点或 [闭合(C)/放弃(U)]: @0,36 ✓
指定下一点或 [闭合(C)/放弃(U)]: @-42,0 ✓
指定下一点或 [闭合(C)/放弃(U)]: c ✓           //按 Enter 键，闭合图形，绘制结果如图 1-66 所示。
```

提示

"@42,0"表示一个相对坐标点，其中符号"@"表示"相对于"，即相对于上一点的坐标，此符号是按 Shift+2 组合键输入的。

（4）缩放视图。执行菜单栏的【视图】/【缩放】/【实时】命令，此时当前光标指针变为一个放大镜状，如图 1-67 所示。

图 1-66 绘制结果　　　　　图 1-67 启动实时缩放功能

（5）按住鼠标左键不放，慢慢向上方拖曳光标，此时图形被放大显示，如图 1-68 所示。

> **提示**
> 如果拖曳一次光标，图形还是不够清楚，可以连续拖曳光标，进行连续缩放。

（6）平移视图。执行菜单栏的【视图】/【平移】/【实时】命令，激活【实时平移】工具，此时光标指针变为手状 ✋，按住鼠标左键不放将图形平移至绘图区中央，如图 1-69 所示。

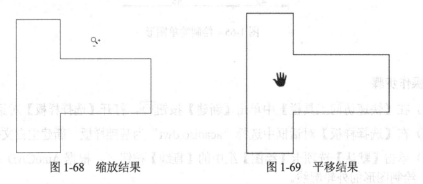

图 1-68 缩放结果　　　　　图 1-69 平移结果

（7）单击鼠标右键，在弹出的快捷菜单中选择【退出】命令，如图 1-70 所示，退出平移命令。

（8）在【快速访问工具栏】中单击【另存为】按钮，打开【图形另存为】对话框。

（9）在【图形另存为】对话框中设置存盘路径和文件名，如图 1-71 所示，单击【保存】按钮，即可将图形存盘。

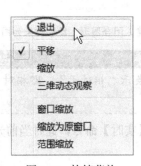
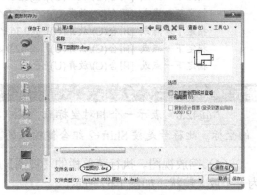

图 1-70 快捷菜单　　　　　图 1-71 【图形另存为】对话框

第 2 章　AutoCAD 文件管理与操作

本章导读

学习上一章内容后，本章我们将继续熟悉 AutoCAD 的文件的管理与基本操作方法。主要包括创建 AutoCAD 文件、打开或保存图形文件、系统变量与命令的操作、图形文件的修复等。本章内容比较关键，如果熟练掌握本章内容，对于今后的绘图习惯，以及工作效率的把握都很有帮助。

学习要求

AutoCAD 文件的管理
AutoCAD 系统变量与命令输入
修复或恢复图形文件

2.1　AutoCAD 文件的管理

学习 AutoCAD 绘图就必须先了解如何创建文件、打开文件和保存文件。本节我们将重点学习文件的基本操作及文件模板的应用。

2.1.1　创建 AutoCAD 图形文件

AutoCAD 提供了 3 种图形文件创建方式。下面介绍这些创建方法。

将 STARTUP 系统变量设置为 1，再将 FILEDIA 系统变量设置为 1。单击【快速访问工具栏】中的【新建】按钮，打开【创建新图形】对话框，如图 2-1 所示。

图 2-1　【创建新图形】对话框

> 提示
>
> 如果不将 STARTUP 系统变量设置为 1，默认的 AutoCAD 图形文件创建方式是【选择样板】。

动手操作——从草图开始

在【从草图开始】创建文件的方法中有 2 个默认的设置：

- 英制（英尺和英寸）
- 公制

> 提示
>
> 英制和公制分别代表不同的计量单位，英制为英尺、英寸、码等单位；公制是指千米、米、厘米等单位。我国实行"公制"的测量制度。

（1）单击【快速访问工具栏】中的【新建】按钮，打开【创建新图形】对话框。

（2）激活对话框中的【从草图开始】按钮，并使用默认的公制设置。

（3）单击【创建新图形】对话框中的【确定】按钮，创建新 AutoCAD 文件并进入 AutoCAD 工作空间中，如图 2-2 所示。

图 2-2 从草图开始新建图形文件

动手操作——使用样板

（1）在【创建新图形】对话框中单击【使用样板】按钮，显示【选择样板】文件列表，如图 2-3 所示。

（2）图形样板文件包含标准设置。可从提供的样板文件中的选择一个，或者创建自定义样板文件。图形样板文件的扩展名为.dwt。

> 提示
>
> 如果根据现有的样板文件创建新图形，则新图形中的修改不会影响样板文件。可以使用 AutoCAD 提供的一个样板文件，或者创建自定义样板文件。

图 2-3 【选择样板】文件列表

（3）需要创建使用相同惯例和默认设置的多个图形时，通过创建或自定义样板文件而不是每次启动时都指定惯例和默认设置，可以节省很多时间。通常存储在样板文件中的惯例和设置包括：

- 单位类型和精度
- 标题栏、边框和徽标
- 图层名
- 捕捉、栅格和正交设置
- 栅格界限
- 标注样式
- 文字样式
- 线型

提示

默认情况下，图形样板文件存储在安装目录下的【acadm\template】文件夹中，以便查找和访问。

（4）单击【创建新图形】对话框中的【确定】按钮，创建新 AutoCAD 文件并进入 AutoCAD 工作空间中。

动手操作——使用向导

（1）在【创建新图形】对话框中单击【使用向导】按钮，打开【使用向导】选项卡。

（2）设置向导逐步地建立基本图形，有两个向导选项用来设置图形：高级设置和快速设置。首先选择快速设置向导，如图 2-4 所示。

（3）在【快速设置】向导中设置测量单位、显示单位的精度和图形界限（区域）。在【单位】设置中选择一种测量单位，然后单击【下一步】按钮，如图 2-5 所示。

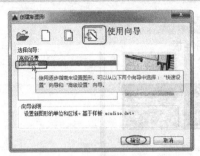
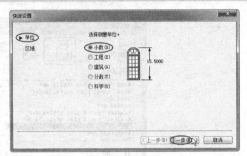

图 2-4 【使用向导】选项卡　　　　图 2-5 高级设置

（4）按 GB 国标图纸的大小（A0、A1、A2、A3、A4）来设置区域，或者自定义区域皆可。设置完成后单击【完成】按钮，进入到绘图环境中，如图 2-6 所示。

（5）如果选择【高级设置】向导，可以设置测量单位、显示单位的精度和栅格界限，还可以设置角度、角度测量、角度方向和区域，如图 2-7 所示。

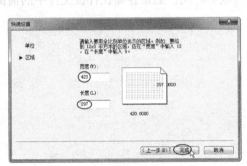
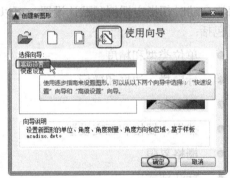

图 2-6 设置区域　　　　图 2-7 选择【高级设置】向导

（6）单击【确定】按钮，可打开如图 2-8 所示的【高级设置】对话框。直至设置完成【区域】后，即可进入 AutoCAD 工作空间中。

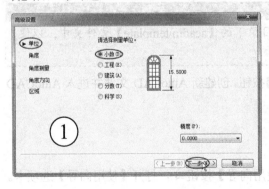
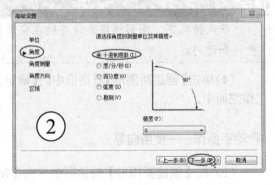

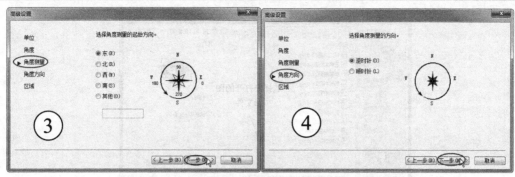

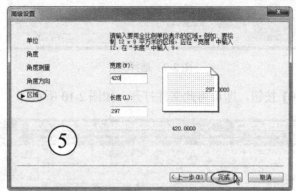

图 2-8 高级设置

2.1.2 打开 AutoCAD 文件

打开 AutoCAD 文件有以下几种途径和方法。

当用户需要查看、使用或编辑已经存盘的图形时,可以使用【打开】命令,执行【打开】命令主要有以下几种途径:

- 执行【文件】菜单中的【打开】命令。
- 单击【快速访问工具栏】中的【打开】按钮。
- 单击【菜单栏】,执行【打开】命令。
- 在命令行输入 Open 按 Enter 键。
- 按 Ctrl+O 组合键。

动手操作——常规打开方法

(1) 激活【打开】命令,将打开【选择文件】对话框。

(2) 在【选择文件】对话框中选择需要打开的图形文件,如图 2-9 所示。

图 2-9　选择文件

（3）单击【打开】按钮，即可将此文件打开，如图 2-10 所示。

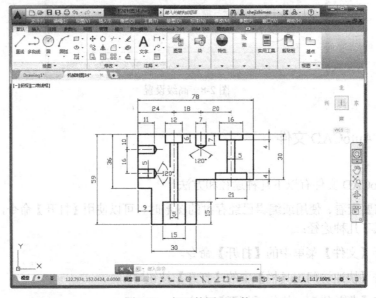

图 2-10　打开的图形文件

动手操作——以查找方式打开文件

（1）单击【选择文件】对话框上的【工具】按钮，打开下拉菜单，如图 2-11 所示。

（2）选择【查找】选项，打开【查找】对话框，如图 2-12 所示。

（3）在该对话框中，可由用户自定义文件的名称、类型以及查找的范围，最后单击【开始查找】按钮，即可进行查找。这非常有利于用户在大量的文件中查找目标文件。

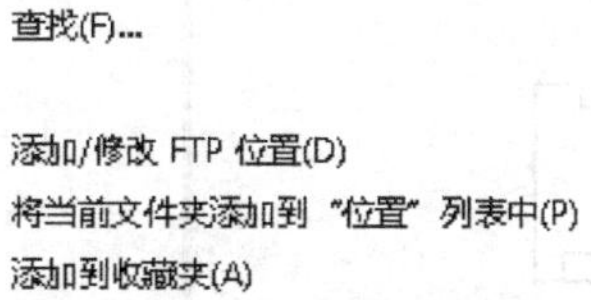

第 2 章　AutoCAD 文件管理与操作

查找(F)…

添加/修改 FTP 位置(D)

将当前文件夹添加到"位置"列表中(P)

添加到收藏夹(A)

图 2-11　【工具】下拉菜单

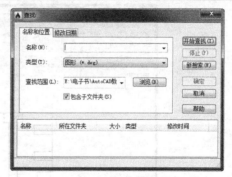

图 2-12　【查找】对话框

动手操作——局部打开图形

局部打开命令允许用户只处理图形的某一部分，只加载指定视图或图层的几何图形。如果图形文件为局部打开，指定的几何图形和命名对象将被加载到图形文件中。命名对象包括：【块】、【图层】、【标注样式】、【线型】、【布局】、【文字样式】、【视口配置】、【用户坐标系】及【视图】等。

（1）执行菜单栏中的【文件】/【打开】命令。

（2）在打开的【选择文件】对话框中，用户指定需要打开的图形文件后，单击【打开】按钮右侧的▼按钮，弹出下拉菜单，如图 2-13 所示。

（3）选择其中的【局部打开】或【以只读方式局部打开】选项，系统将进一步打开【局部打开】对话框，如图 2-14 所示。

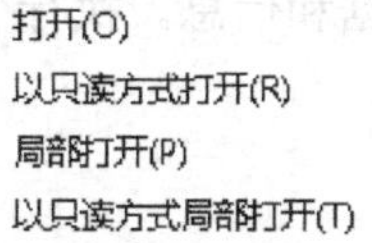

打开(O)

以只读方式打开(R)

局部打开(P)

以只读方式局部打开(T)

图 2-13　【打开】按钮下拉菜单

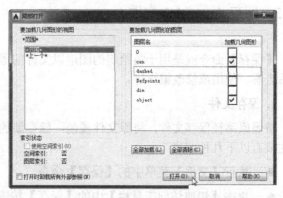

图 2-14　【局部打开】对话框

（4）在该对话框中，【要加载几何图形的视图】栏显示了选定的视图和图形中可用的视图，默认的视图是【范围】。用户可在列表中选择某一视图进行加载。

（5）在【要加载几何图形的图层】栏中显示了选定图形文件中所有有效的图层。用户可选择一个或多个图层进行加载，选定图层上的几何图形将被加载到图形中，包括模型空间和图纸空间几何图形。选择 dashed 图层和 object 图层，将其加载到 AutoCAD 工作空间中，如图 2-15 所示。

43

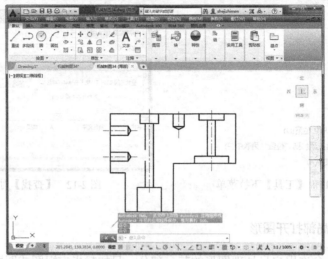

图 2-15　局部加载的图形

> **提示**
>
> 　　用户可单击 全部加载(L) 按钮选择所有图层，或单击 全部清除(C) 按钮取消所有的选择。如果用户选择了【打开时卸载所有外部参照】复选框，则不加载图形中包括的外部参照。
>
> 　　如果用户没有指定任何图层进行加载，那么选定视图中的几何图形也不会被加载，因为其所在的图层没有被加载。用户也可以使用 partialopen"或-partialopen"命令以命令行的形式来局部打开图形文件。

2.1.3　保存 AutoCAD 文件

　　【保存】命令就是用于将绘制的图形以文件的形式进行存盘，存盘的目的就是为了方便以后查看、使用或修改编辑等。

1. 保存文件

　　按照原路径保存文件，将原文件覆盖，储存新的设计进度数据和信息。执行【保存】命令主要有以下几种方式：

- 执行【文件】菜单中的【保存】命令。
- 单击【快速访问工具栏】中的【保存】按钮 🖫。
- 单击【菜单栏】，执行【保存】命令。
- 在命令行输入 QSAVE。
- 按 Ctrl+S 组合键。

💻 **动手操作——保存文件**

　　（1）激活【保存】命令。

(2) 打开【图形另存为】对话框，如图 2-16 所示。

图 2-16 【图形另存为】对话框

> **提示**
> 首次执行【保存】命令，将会以"图形另存为"方式进行另存。随后完成图形绘制，再继续执行此命令，将不会再次打开【图形另存为】对话框，而是默认保存在你设置的文件路径下。

(3) 在此对话框内设置存盘路径、文件名和文件格式后，单击【保存】按钮，即可将当前文件存盘。

> **提示**
> 默认的存储类型为"AutoCAD 2013 图形（*.dwg）"，使用此种格式将文件被存盘后，只能被 AutoCAD 2013 及其以后的版本所打开，如果用户需要在 AutoCAD 早期版本中打开此文件，必须使用为低版本的文件格式进行存盘。

2. 另存为文件

执行【另存为】命令主要有以下几种方式：

- 选择【文件】菜单中的【另存为】命令，
- 按 Ctrl+Shift+S 组合键。

> **提示**
> 当用户在已存盘的图形的基础上进行了其他的修改工作，又不想将原来的图形覆盖，可以使用【另存为】命令，将修改后的图形以不同的路径或不同的文件名进行存盘。

动手操作——另存为文件

(1) 绘制图形或打开某个图形后，激活【另存为】命令。
(2) 打开【图形另存为】对话框，如图 2-17 所示。
(3) 在此对话框内设置存盘路径、文件名和文件格式后，单击【保存】按钮，即可将当前图形文件另存。

图 2-17 【图形另存为】对话框

3. 自动保存文件

为了防止断电、死机等意外，AutoCAD 为用户定制了【自动保存】这个非常人性化的功能命令。启用该功能后，系统将持续在设定时间内为用户自动存盘。

动手操作——设定自动保存

（1）在菜单栏执行【工具】/【选项】命令，打开【选项】对话框。

（2）在【打开和保存】选项卡，设置自动保存的文件格式和时间间隔等参数，如图 2-18 所示。

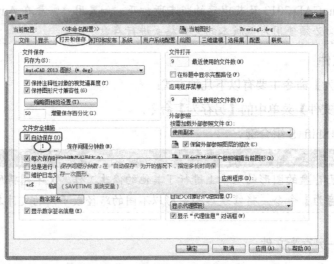

图 2-18 【打开和保存】选项卡

（3）单击【确定】按钮关闭【选项】对话框。随后所绘制的图形将按设定的保存时间进行自动保存。

2.2 AutoCAD 系统变量与命令输入

在 AutoCAD 中提供了各种系统变量（System Variables），用于存储操作环境设置、图形信息和一些命令的设置（或值）等。利用系统变量可以显示当前状态，也可控制 AutoCAD 的某些功能和设计环境、命令的工作方式。

2.2.1 系统变量定义与类型

CAD 系统变量是控制某些命令工作方式的设置。系统变量可以打开或关闭模式，如【捕捉模式】、【栅格显示】或【正交模式】等；也可以设置填充图案的默认比例；还能存储有关当前图形和程序配置的信息；有时用户使用系统变量来更改一些设置；在其他情况下，还可以使用系统变量显示当前状态。

系统变量通常有 6~10 个字符长的缩写名称，许多系统变量有简单的开关设置。系统变量主要有以下几种类型：整数型、实数型、点、开/关或文本字符串等，如表 2-1 所示。

表 2-1 系统变量类型

类型	定义	相关变量
整数	（用于选择） 此类型的变量用不同的整数值来确定相应的状态	如变量 SNAPMODE、OSMODE
	（用于数值） 该类型的变量用不同的整数值来进行设置	如 GRIPSIZE、ZOOMFACTOR 等变量
实数	实数类型的变量用于保存实数值	如 AREA、TEXTSIZE 等变量
点	（用于坐标） 该类型的变量用于保存坐标点	如 LIMMAX、SNAPBASE 等变量
	（用于距离） 该类型的变量用于保存 X、Y 方向的距离值	如 GRIDUNIT、SCREENSIZE 等变量
开/关	此类型的变量有 ON（开）/OFF（关）两种状态，用于设置状态的开关	如 HIDETEXT、LWDISPLAY 等变量

2.2.2 系统变量的查看和设置

有些系统变量具有只读属性，用户只能查看而不能修改只读变量。而对于没有只读属性的系统变量，用户可以在命令行中输入系统变量名或者使用 SETVAR 命令来改变这些变量的值。

> **提示**
> DATE 是存储当前日期的只读系统变量。可以显示但不能修改该值。

通常，一个系统变量的取值都可以通过相关的命令来改变。例如当使用 DIST 命令查询距离时，只读系统变量 DISTANCE 将自动保持最后一个 DIST 命令的查询结果。除此之外，用户可通过如下两种方式直接查看和设置系统变量：

- 在命令行直接输入变量名
- 使用【setvar】命令来指定系统变量

1. 在命令行直接输入变量名

对于只读变量，系统将显示其变量值。而对于非只读变量，系统在显示其变量值的同时还允许用户输入一个新值来设置该变量。

2. 使用 SETVAR 命令来指定系统变量

对于只读变量，系统将显示其变量值。而对于非只读变量，系统在显示其变量值的同时还允许用户输入一个新值来设置该变量。SETVAR 命令不仅可以对指定的变量进行查看和设置，还使用【?】选项来查看全部的系统变量。此外，对于一些与系统命令相同的变量，如 AREA 等，只能用 SETVAR 来查看。

SETVAR 命令可通过以下方式来执行：

- 菜单栏：选择【工具】/【查询】/【设置变量】命令。
- 命令行：输入 SETVAR。

命令行操作提示如下：

命令：
SETVAR 输入变量名或 [?]：   //输入变量以查看或设置

> **提示**
> SETVAR 命令可透明使用。

2.2.3 命令

前面一章中我们介绍了目录的执行方式，这里主要是针对系统变量及一般命令的输入方法做简要介绍。

除了前面介绍的几种命令执行方式外，在 AutoCAD 中，还可以通过键盘来执行，如使用键盘快捷键来执行绘图命令。

1. 在命令行输入替代命令

在命令行中输入命令条目，需输入全名，然后通过按 Enter 键或空格键来执行。用户也可以自定义命令的别名来替代，例如，在命令行中可以输入 C 代替 *circle* 来启动 CIRCLE（圆）命令，并以此来绘制一个圆。命令行操作提示如下：

命令：c   //输入命令别名

```
CIRCLE 指定圆的圆心或 [三点(3P)/两点(2P)/切点、切点、半径(T)]：   //在图形窗口中指定圆心
指定圆的半径或 [直径(D)]：200                                   //输入圆半径并按 Enter 键
```

绘制的圆如图 2-19 所示。

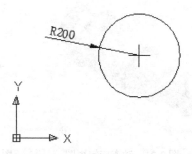

图 2-19 输入命令别名来绘制的图形

> 提示
> 命令的别名不同于键盘的快捷键，例如 U（放弃）的键盘快捷键是 Ctrl+Z。

2. 在命令行输入系统变量

用户可通过在命令行直接输入系统变量来设置命令的工作方式。例如 GRIDMODE 系统变量用来控制打开或关闭点栅格显示。在这种情况下，GRIDMODE 系统变量在功能上等价于 GRID 命令。当命令行显示如下操作提示时：

```
命令:: GRIDMODE                              //输入变量
输入 GRIDMODE 的新值 <0>：                   //输入变量值
```

按命令提示输入【0】，可以关闭栅格显示；若输入【1】，可以打开栅格显示。

3. 利用鼠标功能

在绘图窗口，光标通常显示为"十"字线形式。当光标移至菜单选项、工具或对话框内时，它会变成一个箭头。无论光标是"十"字线形式还是箭头形式，当单击或者按动鼠标键时，都会执行相应的命令或动作。在 AutoCAD 中，鼠标键是按照下述规则定义的。

- 左键：指拾取键，用于指定屏幕上的点，也可以用来选择 Windows 对象、AutoCAD 对象、工具栏按钮和菜单命令等。
- 右键：指回车键，功能相当于键盘 Enter 键，用于结束当前使用的命令，此时程序将根据当前绘图状态而弹出不同的快捷菜单。
- 中键：按住中键，相当于 AutoCAD 中的 PAN 命令（实时平移）。滚动中键，相当于 AutoCAD 中的 ZOOM 命令（实时缩放）。
- Shift+右键：弹出【对象捕捉】快捷菜单，如图 2-20 所示。对于三键鼠标，弹出按钮通常是鼠标的中间按钮。
- Shift+中键：三维动态旋转视图，如图 2-21 所示。
- Ctrl+中键：上、下、左、右旋转视图，如图 2-22 所示。
- Ctrl+右键：弹出【对象捕捉】快捷菜单。

  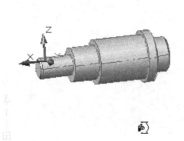

图 2-20　【对象捕捉】快捷菜单　　图 2-21　动态旋转视图　　图 2-22　上、下、左、右旋转视图

4. 键盘快捷键

快捷键是指用于启动命令的键组合。例如，可以按 Ctrl+O 组合键来打开文件，按 Ctrl+S 组合键来保存文件，结果与从【文件】菜单中选择【打开】和【保存】相同。表 2-2 显示了【保存】快捷键的特性，其显示方式与在【特性】窗格中的显示方式相同。

表 2-2　【保存】快捷键的特性

【特性】窗格项目	说明	群例
名称	该字符串仅在 CUI 编辑器中使用，并且不会显示在用户界面中。	保存
说明	文字用于说明元素，不显示在用户界面中	保存当前图形
扩展型帮助文件	当光标悬停在工具栏或面板按钮上时，将显示已显示的扩展型工具提示的文件名和 ID	
命令显示名称	包含命令名称的字符串，与命令有关	QSAVE
宏	命令宏。遵循标准的宏语法	^C^C_qsave
键	指定用于执行宏的按键组合。单击【...】按钮以打开【快捷键】对话框	Ctrl+S
标签	与命令相关联的关键字。标签可提供其他字段用于在菜单栏中进行搜索	
元素 ID	用于识别命令的唯一标记	ID_Save

> **提示**
> 快捷键从用于创建它的命令中继承了自己的特性。

用户可以为常用命令指定快捷键（有时称为加速键），还可以指定临时替代键，以便通过按键来执行命令或更改设置。

临时替代键可临时打开或关闭在【草图设置】对话框中设置的某个绘图辅助工具（例如，【正交模式】、【对象捕捉】或【极轴追踪】模式）。表 2-3 显示了【对象捕捉替代：端点】临时替代键的特性，其显示方式与在【特性】窗格中的显示方式相同。

表 2-3 【对象捕捉替代：端点】临时替代键的特性

【特性】窗格项目	说明	样例
名称	该字符串仅在 CUI 编辑器中使用，并且不会显示在用户界面中	对象捕捉替代: 端点
说明	文字用于说明元素，不显示在用户界面中	对象捕捉替代: 端点
键	指定用于执行临时替代的按键组合。单击【...】按钮以打开【快捷键】对话框	Shift+E
宏 1（按下键时执行）	用于指定应在用户按下按键组合时执行宏	^P'_.osmode 1 $(if,$(eq,$(getvar,osnapoverride),'_.osnapoverride 1)
宏 2（松开键时执行）	用于指定应在用户松开按键组合时执行宏。如果保留为空，AutoCAD 会将所有变量恢复至以前的状态	

> **提示**
>
> 用户可以将快捷键与命令列表中的任一命令相关联，还可以创建新快捷键或者修改现有的快捷键。

动手操作——定制快捷键

为自定义的命令创建快捷键的操作步骤如下：

（1）在功能区的【管理】标签【自定义设置】面板中单击【用户界面】按钮，程序弹出【自定义用户界面】对话框，如图 2-23 所示。

图 2-23 【自定义用户界面】对话框

（2）在对话框的【所有自定义文件】的下拉列表中单击【键盘快捷键】项目旁边的【+】号，将此节点展开，如图 2-24 所示。

（3）在【按类别过滤命令列表】下拉列表中选择【自定义命令】选项，将用户自定义的命令显示在下方的命令列表中，如图 2-25 所示。

图 2-24 展开【键盘快捷键】节点

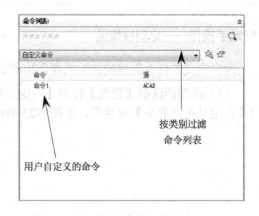

图 2-25 显示用户自定义的命令

（4）使用鼠标左键将自定义的命令从命令列表框向上拖曳到【键盘快捷键】节点中，如图 2-26 所示。

（5）选择上一步骤创建的新快捷键，为其创建一个组合键。然后在对话框右边的【特性】选项卡中选择【键】行，并单击 按钮，如图 2-27 所示。

第 2 章　AutoCAD 文件管理与操作

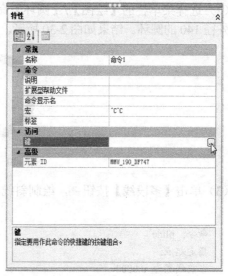

图 2-26　使用鼠标左键移拖命令　　　　图 2-27　为【快捷键】指定组合键

（6）随后程序弹出【快捷键】对话框，再使用键盘为【命令 1】快捷键指定组合键，指定后单击【确定】按钮，完成自定义键盘快捷键的操作。创建的组合快捷键将在【特性】选项卡的【键】选项行中显示，如图 2-28 所示。

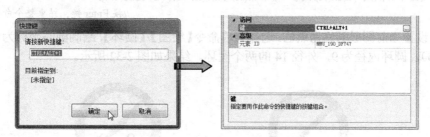

图 2-28　使用键盘指定快捷键组合键

（7）最后单击【自定义用户界面】对话框的【确定】按钮，完成操作。

动手操作——绘制交通标志图形

接下来绘制如图 2-29 所示的交通标志。帮助大家掌握命令输入方法绘制图形技巧。

图 2-29　交通标志

（1）新建文件。

（2）选择菜单栏的【绘图】/【圆环】命令，绘制圆心坐标为（100,100），圆环内径为110，外径140的圆环。结果如图2-30所示。

图2-30 绘制圆环

（3）单击【多段线】按钮，绘制斜线。命令行提示如下。绘制完成的结果如图2-31所示。

命令: _pline
指定起点: //在圆环左上方适当捕捉一点
当前线宽为 0.0000
指定下一个点或 [圆弧(A)/半宽(H)/长度(L)/放弃(U)/宽度(W)]:   //输入W，按Enter键
指定起点宽度 <0.0000>:   //输入值20并按Enter键
指定端点宽度 <20.0000>:   //保留默认值并按Enter键
指定下一个点或 [圆弧(A)/半宽(H)/长度(L)/放弃(U)/宽度(W)]:   //斜向向下在圆环上捕捉一点
指定下一点或 [圆弧(A)/闭合(C)/半宽(H)/长度(L)/放弃(U)/宽度(W)]:
                                                      //按Enter键，结束整个命令操作

（4）设置当前图层颜色为黑色。选择菜单命令【绘图】/【圆环】，绘制圆心坐标为（128,83）和（83,83），圆环内径为9，外径14的两个圆环。结果如图2-32所示。

图2-31 绘制斜杠　　　　图2-32 绘制车轱辘

提示

这里巧妙地运用了绘制实心圆环的命令来绘制汽车轮胎。

（5）单击【多段线】按钮，绘制车身。命令行提示如下。

命令: _pline
指定起点: //输入绝对坐标140,83
当前线宽为 0.0000
指定下一个点或 [圆弧(A)/半宽(H)/长度(L)/放弃(U)/宽度(W)]:
                                                      //输入第2点绝对坐标136.775,83
指定下一点或 [圆弧(A)/闭合(C)/半宽(H)/长度(L)/放弃(U)/宽度(W)]:   //选择A选项或者输入a
指定圆弧的端点或 [角度(A)/圆心(CE)/闭合(CL)/方向(D)/半宽(H)/直线(L)/半径(R)/第二个点(S)/放弃(U)/宽度(W)]:
                                                      //选择CE选项或者输入ce
指定圆弧的圆心: //输入圆心坐标128,83

指定圆弧的端点或[角度(A)/长度(L)]:
                              //指定一点（在极限追踪的条件下拖动鼠标向左在屏幕上单击）
指定圆弧的端点或 [角度(A)/圆心(CE)/闭合(CL)/方向(D)/半宽(H)/直线(L)/半径(R)/第二个点(S)/放
弃(U)/宽度(W)]:l   //输入 L 选项。
指定下一点或 [圆弧(A)/闭合(C)/半宽(H)/长度(L)/放弃(U)/宽度(W)]:
                              //输入相对坐标@-27.22,0，然后按 Enter 键
指定下一点或 [圆弧(A)/闭合(C)/半宽(H)/长度(L)/放弃(U)/宽度(W)]:   //输入 a，按 Enter 键
指定圆弧的端点或[角度(A)/圆心(CE)/闭合(CL)/方向(D)/半宽(H)/直线(L)/半径(R)/第二个点(S)/放
弃(U)/宽度(W)]:   //输入 ce，按 Enter 键
指定圆弧的圆心: //输入圆弧圆心坐标 83，83，然后按 Enter 键
指定圆弧的端点或 [角度(A)/长度(L)]:   //输入 a，按 Enter 键
指定包含角: //输入角度 180，按 Enter 键
指定圆弧的端点或[角度(A)/圆心(CE)/闭合(CL)/方向(D)/半宽(H)/直线(L)/半径(R)/第二个点(S)/放
弃(U)/宽度(W)]:l   //输入 L，按 Enter 键
指定下一点或 [圆弧(A)/闭合(C)/半宽(H)/长度(L)/放弃(U)/宽度(W)]:   //输入长度 16
指定下一点或 [圆弧(A)/闭合(C)/半宽(H)/长度(L)/放弃(U)/宽度(W)]:   //输入坐标 58,104.5
指定下一点或 [圆弧(A)/闭合(C)/半宽(H)/长度(L)/放弃(U)/宽度(W)]:   //输入坐标 71,127
指定下一点或 [圆弧(A)/闭合(C)/半宽(H)/长度(L)/放弃(U)/宽度(W)]:   //输入坐标 82,127
指定下一点或 [圆弧(A)/闭合(C)/半宽(H)/长度(L)/放弃(U)/宽度(W)]:   //输入坐标 82,106
指定下一点或 [圆弧(A)/闭合(C)/半宽(H)/长度(L)/放弃(U)/宽度(W)]:   //输入坐标 140,106
指定下一点或 [圆弧(A)/闭合(C)/半宽(H)/长度(L)/放弃(U)/宽度(W)]:
                              //输入 c，按 Enter 键，结束操作
```

**提示**

　　这里绘制载货汽车时，调用了绘制多段线的命令，该命令的执行过程比较繁杂，反复使用了绘制圆弧和绘制直线的选项，注意灵活调用绘制圆弧的各个选项，尽量使绘制过程简单明了。

（6）单击【矩形】按钮□，在车身后部合适的位置绘制几个矩形作为货箱，结果如图 2-33 所示。

图 2-33　绘制车身

## 2.2.4　AutoCAD 执行命令方式

　　AutoCAD 2016 是人机交互式软件，当用该软件绘图或进行其他操作时，首先要向
```

AutoCAD 发出命令，AutoCAD 2016 给用户提供了多种执行命令的方式，可以根据自己的习惯和熟练程度选择更顺手的方式来执行软件中繁多的命令。下面分别讲解 3 种常用的命令执行方式。

1. 通过菜单栏执行

这是一种最简单最直观的命令执行方法，初学者很容易掌握，只需要用鼠标单击菜单栏上的命令，即可执行对应的 AutoCAD 命令。使用这种方式往往较慢，需要用户手动在庞大的菜单栏中去寻找命令，用户需对软件的结构有一定的认识。

下面我们用执行菜单栏中的命令方式来绘制图形。

💻 **动手操作——绘制办公桌**

绘制如图 2-34 所示的办公桌。

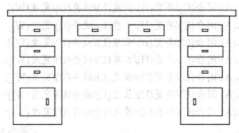

图 2-34　办公桌

（1）在菜单栏执行【绘图】/【矩形】命令，绘制 858×398 的矩形，如图 2-35 所示。

```
命令:_rectang
指定第一个角点或 [倒角(C)/标高(E)/圆角(F)/厚度(T)/宽度(W)]:        //指定起点
指定另一个角点或 [面积(A)/尺寸(D)/旋转(R)]: @398,858↵              //按 Enter 键
```

> **提示**
> 命令行中的 ↵ 符号表示按 Enter 键。

（2）按 Enter 键再执行【矩形】命令，并在矩形内部绘制 4 个矩形，且不管尺寸和位置关系，如图 2-36 所示。

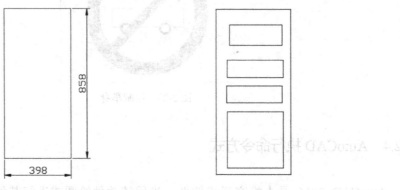

图 2-35　绘制矩形　　　　图 2-36　再绘制 4 个矩形

(3) 在菜单栏执行【参数】/【标注约束】/【水平】或【竖直】命令,对 4 个矩形进行尺寸和位置约束,结果如图 2-37 所示。

(4) 在菜单栏执行【绘图】/【矩形】命令,利用极轴追踪功能在前面绘制的 4 个矩形中心位置再绘制一系列的小矩形作为抽屉把手,然后执行菜单栏的【参数】/【标注约束】/【水平】或【竖直】命令对 4 个小矩形分别进行定形和定位,结果如图 2-38 所示。

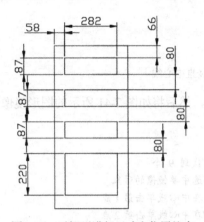
图 2-37 对矩形进行尺寸和位置约束

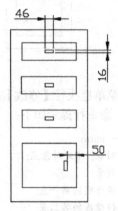
图 2-38 绘制矩形

(5) 在菜单栏执行【绘图】/【矩形】命令,在合适的位置绘制一个矩形作为桌面,绘制结果如图 2-39 所示。

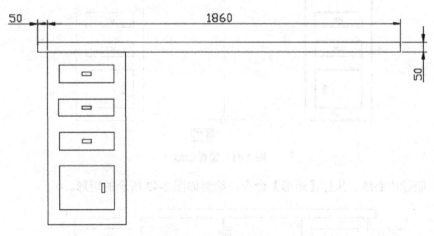
图 2-39 绘制桌面

(6) 在菜单栏执行【绘图】/【直线】命令,然后捕捉桌面矩形的中点绘制竖直中心线,如图 2-40 所示。

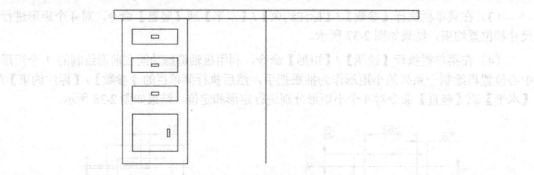

图 2-40 绘制竖直中心线

（7）在菜单栏执行【修改】/【镜像】命令，然后将如图 2-41 所示的图形镜像到竖直中心线的右侧。命令行提示如下：

```
命令:_mirror
选择对象: 指定对角点:              //找到 9 个
选择对象:                        //选中要镜像的对象
指定镜像线的第一点:               //在中心线单击第 1 点
指定镜像线的第二点:               //在中心线单击第 2 点
要删除源对象吗? [是(Y)/否(N)] <N>:  //按 Enter 键，结束操作
```

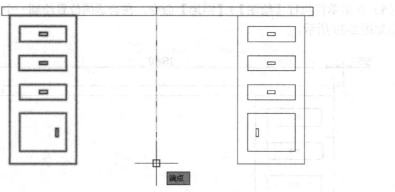

图 2-41 镜像图形

（8）删除中心线。执行【矩形】命令，绘制如图 2-42 所示的矩形。

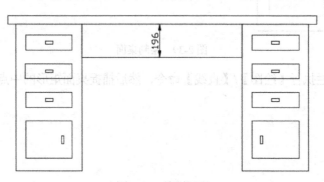

图 2-42 绘制矩形

（9）在菜单栏执行【修改】/【复制】命令，然后将抽屉图形水平复制到中间的矩形中，共复制 2 次，如图 2-43 所示。

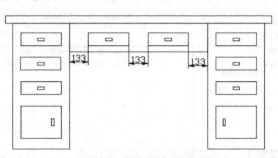

图 2-43 复制抽屉图形

（10）至此，完成了办公桌图形的绘制。

2. 使用命令行输入

通过键盘在命令行输入对应的命令后按 Enter 键或空格键，即可启动对应的命令，然后 AutoCAD 会给出提示，提示用户应执行的后续操作。要想采用这种方式，需要用户记住各个 AutoCAD 命令。

当执行完某一命令后，如果需要重复执行该命令，除可以通过上述 2 种方式执行该命令外，还可以用以下方式重复执行命令。

- 直接按 Enter 键或空格键。
- 在绘图窗口单击鼠标右键，弹出快捷菜单，并在菜单的第一行显示出重复执行上一次所执行的命令，选择此菜单项可重复执行对应的命令。

> **提示**
> 命令执行过程中，可通过按 Esc 键，或用鼠标右键单击绘图窗口，从弹出的快捷菜单中选择"取消"菜单项终止命令的执行。

动手操作——绘制棘轮

本例主要通过直线、圆、矩形来制作棘轮的主体，在制作的过程中用到点样式、定数等分、阵列，制作完成后的棘轮效果如图 2-44 所示。

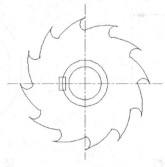

图 2-44 棘轮

(1) 在命令行输入 QNEW 命令，创建空白文件。

(2) 在命令行输入 LAYER 命令，弹出【图层特性管理器】对话框，如图 2-45 所示。

图 2-45　图层特性管理器

(3) 在命令行输入 LAY 命令，打开【图层管理器】选项面板。依次创建中心线、轮廓线图层，并且设置颜色、线型、线宽，如图 2-46 所示。

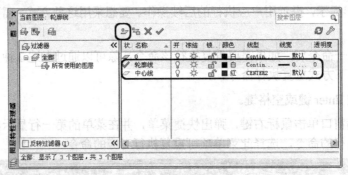

图 2-46　创建新图层

(4) 把【中心线】图层设置为当前图层，在命令行执行 L 命令，然后按 F8 键开启正交模式，绘制两条长度均为 "240" 且相互垂直的直线作为中心线，效果如图 2-47 所示。

(5) 将【轮廓线】图层设置为当前图层，按 F3 键开启捕捉模式，执行 C 命令并按 Enter 键进行确认，根据命令行提示进行操作，拾取两条中心线的交点为圆心，依次绘制半径为 25、35、80、100 的圆，如图 2-48 所示。

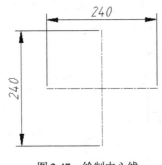

图 2-47　绘制中心线

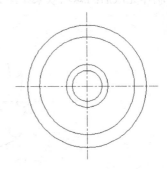

图 2-48　绘制同心圆

（6）在命令行输入 DDPT（点样式）命令，弹出【点样式】对话框，选择第一行第三列的点样式，如图 2-49 所示。单击【确定】按钮，关闭对话框。

（7）在命令行输入 DIVIDE（定数等分）命令并按 Enter 键确认，根据命令行提示进行操作，选择半径为 100 的圆，按 Enter 键确认；根据命令行提示进行操作，输入 12，进行定数等分处理，重复执行【定数等分】命令，对半径为 80 的圆进行定数等分处理，效果如图 2-50 所示。

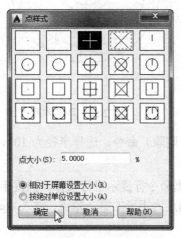
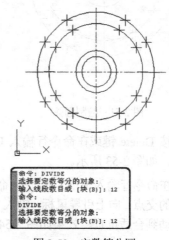

图 2-49　设置点样式　　　　　　　图 2-50　定数等分圆

（8）在命令行输入 ARC（圆弧）命令并按 Enter 键确认，根据命令行提示操作，按 F8 键关闭正交模式；捕捉半径为 100 的圆上的一个等分点为圆弧的起点，在两圆内的适合位置单击，确定圆弧的第二点，捕捉半径为 80 的圆上的一个等分点为圆弧的端点，重复圆弧命令，绘制另一条圆弧，如图 2-51 所示。

（9）在命令行输入 ARRAY(阵列)命令，在绘图区中选择绘制的两条圆弧，然后按命令行的提示进行操作，环形阵列的结果如图 2-52 所示。

```
命令: ARRAY
选择对象: 找到 2 个
选择对象:                                              //选择要阵列的对象
输入阵列类型 [矩形(R)/路径(PA)/极轴(PO)] <矩形>:        //输入 po 并按 Enter 键
类型 = 极轴  关联 = 是
指定阵列的中心点或 [基点(B)/旋转轴(A)]:                 //指定圆心
输入项目数或 [项目间角度(A)/表达式(E)] <4>:             //输入 12 并按 Enter 键
指定填充角度(+=逆时针、-=顺时针)或 [表达式(EX)] <360>:   //按 Enter 键
按 Enter 键接受或 [关联(AS)/基点(B)/项目(I)/项目间角度(A)/填充角度(F)/行(ROW)/层(L)/旋转项目(ROT)/退出(X)]
<退出>:                                                //按 Enter 键，结束操作
```

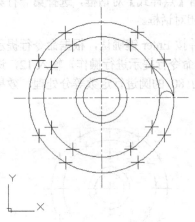
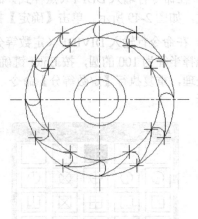

图 2-51　绘制圆弧　　　　　　　　图 2-52　环形阵列

（10）按 Delete 键或在命令行输入 ERASE（删除）命令，选择半径为 100、80 的圆进行删除处理，如图 2-53 所示。

（11）在命令行输入 REC（矩形）命令，根据命令行提示进行操作，捕捉半径为 35 的圆与中心线的交点，向上引导鼠标，输入"10"，确定为矩形的第一角点，输入（@-10,-20），并将矩形移动到合适位置，效果如图 2-54 所示。

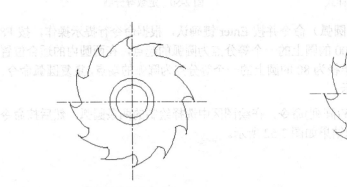
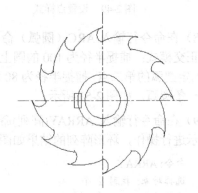

图 2-53　删除后的图形　　　　　　图 2-54　绘制矩形后的图

（12）至此，棘轮的效果就绘制完成了，将完成后的结果文件进行存储。

3. 在功能区单击命令按钮

对于软件新手来说，最简单的绘图方式就是通过在功能区单击命令按钮来执行相关绘图命令。功能区中包含了 AutoCAD 绝大部分绘图命令，可以满足基本的制图要求。功能区的相关命令这里就不过多介绍了，我们将在后面章节陆续地全面介绍这些功能命令。下面以一个图形绘制案例来说明如何利用单击命令按钮来绘制图形。

动手操作——绘制石作雕花大样

下面利用样条曲线和绝对坐标输入法绘制如图 2-55 所示的石作雕花大样图。

(1) 新建文件并进入 AutoCAD 绘图环境中。在绘图区底部的状态栏打开正交功能。

(2) 单击【直线】按钮，起点为（0,0）点，向右绘制一条长 120 的水平线段。

(3) 重复直线命令，起点仍为（0,0）点，向上绘制一条长 80 的垂直线段，如图 2-56 所示。

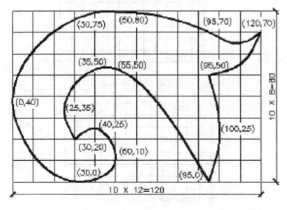

图 2-55　石作雕花大样　　　　　　　图 2-56　绘制直线

(4) 单击【阵列】按钮，选择长度为 120 的直线为阵列对象，在【阵列创建】选项卡中设置参数，如图 2-57 所示。

图 2-57　阵列线段

(5) 单击【阵列】按钮，选择长度为 80 的直线为阵列对象，在【阵列创建】选项卡中设置参数，如图 2-58 所示。

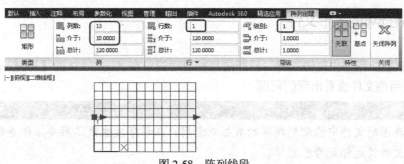

图 2-58　阵列线段

（6）单击【样条曲线】按钮，利用绝对坐标输入法依次输入各点坐标，分段绘制样条曲线，如图2-59所示。

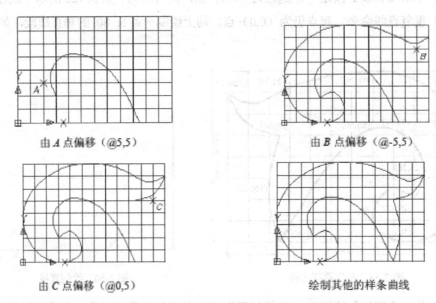

图2-59 各段样条曲线的绘制过程

> **提示**
> 有时在工程制图中不会给出所有点的绝对坐标，此时可以捕捉网格交点来输入偏移坐标，确定线型形状，上图2-59中的提示点为偏移参考点，读者也可使用这种方法来制作。

2.3 修复或恢复图形文件

硬件问题、电源故障或软件问题会导致 AutoCAD 程序意外终止，此时的图形文件容易被损坏。用户可以通过使用命令查找并更正错误或通过恢复为备份文件，修复部分或全部数据。本节将着重介绍修复损坏的图形文件、创建和恢复备份文件和图形修复管理器等知识内容。

2.3.1 修复损坏的图形文件

在 AutoCAD 程序出现错误时，诊断信息被自动记录在 AutoCAD 的【acad.err】文件中，用户可以使用该文件查看出现的问题。

> **提示**
> 如果在图形文件中检测到损坏的数据或者用户在程序发生故障后要求保存图形，那么该图形文件将被标记为已损坏。

如果图形文件只是轻微损坏,有时只需打开图形,程序便会自动修复。若损坏得比较严重,可以使用修复、使用外部参照修复及核查命令来进行修复。

动手操作——修复图形

【修复】工具可用来修复损坏的图形。用户可通过以下命令方式来执行此命令:
- 菜单栏:执行【文件】/【图形实用工具】/【修复】命令。
- 命令行:输入 RECOVER。

(1)执行 RECOVER 命令后,程序弹出【选择文件】对话框,通过该对话框选择要修复的图形文件,如图 2-60 所示。

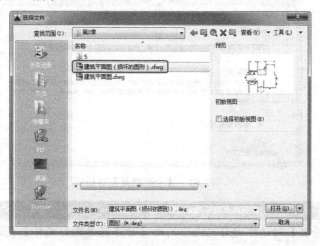

图 2-60 选择要修复的图形文件

(2)选择要修复的图形文件并打开,程序自动对图形进行修复,并弹出图形修复信息对话框。该对话框中详细描述了修复过程及结果,如图 2-61 所示。

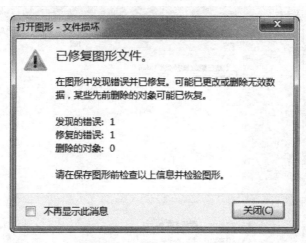

图 2-61 图形修复信息对话框

动手操作——使用外部参照修复图形

【使用外部参照修复】工具可修复损坏的图形和外部参照。用户可通过以下命令方式来执行此命令：

- 菜单栏：选择【文件】/【图形实用工具】/【修复图形和外部参照】命令。
- 命令行：输入 RECOVERALL。

（1）初次使用外部参照修复来修复图形文件，执行 RECOVERALL 命令后，程序会弹出【全部修复】对话框，如图 2-62 所示。该对话框提示用户接着该执行怎样的操作。

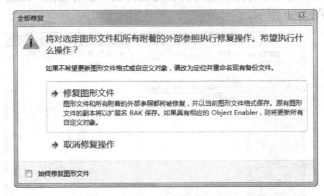

图 2-62 【全部修复】对话框

> **提示**
> 在【全部修复】对话框中勾选左下角的【始终修复图形文件】复选框，在以后执行同样操作时不再弹出该对话框。

（2）单击【修复图形文件】按钮，弹出【选择文件】对话框。通过该对话框选择要修复的图形文件，如图 2-63 所示。

图 2-63 选择修复文件

（3）随后 AutoCAD 程序开始自动修复选择的图形文件，并弹出【图形修复日志】对话框，【图形修复日志】对话框中显示修复结果，如图 2-64 所示。单击【关闭】按钮，程序将修复完成的结果自动保存到原始文件中。

> **提示**
> 已检查的每个图形文件均包括一个可以展开或收拢的图形修复日志，且整个日志可以复制到 Windows 其他应用程序的剪贴板中。

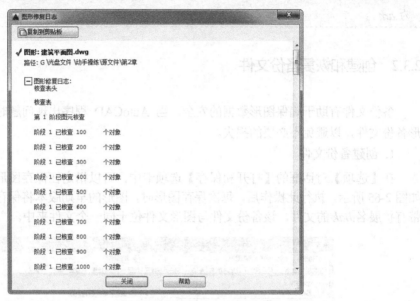

图 2-64 【图形修复日志】对话框

动手操作——核查

【核查】工具可用来检查图形的完整性并更正某些错误。用户可通过以下命令方式来执行此操作：

- 菜单栏：执行【文件】/【图形实用工具】/【核查】命令。
- 命令行：输入 AUDIT。

（1）在 AutoCAD 图形窗口中打开一个图形，执行 AUDIT 命令，命令行显示如下操作提示：

是否更正检测到的任何错误？[是(Y)/否(N)] <N>:

（2）若图形没有任何错误，命令行窗口显示如下核查报告：

核查表头
核查表
第 1 阶段图元核查
阶段 1 已核查 100   个对象
第 2 阶段图元核查
阶段 2 已核查 100   个对象

核查块
已核查 1   个块
共发现 0 个错误，已修复 0 个
已删除 0 个对象

> **提示**
> 如果将 AUDITCTL 系统变量设置为 1，执行 AUDIT 命令将创建 ASCII 文件，用于说明问题及采取的措施，并将此报告放置在当前图形所在的相同目录中，文件扩展名为 .adt。

2.3.2 创建和恢复备份文件

备份文件有助于确保图形数据的安全。当 AutoCAD 程序出现问题时，用户可以恢复图形备份文件，以避免不必要的损失。

1. 创建备份文件

在【选项】对话框的【打开和保存】选项卡中，可以指定在保存图形时创建备份文件，如图 2-65 所示。执行此操作后，每次保存图形时，图形的早期版本将保存为具有相同名称并带有扩展名.bak 的文件。该备份文件与图形文件位于同一个文件夹中。

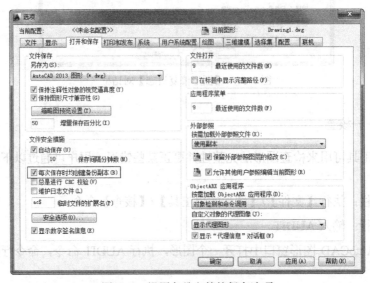

图 2-65 设置备份文件的保存选项

2. 从备份文件恢复图形

从备份文件恢复图形的操作步骤如下：

- 在备份文件保存路径中，找到由.bak 文件扩展名标识的备份文件。
- 将该文件重命名。输入新名称，文件扩展名为.dwg。
- 在 AutoCAD 中通过【打开】命令，将备份图形文件打开。

2.3.3 图形修复管理器

程序或系统出现故障后，用户可通过图形修复管理器来打开图形文件。用户可通过以下命令方式来打开图形修复管理器：

- 菜单栏：选择【文件】/【图形实用工具】/【图形修复管理器】命令。
- 命令行：输入 DRAWINGRECOVERY。

执行 DRAWINGRECOVERY 命令打开的图形修复管理器，如图 2-66 所示。图形修复管理器将显示所有打开的图形文件列表，列表中的文件类型包括图形文件（DWG）、图形样板文件（DWT）和图形标准文件（DWS）。

图 2-66　图形修复管理器

2.4 综合范例——配合捕捉与追踪功能精确画图

本例通过绘制如图 2-67 所示的简单零件的二视图，主要对点的捕捉、追踪及视图调整等功能进行综合练习和巩固。

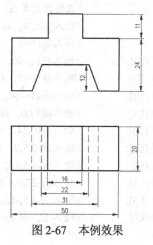

图 2-67　本例效果

 **操作步骤**

（1）选择【文件】/【新建】命令，创建一个空白文件。

（2）选择【视图】/【缩放】/【中心点】命令，将当前视图高度调整为 150。命令行操作如下。

```
命令:'_zoom
指定窗口的角点，输入比例因子 (nX 或 nXP)，或者[全部(A)/中心(C)/动态(D)/范围(E)/上一个(P)/
比例(S)/窗口(W)/对象(O)] <实时>: _c
指定中心点:                        //在绘图区拾取一点作为新视图中心点
输入比例或高度 <210.0777>:          //输入 150 并按 Enter 键（输入新视图的高度）
```

（3）选择【工具】/【草图设置】命令，打开【草图设置】对话框，然后分别设置极轴追踪参数和对象捕捉参数，如图 2-68 和图 2-69 所示。

图 2-68 设置极轴追踪参数

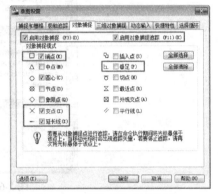
图 2-69 设置对象捕捉参数

（4）按 F12 键，打开状态栏上的【动态输入】功能。

（5）单击【绘图】工具栏上的 ⁄ 按钮，激活【直线】命令，使用【点的精确输入】功能绘制主视图外轮廓线。命令行操作如下。

```
命令: _line
指定第一点:                           //在绘图区单击，拾取一点作为起点
指定下一点或 [放弃(U)]:                //输入@0,24，按 Enter 键，输入下一点坐标
指定下一点或 [放弃(U)]:                //输入@17<0，按 Enter 键，输入下一点坐标
指定下一点或 [闭合(C)/放弃(U)]:        //输入@11<90，按 Enter 键，输入下一点坐标
指定下一点或 [闭合(C)/放弃(U)]:        //输入@16<0，按 Enter 键，输入下一点坐标
指定下一点或 [闭合(C)/放弃(U)]:        //输入@11<-90，按 Enter 键，输入下一点坐标
指定下一点或 [闭合(C)/放弃(U)]:        //输入@17,0，按 Enter 键，输入下一点坐标
指定下一点或 [闭合(C)/放弃(U)]:        //输入@0,-24，按 Enter 键，输入下一点坐标
指定下一点或 [闭合(C)/放弃(U)]:        //输入@-9.5,0，按 Enter 键，输入下一点坐标
指定下一点或 [闭合(C)/放弃(U)]:        //输入@-4.5,12，按 Enter 键，输入下一点坐标
指定下一点或 [闭合(C)/放弃(U)]:        //输入@-22,0，按 Enter 键，输入下一点坐标
指定下一点或 [闭合(C)/放弃(U)]:        //输入@-4.5,-12，按 Enter 键，输入下一点坐标
指定下一点或 [闭合(C)/放弃(U)]:        //输入 C，按 Enter 键，结果如图 2-70 所示
```

图 2-70 绘制结果

（6）重复执行【直线】命令，配合端点捕捉、延伸捕捉和极轴追踪功能，绘制俯视图的外轮廓线。命令行操作如下。

命令:_line
指定第一点: //以如图 2-71 所示的端点作为延伸点，向下引出如图 2-72 所示的延伸线，然后在适当位置拾取一点，定位起点

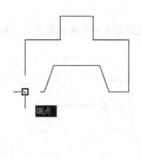
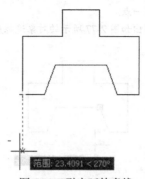

图 2-71 定位延伸点　　　　　图 2-72 引出延伸虚线

指定下一点或 [放弃(U)]:
//水平向右移动光标，引出水平的极轴追踪虚线，如图 2-73 所示，然后输入 50，按 Enter 键
指定下一点或 [放弃(U)]:
//垂直向下移动光标，引出如图 2-74 所示的极轴虚线，输入 20，按 Enter 键

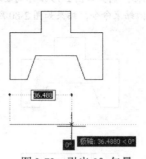
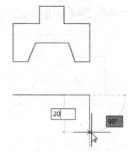

图 2-73 引出 0°矢量　　　　　图 2-74 引出 270°矢量

指定下一点或 [闭合(C)/放弃(U)]:
//向左移动光标，引出如图 2-75 所示水平的极轴追踪虚线，然后输入 50，按 Enter 键
指定下一点或 [闭合(C)/放弃(U)]:　　//输入 c，按 Enter 键，闭合图形，结果如图 2-76 所示

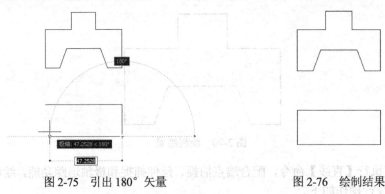

图 2-75　引出 180°矢量　　　　　　　图 2-76　绘制结果

（7）重复执行【直线】命令，配合端点捕捉、交点捕捉、垂足捕捉和对象捕捉追踪功能，绘制内部的垂直轮廓线。命令行操作如下。

命令: _line
指定第一点:
　　　//引出如图 2-77 所示的对象追踪虚线，捕捉追踪虚线与水平轮廓线的交点，如图 2-78 所示

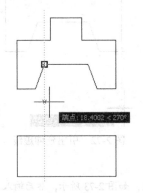 

图 2-77　引出对象追踪虚线　　　　　　图 2-78　捕捉交点

指定下一点或 [放弃(U)]:　　　　　//向下移动光标，捕捉如图 2-79 所示的垂足点
指定下一点或 [放弃(U)]:　　　　　//按 Enter 键，结束命令，结果如图 2-80 所示

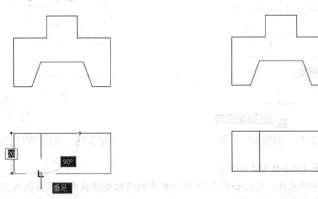

图 2-79　捕捉垂足点　　　　　　　　　图 2-80　绘制结果

（8）选择【绘图】/【直线】命令，配合端点、交点、对象追踪和极轴追踪等功能，绘

制右侧的垂直轮廓线。命令行操作如下。

命令: _line
指定第一点:　　　　　//引出如图 2-81 所示的对象追踪虚线，捕捉追踪虚线与水平轮廓线的交点，
　　　　　　　　　　　如图 2-82 所示，定位起点

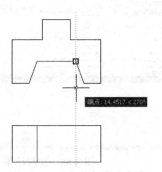
图 2-81　引出对象追踪虚线

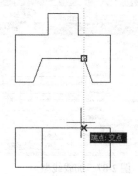
图 2-82　捕捉交点

指定下一点或 [放弃(U)]:
　　　　//向下引出如图 2-83 所示的极轴追踪虚线，捕捉追踪虚线与下侧边的交点，如图 2-84 所示
指定下一点或 [放弃(U)]:　　　　//按 Enter 键，结束命令，绘制结果如图 2-85 所示

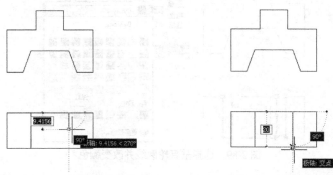

图 2-83　引出极轴追踪虚线　　　　图 2-84　捕捉交点

（9）参照第 7、8 操作步骤，使用画线命令配合捕捉追踪功能，根据两视图的对应关系，绘制内部垂直轮廓线，结果如图 2-86 所示。

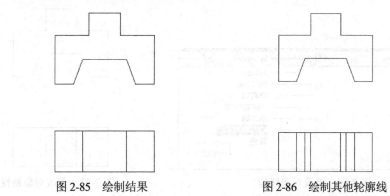

图 2-85　绘制结果　　　　图 2-86　绘制其他轮廓线

（10）选择【格式】/【线型】命令，打开【线型管理器】对话框，单击【加载】按钮，

从弹出的【加载或重载线型】对话框中加载一种名为"HIDDEN2"的线型，如图 2-87 所示。

（11）选择"HIDDEN2"的线型后单击【确定】按钮，进行加载此线型，加载结果如图 2-88 所示。

图 2-87 加载线型　　　　　　　　　　　图 2-88 加载结果

（12）在无命令执行的前提下，选择如图 2-89 所示的垂直轮廓线，然后在【特性】工具栏上的【颜色控制】列表上单击，在展开的列表中选择"洋红"，更改对象的颜色特性。

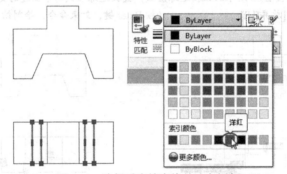

图 2-89 选择垂直轮廓线并改变颜色

（13）在【特性】工具栏上的【线型控制】列表上单击，在展开的下拉列表中选择"HIDDEN2"选项，更改对象的线型，如图 2-90 所示。

（14）按 Esc 键，取消对象的夹点显示，结果如图 2-91 所示。

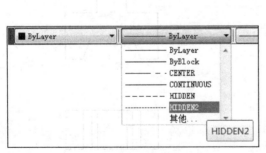
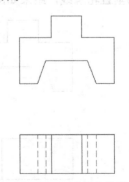

图 2-90 更改对象线型　　　　　　　　　图 2-91 更改对象特性

（15）最后选择【文件】/【保存】命令，将图形存储。

第 3 章 必备的辅助绘图工具

本章导读

在掌握了 AutoCAD 2016 窗口界面、命令执行方式、文件管理办法等基本操作之后，要想弄清楚绘图原理和绘图过程，须了解一些常用的辅助绘图工具。这些工具功能包括 AutoCAD 坐标系、控制图形及视图、测量与计算图形等。

学习要求

认识 AutoCAD 2016 坐标系
如何控制图形与视图
认识快速计算器

3.1 认识 AutoCAD 2016 坐标系

用户在绘制精度要求较高的图形时，常使用用户坐标系（简称 UCS）的二维坐标系、三维坐标系来输入坐标值，以满足设计需要。

3.1.1 认识 AutoCAD 坐标系

坐标 (x, y) 是表示点的最基本的方法。为了输入坐标及建立工作平面，需要使用坐标系。在 AutoCAD 中，坐标系由世界坐标系（简称 WCS）和用户坐标系构成。

1. 世界坐标系（WCS）

世界坐标系是一个固定的坐标系，也是一个绝对坐标系。通常在二维视图中，WCS 的 X 轴水平，Y 轴垂直。WCS 的原点为 X 轴和 Y 轴的交点 $(0, 0)$。图形文件中的所有对象均由 WCS 坐标来定义。

2. 用户坐标系（UCS）

用户坐标系是可移动的坐标系，也是一个相对坐标系。一般情形下，所有坐标输入以及其他工具和操作，均参照当前的 UCS。使用可移动的用户坐标系 UCS 创建和编辑对象通常更方便。

在默认情况下，UCS 和 WCS 是重合的。如图 3-1 所示为用户坐标系在绘图操作中的定义。

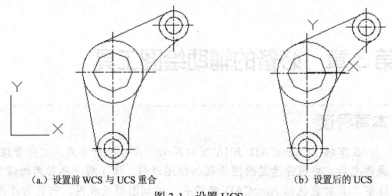

(a.) 设置前 WCS 与 UCS 重合　　　　　　　　(b) 设置后的 UCS

图 3-1　设置 UCS

3.1.2　笛卡儿坐标系

笛卡儿坐标系有三个轴，即 X、Y 和 Z 轴。输入坐标值时，需要指示沿 X、Y 和 Z 轴相对于坐标系原点（0,0,0）距离（以单位表示）及其方向（正或负）。在二维中，在 XY 平面（也称为工作平面）上指定点。工作平面类似于平铺的网格纸。笛卡儿坐标的 X 值指定水平距离，Y 值指定垂直距离。原点（0,0）表示两轴相交的位置。

在二维中输入笛卡儿坐标，在命令行输入以逗号分隔的 X 值和 Y 值即可。笛卡儿坐标输入分为绝对坐标输入和相对坐标输入。

1. 绝对坐标输入

当已知要输入点的精确坐标的 X 和 Y 值时，最好使用绝对坐标。若在浮动工具条上（动态输入）输入坐标值，坐标值前面可选择添加"＃"号（不添加也可），如图 3-2 所示。

若在命令行输入坐标值，则无须添加"＃"号。命令行的操作提示如下：

```
命令：line
指定第一点：30,60↙                    //输入直线第一点坐标
指定下一点或 [放弃(U)]：150,300↙       //输入直线第二点坐标
指定下一点或 [放弃(U)]：*取消*         //输入 U 或按 Enter 键或 Esc 键
```

绘制的直线如图 3-3 所示。

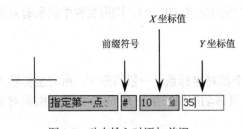

图 3-2　动态输入时添加前缀

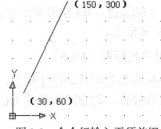

图 3-3　命令行输入无须前缀

2. 相对坐标输入

相对坐标是基于上一输入点的。如果知道某点与前一点的位置关系，可以使用相对坐标。

要指定相对坐标，需在坐标前面添加一个@符号。

例如，在命令行输入"@3,4"指定一点，此点沿 X 轴方向有 3 个单位，沿 Y 轴方向距离上一指定点有 4 个单位。在图形窗口中绘制了一个三角形的三条边，命令行的操作提示如下：

```
命令：line
指定第一点：-2,1↵                              //第一点绝对坐标
指定下一点或 [放弃(U)]：@5,0↵                  //第二点相对坐标
指定下一点或 [放弃(U)]：@0,3↵                  //第三点相对坐标
指定下一点或 [闭合(C)/放弃(U)]：@-5,-3↵        //第四点相对坐标
指定下一点或 [闭合(C)/放弃(U)]：c↵             //闭合直线
```

绘制的三角形如图 3-4 所示。

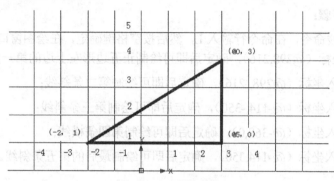

图 3-4 相对坐标输入

动手操作——利用笛卡儿坐标绘制五角星和多边形

使用相对笛卡儿坐标绘制五角星和正五边形，如图 3-5 所示。

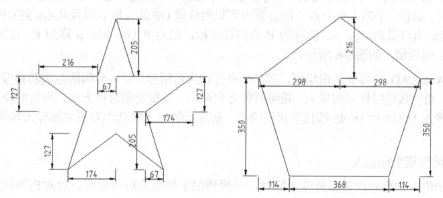

图 3-5 绘制五角星和正五边形

绘制五角星步骤：

（1）新建文件进入到 AutoCAD 绘图环境中。

（2）使用直线命令，在命令行输入 L，然后按空格键确定，在绘图窗口指定第一点，提示下一点时输入坐标（@216,0），确定后即可绘制五角星的左上边的第一条横线；

(3）再次输入坐标（@67,205），确定后即可绘制第二条斜线；

(4）再次输入坐标（@67,-205），确定后即可绘制第三条斜线；

(5）再次输入坐标（@216,0），确定后即可绘制第四条横线；

(6）再次输入坐标(@-174,-127)，确定后即可绘制第五条斜线；

(7）再次输入坐标(@67,-205)，确定后即可绘制第六条斜线；

(8）再次输入坐标(@-174,127)，确定后即可绘制第七条斜线；

(9）再次输入坐标(@-174,-127)，确定后即可绘制第八条斜线；

(10）再次输入(@67,205)，确定后即可绘制第九条斜线；

(11）再次输入坐标(@-174,127)，确定后即可绘制最后的第十条斜线。

绘制五边形步骤：

(1）使用直线命令，在命令行输入 L，然后按空格键确定，在绘图窗口指定第一点，提示下一点时输入坐标（@298,216），确定后即可绘制正五边形左上边的第一条斜线；

(2）再次输入坐标（@298,-216），确定后即可绘制第二条斜线；

(3）再次输入坐标（@-114,-350），确定后即可绘制第三条斜线；

(4）再次输入坐标（@-368,0），确定后即可绘制第四条横线；

(5）再次输入坐标（@-114,350），确定后即可绘制最后的第五条斜线。

3.1.3 极坐标系

在平面内由极点、极轴和极径组成的坐标系称为极坐标系。在平面上取定一点 O，称为极点。从 O 出发引一条射线 Ox，称为极轴。再取定一个长度单位，通常规定角度取逆时针方向为正。这样，平面上任一点 P 的位置就可以用线段 OP 的长度 ρ 以及从 Ox 到 OP 的角度 θ 来确定，有序数对（ρ，θ）就称为 P 点的极坐标，记为 P（ρ，θ）；ρ 称为 P 点的极径，θ 称为 P 点的极角，如图3-6所示。

在 AutoCAD 中要表达极坐标，需在命令行输入角括号（<＝分隔的距离和角度）。默认情况下，角度按逆时针方向增大，按顺时针方向减小。要指定顺时针方向，为角度输入负值。例如，输入 1<315 和 1<-45 都代表相同的点。极坐标的输入包括绝对极坐标输入和相对极坐标输入。

1. 绝对极坐标输入

当知道点的准确距离和角度坐标时，一般情况下使用绝对极坐标。绝对极坐标从 UCS 原点（0,0）开始测量，此原点是 X 轴和 Y 轴的交点。

使用动态输入，可以使用"#"前缀指定绝对坐标。如果在命令行而不是工具提示中输入【动态输入】坐标，则不使用"#"前缀。例如，输入#3<45 指定一点，此点距离原点有 3 个单位，并且与 X 轴成 45°角。命令行操作提示如下：

命令：line

```
指定第一点：0,0                                           //指定直线起点
指定下一点或 [放弃(U)]：4<120                            //指定第二点
指定下一点或 [放弃(U)]：5<30                             //指定第三点
指定下一点或 [闭合(C)/放弃(U)]：*取消*                    //按 Esc 键或 Enter 键
```

绘制的线段如图 3-7 所示。

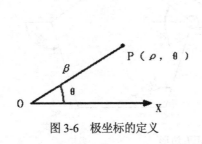

图 3-6　极坐标的定义

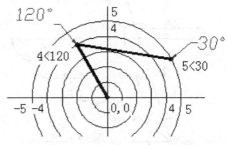

图 3-7　以绝对极坐标方式绘制线段

2. 相对极坐标输入

相对极坐标是基于上一输入点而确定的。如果知道某点与前一点的位置关系，可使用相对（X,Y）极坐标来输入。

要输入相对极坐标，需在坐标前面添加一个"@"符号。例如，输入@1<45 来指定一点，此点距离上一指定点有 1 个单位，并且与 X 轴成 45°角。

例如，使用相对极坐标来绘制两条线段，线段都是从标有上一点的位置开始。在命令行输入以下提示命令：

```
命令：line
指定第一点：-2, 3                                         //指定直线起点
指定下一点或 [放弃(U)]：2, 4                             //指定第二点
指定下一点或 [放弃(U)]：@3<45                            //指定第三点
指定下一点或 [放弃(U)]：@5<285                           //指定第四点
指定下一点或 [闭合(C)/放弃(U)]：*取消*                    //按 Esc 键或 Enter 键
```

绘制的两条线段如图 3-8 所示。

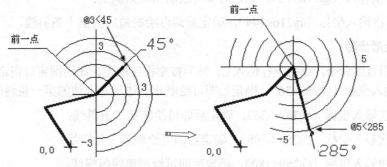

图 3-8　以相对极坐标方式绘制线段

动手操作——利用极坐标绘制五角星和多边形

使用相对极坐标绘制五角星和正五边形，如图3-9所示。

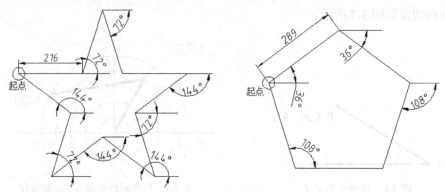

图3-9 绘制五角星和正五边形

绘制五角星步骤：

（1）新建文件进入到AutoCAD绘图环境中。

（2）使用直线命令，在命令行输入L，然后按空格键确定，在绘图窗口指定第一点，提示下一点时输入坐标（@216<0），确定后即可绘制五角星左上边的第一条横线；

（3）再次输入坐标（@216<72），确定后即可绘制第二条斜线；

（4）再次输入坐标（@216<-72），确定后即可绘制第三条斜线；

（5）再次输入坐标（@216<0），确定后即可绘制第四条横线；

（6）再次输入坐标（@216<-144），确定后即可绘制第五条斜线；

（7）再次输入坐标（@216<-72），确定后即可绘制第六条斜线；

（8）再次输入坐标（@216<144），确定后即可绘制第七条斜线；

（9）再次输入坐标（@216<-144），确定后即可绘制第八条斜线；

（10）再次输入（@216<72），确定后即可绘制第九条斜线；

（11）再次输入坐标（@216<144），确定后即可绘制最后的第十条斜线。

绘制五边形步骤：

（1）使用直线命令，在命令行输入L，然后按空格键确定，在绘图窗口指定第一点，提示下一点时输入坐标（@289<36），确定后即可绘制正五边形左上边的第一条斜线；

（2）再次输入坐标（@289<-36），确定后即可绘制第二条斜线；

（3）再次输入坐标（@289<-108），确定后即可绘制第三条斜线；

（4）再次输入坐标（@289<180），确定后即可绘制第四条横线；

（5）再次输入坐标（@289<108），确定后即可绘制最后的第五条斜线。

> **技术要点：**
> 在输入笛卡儿坐标时，绘制直线可启用正交，如五角星上边两条直线，在打开正交的状态下，用光标指引向右的方向，直接输入216代替（@216,0）更加方便快捷。再如五边形下边的直线，打开正交后，光标向左，直接输入368代替（@-368,0）更加方便操作。在输入极坐标时，直线同样可启用正交，用光标指引直线的方向，直接输入216代替（@216<0）更加方便快捷，输入289代替（@289<180）更加方便操作。

3.2 如何控制图形与视图

在中文版AutoCAD 2016中，用户可以使用多种方法来观察绘图窗口中绘制的图形，如使用【视图】菜单中的命令，使用【视图】工具栏中的工具按钮，以及使用视口和鸟瞰视图等。通过这些方式可以灵活地观察图形的整体效果或局部细节。

3.2.1 视图缩放

按一定比例、观察位置和角度显示的图形称为视图。在AutoCAD中，用户可以通过缩放视图来观察图形对象。如图3-10所示为视图的放大效果。

图3-10 视图的放大效果

缩放视图可以增加或减少图形对象的屏幕显示尺寸，但对象的真实尺寸保持不变。通过改变显示区域和图形对象的大小更准确、更详细地绘图。用户可通过以下命令方式来执行此操作：

- 菜单栏：选择【视图】/【缩放】/【实时】命令或子菜单的其他命令。
- 右键菜单：在绘图区域选择右键菜单中的【缩放】命令。
- 命令行：输入ZOOM。

菜单栏中的【缩放】菜单命令如图3-11所示。

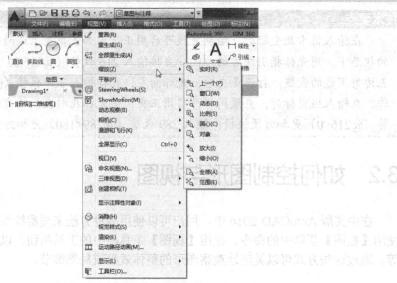

图 3-11 【缩放】菜单命令

1. 实时

"实时"就是利用定点设备,在逻辑范围内向上或向下动态缩放视图。进行视图缩放时,光标将变为带有加号(+)和减号(-)的放大镜,如图 3-12 所示。

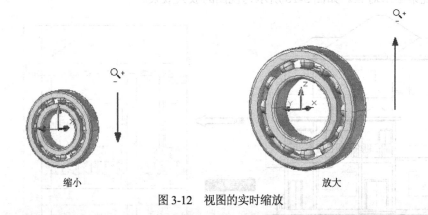

缩小　　　　　　　　　　　　　放大

图 3-12 视图的实时缩放

技术要点:

达到放大极限时,光标上的加号将消失,表示将无法继续放大。达到缩小极限时,光标上的减号将消失,表示将无法继续缩小。

2. 上一个

"上一个"就是缩放显示上一个视图。最多可恢复此前的 10 个视图。

3. 窗口

"窗口"就是缩放显示由两个角点定义的矩形窗口框定的区域,如图 3-13 所示。

第 3 章　必备的辅助绘图工具

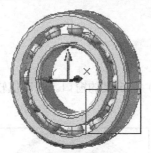 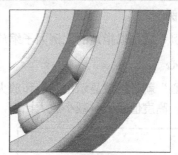

定义矩形放大区域　　　　　　　　　　放大效果

图 3-13　视图的窗口缩放

4. 动态

"动态"就是缩放显示在视图框中的部分图形。视图框表示视口，可以改变它的大小，或在图形中移动。移动视图框或调整它的大小，将其中的图像平移或缩放，以充满整个视口，如图 3-14 所示。

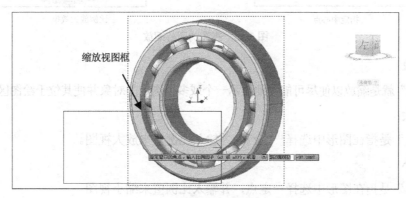

设定视图框的大小及位置

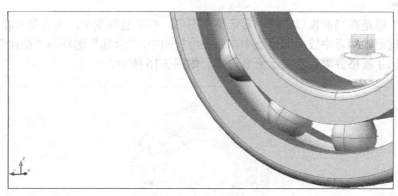

动态放大后的效果

图 3-14　视图的动态缩放

技术要点：

使用"动态"缩放视图，应首先显示平移视图框。将其拖动到所需位置并单击，继而显示缩放视图框。调整其大小然后按 Enter 键进行缩放，或单击以返回平移视图框。

5. 比例

"比例"就是以指定的比例因子缩放显示。

6. 圆心

"圆心"就是缩放显示由圆心和放大比例（或高度）所定义的窗口。高度值较小时增加放大比例；高度值较大时减小放大比例，如图 3-15 所示。

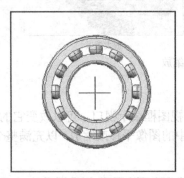 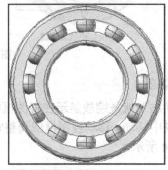

指定中心点　　　　　　　　　　　　　比例放大效果

图 3-15　视图的圆心缩放

7. 对象

"对象"就是缩放以便尽可能大地显示一个或多个选定的对象并使其位于绘图区域的中心。

8. 放大

"放大"是指在图形中选择一定点，并输入比例值来放大视图。

9. 缩小

"缩小"是指在图形中选择一定点，并输入比例值来缩小视图。

10. 全部

"全部"就是在当前视口中缩放显示整个图形。在平面视图中，所有图形将被缩放到栅格界限和当前范围两者中较大的区域中。在三维视图中，"全部"选项与"范围"选项等效。即使图形超出了栅格界限也能显示所有对象，如图 3-16 所示。

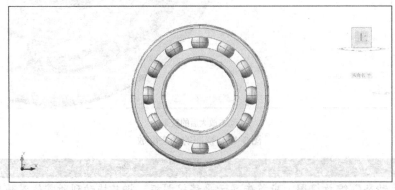

图 3-16　全部缩放视图

第3章 必备的辅助绘图工具

11. 范围

"范围"是指缩放以显示图形范围,并尽最大可能显示所有对象。

3.2.2 平移视图

使用平移视图命令,可以重新定位图形,以便看清图形的其他部分。此时不会改变图形中对象的位置或比例,只改变视图。

用户可通过以下命令方式来执行平移视图操作:

- 菜单栏:选择【视图】/【平移】/【实时】命令或子菜单的其他命令。
- 面板:在【默认】选项卡【实用程序】面板中单击【平移】按钮。
- 右键菜单:在绘图区域选择右键菜单中的【平移】命令。
- 状态栏:单击【平移】按钮。
- 命令行:输入 PAN。

技术要点:

> 如果在命令提示下输入-pan,PAN 将显示另外的命令提示,用户可以指定要平移图形显示的位移。

菜单栏中的【平移】菜单命令如图 3-17 所示。

1. 实时

"实时"就是利用定点设备,在逻辑范围内上、下、左、右平移视图。进行视图平移时,光标形状变为手形,按住鼠标拾取键,视图将随着光标向同一方向移动,如图 3-18 所示。

图 3-17 【平移】菜单命令

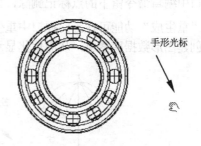

图 3-18 实时平移视图

2. 左、右、上、下

当平移视图到达图纸空间或窗口的边缘时,将在此边缘上的手形光标上显示边界栏。程序根据边缘处于图形顶部、底部还是两侧,将相应地显示出水平(顶部或底部)或垂直(左侧或右侧)边界栏,如图 3-19 所示。

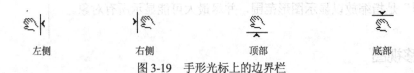

图 3-19 手形光标上的边界栏

3. 点

"点"是指定视图的基点位移的距离来平移视图。执行此操作的命令行提示如下：

```
命令：'_-pan 指定基点或位移：指定第一点：        //指定基点（位移起点）
命令：'_-pan 指定基点或位移：指定第二点：        //指定位移的终点
```

使用"点"方式来平移视图的示意图如图 3-20 所示。

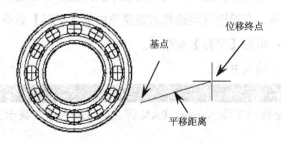

图 3-20 "点"平移视图

3.2.3 重画与重生成

"重画"功能就是刷新显示所有视口。当控制点标记打开时，可使用"重画"功能将所有视口中编辑命令留下的点标记删除，如图 3-21 所示。

"重生成"功能可在当前视口中重生成整个图形并重新计算所有对象的屏幕坐标，还会重新创建图形数据库索引，从而优化显示和对象选择的性能。

图 3-21 应用"重画"功能消除标记

技术要点

控制点标记可通过输入命令行 BLIPMODE 命令来打开，ON 为"开"，OFF 为"关"。

3.2.4 显示多个视口

有时为了编辑图形的需要，常将模型视图窗口划分为若干个独立的小区域，这些小的区域则称为模型空间视口。视口是显示用户模型的不同视图的区域，用户可以创建一个或多个视口，也可以新建或重命名视口，还可以合并或拆分视口。如图 3-22 所示为创建的四个视口效果图。

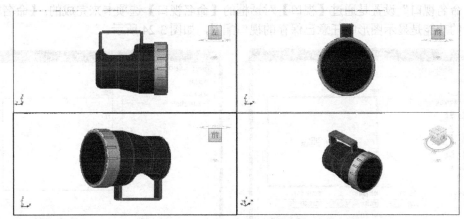

图 3-22　四个模型空间视口

1. 新建视口

要创建新的视口，可通过【视口】对话框的【新建视口】选项卡（如图 3-23 所示）来配置模型空间并保存设置。

用户可通过以下命令执行方式来打开该对话框：

- 菜单栏：选择【视图】/【视口】/【新建视口】命令。
- 命令行：输入 VPORTS。

在【视口】对话框中，【新建视口】选项卡显示标准视口配置列表并配置模型空间视口，【命名视口】选项卡则显示图形中任意已保存的视口配置。

【新建视口】选项卡下各选项含义如下：

- 新名称：为新建的模型空间视口配置指定名称。如果不输入名称，则新建的视口配置只能应用而不被保存。
- 标准视口：列出并设定标准视口配置，包括当前配置。
- 预览：显示选定视口配置的预览图像，以及在配置中被分配到每个单独视口的默认视图。
- 应用于：将模型空间视口配置应用到"显示"窗口或"当前视口"。"显示"是将视口配置应用到整个显示窗口，此选项是默认设置。"当前视口"是仅将视口配置应用到当前视口。
- 设置：指定二维或三维设置。若选择"二维"选项，新的视口配置将最初通过所有视口中的当前视图来创建。若选择"三维"选项,一组标准正交三维视图将被应用到配置中的视口。

- 修改视图:使用从"标准视口"列表中选择的视图替换选定视口中的视图。
- 视觉样式:将视觉样式应用到视口。"视觉样式"下拉列表框中包括"当前"、"二维线框"、"三维隐藏"、"三维线框"、"概念"和"真实"等视觉样式。

2. 命名视口

"命名视口"设置是通过【视口】对话框的【命名视口】选项卡来完成的。【命名视口】选项卡的功能是显示图形中任意已保存的视口配置,如图3-24所示。

图3-23 【新建视口】选项卡

图3-24 【命名视口】选项卡

3. 拆分或合并视口

视口拆分就是将单个视口拆分为多个视口,或者在多个视口的一个视口中进行再拆分。若在单个视口中拆分视口,直接在菜单栏中选择【视图】/【视口】/【两个】命令,即可将单视口拆分为两个视口。

例如,将图形窗口的两个视口中的一个视口再次拆分,操作步骤如下:

(1)在图形窗口中选择要拆分的视口,如图3-25所示。

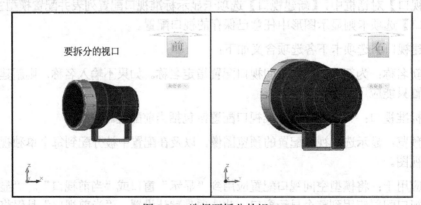
图3-25 选择要拆分的视口

(2)在菜单栏中选择【视图】/【视口】/【两个】命令,程序自动将选择的视口拆分为两个小视口,效果如图3-26所示。

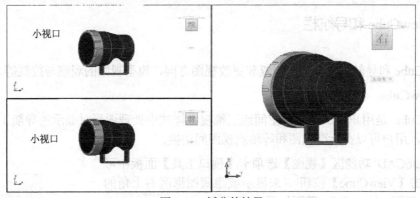

图 3-26 拆分的结果

合并视口是将多个视口合并为一个视口的操作。

用户可通过以下命令方式来执行此操作：

- 菜单栏：选择【视图】/【视口】/【合并】命令。
- 命令行：输入 VPORTS。

合并视口操作需要先选择一个主视图，然后选择要合并的其他视图。执行命令后，选择的其他视图将合并到主视图中。

3.2.5 命名视图

用户可以在一张工程图纸上创建多个视图。当要观看、修改图纸上的某一部分视图时，将该视图恢复出来即可。要创建、设置、重命名、修改和删除命名视图（包括模型命名视图）、相机视图、布局视图和预设视图，则可通过【视图管理器】对话框来设置。

用户可通过以下命令方式来执行此操作：

- 菜单栏：选择【视图】/【命名视图】命令。
- 命令行：输入 VIEW。

执行 VIEW 命令，程序将弹出【视图管理器】对话框，如图 3-27 所示。在此对话框中可设置模型视图、布局视图和预设视图。

图 3-27 【视图管理器】对话框

3.2.6 ViewCube 和导航栏

ViewCube 和导航栏主要用来恢复和更改视图方向、模型视图的观察与控制等。

1. ViewCube

ViewCube 是用户在二维模型空间或三维视觉样式中处理图形时显示的导航工具。通过 ViewCube，用户可以在标准视图和等轴测视图间切换。

在 AutoCAD 功能区【视图】选项卡【视口工具】面板中可以通过单击【ViewCube】按钮来显示或隐藏图形区右上角的 ViewCube 界面。ViewCube 界面如图 3-28 所示。

ViewCube 的视图控制方法之一是单击 ViewCube 界面中的 、、 和 ，也可以在图形区左上方选择俯视、仰视、左视、右视、前视及后视视图，如图 3-29 所示。

图 3-28 ViewCube 界面

ViewCube 的视图控制方法之二是单击 ViewCube 界面中的角点、边或面，如图 3-30 所示。

图 3-29 选择视图

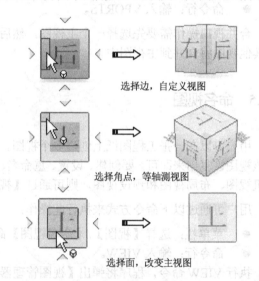

图 3-30 选择 ViewCube 改变视图

技术要点

可以在 ViewCube 上按住左键不放拖曳鼠标来自定义视图方向。

在 ViewCube 的外围是指南针，用于指示为模型定义的北向。可以单击指南针上的 4 个基本方向以旋转模型，也可以单击并拖动指南针环以交互方式围绕轴心点旋转模型，如图 3-31 所示。

指南针的下方是 UCS 坐标系的下拉菜单选项：WCS 和新 UCS。WCS 就是当前的世界坐标系，也是工作坐标系。UCS 是指用户自定义坐标系，可以为其指定坐标轴进行定义，如图 3-32 所示。

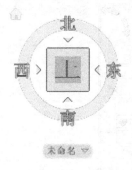
图 3-31　指南针

图 3-32　ViewCube UCS 坐标系菜单

2. 导航栏

导航栏是一种用户界面元素，用户可以从中访问通用导航工具和特定于产品的导航工具，如图 3-33 所示。

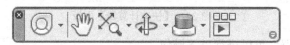
图 3-33　导航栏

导航栏中提供以下通用导航工具：

- 导航控制盘◎：提供在专用导航工具之间快速切换的控制盘集合。
- 平移：用于平移视图中的模型及图纸。
- 范围缩放：用于缩放视图的所有命令集合。
- 动态观察：用于动态观察视图的命令集合。
- ShowMotion：用户界面元素，可提供用于创建和回放以便进行设计查看、演示和书签样式导航的屏幕显示。

3.3　认识快速计算器

快速计算器包括与大多数标准数学计算器类似的基本功能。另外，快速计算器还具有特别适用于 AutoCAD 的功能，例如几何函数、单位转换区域和变量区域。

3.3.1　了解快速计算器

与大多数计算器不同的是，快速计算器是一个表达式生成器。为了获取更大的灵活性，它不会在用户单击某个函数时立即计算出答案。相反，它会让用户输入一个可以轻松编辑的表达式。

在功能区【默认】选项卡单击【实用工具】面板中的【快速计算器】按钮，打开【快速计算器】面板，如图 3-34 所示。

图 3-34 【快速计算器】面板

使用"快速计算器"可以进行以下操作。

- 执行数学计算和三角计算。
- 访问和检查以前输入的计算值进行重新计算。
- 从【特性】选项卡访问计算器来修改对象特性。
- 转换测量单位。
- 执行与特定对象相关的几何计算。
- 向【特性】选项卡和命令提示复制和粘贴值及表达式。
- 计算混合数字（分数）、英寸和英尺。
- 定义、存储和使用计算器变量。
- 使用 CAL 命令中的几何函数。

技术要点：

单击计算器上的【更少】按钮◎，将只显示输入框和"历史记录"区域。使用【展开】按钮▼或【收拢】按钮▲可以选择打开或关闭区域。还可以通过拖动快速计算器的边框控制其大小，通过拖动快速计算器的标题栏改变其位置。

3.3.2 使用快速计算器

在功能区【默认】选项卡单击【实用工具】面板中的【快速计算器】按钮，打开【快速计算器】面板，然后在文本输入框中输入要计算的内容。

输入要计算的内容后单击快速计算器中的【等号】按钮 或按 Enter 键进行确定，将在文本输入框中显示计算的结果，在"历史记录"区域中将显示计算的内容和结果。在"历史

第 3 章 必备的辅助绘图工具

记录"区域中单击鼠标右键，在弹出的快捷菜单中选择"清除历史记录"命令，可以将"历史记录"区域的内容删除，如图 3-35 所示。

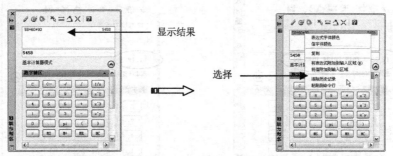

图 3-35 使用快速计算器

动手操作——使用快速计算器

（1）打开光盘中的本例源文件"平面图.dwg"，如图 3-36 所示。

（2）单击【实用工具】面板中的【快速计算器】按钮，打开【快速计算器】面板。

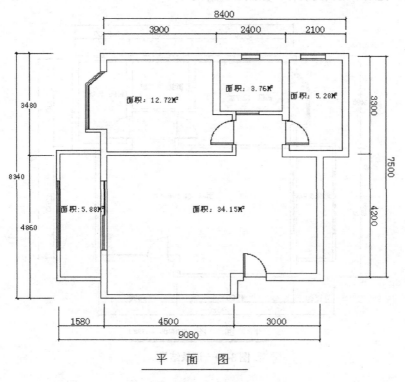

图 3-36 打开的图纸

（3）在文本输入框中输入各房间面积相加的算式"12.72+3.76+5.28+34.15+5.88"，如图 3-37 所示。

（4）单击快速计算器中的"等号"按钮，进行确定，在文本输入框中将显示计算的结果，如图 3-38 所示。

图 3-37　输入相加的算式　　　　　图 3-38　计算结果

（5）执行【文字（T）】命令，将计算结果室内面积 61.79 平方米记录在图形下方"平面图"的右侧，完成本案例的制作，如图 3-39 所示。

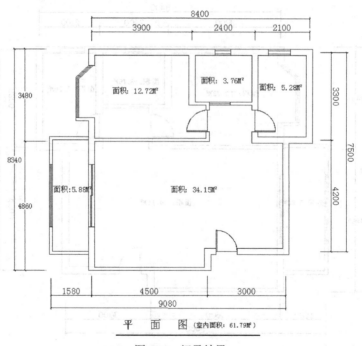

图 3-39　记录结果

3.4　综合范例

至此，AutoCAD 2016 入门的基础内容基本上讲解完成，为了让大家在后面的学习过程中非常轻松，本章还将继续安排二维图形绘制的综合训练供大家学习。

3.4.1 范例一：绘制多边形组合图形

本例多边形组合图形主要由多个同心的正六边形和阵列圆构成，如图 3-40 所示。其绘制方法可以是"偏移"绘制，也可以是"阵列"绘制，还可以按图形的比例放大进行绘制。本例采用的是比例放大方法。

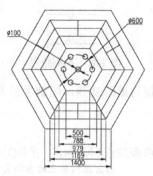

图 3-40　多边形组合图形

操作步骤

（1）执行 QNEW 命令，创建空白文件。

（2）在菜单栏执行【工具】/【绘图设置】命令，设置捕捉模式，如图 3-41 所示。

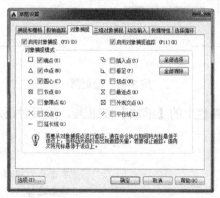

图 3-41　设置捕捉模式

（3）在菜单栏执行【格式】/【图形界限】命令，重新设置图形界限为 2 500×2 500。

（4）在菜单栏执行【视图】/【缩放】/【全部】命令，将图形界限最大化显示。

（5）在命令行执行 POL 命令，绘制正六边形轮廓线，结果如图 3-42 所示。命令行操作如下：

```
命令：_polygon
输入边的数目 <4>:6↙              //设置边的数目
指定正多边形的中心点或 [边(E)]: e ↙
指定边的第一个端点：              //在绘图区指定第一端点
```

指定边的第二个端点: @500,0 ↵   //指定第二端点

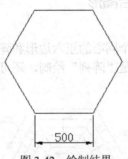

图 3-42 绘制结果

（6）执行 C 命令，配合捕捉与追踪功能，绘制半径为 50 的圆形，绘制结果如图 3-43 所示。命令行操作过程如下：

命令: _circle
指定圆的圆心或 [三点(3P)/两点(2P)/切点、切点、半径(T)]:   //通过下侧边中点和右侧端点，引出互相垂直的方向矢量，然后捕捉两条虚线的交点作为圆心
指定圆的半径或 [直径(D)] <50.0000>: 50   //按 Enter 键，结束操作

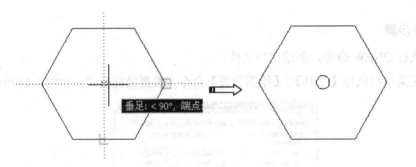

图 3-43 绘制圆

（7）单击【修改】工具栏上的【缩放】按钮 ，然后对正六边形进行缩放，结果如图 3-44 所示。命令行操作如下：

命令: _scale
选择对象: //单击正六边形
选择对象: ↵   //结束选择
指定基点: //捕捉圆的圆心
指定比例因子或 [复制(C)/参照(R)] <0>: C ↵
缩放一组选定对象。
指定比例因子或 [复制(C)/参照(R)] <0>: 1400/500 ↵

（8）重复执行【缩放】命令，对缩后的正六边形进行多次缩放和复制，结果如图 3-45 所示。命令行操作如下：

命令: _scale
选择对象: //选择最外侧的正六边形
选择对象: ↵

```
指定基点:                                    //捕捉圆的圆心
指定比例因子或 [复制(C)/参照(R)] <2.8000>:    //c↙
缩放一组选定对象。
指定比例因子或 [复制(C)/参照(R)] <2.8000>: 1169/1400↙
命令:↙
SCALE
选择对象:                                    //选择最外侧的正六边形
选择对象:↙
指定基点:                                    //捕捉圆的圆心
指定比例因子或 [复制(C)/参照(R)] <0.8350>: c↙
缩放一组选定对象。
指定比例因子或 [复制(C)/参照(R)] <0.8350>: 979/1400 ↙
命令:↙
SCALE
选择对象:                                    //选择最外侧的正六边形
选择对象:↙
指定基点:                                    //捕捉圆的圆心
指定比例因子或 [复制(C)/参照(R)] <0.6993>: c ↙
缩放一组选定对象。
指定比例因子或 [复制(C)/参照(R)] <0.6993>: 788/1400↙
```

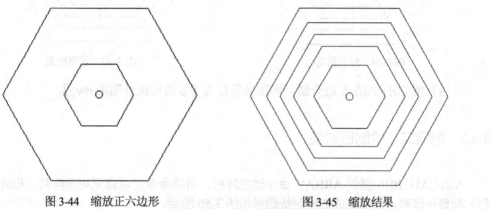

图 3-44 缩放正六边形　　　　　　　　图 3-45 缩放结果

（9）执行 L 命令，配合端点、中点等对象捕捉功能，绘制如图 3-46 所示的直线段。

（10）执行 POL 命令，绘制外接圆半径为 300 的正六边形，如图 3-47 所示。命令行操作如下：

```
命令: _polygon
输入边的数目 <6>: ↙
指定正多边形的中心点或 [边(E)]:              //捕捉圆的圆心
输入选项 [内接于圆(I)/外切于圆(C)] <I>: I     //选择画圆的方式
指定圆的半径: 300 ↙
```

（11）执行 C 命令，分别以刚绘制的正六边形各角点为圆心，绘制直径为 100 的六个圆图形，结果如图 3-48 所示。

（12）按 Delete 键，删除最内侧的正六边形，最终结果如图 3-49 所示。

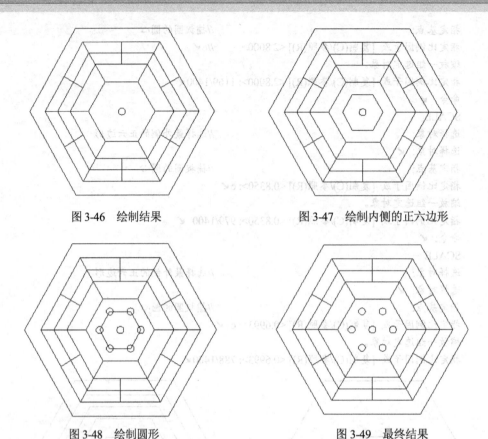

图 3-46　绘制结果　　　　　图 3-47　绘制内侧的正六边形

图 3-48　绘制圆形　　　　　图 3-49　最终结果

（13）按 Ctrl+Shift+S 组合键，将图形另存为【多边形组合图形.dwg】。

3.4.2　范例二：绘制密封垫

AutoCAD 2016 提供 ARRAY 命令建立阵列。用该命令可以建立矩形阵列、极阵列（环形）和路径阵列。绘制完成的密封垫图形如图 3-50 所示。

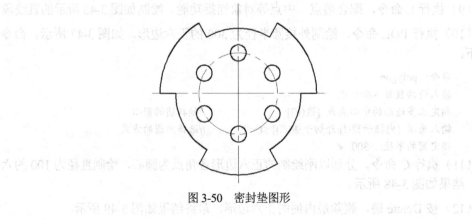

图 3-50　密封垫图形

操作步骤

（1）启动 AutoCAD 2016 程序，新建一个文件。

（2）设置图层。利用"图层"快捷命令 LA，新建两个图层：第一个图层命名为"轮廓线"，线宽为 0.3 mm，其余属性保持默认值。第二个图层命名为"中心线"，颜色设为红色，线型加载为 CEnter，其余属性保持默认值，如图 3-51 所示。

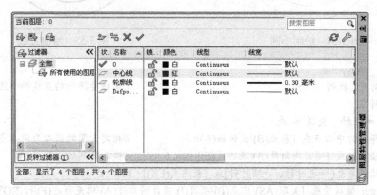

图 3-51　创建新图层

（3）将"中心线"图层设置为当前层。执行 L 命令，绘制两条长度都为 60 且相互交于中点的中心线。然后执行 C 命令，以两中心线的交点为圆心，绘制直径为 50 的圆。结果如图 3-52 所示。

（4）执行 O 命令，以两中心线的交点为圆心绘制直径分别为 80、100 的同心圆，如图 3-53 所示。

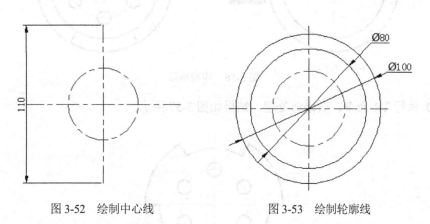

图 3-52　绘制中心线　　　　　图 3-53　绘制轮廓线

（5）再以竖直中心线和中心线圆的交点为圆心绘制直径为 10 的圆，如图 3-54 所示。

（6）执行 L 命令，以ø80 圆与水平对称中心线的交点为起点，以ø100 圆与水平对称中心线的交点为终点绘制直线，结果如图 3-55 所示。

（7）执行 ARRAYPOLAR（环形阵列）命令，选择上一步骤绘制的直线和小圆进行阵列，绘制的图形如图 3-56 所示。命令行提示如下。

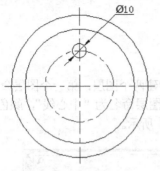
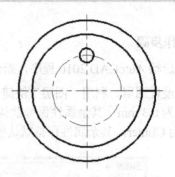

图 3-54　绘制小圆　　　　　　　　　图 3-55　绘制直线

```
命令: _arraypolar
选择对象: 找到 2 个                    //选择要阵列的直线和小圆
选择对象:
类型 = 极轴   关联 = 是
指定阵列的中心点或 [基点(B)/旋转轴(A)]:    //指定大圆的圆心为中心点
输入项目数或 [项目间角度(A)/表达式(E)] <4>: 6   //输入阵列的总数
指定填充角度(+=逆时针、-=顺时针)或 [表达式(EX)] <360>:↵
按 Enter 键接受或 [关联(AS)/基点(B)/项目(I)/项目间角度(A)/填充角度(F)/行(ROW)/层(L)/旋转项
目(ROT)/退出(X)] <退出>:↵
```

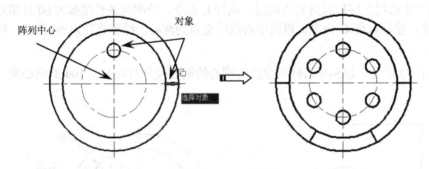

图 3-56　阵列结果

（8）执行 TR 命令，做修剪处理，结果如图 3-57 所示。

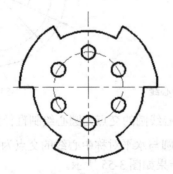

图 3-57　修剪结果

（9）至此，密封垫图形绘制完成了，最后将结果保存。

第 4 章　简单绘图

本章导读

本章介绍用 AutoCAD 2016 常用的线型工具命令来绘制二维平面图形，本章系统地分类介绍各种点、线的绘制和编辑。比如点样式的设置、点的绘制和等分点的绘制，绘制直线、射线、构造线的方法，矩形与正多边形的绘制，圆、圆弧、椭圆和椭圆弧的绘制等。

学习要求

绘制点对象
绘制直线、射线和构造线
绘制矩形和正多边形
绘制圆、圆弧、椭圆和椭圆弧

4.1 绘制点对象

4.1.1 设置点样式

AutoCAD 2016 为用户提供了多种点的样式，用户可以根据需要进行设置当前点的显示样式。

动手操作——设置点样式

（1）执行菜单栏的【格式】/【点样式】命令，或在命令行输入 Ddptype 并按 Enter 键，打开如图 4-1 所示的对话框。

（2）从对话框中可以看出，AutoCAD 共为用户提供了 20 种点样式，在所需样式上单击，即可将此样式设置为当前样式。在此设置【⊠】为当前点样式。

（3）在【点大小】文本框内输入点的大小尺寸。其中，【相对于屏幕设置大小】选项表示按照屏幕尺寸的百分比进行显示点；【按绝对单位设置大小】选项表示按照点的实际尺寸来显示点。

（4）单击【确定】按钮，结果绘图区的点被更新，如图 4-2 所示。

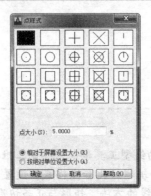
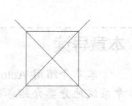

图 4-1　【点样式】对话框　　　　　　　图 4-2　操作结果

> **提示**
> 默认设置下，点图形是以一个小点显示的。

4.1.2　绘制单点和多点

1. 绘制单点

【单点】命令一次可以绘制一个点对象。当绘制完单个点后，系统自动结束此命令，所绘制的点以一个小点的方式进行显示，如图 4-3 所示。

执行【单点】命令主要有以下几种方式：

- 执行菜单栏的【绘图】/【点】/【单点】命令。
- 在命令行输入 Point 按 Enter 键。
- 使用命令简写 PO 按 Enter 键。

2. 绘制多点

【多点】命令可以连续地绘制多个点对象，直到按 Esc 键结束命令为止，如图 4-4 所示。

图 4-3　单点示例　　　　　　　图 4-4　绘制多点

执行【多点】命令主要有以下几种方式：

- 选择【绘图】菜单中的【点】/【多点】命令。
- 单击【绘图】面板上的 按钮。

执行【多点】命令后 AutoCAD 系统提示如下：

命令：Point
　　当前点模式：PDMODE=0　PDSIZE=0.0000　（Current point modes：PDMODE=0 PDSIZE=0.0000）

指定点：　　　　　　　　　　　　　　　　　//在绘图区给定点的位置
指定点：　　　　　　　　　　　　　　　　　//在绘图区给定点的位置
指定点：　　　　　　　　　　　　　　　　　//在绘图区给定点的位置
…
指定点：　　　　　　　　　　　　　　　　　//继续绘制点或按 Esc 键结束命令

4.1.3　绘制定数等分点

【定数等分】命令用于按照指定的等分数目进行等分对象，对象被等分的结果仅仅是在等分点处放置了点的标记符号（或者是内部图块），而源对象并没有被等分为多个对象。

执行【定数等分】命令主要有以下几种方式：

- 选择【绘图】菜单中的【点】/【定数等分】命令。
- 在命令行中输入 Divide 按 Enter 键。
- 使用命令简写 DVI 按 Enter 键。

动手操作——利用"定数等分"等分直线

下面通过将某水平直线段等分 5 份，学习【定数等分】命令的使用方法和操作技巧，具体操作如下：

（1）首先绘制一条长度为 200 的水平线段，如图 4-5 所示。

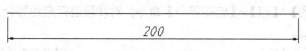

图 4-5　绘制线段

（2）执行【格式】/【点样式】命令，打开【点样式】对话框，将当前点样式设置为【⊕】。

（3）执行【绘图】/【点】/【定数等分】命令，然后根据 AutoCAD 命令行提示进行定数等分线段，命令行操作如下：

```
命令：_divide
选择要定数等分的对象：                          //选择需要等分的线段
输入线段数目或[块（B）]：↙
需要 2 和 32767 之间的整数，或选项关键字。
输入线段数目或[块（B）]：5↙                     //输入需要等分的份数
```

（4）等分结果如图 4-6 所示。

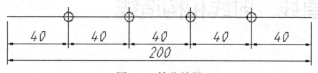

图 4-6　等分结果

> **提示**
> 【块（B）】选项用于在对象等分点处放置内部图块,以代替点标记。在执行此选项时,必须确保当前文件中存在所需使用的内部图块。

4.1.4 绘制定距等分点

【定距等分】命令是按照指定的等分距离进行等分对象。对象被等分的结果仅仅是在等分点处放置了点的标记符号（或者是内部图块），而源对象并没有被等分为多个对象。

执行【定距等分】命令主要有以下几种方式：

- 选择菜单【绘图】/【点】/【定距等分】命令。
- 在命令行输入 Measure 按 Enter 键。
- 使用命令简写 ME 按 Enter 键。

动手操作——利用"定距等分"等分直线

下面通过将某线段每隔 45 个单位的距离放置点标记，学习【定距等分】命令的使用方法和技巧。操作步骤如下：

（1）首先绘制长度为 200 的水平线段。

（2）执行【格式】/【点样式】命令，打开【点样式】对话框，设置点的显示样式为【⊕】。

（3）执行【绘图】/【点】/【定距等分】命令，对线段进行定距等分。命令行操作如下：

```
命令: _measure
选择要定距等分的对象：                    //选择需要等分的线段
指定线段长度或[块（B）]: ✓
需要数值距离、两点或选项关键字。
指定线段长度或[块（B）]: 45              //设置等分长度
```

（4）定距等分的结果如图 4-7 所示。

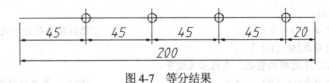

图 4-7 等分结果

4.2 绘制直线、射线和构造线

4.2.1 绘制直线

直线是各种绘图中最常用、最简单的一类图形对象，只要指定了起点和终点即可绘制一条直线。

执行【直线】命令主要有以下几种方式：

- 执行【绘图】/【直线】命令。
- 单击【绘图】面板上的 按钮。
- 在命令行输入 Line 按 Enter 键。
- 使用命令简写 L 按 Enter 键。

动手操作——利用【直线】命令绘制图形

（1）单击【绘图】面板中的【直线】按钮 ，然后按以下命令行提示进行操作。

```
指定第一点:                          //输入 100,0，确定 A 点
指定下一点或[放弃（U）]:              //输入@0,-40，按 Enter 键确定 B 点
指定下一点或[放弃（U）]:              //输入@-90,0，按 Enter 键确定 C 点
指定下一点或[闭合（C）/放弃（U）]:    //输入@0,20，按 Enter 键确定 D 点
指定下一点或[闭合（C）/放弃（U）]:    //输入@50,0，按 Enter 键确定 E 点
指定下一点或[闭合（C）/放弃（U）]:    //输入@0,40，按 Enter 键确定 F 点
指定下一点或[闭合（C）/放弃（U）]:    //输入 C，按 Enter 键自动闭合并结束命令
```

（2）绘制结果如图 4-8 所示。

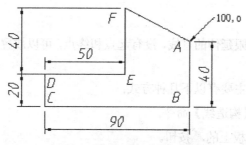

图 4-8　利用直线命令绘制图形

> **提示**
>
> 在 AutoCAD 中，可以用二维坐标(x,y)或三维坐标(x,y,z)来指定端点，也可以混合使用二维坐标和三维坐标。如果输入二维坐标，AutoCAD 将会用当前的高度作为 Z 轴坐标值，默认值为 0。

4.2.2　绘制射线

【射线】命令可以创建开始于一点且另一端无限延伸的线。

执行【射线】命令主要有以下几种方式：

- 执行【绘图】/【射线】命令。

- 在命令行输入 Ray 按 Enter 键。

动手操作——绘制射线

(1) 单击【绘图】面板中的【射线】按钮。

(2) 命令行提示及操作如下：

```
命令：RAY                    //执行命令
指定起点：0,0                //确定 A 点
指定通过点：@30,0           //输入相对坐标
```

(3) 绘制结果如图 4-9 所示。

图 4-9　绘制结果

> **提示**
> 在 AutoCAD 中，射线主要用于绘制辅助线。

4.2.3　绘制构造线

构造线为两端可以无限延伸的直线，没有起点和终点，可以放置在三维空间的任何地方，主要用于绘制辅助线。

执行【构造线】命令主要有以下几种方式：

- 执行【绘图】/【构造线】命令。
- 单击【绘图】面板上的 按钮。
- 在命令行输入 Xline 按 Enter 键。
- 使用命令简写 XL 按 Enter 键。

动手操作——绘制构造线

(1) 执行【绘图】/【构造线】命令。

(2) 根据命令行提示操作如下：

```
命令:XL                                                    //输入命令
XLINE
指定点或[水平（H）/垂直（V）/角度（A）/二等分（B）/偏移（O）]:0,0    //输入构造线放置点
指定通过点：@30,0                                          //输入通过点相对坐标
指定通过点：@30,20                                         //输入第 2 条构造线的通过点相对坐标
```

(3) 绘制结果如图 4-10 所示。

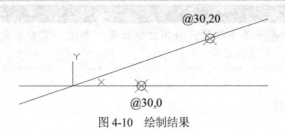

图 4-10 绘制结果

4.3 绘制矩形和正多边形

4.3.1 绘制矩形

矩形是由四条直线元素组合而成的闭合对象，AutoCAD 将其看作是一条闭合的多段线。执行【矩形】命令主要有以下几种方式：

- 执行菜单栏中的【绘图】/【矩形】命令。
- 单击【绘图】面板上【矩形】按钮▭。
- 在命令行输入 Rectang 按 Enter 键。
- 使用命令简写 REC 按 Enter 键。

动手操作——矩形的绘制

默认设置下，绘制矩形的方式为【对角点】方式，下面通过绘制长度为 200、宽度为 100 的矩形，学习使用此种方式。操作步骤如下：

(1) 单击【绘图】面板上的【矩形】按钮▭，激活【矩形】命令。

(2) 根据命令行的提示，使用默认对角点方式绘制矩形，操作如下：

```
命令: _rectang                                              //执行命令
指定第一个角点或 [倒角(C)|标高(E)|圆角(F)|厚度(T)|宽度(W)]:     //定位一个角点
指定另一个角点或 [面积(A)|尺寸(D)|旋转(R)]: @200,100           //输入长宽参数
```

(3) 绘制结果如图 4-11 所示。

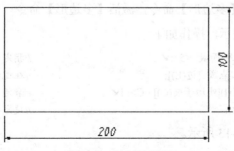

图 4-11 绘制的矩形

> **提示**
> 由于矩形被看作是一条多线段，当用户编辑某一条边，需要事先使用【分解】命令将其进行分解。

4.3.2 绘制正多边形

在 AutoCAD 中，可以使用【多边形】命令绘制边数为 3~1 024 的正多边形。

执行【多边形】命令主要有以下几种方式：

- 执行【绘图】/【多边形】命令。
- 在【绘图】面板中单击【多边形】按钮⬠。
- 在命令行输入 Polygon 按 Enter 键。
- 使用命令简写 POL 按 Enter 键。

绘制正多边形的方式有两种，分别是根据边长绘制和根据半径绘制。

1. 根据边长绘制正多边形

工程图中，常会根据一条边的两个端点绘制多边形，这样不仅确定了正多边形的边长，也指定了正多边形的位置。

动手操作——根据边长绘制正多边形

（1）执行【绘图】/【多边形】命令，激活【多边形】命令。

（2）根据命令行的提示，操作如下

```
命令: _polygon 输入侧面数 <8>: ↙              //指定正多边形的边数
指定正多边形的中心点或 [边(E)]: e↙             //通过一条边的两个端点绘制
指定边的第一个端点: 指定边的第二个端点: 100↙    //指定边长
```

（3）绘制结果如图 4-12 所示。

2. 根据半径绘制正多边形

动手操作——根据半径绘制正多边形

（1）执行【绘图】/【多边形】命令，激活【多边形】命令。

（2）根据命令行的提示，操作如下

```
命令: _polygon 输入侧面数 <5>:↙                          //指定边数
指定正多边形的中心点或 [边(E)]:                          //在视图中单击鼠标指定中心点
输入选项 [内接于圆(I)|外切于圆(C)] <C>: I↙              //激活【内接于圆】选项
指定圆的半径: 100↙                                      //设定半径参数
```

（3）绘制结果如图 4-13 所示。

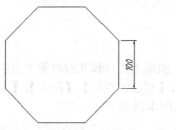
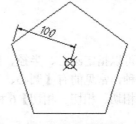

图 4-12　绘制结果　　　　　　图 4-13　绘制结果

提示

也可以不输入半径尺寸,在视图中移动十字光标并单击,创建正多边形。

　信息小驿站

内接于圆和外切于圆

选择【内接于圆】和【外切于圆】选项时,命令行提示输入的数值是不同的。

- 【内接于圆】:命令行要求输入正多边形外圆的半径,也就是正多边形中心点至端点的距离,创建的正多边形所有的顶点都在此圆周上。
- 【外切于圆】:命令行要求输入的是正多边形中心点至各边线中点的距离。

同样输入数值5,创建的内接于圆正多边形小于外切于圆正多边形,如图4-14所示。

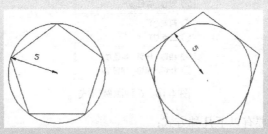

图 4-14　内接于圆与外切于圆正多边形的区别

4.4　绘制圆、圆弧、椭圆和椭圆弧

在 AutoCAD 2016 中,曲线对象包括圆、圆弧、椭圆和椭圆弧、圆环等。曲线对象的绘制方法比较多,因此用户在绘制曲线对象时,按给定的条件来合理选择绘制方法,以提高绘图效率。

4.4.1 绘制圆

要创建圆,可以指定圆心、半径、直径、圆周上的点和其他对象上点的不同组合。圆的绘制方法有很多种,常见的有【圆心、半径】、【圆心、直径】、【两点】、【三点】、【相切、相切、半径】和【相切、相切、相切】6 种,如图 4-15 所示。

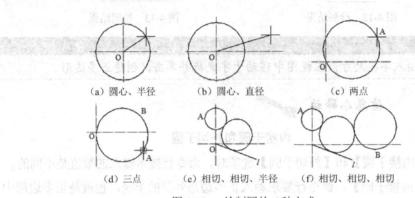

图 4-15 绘制圆的 6 种方式

圆是一种闭合的基本图形元素,AutoCAD 2016 共为用户提供了 6 种画圆方式,如图 4-16 所示。

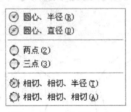

图 4-16 6 种画圆方式

执行【圆】命令主要有以下几种方式:

- 执行【绘图】/【圆】子菜单中的各种命令。
- 单击【绘图】面板上的【圆】按钮 。
- 在命令行输入 Circle 按 Enter 键。

绘制圆主要有两种方式,分别是通过指定半径和直径画圆,以及通过两点或三点精确定位画圆。

1. 半径画圆和直径画圆

半径画圆和直径画圆是两种基本的画圆方式,默认方式为半径画圆。当用户定位出圆的圆心之后,只需输入圆的半径或直径,即可精确画圆。

动手操作——用半径或直径画圆

(1)单击【绘图】面板上的【圆】按钮 ,激活【圆】命令。

(2) 根据 AutoCAD 命令行的提示精确画圆。命令行操作如下：

```
命令: _circle                                                    //执行命令
指定圆的圆心或 [三点(3P)|两点(2P)|切点、切点、半径(T)]:           //指定圆心位置
指定圆的半径或 [直径(D)] <100.0000>:                             //设置半径值为 100
```

(3) 结果绘制了一个半径为 100 的圆形，如图 4-17 所示。

> **提示**
> 激活【直径】选项，即可以直径方式画圆。

2. 两点和三点画圆

两点画圆和三点画圆指的是定位出两点或三点，即可精确画圆。所给定的两点被看作圆直径的两个端点，所给定的三点都位于圆周上。

动手操作——用两点和三点画圆

(1) 执行【绘图】/【圆】/【两点】命令，激活【两点】画圆命令。

(2) 根据 AutoCAD 命令行的提示进行两点画圆。命令行操作如下：

```
命令: _circle
指定圆的圆心或 [三点(3P)|两点(2P)|切点、切点、半径(T)]: _2p
指定圆直径的第一个端点:
指定圆直径的第二个端点:
```

(3) 绘制结果如图 4-18 所示。

> **提示**
> 另外，用户也可以通过输入两点的坐标值，或使用对象的捕捉追踪功能定位两点，以精确画圆。

(4) 再次执行【圆】命令，然后根据 AutoCAD 命令行的提示进行三点画圆。命令行操作如下：

```
命令: _circle
指定圆的圆心或 [三点(3P)|两点(2P)|切点、切点、半径(T)]: 3p
指定圆上的第一个点:                                              //拾取点 1
指定圆上的第二个点:                                              //拾取点 2
指定圆上的第三个点:                                              //拾取点 3
```

(5) 绘制结果如图 4-19 所示。

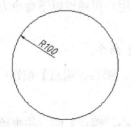
图 4-17 【半径画圆】示例

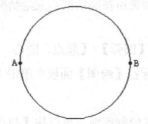
图 4-18 【两点画圆】示例

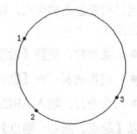
图 4-19 【三点画圆】示例

4.4.2 绘制圆弧

在 AutoCAD 2016 中，创建圆弧的方式有很多种，包括【三点】、【起点、圆心、端点】、【起点、圆心、角度】、【起点、圆心、长度】、【起点、端点、角度】、【起点、端点、方向】、【起点、端点、半径】、【圆心、起点、端点】、【圆心、起点、角度】、【圆心、起点、长度】、【连续】等方式。除第一种方式外，其他方式都是从起点到端点逆时针绘制圆弧。

1. 三点

通过指定圆弧的起点、第二点和端点来绘制圆弧。用户可通过以下命令方式来执行此操作：

- 菜单栏：选择【绘图】/【圆弧】/【三点】命令。
- 选项面板：在【默认】标签【绘图】面板中单击【三点】按钮 。
- 命令行：输入 ARC。

绘制【三点】圆弧的命令提示如下：

```
命令：_arc 指定圆弧的起点或 [圆心(C)]:        //指定圆弧起点或输入选项
指定圆弧的第二个点或 [圆心(C)|端点(E)]:        //指定圆弧上的第二点或输入选项
指定圆弧的端点：                              //指定圆弧上的第三点
```

在操作提示中有可供选择的选项来确定圆弧的起点、第二点和端点，选项含义如下：

- 圆心：通过指定圆心、圆弧起点和端点的方式来绘制圆弧。
- 端点：通过指定圆弧起点、端点、圆心（或角度、方向、半径）来绘制圆弧。

以【三点】方式来绘制圆弧，可通过在图形窗口中捕捉点来确定，也可在命令行输入精确点坐标值来指定。例如，通过捕捉点来确定圆弧的三点来绘制圆弧，如图 4-20 所示。

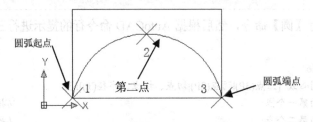

图 4-20　通过指定三点绘制圆弧

2. 起点、圆心、端点

通过指定起点和端点，以及圆弧所在圆的圆心来绘制圆弧。用户可通过以下命令方式来执行此操作：

- 菜单栏：选择【绘图】/【圆弧】/【起点、圆心、端点】命令。
- 选项面板：在【默认】标签【绘图】面板中单击【起点、圆心、端点】按钮 。
- 命令行：输入 ARC。

以【起点、圆心、端点】方式绘制圆弧，可以按【起点、圆心、端点】的方法来绘制，如图 4-21 所示。还可以按【起点、端点、圆心】的方法来绘制，如图 4-22 所示。

图 4-21　起点、圆心、端点　　　　　图 4-22　起点、端点、圆心

3. 起点、圆心、角度

通过指定起点、圆弧所在圆的圆心、圆弧包含的角度来绘制圆弧。用户可通过以下命令方式来执行此操作：

- 菜单栏：选择【绘图】/【圆弧】/【起点、圆心、角度】命令。
- 选项面板：在【默认】标签【绘图】面板中单击【起点、圆心、角度】按钮。
- 命令行：输入 ARC。

例如，通过捕捉点来定义起点和圆心，并已知包含角度（135°）来绘制一段圆弧，其命令提示如下：

```
命令：_arc 指定圆弧的起点或 [圆心(C)]:                    //指定圆弧起点或选择选项
指定圆弧的第二个点或 [圆心(C)|端点(E)]: _c 指定圆弧的圆心：    //指定圆弧圆心
指定圆弧的端点或 [角度(A)|弦长(L)]: _a 指定包含角：135↵      //输入包含角
```

绘制的圆弧如图 4-23 所示。

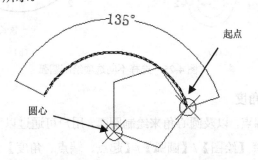

图 4-23　【起点、圆心、角度】方式绘制圆弧

如果存在可以捕捉到的起点和圆心点，并且已知包含角度，在命令行选择【起点】/【圆心】/【角度】或【圆心】/【起点】/【角度】选项。如果已知两个端点但不能捕捉到圆心，可以选择【起点】/【端点】/【角度】选项，如图 4-24 所示。

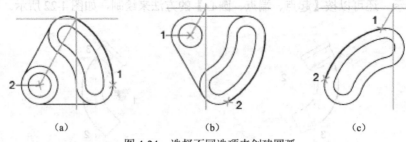

(a)　　　　　　　　　(b)　　　　　　　　　(c)

图 4-24　选择不同选项来创建圆弧

4. 起点、圆心、长度

通过指定起点、圆弧所在圆的圆心、弧的弦长来绘制圆弧。用户可通过以下命令方式来执行此操作：

- 菜单栏：选择【绘图】/【圆弧】/【起点、圆心、长度】命令。
- 选项面板：在【默认】标签【绘图】面板中单击【起点、圆心、长度】按钮 。
- 命令行：输入 ARC。

如果存在可以捕捉到的起点和圆心，并且已知弦长，可使用【起点、圆心、长度】或【圆心、起点、长度】选项，如图 4-25 所示。

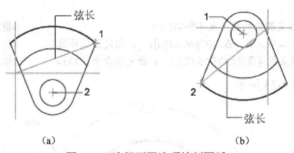

(a)　　　　　　　　　(b)

图 4-25　选择不同选项绘制圆弧

5. 起点、端点、角度

通过指定起点、端点，以及圆心角来绘制圆弧。用户可通过以下命令方式来执行此操作：

- 菜单栏：选择【绘图】/【圆弧】/【起点、端点、角度】命令。
- 选项面板：在【默认】标签【绘图】面板中单击【起点、端点、角度】按钮 。
- 命令行：输入 ARC。

例如，在图形窗口中指定了圆弧的起点和端点，并输入圆心角为 45°，来绘制圆弧的命令提示如下：

```
命令：_arc 指定圆弧的起点或 [圆心(C)]:              //指定圆弧起点或选项
指定圆弧的第二个点或 [圆心(C)|端点(E)]: _e          //设置确定圆弧的点选项
指定圆弧的端点:                                     //指定圆弧端点
指定圆弧的圆心或 [角度(A)|方向(D)|半径(R)]: _a 指定包含角: 45↵     //输入包含角
```

绘制的圆弧如图 4-26 所示。

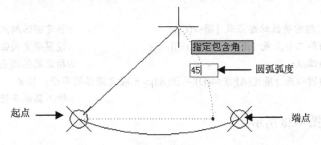

图 4-26 【起点、端点、角度】方式绘制圆弧

6. 起点、端点、方向

通过指定起点、端点，以及圆弧切线的方向夹角（即切线与 X 轴的夹角）来绘制圆弧。用户可通过以下命令方式来执行此操作：

- 菜单栏：选择【绘图】/【圆弧】/【起点、端点、方向】命令。
- 选项面板：在【默认】标签【绘图】面板中单击【起点、端点、方向】按钮 。
- 命令行：输入 ARC。

例如，在图形窗口中指定了圆弧的起点和端点，并指定切线方向夹角为 45°。绘制圆弧的命令提示如下：

```
命令：_arc 指定圆弧的起点或 [圆心(C)]:              //指定圆弧起点
指定圆弧的第二个点或 [圆心(C)|端点(E)]:_e           //设置确定圆弧的点选项
指定圆弧的端点：                                    //指定圆弧端点
指定圆弧的圆心或 [角度(A)|方向(D)|半径(R)]:_d 指定圆弧的起点切向：45↵   //输入斜向夹角
```

绘制的圆弧如图 4-27 所示。

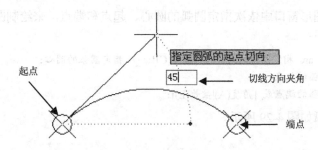

图 4-27 【起点、端点、方向】方式绘制圆弧

7. 起点、端点、半径

通过指定起点、端点，以及圆弧所在圆的半径来绘制圆弧。用户可通过以下命令方式来执行此操作：

- 菜单栏：选择【绘图】/【圆弧】/【起点、端点、半径】命令。
- 选项面板：在【默认】标签【绘图】面板中单击【起点、端点、半径】按钮 。
- 命令行：输入 ARC。

例如，在图形窗口中指定了圆弧的起点和端点，且圆弧半径为 30。绘制圆弧要执行的命令提示如下：

```
命令：_arc 指定圆弧的起点或 [圆心(C)]:                        //指定圆弧起点
指定圆弧的第二个点或 [圆心(C)|端点(E)]: _e                   //设置确定圆弧的点选项
指定圆弧的端点:                                              //指定圆弧端点
指定圆弧的圆心或 [角度(A)|方向(D)|半径(R)]: _r 指定圆弧的半径: 30✓
                                                            //输入圆弧半径值，并按 Enter 键
```

绘制的圆弧如图 4-28 所示。

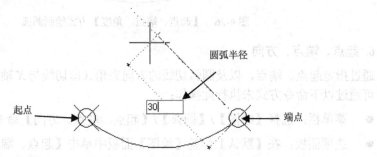

图 4-28 【起点、端点、半径】方式绘制圆弧

8. 圆心、起点、端点

通过指定圆弧所在圆的圆心、圆弧起点和端点来绘制圆弧。用户可通过以下命令方式来执行此操作：

- 菜单栏：选择【绘图】/【圆弧】/【圆心、起点、端点】命令。
- 选项面板：在【默认】标签【绘图】面板中单击【圆心、起点、端点】按钮 。
- 命令行：输入 ARC。

例如，在图形窗口中依次指定圆弧的圆心、起点和端点，来绘制圆弧。绘制圆弧要执行的命令提示如下：

```
命令：_arc 指定圆弧的起点或 [圆心(C)]: _c 指定圆弧的圆心:      //指定圆弧圆心
指定圆弧的起点:                                               //指定圆弧起点
指定圆弧的端点或 [角度(A)|弦长(L)]:                           //指定圆弧端点
```

绘制的圆弧如图 4-29 所示。

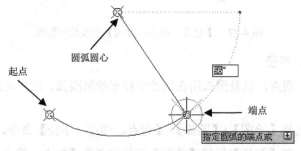

图 4-29 【圆心、起点、端点】方式绘制圆弧

9. 圆心、起点、角度

通过指定圆弧所在圆的圆心、圆弧起点,以及圆心角来绘制圆弧。用户可通过以下命令方式来执行此操作:

- 菜单栏:选择【绘图】/【圆弧】/【圆心、起点、角度】命令。
- 选项面板:在【默认】标签【绘图】面板中单击【圆心、起点、角度】按钮。
- 命令行:输入 ARC。

例如,在图形窗口中依次指定圆弧的圆心、起点,输入圆心角为45°。绘制圆弧要执行的命令提示如下:

```
命令: _arc 指定圆弧的起点或 [圆心(C)]: _c 指定圆弧的圆心:    //指定圆弧的圆心
指定圆弧的起点:                                              //指定圆弧的起点
指定圆弧的端点或 [角度(A)|弦长(L)]: _a 指定包含角: 45↙        //输入包含角值
```

绘制的圆弧如图 4-30 所示。

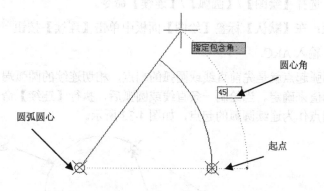

图 4-30 【圆心、起点、角度】方式绘制圆弧

10. 圆心、起点、长度

通过指定圆弧所在圆的圆心、圆弧起点和弦长来绘制圆弧。用户可通过以下命令方式来执行此操作:

- 菜单栏:选择【绘图】/【圆弧】/【圆心、起点、长度】命令。
- 选项面板:在【默认】标签【绘图】面板中单击【圆心、起点、长度】按钮。
- 命令行:输入 ARC。

例如,在图形窗口中依次指定圆弧的圆心、起点,且弦长为15。绘制圆弧要执行的命令提示如下:

```
命令: _arc 指定圆弧的起点或 [圆心(C)]: _c 指定圆弧的圆心:    //指定圆弧的圆心
指定圆弧的起点:                                              //指定圆弧的起点
指定圆弧的端点或 [角度(A)|弦长(L)]: _l 指定弦长: 15↙         //输入弦长值
```

绘制的圆弧如图 4-31 所示。

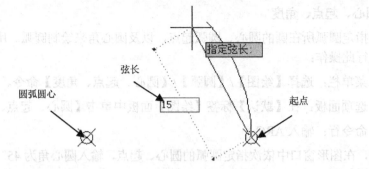

图 4-31 【圆心、起点、长度】方式绘制圆弧

11. 连续

创建一个圆弧,使其与上一步骤绘制的直线或圆弧相切连续。用户可通过以下命令方式来执行此操作:

- 菜单栏:选择【绘图】/【圆弧】/【连续】命令。
- 选项面板:在【默认】标签【绘图】面板中单击【连续】按钮。
- 命令行:输入 ARC。

相切连续的圆弧起点就是先前直线或圆弧的端点,相切连续的圆弧端点可捕捉点或在命令行输入精确坐标值来确定。当绘制一条直线或圆弧后,执行【连续】命令,程序会自动捕捉直线或圆弧的端点作为连续圆弧的起点,如图 4-32 所示。

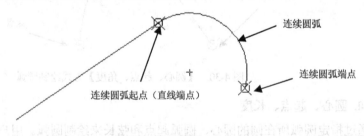

图 4-32 绘制相切连续圆弧

4.4.3 绘制椭圆

椭圆由定义其长度和宽度的两条轴来决定。较长的轴称为长轴,较短的轴称为短轴,如图 4-33 所示。椭圆的绘制方式有三种:【圆心】、【轴和端点】和【圆弧】。

1. 圆心

通过指定椭圆中心点、长轴的一个端点,以及短半轴的长度来绘制椭圆。用户可通过以下命令方式来执行此操作:

- 菜单栏:选择【绘图】/【椭圆】/【圆心】命令。
- 选项面板:在【默认】标签【绘图】面板中单击【圆心】按钮。

- 命令行：输入 ELLIPSE。

例如，绘制一个中心点坐标为（0,0）、长轴的一个端点坐标为（25,0）、短半轴的长度为 12 的椭圆。绘制椭圆要执行的命令提示如下：

```
命令：_ellipse
指定椭圆的轴端点或 [圆弧(A)|中心点(C)]：_c
指定椭圆的中心点：0,0↵              //输入椭圆圆心坐标值
指定轴的端点：@25,0↵                //输入轴端点的绝对坐标值
指定另一条半轴长度或 [旋转(R)]：12↵  //输入另条半轴的长度值
```

提示

命令行中的【旋转】选项是以椭圆的短轴和长轴的比值，把一个圆绕定义的第一轴旋转成椭圆。

绘制的椭圆如图 4-34 所示。

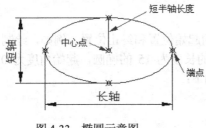 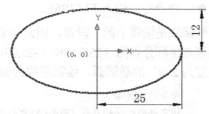

图 4-33 椭圆示意图　　　　　　　　　图 4-34 【圆心】方式绘制椭圆

2. 轴、端点

通过指定椭圆长轴的两个端点和短半轴长度来绘制椭圆。用户可通过以下命令方式来执行此操作：

- 菜单栏：选择【绘图】/【椭圆】/【轴、端点】命令。
- 选项面板：在【默认】标签【绘图】面板中单击【轴、端点】按钮。
- 命令行：输入 ELLIPSE。

例如，绘制一个长轴的端点坐标分别为（12.5,0）和（-12.5,0）、短半轴的长度为 10 的椭圆。绘制椭圆的命令提示如下：

```
命令：_ellipse
指定椭圆的轴端点或 [圆弧(A)|中心点(C)]：12.5,0↵      //输入椭圆轴端点坐标
指定轴的另一个端点：-12.5,0↵                          //输入椭圆轴另一端点坐标
指定另一条半轴长度或 [旋转(R)]：10↵                   //输入椭圆半轴长度值
```

绘制的椭圆如图 4-35 所示。

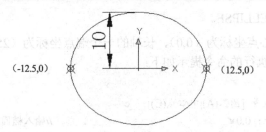

图 4-35　【轴、端点】方式绘制椭圆弧

3. 圆弧

通过指定椭圆长轴的两个端点和短半轴长度，以及起始角、终止角来绘制椭圆弧。用户可通过以下命令方式来执行此操作：

- 菜单栏：选择【绘图】/【椭圆】/【圆弧】命令。
- 选项面板：在【默认】标签【绘图】面板中单击【圆弧】按钮。
- 命令行：输入 ELLIPSE。

椭圆弧是椭圆上的一段弧，因此需要指定弧的起始位置和终止位置。例如，绘制一个长轴的端点坐标分别为（25,0）和（-25,0），短半轴的长度为 15 的椭圆，起始角度为 0°、终止角度为 270°的椭圆弧。绘制椭圆的命令提示如下：

```
命令：_ellipse
指定椭圆的轴端点或 [圆弧(A)|中心点(C)]：_a
指定椭圆弧的轴端点或 [中心点(C)]：25,0↵          //输入椭圆轴端点坐标
指定轴的另一个端点：-25,0↵                       //输入椭圆另一轴端点坐标
指定另一条半轴长度或 [旋转(R)]：15↵              //输入椭圆半轴长度值
指定起始角度或 [参数(P)]：0↵                     //输入起始角度值
指定终止角度或 [参数(P)|包含角度(I)]：270↵       //输入终止角度值
```

绘制的椭圆弧如图 4-36 所示。

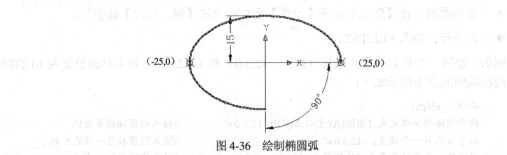

图 4-36　绘制椭圆弧

> **提示**
> 椭圆弧的角度就是终止角度和起始角度的差值。另外，用户也可以使用【包含角】选项功能，直接输入椭圆弧的角度。

4.4.4 圆环

【圆环】工具能创建实心的圆与环。要创建圆环，需指定它的内外直径和圆心。通过指定不同的圆心，可以继续创建具有相同直径的多个副本。要创建实体填充圆，须将内径值指定为 0。

用户可通过以下命令方式来创建圆环：

- 菜单栏：选择【绘图】/【圆环】命令。
- 选项面板：在【默认】标签【绘图】面板中单击【圆环】按钮◎。
- 命令行：输入 DONUT。

实心圆和圆环的应用实例如图 4-37 所示。

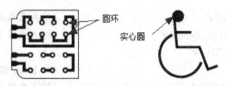

图 4-37　圆环和实心圆的应用实例

4.5　综合范例

前面我们学习了 AutoCAD 2016 的二维绘图命令，这些基本命令是制图人员所必须具备的基本技能。下面讲解关于二维绘图命令的常见应用实例。

4.5.1　范例一：绘制曲柄

接下来将以曲柄平面图的绘制过程来巩固前面所学的基础内容。曲柄平面图如图 4-38 所示。

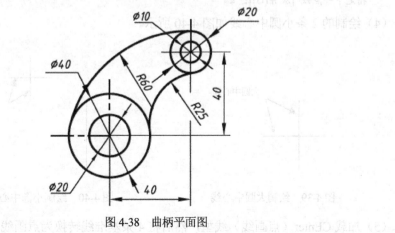

图 4-38　曲柄平面图

从曲柄平面图分析得知，平面图的绘制将会分成以下几个步骤来进行：

（1）绘制基准线。

（2）绘制已知线段。

（3）绘制连接线段。

 操作步骤

1. 绘制基准线

本例图形的主基准线就是大圆的中心线，另两个同心小圆的中心线为辅助基准。基准线的绘制可使用【直线】工具来完成。

（1）首先绘制 2 条大圆的中心线。操作步骤的命令提示如下：

```
命令：line
指定第一点：1000,1000✔                    //输入直线起点坐标值
指定下一点或 [放弃(U)]：@50,0✔             //输入直线第二点绝对坐标值
指定下一点或 [放弃(U)]：✔
命令：✔                                    //按 Enter 键，重复直线命令
line 指定第一点：1025,975✔                 //输入直线起点坐标值
指定下一点或 [放弃(U)]：@0,50✔             //输入直线第二点绝对坐标值
指定下一点或 [放弃(U)]：✔
```

（2）绘制的大圆中心线如图 4-39 所示。

（3）再绘制 2 条小圆的中心线。操作步骤的命令提示如下：

```
命令：line
指定第一点：1050,1040✔                    //输入直线起点坐标值
指定下一点或 [放弃(U)]：@30,0✔             //输入直线第二点绝对坐标值
指定下一点或 [放弃(U)]：✔
命令：✔
line 指定第一点：1065,1025✔                //输入直线起点坐标值
指定下一点或 [放弃(U)]：@0,30✔             //输入直线第二点绝对坐标值
指定下一点或 [放弃(U)]：✔
```

（4）绘制的 2 条小圆中心线如图 4-40 所示。

图 4-39　绘制大圆中心线　　　　图 4-40　绘制小圆中心线

（5）加载 CEnter（点画线）线型，然后将 4 条基准线转换为点画线。

2. 绘制已知线段

曲柄平面图的已知线段就是 4 个圆,可使用【圆】工具的【圆心、直径】方式来绘制。

(1) 在主要基准线上绘制较大的 2 个同心圆。操作步骤的命令提示如下:

  命令: CIRCLE
  指定圆的圆心或 [三点(3P)|两点(2P)|切点、切点、半径(T)]: //指定主要基准线交点为圆心
  指定圆的半径或 [直径(D)] <40.0000>: d✔
  指定圆的直径 <80.0000>: 40✔ //输入圆直径值
  命令: ✔
  CIRCLE 指定圆的圆心或 [三点(3P)|两点(2P)|切点、切点、半径(T)]: //指定基准线交点为圆心
  指定圆的半径或 [直径(D)] <20.0000>: _d 指定圆的直径 <40.0000>: 20✔ //输入圆直径值

(2) 绘制的 2 个大同心圆如图 4-41 所示。

(3) 在辅助基准线上绘制 2 个小的同心圆。操作步骤的命令提示如下:

  命令: circle
  指定圆的圆心或 [三点(3P)|两点(2P)|切点、切点、半径(T)]: //指定辅助基准线交点为圆心
  指定圆的半径或 [直径(D)] <10.0000>: d✔
  指定圆的直径 <20.0000>: 20✔ //输入圆直径值
  命令: ✔
  CIRCLE 指定圆的圆心或 [三点(3P)|两点(2P)|切点、切点、半径(T)]:
    //指定辅助基准线交点为圆心
  指定圆的半径或 [直径(D)] <10.0000>: d✔
  指定圆的直径 <20.0000>: 10✔ //输入圆直径值

(4) 绘制的 2 个小同心圆如图 4-42 所示。

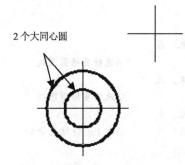
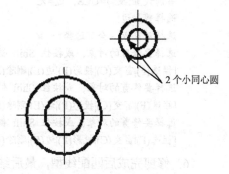

图 4-41   绘制大同心圆   图 4-42   绘制小同心圆

3. 绘制连接线段

曲柄平面图的连接线段就是两段连接弧,从平面图形中得知,连接弧与两相邻同心圆是相切的,因此可使用【圆】工具的【切点、切点、半径】方式来绘制。

(1) 首先绘制半径为 60 的大相切圆,操作步骤命令提示如下:

  命令: circle
  指定圆的圆心或 [三点(3P)|两点(2P)|切点、切点、半径(T)]: t✔ //输入 T 选项
  指定对象与圆的第一个切点: //指定第一个切点
  指定对象与圆的第二个切点: //指定第二个切点

```
指定圆的半径 <10.0000>: 60↵                              //输入圆半径
```

(2) 绘制的大相切圆如图 4-43 所示。

(3) 再绘制半径为 25 的小相切圆，操作步骤命令提示如下：

```
命令: circle
指定圆的圆心或 [三点(3P)|两点(2P)|切点、切点、半径(T)]: t    //输入 T 选项
指定对象与圆的第一个切点:                                //指定第一个切点
指定对象与圆的第二个切点:                                //指定第二个切点
指定圆的半径 <60.0000>: 25↵                            //输入圆半径
```

(4) 绘制的小相切圆如图 4-44 所示。

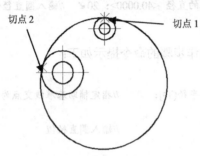 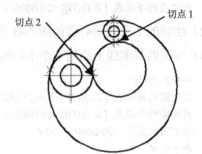

图 4-43 绘制大相切圆　　　　　　　图 4-44 绘制小相切圆

(5) 使用【默认】标签【修改】面板上的【修剪】工具，将多余线段修剪掉。修剪操作的命令提示如下：

```
命令: trim
当前设置:投影=UCS, 边=无
选择剪切边...
选择对象或 <全部选择>: ↵
选择要修剪的对象, 或按住 Shift 键选择要延伸的对象, 或
[栏选(F)|窗交(C)|投影(P)|边(E)|删除(R)|放弃(U)]:         //选择要修剪图线
选择要修剪的对象, 或按住 Shift 键选择要延伸的对象, 或
[栏选(F)|窗交(C)|投影(P)|边(E)|删除(R)|放弃(U)]:         //选择要修剪图线
选择要修剪的对象, 或按住 Shift 键选择要延伸的对象, 或
[栏选(F)|窗交(C)|投影(P)|边(E)|删除(R)|放弃(U)]: *取消*   //按 Esc 键结束命令
```

(6) 修剪完成后匹配线型，最后结果如图 4-45 所示。

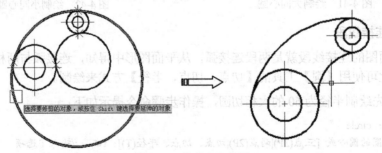

图 4-45 修剪多余线段

4.5.2 范例二：绘制洗手池

通过一个 1 000×600 洗手池的绘制，学习 fillet、chamfer、trim 等命令的绘制技巧。

洗手池的绘制主要是画出其内外轮廓线，可以先绘制出外轮廓线，然后使用 offset 命令绘制内轮廓线，如图 4-46 所示。

操作步骤

（1）新建文件。

（2）选择【文件】/【新建】命令，创建一个新的文件。

（3）选择【绘图】/【矩形】命令，绘制洗手池台的外轮廓线，如图 4-47 所示。

命令: _rectang
指定第 1 个角点或 [倒角(C)/标高(E)/圆角(F)/厚度(T)/宽度(W)]:　　//在屏幕上任意选取一点
指定另一个角点或 [尺寸(D)]: @1000,600　　　　　　　　　　//输入另一个角点坐标

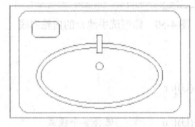
图 4-46　洗手池

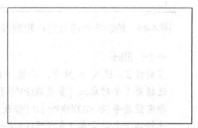
图 4-47　绘制洗手池台的外轮廓线

（4）输入 osnap 命令后按 Enter 键，弹出【草图设置】对话框。在【对象捕捉】选项卡中，选中【端点】和【中点】复选框，使用端点和中点对象捕捉模式，如图 4-48 所示。

图 4-48　【草图设置】对话框

（5）输入 ucs 命令后按 Enter 键，改变坐标原点，使新的坐标原点为洗手池台的外轮廓线的左下端点。

命令: ucs

当前 UCS 名称: *世界*
输入选项
[新建(N)/移动(M)/正交(G)/上一个(P)/恢复(R)/保存(S)/删除(D)/应用(A)/?/世界(W)]
<世界>: o   //设置UCS操作选项
指定新原点 <0,0,0>:   //对象捕捉到矩形的左下端点

（6）选择【绘图】/【矩形】命令，绘制洗手池台的内轮廓线，如图4-49所示。

命令: _rectang
指定第 1 个角点或 [倒角(C)/标高(E)/圆角(F)/厚度(T)/宽度(W)]: 50,25
指定另一个角点或 [尺寸(D)]: 950,575

（7）选择【绘图】/【圆角】命令，修剪洗手池台的内轮廓线，如图4-50所示。

 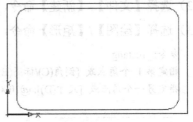

图4-49　绘制洗手池台的内轮廓线　　　　图4-50　修剪洗手池台的内轮廓线

命令: _fillet
当前设置: 模式 = 修剪，半径 = 0.0000
选择第 1 个对象或 [多段线(P)/半径(R)/修剪(T)/多个(U)]: r
指定圆角半径 <0.0000>: 60 //修改倒圆角的半径
选择第 1 个对象或 [多段线(P)/半径(R)/修剪(T)/多个(U)]: u   //选择多个模式
选择第 1 个对象或 [多段线(P)/半径(R)/修剪(T)/多个(U)]:   //选择角的一条边
选择第 2 个对象: //选择角的另外一条边
选择第 1 个对象或 [多段线(P)/半径(R)/修剪(T)/多个(U)]:   //选择角的一条边
选择第 2 个对象: //选择角的另外一条边
选择第 1 个对象或 [多段线(P)/半径(R)/修剪(T)/多个(U)]:   //选择角的一条边
选择第 2 个对象: //选择角的另外一条边
选择第 1 个对象或 [多段线(P)/半径(R)/修剪(T)/多个(U)]:   //选择角的一条边
选择第 2 个对象: //选择角的另外一条边
选择第 1 个对象或 [多段线(P)/半径(R)/修剪(T)/多个(U)]:

> **提示**
> 【倒圆角】命令能够将一个角的两条直线在角的顶点处形成圆弧，对于圆弧的半径大小要根据图形的尺寸确定，如果太小，则在图上显示不出来。

（8）选择【绘图】/【椭圆】命令，绘制洗手池的外轮廓线，如图4-51所示。

命令: _ellipse
指定椭圆的轴端点或 [圆弧(A)/中心点(C)]: c
指定椭圆的中心点: 500,225
指定轴的端点: @-350,0
指定另一条半轴长度或 [旋转(R)]: 175

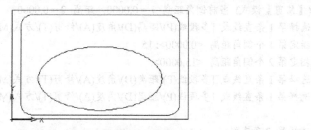

图 4-51 绘制洗手池的外轮廓线

提示

椭圆的绘制主要是确定椭圆中心的位置,然后再确定椭圆的长轴和短轴的尺寸。当长轴和短轴的尺寸相等时,椭圆就变成了一个圆。

(9) 选择【修改】/【偏移】命令,绘制洗手池的内轮廓线,如图 4-52 所示。

```
命令: _offset
指定偏移距离或 [通过(T)] <1.0000>: 25
选择要偏移的对象或 <退出>:                //选择外侧窗户轮廓线
指定点以确定偏移所在一侧:                //选择偏移的方向
选择要偏移的对象或 <退出>:
```

(10) 选择【绘图】/【矩形】命令,绘制水龙头;选择【绘图】/【圆】命令,绘制排污口,如图 4-53 所示。

```
命令: _rectang
指定第 1 个角点或 [倒角(C)/标高(E)/圆角(F)/厚度(T)/宽度(W)]: 485,455
指定另一个角点或 [尺寸(D)]: @30,-100
命令: _circle
指定圆的圆心或 [三点(3P)/两点(2P)/相切、相切、半径(T)]: 500,275
指定圆的半径或 [直径(D)] <20.0000>:20
```

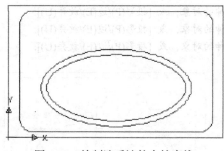
图 4-52 绘制洗手池的内轮廓线

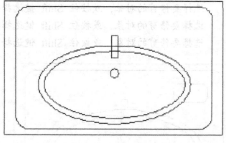
图 4-53 绘制水龙头和排污口

(11) 选择【绘图】/【矩形】命令,绘制洗手池上的肥皂盒,并选择【修改】/【倒角】命令,对该肥皂盒进行倒直角,如图 4-54 所示。

```
命令: _rectang
指定第 1 个角点或 [倒角(C)/标高(E)/圆角(F)/厚度(T)/宽度(W)]:    //指定第 1 角点
指定另一个角点或 [尺寸(D)]: @150,-80                          //输入相对坐标确定第 2 角点
命令: _chamfer
```

(【修剪】模式) 当前倒角距离 1 = 0.0000，距离 2 = 0.0000
选择第 1 条直线或 [多段线(P)/距离(D)/角度(A)/修剪(T)/方式(M)/多个(U)]: d
指定第 1 个倒角距离 <0.0000>: 15   //修改倒角的值
指定第 2 个倒角距离 <15.0000>:   //修改倒角的值
选择第 1 条直线或 [多段线(P)/距离(D)/角度(A)/修剪(T)/方式(M)/多个(U)]: u
选择第 1 条直线或 [多段线(P)/距离(D)/角度(A)/修剪(T)/方式(M)/多个(U)]:
                                                          //选择倒角的第 1 条边
选择第 2 条直线: //选择倒角的另外一条边
选择第 1 条直线或 [多段线(P)/距离(D)/角度(A)/修剪(T)/方式(M)/多个(U)]:
                                                          //选择倒角的第 1 条边
选择第 2 条直线: //选择倒角的另外一条边
选择第 1 条直线或 [多段线(P)/距离(D)/角度(A)/修剪(T)/方式(M)/多个(U)]:
                                                          //选择倒角的第 1 条边
选择第 2 条直线: //选择倒角的另外一条边
选择第 1 条直线或 [多段线(P)/距离(D)/角度(A)/修剪(T)/方式(M)/多个(U)]:
                                                          //选择倒角的第 1 条边
选择第 2 条直线: //选择倒角的另外一条边
选择第 1 条直线或 [多段线(P)/距离(D)/角度(A)/修剪(T)/方式(M)/多个(U)]:

> **提示**
> 【倒角】命令能够将一个角的两条直线在角的顶点处形成一个截断，对于在两条边上的截断距离要根据图形的尺寸确定，如果太小了就会在图上显示不出来。

(12) 选择【修改】/【修剪】命令，绘制水龙头和洗手池轮廓线相交的部分，并最终完成洗手池的绘制，如图 4-55 所示。

命令: _trim
当前设置: 投影=UCS，边=无
选择剪切边...
选择对象: 找到 1 个选择对象: //选中修剪的边界——水龙头
选择要修剪的对象，或按住 Shift 键选择要延伸的对象，或 [投影(P)/边(E)/放弃(U)]:
选择要修剪的对象，或按住 Shift 键选择要延伸的对象，或 [投影(P)/边(E)/放弃(U)]:
选择要修剪的对象，或按住 Shift 键选择要延伸的对象，或 [投影(P)/边(E)/放弃(U)]:

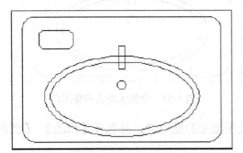 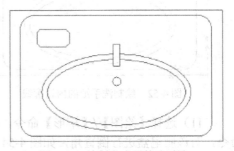

图 4-54 绘制肥皂盒   图 4-55 绘制完成后的洗手池

第 5 章 高 级 绘 图

本章导读

前面一章学习了 AutoCAD 2016 的简单图形元素的绘制,掌握了基本图形的绘制方法。在本章中,我们将学习二维绘图的高级图形绘制指令。

学习要求

利用多线绘制与编辑图形

利用多段线绘图

利用样条曲线绘图

绘制曲线与参照几何图形命令

5.1 利用多线绘制与编辑图形

多线由多条平行线组成,这些平行线称为元素。

5.1.1 绘制多线

多线是由两条或两条以上的平行元素构成的复合线对象,并且每条平行线元素的线型、颜色以及间距都是可以设置的,如图 5-1 所示。

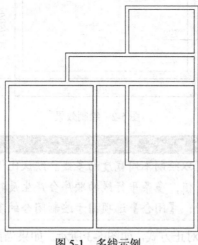

图 5-1 多线示例

> **提示**
> 在默认设置下，所绘制的多线是由两条平行元素构成的。

执行【多线】命令主要有以下几种方式：

- 执行菜单栏中的【绘图】/【多线】命令。
- 命令行输入 Mline 按 Enter 键。
- 使用命令简写 ML 按 Enter 键。

【多线】命令常被用于绘制墙线、阳台线以及道路和管道线。

动手操作——绘制多线

下面通过绘制闭合的多线，学习使用【多线】命令，操作步骤如下：

（1）新建文件。

（2）执行【绘图】/【多线】命令，配合点的坐标输入功能绘制多线。命令行操作如下：

```
命令: _mline
当前设置: 对正 = 上, 比例 = 20.00, 样式 = STANDARD
指定起点或 [对正(J)|比例(S)|样式(ST)]: s↙           //激活【比例】选项
输入多线比例 <20.00>: 120↙                         //设置多线比例
当前设置: 对正 = 上, 比例 = 120.00, 样式 = STANDARD
指定起点或 [对正(J)|比例(S)|样式(ST)]:              //在绘图区拾取一点
指定下一点: @0,1800↙
指定下一点或 [放弃(U)]: @3000,0 ↙
指定下一点或 [闭合(C)|放弃(U)]: @0,-1800↙
指定下一点或 [闭合(C)|放弃(U)]: c ↙
```

（3）使用视图调整工具调整图形的显示，绘制效果如图 5-2 所示。

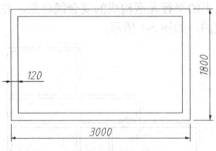

图 5-2 绘制效果

> **提示**
> 使用【比例】选项，可以绘制不同宽度的多线。默认比例为 20 个绘图单位。另外，如果用户输入的比例值为负值，多条平行线的顺序会产生反转。使用【样式】选项，可以随意更改当前的多线样式；【闭合】选项用于绘制闭合的多线。

AutoCAD 共提供了三种对正方式，如图 5-3 所示。如果当前多线的对正方式不符合用户要求，可在命令行中单击【对正（J）】选项，系统出现如下提示：

指定起点或 [对正(J)/比例(S)/样式(ST)]: J
输入对正类型 [上(T)/无(Z)/下(B)] <上>:   //提示用户输入多线的对正方式

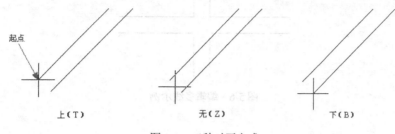

图 5-3　三种对正方式

5.1.2　编辑多线

多线的编辑应用于两条多线的衔接。执行【编辑多线】命令主要有以下几种方式：

- 执行菜单栏【修改】/【对象】/【多线】命令。
- 在命令行输入 Mledit 按 Enter 键。

动手操作——编辑多线

（1）新建文件。

（2）绘制两条交叉多线，如图 5-4 所示。

（3）执行【修改】/【对象】/【多线】命令，打开【多线编辑工具】对话框，如图 5-5 所示。单击【多线编辑工具】对话框中的【十字打开】按钮，对话框自动关闭。

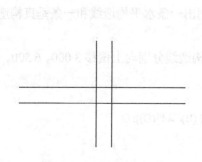

图 5-4　绘制交叉多线　　　　　图 5-5　【多线编辑工具】对话框

命令行的提示操作如下：

命令：_mledit
选择第一条多线: //在视图中选择一条多线
选择第二条多线: //在视图中选择另一条多线

操作结果如图 5-6 所示。

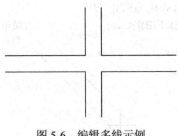

图 5-6 编辑多线示例

动手操作——绘制建筑墙体

下面以墙体的绘制实例来讲解多线绘制及多线编辑的步骤，以及绘制方法。如图 5-7 所示为绘制完成的建筑墙体。

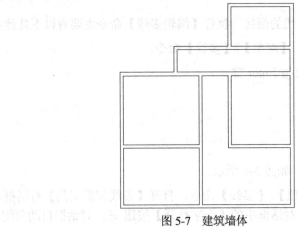

图 5-7 建筑墙体

（1）新建一个文件。

（2）执行 XL（构造线）命令绘制辅助线。绘制出一条水平构造线和一条垂直构造线，组成"十"字构造线，如图 5-8 所示。

（3）再执行 XL 命令，利用"偏移"选项将水平构造线分别向上偏移 3 000、6 500、7 800 和 9 800，绘制的水平构造线如图 5-9 所示。

```
命令: XL
XLINE 指定点或 [水平(H)/垂直(V)/角度(A)/二等分(B)/偏移(O)]: O
指定偏移距离或 [通过(T)] <通过>: 3000
选择直线对象:
指定向哪侧偏移:
选择直线对象:
命令:
XLINE 指定点或 [水平(H)/垂直(V)/角度(A)/二等分(B)/偏移(O)]: O
指定偏移距离或 [通过(T)] <2500.0000>: 6500
选择直线对象:
```

指定向哪侧偏移:
选择直线对象:
命令:
XLINE 指定点或 [水平(H)/垂直(V)/角度(A)/二等分(B)/偏移(O)]: O
指定偏移距离或 [通过(T)] <5000.0000>: 7800
选择直线对象:
指定向哪侧偏移:
选择直线对象:
命令:
XLINE 指定点或 [水平(H)/垂直(V)/角度(A)/二等分(B)/偏移(O)]: O
指定偏移距离或 [通过(T)] <3000.0000>: 9800
选择直线对象:
指定向哪侧偏移:
选择直线对象: *取消*

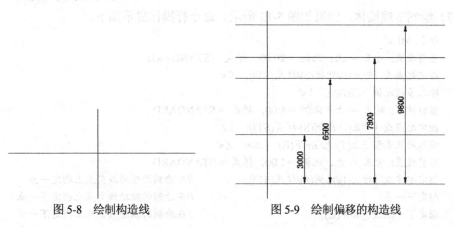

图 5-8　绘制构造线　　　　　　图 5-9　绘制偏移的构造线

（4）用同样的方法绘制垂直构造线，向右偏移依次是 3 900、1 800、2 100 和 4 500，结果如图 5-10 所示。

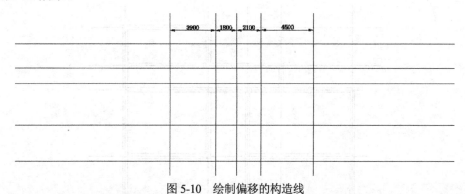

图 5-10　绘制偏移的构造线

提示

这里也可以执行 O（偏移）命令来得到偏移直线。

（5）执行 MLST（多线样式）命令，打开【多线样式】对话框，在该对话框中单击【新建】按钮，打开【创建新的多线样式】对话框，在该对话框的"新样式名"文本框中输入"墙体线",单击【继续】按钮,如图 5-11 所示。

(6) 打开【新建多线样式】对话框后,进行如图 5-12 所示的设置。

图 5-11 新建多线样式　　　　　　　图 5-12 设置多线样式

(7) 绘制多线墙体,结果如图 5-13 所示。命令行操作提示如下:

命令: ML✓
当前设置: 对正 = 上,比例 = 20.00,样式 = STANDARD
指定起点或 [对正(J)/比例(S)/样式(ST)]: S✓
输入多线比例 <20.00>: 1✓
当前设置: 对正 = 上,比例 = 1.00,样式 = STANDARD
指定起点或 [对正(J)/比例(S)/样式(ST)]: J✓
输入对正类型 [上(T)/无(Z)/下(B)] <上>: Z✓
当前设置: 对正 = 无,比例 = 1.00,样式 = STANDARD
指定起点或 [对正(J)/比例(S)/样式(ST)]:　　//在绘制的辅助线交点上指定一点
指定下一点:　　//在绘制的辅助线交点上指定下一点
指定下一点或 [放弃(U)]:　　//在绘制的辅助线交点上指定下一点
指定下一点或 [闭合(C)/放弃(U)]:　　//在绘制的辅助线交点上指定下一点
指定下一点或 [闭合(C)/放弃(U)]:C✓

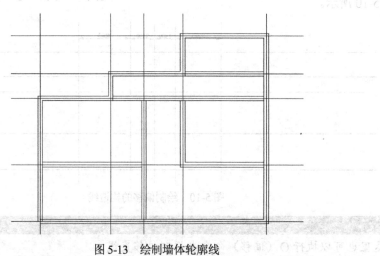

图 5-13 绘制墙体轮廓线

(8) 执行 MLED 命令打开【多线编辑工具】对话框,如图 5-14 所示。

第 5 章 高级绘图

图 5-14 【多线编辑工具】对话框

（9）选择其中的"T 形打开"、"角点结合"选项，对绘制的墙体多线进行编辑，结果如图 5-15 所示。

> **提示**
> 如果编辑多线时不能达到理想效果，可以将多线分解，然后采用夹点模式进行编辑。

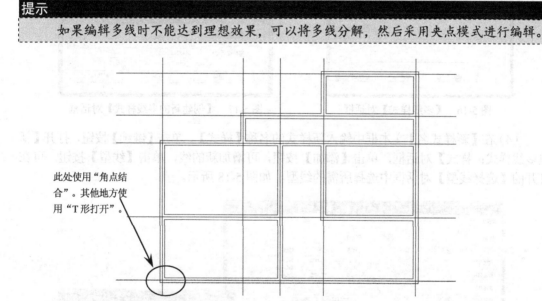

图 5-15 编辑多线

（10）至此，建筑墙体绘制完成，最后将结果保存。

5.1.3 创建与修改多线样式

多线的外观由多线样式决定。在多线样式中，用户可以设定多线中线条的数量，每条线的颜色、线型和线间的距离，还能指定多线两个端头的形式，如弧形端头、平直端头等。

执行【多线样式】命令主要有以下几种方式：

- 执行菜单栏【格式】/【多线样式】命令。

- 命令行输入 Mlstyle 按 Enter 键。

动手操作——创建多线样式

下面通过创建新多线样式来讲解【多线样式】的用法。

（1）新建文件。

（2）启动 MLSTYLE 命令，打开【多线样式】对话框，如图 5-16 所示。

（3）单击【新建】按钮，打开【创建新的多线样式】对话框，如图 5-17 所示。

图 5-16 【多线样式】对话框

图 5-17 【创建新的多线样式】对话框

（4）在【新样式名】文本框中输入新样式的名称【样式】，单击【继续】按钮，打开【新建多线样式：样式】对话框，单击【添加】按钮，可增加新的线，单击【线型】按钮，可在打开的【选择线型】对话框中选择所需的线型，如图 5-18 所示。

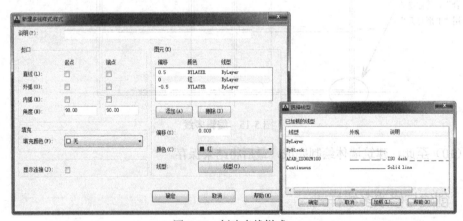
图 5-18 创建多线样式

（5）在【多线样式】对话框中，单击【置为当前】按钮，单击【确定】按钮，关闭对话框。

（6）新建的多线样式如图 5-19 所示。

图 5-19　【创建多线样式】示例

5.2　利用多段线绘图

多段线是作为单个对象创建的相互连接的线段序列。它可以是直线段、弧线段或两者的组合线段，既可以一起编辑，也可以分别编辑，还可以具有不同的宽度。

5.2.1　绘制多段线

使用【多段线】命令不但可以绘制一条单独的直线段或圆弧，还可以绘制具有一定宽度的闭合或不闭合直线段和弧线序列。

执行【多段线】命令主要有以下几种方法：

- 执行菜单栏【绘图】/【多段线】命令。
- 单击【绘图】面板中的【多段线】按钮 。
- 在命令行输入简写 PL。

要绘制多段线，执行 PLINE 命令，当指定多段线起点后，命令行显示如下操作提示：

指定下一个点或 [圆弧(A)|半宽(H)|长度(L)|放弃(U)|宽度(W)]:

命令提示中有 5 个操作选项，其含义如下：

- 圆弧（A）：若选择此选项（即在命令行输入 A），即可创建圆弧对象。
- 半宽（H）：是指绘制的线性对象按设置宽度值的一倍由起点至终点逐渐增大或减小。如绘制一条起点半宽度为 5，终点半宽度为 10 的直线，则绘制的直线起点宽度应为 10，终点宽度为 20。
- 长度（L）：指定弧线段的弦长。如果上一线段是圆弧，程序将绘制与上一弧线段相切的新弧线段。
- 放弃（U）：放弃绘制的前一线段。
- 宽度（W）：与【半宽】性质相同。此选项输入的值是全宽度值。

例如，绘制带有变宽度的多线段，命令行操作提示如下：

命令：pline
指定起点：50,10
当前线宽为 0.0500
指定下一个点或 [圆弧(A)|半宽(H)|长度(L)|放弃(U)|宽度(W)]: 50,60
指定下一点或 [圆弧(A)|闭合(C)|半宽(H)|长度(L)|放弃(U)|宽度(W)]: A
指定圆弧的端点或
[角度(A)|圆心(CE)|闭合(CL)|方向(D)|半宽(H)|直线(L)|半径(R)|第二个点(S)|放弃(U)|宽度(W)]: W

```
指定起点宽度 <0.0500>:
指定端点宽度 <0.0500>: 1
指定圆弧的端点或
[角度(A)|圆心(CE)|闭合(CL)|方向(D)|半宽(H)|直线(L)|半径(R)|第二个点(S)|放弃(U)|宽度(W)]:
100,60
指定圆弧的端点或
[角度(A)|圆心(CE)|闭合(CL)|方向(D)|半宽(H)|直线(L)|半径(R)|第二个点(S)|放弃(U)|宽度(W)]: L
指定下一点或 [圆弧(A)|闭合(C)|半宽(H)|长度(L)|放弃(U)|宽度(W)]: W
指定起点宽度 <1.0000>: 2
指定端点宽度 <2.0000>: 2
指定下一点或 [圆弧(A)|闭合(C)|半宽(H)|长度(L)|放弃(U)|宽度(W)]: 100,10
指定下一点或 [圆弧(A)|闭合(C)|半宽(H)|长度(L)|放弃(U)|宽度(W)]: C
```

绘制的多段线如图 5-20 所示。

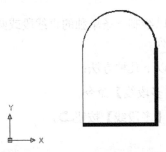

图 5-20　绘制变宽度的多段线

> **提示**
> 无论绘制的多段线包含多少条直线或圆弧，AutoCAD 都把它们作为一个单独的对象。

1.【圆弧】选项

此选项用于将当前多段线模式切换为画弧模式，以绘制由弧线组合而成的多段线。在命令行提示下输入 A，或在绘图区单击鼠标右键，在右键菜单中选择【圆弧】选项，都可激活此选项，系统自动切换到画弧状态。命令行提示如下：

【指定圆弧的端点或 [角度（A）|圆心（CE）|闭合（CL）|方向（D）|半宽（H）|直线（L）|半径（R）|第二个点（S）|放弃（U）| 宽度（W）]：】

各次级选项功能如下：

- 【角度】选项用于指定要绘制的圆弧的圆心角。
- 【圆心】选项用于指定圆弧的圆心。
- 【闭合】选项用于用弧线封闭多段线。
- 【方向】选项用于取消直线与圆弧的相切关系，改变圆弧的起始方向。
- 【半宽】选项用于指定圆弧的半宽值。激活此选项功能后，AutoCAD 将提示用户输入多段线的起点半宽值和终点半宽值。
- 【直线】选项用于切换直线模式。

- 【半径】选项用于指定圆弧的半径。
- 【第二个点】选项用于选择三点画弧方式中的第二个点。
- 【宽度】选项用于设置弧线的宽度值。

2. 其他选项

- 【闭合】选项。激活此选项后，AutoCAD 将使用直线段封闭多段线，并结束多段线命令。当用户需要绘制一条闭合的多段线时，最后一定要使用此选项功能，才能保证绘制的多段线是完全封闭的。
- 【长度】选项。此选项用于定义下一段多段线的长度，AutoCAD 按照上一线段的方向绘制这一段多段线。若上一段是圆弧，AutoCAD 绘制的直线段与圆弧相切。
- 【半宽】/【宽度】选项。【半宽】选项用于设置多段线的半宽；【宽度】选项用于设置多段线的起始宽度值，起始点的宽度值可以相同也可以不同。

> **提示**
> 在绘制具有一定宽度的多段线时，系统变量 Fillmode 控制着多段线是否被填充。当变量值为 1 时，绘制的带有宽度的多段线将被填充；当变量为 0 时，带有宽度的多段线将不会被填充，如图 5-21 所示。

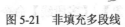

图 5-21 非填充多段线

动手操作——绘制楼梯剖面示意图

在本例中将利用 PLINE 命令结合坐标输入的方式绘制如图 5-22 所示的直行楼梯剖面示意图，其中台阶高 150，宽 300。读者可结合课堂讲解中所介绍的知识来完成本实例的绘制，其具体操作如下：

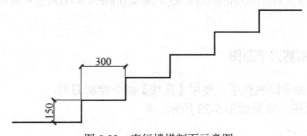

图 5-22 直行楼梯剖面示意图

（1）新建文件。

（2）打开正交，选择【绘图】/【多段线】按钮 ⌒，绘制带宽度的多段线。

```
命令：PLINE↙                              //激活 PLINE 命令绘制楼梯
指定起点：在绘图区中任意拾取一点          //指定多段线的起点
```

指定下一个点或 [圆弧(A)/半宽(H)/长度(L)/放弃(U)/宽度(W)]: @600,0↙
//指定第一点

指定下一点或 [圆弧(A)/闭合(C)/半宽(H)/长度(L)/放弃(U)/宽度(W)]: 0,150↙
//指定第二点（绘制楼梯踏步的高）

指定下一点或 [圆弧(A)/闭合(C)/半宽(H)/长度(L)/放弃(U)/宽度(W)]: @300,0↙
//指定第三点（绘制楼梯踏步的宽）

指定下一点或 [圆弧(A)/闭合(C)/半宽(H)/长度(L)/放弃(U)/宽度(W)]: @0,150↙
//指定下一点

指定下一点或 [圆弧(A)/闭合(C)/半宽(H)/长度(L)/放弃(U)/宽度(W)]: @300,0↙
//指定下一点

指定下一点或 [圆弧(A)/闭合(C)/半宽(H)/长度(L)/放弃(U)/宽度(W)]: @0,150↙
//指定下一点

指定下一点或 [圆弧(A)/闭合(C)/半宽(H)/长度(L)/放弃(U)/宽度(W)]: @300,0↙
//指定下一点，再根据同样的方法绘制楼梯其余踏步

指定下一点或 [圆弧(A)/闭合(C)/半宽(H)/长度(L)/放弃(U)/宽度(W)]: ↙
//按 Enter 键结束绘制

（3）至此，直行楼梯剖面示意图绘制完成，将完成后的文件进行保存。

5.2.2 编辑多段线

执行【编辑多段线】命令主要有以下几种方式：

- 执行菜单栏【修改】/【对象】/【多段线】命令。
- 在命令行输入 Pedit。

执行 Pedit 命令，命令行显示如下提示信息。

输入选项[闭合(C)|合并(J)|宽度(W)|编辑顶点(E)|拟合(F)|样条曲线(S)|非曲线化(D)|线型生成(L)|放弃(U)]:

如果选择多个多段线，命令行则显示如下提示信息。

输入选项[闭合(C)|打开(O)|合并(J)|宽度(W)|拟合(F)|样条曲线(S)|非曲线化(D)|线型生成(L)|放弃(U)]:

动手操作——绘制剪刀平面图

运用【多段线】命令绘制把手，使用【直线】命令绘制刀刃，从而完成剪刀的平面图，效果如图 5-23 所示。

（1）新建一个文件。

（2）执行 PL（多段线）命令，在绘图区中任意位置指定起点后，绘制如图 5-24 所示的多段线。命令行提示如下：

```
命令: _pline
指定起点:
当前线宽为 0.0000
```

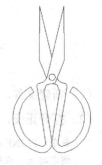

图 5-23　剪刀平面效果

指定下一个点或 [圆弧(A)/半宽(H)/长度(L)/放弃(U)/宽度(W)]: A
指定圆弧的端点或
[角度(A)/圆心(CE)/方向(D)/半宽(H)/直线(L)/半径(R)/第二个点(S)/放弃(U)/宽度(W)]: S
指定圆弧上的第二个点: @-9, -12.7
二维点无效。
指定圆弧上的第二个点: @-9,-12.7
指定圆弧的端点: @12.7,-9
指定圆弧的端点或
[角度(A)/圆心(CE)/闭合(CL)/方向(D)/半宽(H)/直线(L)/半径(R)/第二个点(S)/放弃(U)/宽度(W)]: L
指定下一个点或 [圆弧(A)/闭合(C)/半宽(H)/长度(L)/放弃(U)/宽度(W)]: @-3,19
指定下一个点或 [圆弧(A)/闭合(C)/半宽(H)/长度(L)/放弃(U)/宽度(W)]:↵

（3）执行 explode 命令，分解多段线。

（4）执行 fillet 命令，指定圆角半径为 3，对圆弧与直线的下端点进行圆角处理，如图 5-25 所示。

图 5-24　绘制多段线

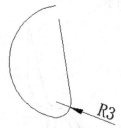
图 5-25　绘制圆角

（5）执行 L 命令，拾取多段线中直线部分的上端点，确认为直线的第一点，依次输入 @0.8,2、@2.8,0.7、@2.8,7、@-0.1,16.7、@-6,-25，绘制多条直线，效果如图 5-26 所示。命令行提示如下：

命令: L
LINE 指定第一点:
指定下一点或 [放弃(U)]: @0.8,2
指定下一点或 [放弃(U)]: @2.8,0.7
指定下一点或 [闭合(C)/放弃(U)]: @2.8,7
指定下一点或 [闭合(C)/放弃(U)]: @-0.1,16.7
指定下一点或 [闭合(C)/放弃(U)]: @-6,-25
指定下一点或 [闭合(C)/放弃(U)]:↵

（6）执行 fillet 命令，指定圆角半径为 3，对上一步绘制的直线与圆弧进行圆角处理，如图 5-27 所示。

（7）执行 break 命令，在圆弧上的适合位置拾取一点为打断的第一点，拾取圆弧的端点为打断的第二点，效果如图 5-28 所示。

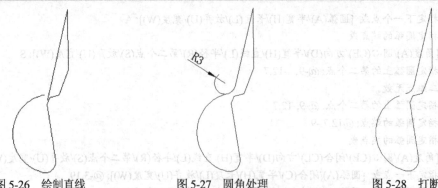

图 5-26 绘制直线　　　图 5-27 圆角处理　　　图 5-28 打断

（8）执行 O 命令，设置偏移距离为 2，选择偏移对象为圆弧和圆弧旁的直线，分别进行偏移处理，效果如图 5-29 所示。

（9）执行 fillet 命令，输入 R，设置圆角半径为 1，选择偏移的直线和外圆弧的上端点，效果如图 5-30 所示。

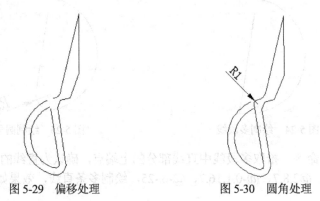

图 5-29 偏移处理　　　图 5-30 圆角处理

（10）执行 L 命令，连接圆弧的两个端点，结果如图 5-31 所示。

（11）执行 mirror（镜像）命令，拾取绘图区中所有对象，以通过最下端圆角，最右侧的象限点所在的垂直直线为镜像轴线进行镜像处理，效果如图 5-32 所示。

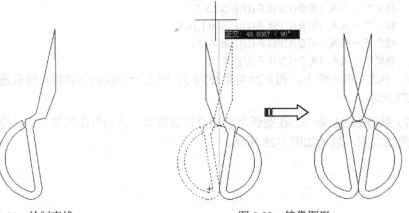

图 5-31 绘制直线　　　图 5-32 镜像图形

（12）执行 TR（修剪）命令，修剪绘图区中需要修剪的线段，如图 5-33 所示。

（13）执行 C 命令，在适当的位置绘制直径为 2 的圆，如图 5-34 所示。

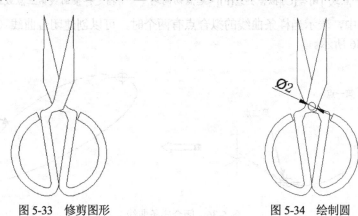

图 5-33　修剪图形　　　　　　　图 5-34　绘制圆

（14）至此，剪刀平面图绘制完成，将完成后的文件进行保存。

5.3　利用样条曲线绘图

样条曲线是经过或接近一系列给定点的光滑曲线，它可以控制曲线与点的拟合程度，如图 5-35 所示。样条曲线可以是开放的，也可以是闭合的。用户还可以对创建的样条曲线进行编辑。

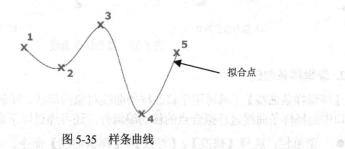

图 5-35　样条曲线

1. 绘制样条曲线

绘制样条曲线就是创建通过或接近选定点的平滑曲线，用户可通过以下命令方式来执行操作：

- 菜单栏：选择【绘图】/【样条曲线】命令。
- 选项面板：在【默认】标签【绘图】面板中单击【样条曲线】按钮 。
- 命令行：输入 SPLINE。

样条曲线的拟合点可通过光标指定，也可在命令行输入精确坐标值。执行 SPLINE 命令，在图形窗口中指定样条曲线第一点和第二点后，命令行显示如下操作提示：

　　命令：_spline

```
指定第一个点或 [对象(O)]:              //指定样条曲线第一点或选择选项
指定下一点:                             //指定样条曲线第二点
指定下一点或 [闭合(C)|拟合公差(F)] <起点切向>:   //指定样条曲线第三点或选择选项
```

在操作提示中，表示当样条曲线的拟合点有两个时，可以创建闭合曲线（选择【闭合】选项），如图 5-36 所示。

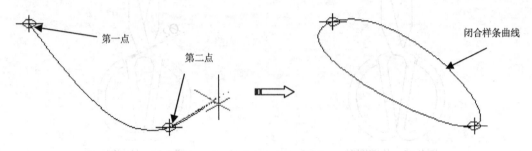

图 5-36　闭合样条曲线

还可以选择【拟合公差】选项来设置样条的拟合程度。如果公差设置为 0，则样条曲线通过拟合点；输入大于 0 的公差将使样条曲线在指定的公差范围内通过拟合点，如图 5-37 所示。

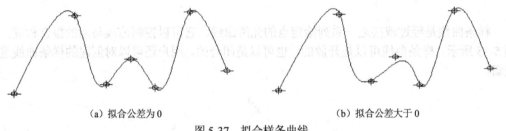

(a) 拟合公差为 0　　　　　　　　　　　(b) 拟合公差大于 0

图 5-37　拟合样条曲线

2. 编辑样条曲线

【编辑样条曲线】工具可用于修改样条曲线对象的形状。样条曲线的编辑除可以直接在图形窗口中选择样条曲线进行拟合点的移动编辑外，还可通过以下命令方式来执行此编辑操作：

- 菜单栏：选择【修改】/【对象】/【样条曲线】命令。
- 选项面板：在【默认】标签【修改】面板中单击【编辑样条曲线】按钮 。
- 命令行：输入 SPLINEDIT。

执行 SPLINEDIT 命令并选择要编辑的样条曲线后，命令行显示如下操作提示：

```
输入选项 [拟合数据(F)|闭合(C)|移动顶点(M)|精度(R)|反转(E)|放弃(U)]:
```

同时，图形窗口中弹出【输入选项】菜单，如图 5-38 所示。

命令提示中或【输入选项】菜单中的选项含义如下：

- 拟合数据：编辑定义样条曲线的拟合点数据，包括修改公差。
- 闭合：将开放样条曲线修改为连续闭合的环。
- 移动顶点：将拟合点移动到新位置。

- 精度:通过添加权值控制点及提高样条曲线阶数来修改样条曲线定义。
- 反转:修改样条曲线方向。
- 放弃:取消上一编辑操作。

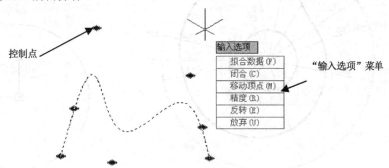

图 5-38 编辑样条曲线的【输入选项】菜单

动手操作——绘制异形轮

下面通过绘制如图 5-39 所示的异形轮轮廓图,熟悉样条曲线的用法。

(1)使用【新建】命令创建空白文件。

(2)按 F12 键,关闭状态栏上的【动态输入】功能。

(3)选择菜单【视图】/【平移】/【实时】命令,将坐标系图标移至绘图区中央位置上。

(4)选择【绘图】菜单栏中的【多段线】命令,配合坐标输入法绘制内部轮廓线。命令行操作如下:

```
命令:_pline
指定起点:                                    //输入 9.8,0,按 Enter 键
当前线宽为 0.0000
指定下一个点或 [圆弧(A)/半宽(H)/长度(L)/放弃(U)/宽度(W)]:    //输入 9.8,2.5,按 Enter 键
指定下一点或 [圆弧(A)/闭合(C)/半宽(H)/长度(L)/放弃(U)/宽度(W)]: //输入@-2.73,0,按 Enter 键
指定下一点或 [圆弧(A)/闭合(C)/半宽(H)/长度(L)/放弃(U)/宽度(W)]:
                                             //输入 a,按 Enter 键,转入画弧模式
指定圆弧的端点或[角度(A)/圆心(CE)/闭合(CL)/方向(D)/半宽(H)/直线(L)/半径(R)/第二个点(S)/放
弃(U)/宽度(W)]:                               //输入 ce,按 Enter 键
指定圆弧的圆心:                                //输入 0,0,按 Enter 键
指定圆弧的端点或 [角度(A)/长度(L)]:              //输入 7.07,-2.5,按 Enter 键
指定圆弧的端点或[角度(A)/圆心(CE)/闭合(CL)/方向(D)/半宽(H)/直线(L)/半径(R)/第二个点(S)/放
弃(U)/宽度(W)]:                               //输入 l,按 Enter 键,转入画线模式
指定下一点或 [圆弧(A)/闭合(C)/半宽(H)/长度(L)/放弃(U)/宽度(W)]:
                                             //输入 9.8,-2.5,按 Enter 键
指定下一点或 [圆弧(A)/闭合(C)/半宽(H)/长度(L)/放弃(U)/宽度(W)]:
                                //输入 c,按 Enter 键,结束命令,绘制结果如图 5-40 所示。
```

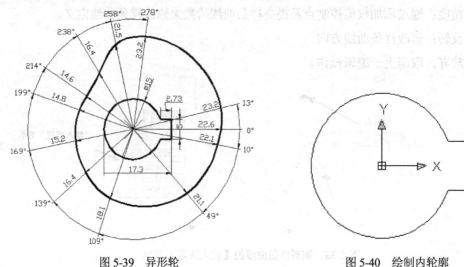
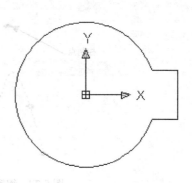

图 5-39 异形轮　　　　　　　　　图 5-40 绘制内轮廓

（5）单击【绘图】面板中的 ～ 按钮，激活【样条曲线】命令，绘制外轮廓线。命令行操作如下：

```
命令: _spline
指定第一个点或 [对象(O)]:                          //输入 22.6,0，按 Enter 键
指定下一点:                                        //输入 23.2<13，按 Enter 键
指定下一点或 [闭合(C)/拟合公差(F)] <起点切向>:     //输入 23.2<-278，按 Enter 键
指定下一点或 [闭合(C)/拟合公差(F)] <起点切向>:     //输入 21.5<-258，按 Enter 键
指定下一点或 [闭合(C)/拟合公差(F)] <起点切向>:     //输入 16.4<-238，按 Enter 键
指定下一点或 [闭合(C)/拟合公差(F)] <起点切向>:     //输入 14.6<-214，按 Enter 键
指定下一点或 [闭合(C)/拟合公差(F)] <起点切向>:     //输入 14.8<-199，按 Enter 键
指定下一点或 [闭合(C)/拟合公差(F)] <起点切向>:     //输入 15.2<-169，按 Enter 键
指定下一点或 [闭合(C)/拟合公差(F)] <起点切向>:     //输入 16.4<-139，按 Enter 键
指定下一点或 [闭合(C)/拟合公差(F)] <起点切向>:     //输入 18.1<-109，按 Enter 键
指定下一点或 [闭合(C)/拟合公差(F)] <起点切向>:     //输入 21.1<-49，按 Enter 键
指定下一点或 [闭合(C)/拟合公差(F)] <起点切向>:     //输入 22.1<-10，按 Enter 键
指定下一点或 [闭合(C)/拟合公差(F)] <起点切向>:     //输入 c，按 Enter 键
指定切向:                                          //将光标移至如图 5-41 所示位置单击，以确定切向，绘制结果如图 5-42 所示。
```

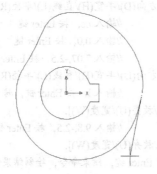
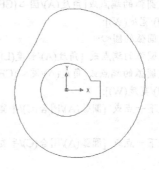

图 5-41 确定切向　　　　　　　　　图 5-42 绘制结果

(6) 最后执行【保存】命令。

5.4 绘制曲线与参照几何图形命令

螺旋线属于曲线中较为高级的线段。而云线则是用来作为绘制参照几何图形时而采用的一种查看、注意方法。

5.4.1 螺旋线（HELIX）

螺旋线是空间曲线，包括圆柱螺旋线和圆锥螺旋线。当底面直径等于顶面直径时，为圆柱螺旋线；当底面直径大于或小于顶面直径时，就是圆锥螺旋线。

命令执行方式：

- 命令行：输入 HELIX。
- 菜单栏：选择【绘图】/【螺旋】命令。
- 快捷键：HELI。
- 功能区：单击【常用】选项卡【绘图】面板中的【螺旋】按钮。

在二维视图中，圆柱螺旋线表现为多条螺旋线重合的圆，如图 5-43 所示。圆锥螺旋线表现为阿基米德螺线，如图 5-44 所示。

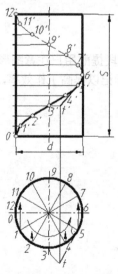

图 5-43 圆柱螺旋线

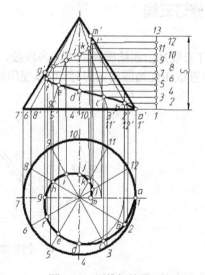

图 5-44 圆锥螺旋线

螺旋线的绘制需要确定底面直径、顶面直径和高度（导程）。当螺旋高度为 0 时，为二维的平面螺旋线；当高度值大于 0 时，则为三维的螺旋线。

> **提示**
> 底面直径、顶面直径的值不能设为 0。

执行 HELIX 命令，按命令提示指定螺旋线中心、底面半径和顶面半径后，命令行显示如下操作提示：

```
命令：_Helix
圈数=3.0000      扭曲=CCW
指定底面的中心点：                                      //指定底面中心点
指定底面半径或 [直径(D)] <335.7629>：                    //指定底面半径或选择选项
指定顶面半径或 [直径(D)] <174.8169>：                    //指定顶面半径或选择选项
指定螺旋高度或 [轴端点(A)/圈数(T)/圈高(H)/扭曲(W)] <135.7444>：  //指定螺旋高度或选择选项
```

提示中各选项含义如下：

- 中心点：指定螺旋线中心点位置。
- 底面半径：螺旋线底端面半径。
- 顶面半径：螺旋线顶端面半径。
- 螺旋高度：螺旋线 Z 向高度。
- 轴端点：导圆柱或导圆锥的轴端点。轴起点为底面中心点。
- 圈数：螺旋线的圈数。
- 圈高：螺旋线的导程。每一圈的高度。
- 扭曲：指定螺旋线的旋向。包括顺时针旋向（右旋）和逆时针旋向（左旋）。

5.4.2 修订云线

修订云线是由连续圆弧组成的多段线，主要用于在检查阶段提醒用户注意图形的某个部分。在检查或用红线圈阅图形时，可以使用修订云线功能亮显标记以提高工作效率，如图 5-45 所示。

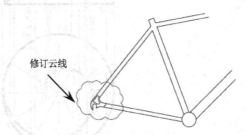

图 5-45 创建修订云线以提醒用户注意

命令执行方式：

- 命令行：输入 REVCLOUD。
- 菜单栏：选择【绘图】/【修订云线】命令。

- 快捷键：REVC。
- 功能区：单击【常用】选项卡【绘图】面板中的【修订云线】按钮。

除了可以绘制修订云线外，还可以将其他曲线（如圆、圆弧、椭圆等）转换成修订云线。在命令行输入 REVC 并执行命令后，将显示如下操作提示：

命令: _revcloud
最小弧长: 0.5000   最大弧长: 0.5000   //显示云线当前最小和最大弧长值
指定起点或 [弧长(A)/对象(O)/样式(S)] <对象>:   //指定云线的起点

命令提示中有多个选项供用户选择，其选项含义如下：

- 弧长：指定云线中弧线的长度。
- 对象：选择要转换为云线的对象。
- 样式：选择修订云线的绘制方式，包括普通和手绘。

提示

REVCLOUD 在系统注册表中存储上一次使用的弧长。在具有不同比例因子的图形中使用程序时，用 DIMSCALE 的值乘以此值来保持一致。

动手操作——绘制修订云线

（1）新建空白文件。

（2）执行【绘图】模板中的【修订云线】命令，或单击【绘图】面板中的 按钮，根据 AutoCAD 命令行的步骤提示，精确绘图。

命令: _revcloud
最小弧长: 30   最大弧长: 30   样式: 普通
指定起点或 [弧长(A)/对象(O)/样式(S)] <对象>:   //在绘图区拾取一点作为起点
沿云线路径引导十字光标...   //按住左键不放，沿着所需闭合路径引导光标，即可绘制
                              闭合的云线图形。
修订云线完成。

（3）绘制结果如图 5-46 所示。

图 5-46 绘制云线

提示

在绘制闭合的云线时，需要移动光标，将云线的端点放在起点处，系统会自动绘制闭合云线。

1. 【弧长】选项

【弧长】选项用于设置云线的最小弧和最大弧的长度。当激活此选项后，系统提示用户输入最小弧和最大弧的长度。下面通过具体实例学习该选项功能。

下面以绘制最大弧长为 25、最小弧长为 10 的云线为例，主要学习【弧长】选项功能的应用。

动手操作——设置云线的弧长

（1）新建空白文件。

（2）单击【绘图】面板中的 按钮，根据 AutoCAD 命令行的步骤提示，精确绘图。

```
命令: _revcloud
最小弧长: 30    最大弧长: 30    样式: 普通
指定起点或 [弧长(A)/对象(O)/样式(S)] <对象>: a    //按 Enter 键，激活【弧长】选项
指定最小弧长 <30>:10                              //按 Enter 键，设置最小弧长度
指定最大弧长 <10>: 25                             //按 Enter 键，设置最大弧长度
指定起点或 [弧长(A)/对象(O)/样式(S)] <对象>:      //在绘图区拾取一点作为起点
沿云线路径引导十字光标...                         //按住左键不放，沿着所需闭合路径引导光标
反转方向 [是(Y)/否(N)] <否>: N                    //按 Enter 键，采用默认设置
```

（3）绘制结果如图 5-47 所示。

图 5-47　绘制结果

2. 【对象】选项

【对象】选项用于对非云线图形，如直线、圆弧、矩形以及圆形等，按照当前的样式和尺寸，将其转化为云线图形，如图 5-48 所示。

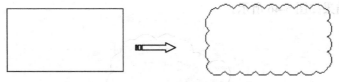

图 5-48　【对象】选项示例

另外，在编辑的过程中还可以修改弧线的方向，如图 5-49 所示。

3. 【样式】选项

【样式】选项用于设置修订云线的样式。AutoCAD 系统共为用户提供了【普通】和【手绘】两种样式，默认情况下为【普通】样式。如图 5-50 所示的云线就是在【手绘】样式下绘制的。

图 5-49 反转方向

图 5-50 手绘示例

5.5 综合范例

本节我们将学习到高级图形指令在机械、建筑和室内设计中的应用技巧和操作步骤。

5.5.1 范例一：绘制房屋横切面

房屋横切面的绘制主要是画出其墙体、柱子、门洞，注意阵列命令的应用，如图 5-51 所示。

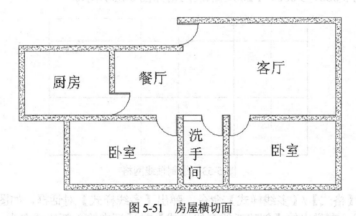
图 5-51 房屋横切面

操作步骤

（1）选择【文件】/【新建】命令，创建一个新的文件。

（2）在菜单栏选择【工具】/【绘图设置】命令，或输入 osnap 命令后按 Enter 键，弹出【草图设置】对话框。在【对象捕捉】选项卡中，选中【端点】和【中点】复选框，使用端点和中点对象捕捉模式，如图 5-52 所示。

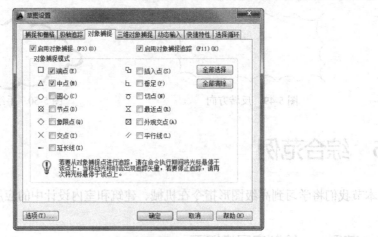

图 5-52 【草图设置】对话框

（3）单击【直线】命令，绘制两条正交直线，然后选择【修改】/【偏移】命令，对正交直线进行偏移，其中竖向偏移的值依次为 2 000、2 000、3 000、2 000、5 000；水平方向偏移的值依次为 3 000、3 000、1 200，轴线网格如图 5-53 所示。

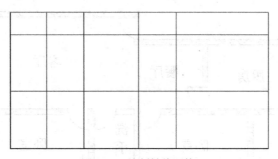

图 5-53 绘制轴线网格

（4）选择【格式】/【多线样式】命令，弹出【多线样式】对话框，如图 5-54 所示。单击【新建】按钮，在弹出的【创建新的多线样式】对话框中输入新模式名为【墙体】，单击【继续】按钮，如图 5-55 所示。

图 5-54 【多线样式】对话框

图 5-55 【创建新的多线样式】对话框

(5) 在【新建多线样式：墙体】对话框中，将【偏移】的值都设置为 120，如图 5-56 所示。单击【确定】按钮，返回【多线样式】对话框，继续单击【确定】按钮即可完成多线样式的设置。

(6) 选择【绘图】/【多线】命令，沿着轴线绘制墙体草图，如图 5-57 所示。

```
命令：_mline
当前设置：对正 = 上，比例 = 20.00，样式 = 墙体
指定起点或 [对正(J)/比例(S)/样式(ST)]: st        //选择样式选项
输入多线样式名或 [?]: 墙体                        //输入样式名
当前设置：对正 = 上，比例 = 20.00，样式 = 墙体
指定起点或 [对正(J)/比例(S)/样式(ST)]: s          //选择比例选项
输入多线比例 <20.00>: 1                          //输入比例
当前设置：对正 = 上，比例 = 1.00，样式 = 墙体
指定起点或 [对正(J)/比例(S)/样式(ST)]: j          //选择对正选项
输入对正类型 [上(T)/无(Z)/下(B)] <上>: z          //输入对正类型
当前设置：对正 = 无，比例 = 1.00，样式 = 墙体
指定起点或 [对正(J)/比例(S)/样式(ST)]:
指定下一点：
指定下一点或 [放弃(U)]:
指定下一点或 [闭合(C)/放弃(U)]:
```

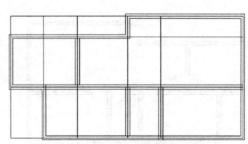

图 5-56　【新建多线样式：墙体】对话框　　　图 5-57　绘制墙体草图

(7) 选择【修改】/【对象】/【多线】命令，弹出【多线编辑工具】对话框，如图 5-58 所示。选中其中合适的多线编辑图标，对绘制的多线进行编辑，完成编辑后的图形如图 5-59 所示。

 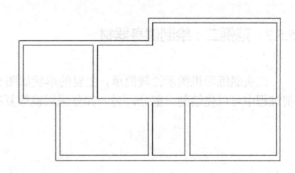

图 5-58　【多线编辑工具】对话框　　　　图 5-59　编辑多线

153

```
命令:_mledit
选择第 1 条多线:                    //选择其中一条多线
选择第 2 条多线:                    //选择另外一条多线
选择第 1 条多线或 [放弃(U)]:
```

（8）选择【插入】/【块】命令，将原来所绘制的门作为一个块插入进来，并修剪门洞，如图 5-60 所示。

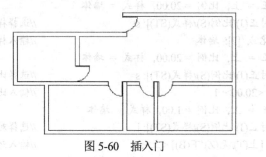

图 5-60　插入门

（9）选择【图案填充】命令，选择【AR-SAND】对剖切到的墙体进行填充，如图 5-61 所示。

（10）选择【绘图】/【文字】/【单行文字】命令，对绘制的墙体横切面进行文字注释，最后绘制的房屋横切面示意图如图 5-62 所示。

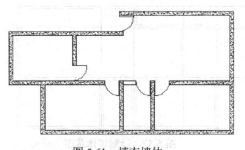

图 5-61　填充墙体

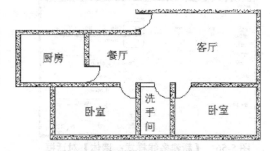

图 5-62　房屋横切面示意图

> **提示**
> 输入文字注释时，必须将输入文字的字体改成能够显示汉字的字体，比如宋体。否则会在屏幕上显示乱码。

5.5.2　范例二：绘制健身器材

二头肌练习机图形比较简单，主要的形状如图 5-63 所示。此图形呈对称结构，因此在绘制过程中可以先绘制一部分，另一部分采用镜像复制方法即可得到。

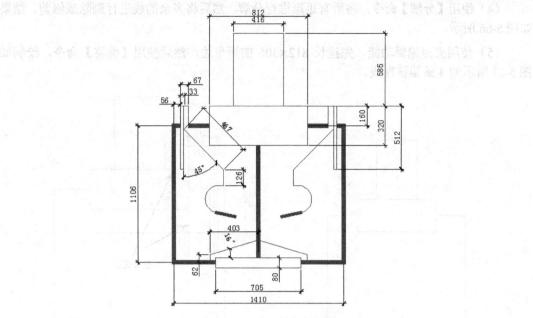

图 5-63 二头肌练习机图形

操作步骤

（1）新建文件。

（2）使用【矩形】命令，绘制如图 5-64 所示的 4 个矩形（其位置可以先任意摆放）。

（3）使用【移动】命令，采用极轴追踪的方法将几个矩形的位置重新调整，调整后的结果如图 5-65 所示。

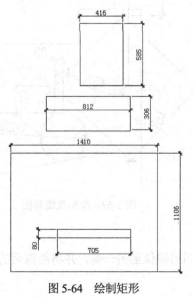

图 5-64 绘制矩形

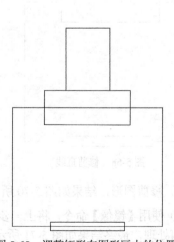

图 5-65 调整矩形在图形区中的位置

（4）使用【分解】命令，将所有矩形进行分解。然后将多余的线进行删除或修剪，结果如图 5-66 所示。

（5）使用夹点编辑功能，先拉长 812×306 的矩形边，然后使用【偏移】命令，绘制如图 5-67 所示的 4 条偏移直线。

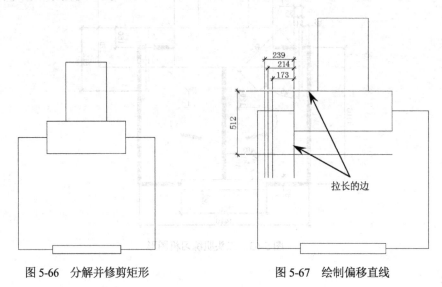

图 5-66 分解并修剪矩形　　　　图 5-67 绘制偏移直线

（6）使用【修剪】命令修剪偏移直线，结果如图 5-68 所示。

（7）使用【直线】、【圆】命令，绘制如图 5-69 的图形。

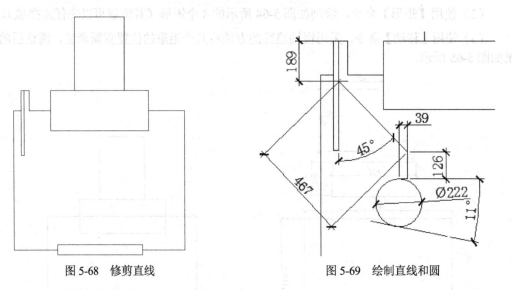

图 5-68 修剪直线　　　　图 5-69 绘制直线和圆

（8）修剪图形，结果如图 5-70 所示。

（9）使用【镜像】命令，将上一步骤绘制的图形镜像至另一侧，并将镜像后的图形再次进行修剪处理，最终结果如图 5-71 所示。

第 5 章 高级绘图

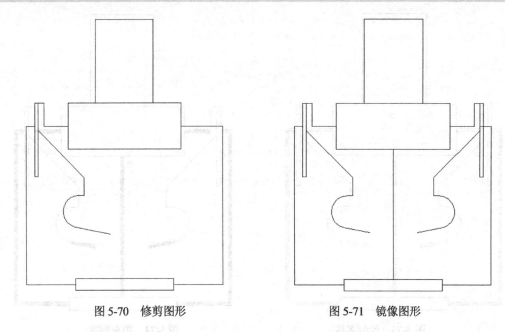

图 5-70 修剪图形　　　　　图 5-71 镜像图形

（10）在菜单栏执行【格式】/【多线样式】命令，在打开的【多线样式】对话框中新建"填充"样式，使直线的起点与终点都封口，如图 5-72 所示。

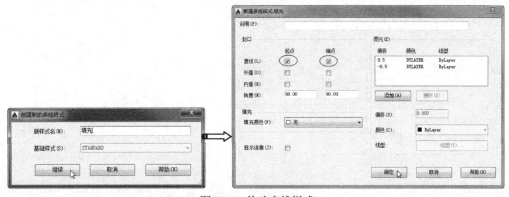

图 5-72 修改多线样式

（11）在菜单栏执行【绘图】/【多线】命令，然后在绘制的图形中绘制多线，如图 5-73 所示。

（12）删除中间的直线。然后对多线进行填充，选择图案为 SOLID，填充后的结果如图 5-74 所示。

（13）至此，二头肌练习机健身器材的图形已绘制完成，最后将结果进行保存。

提示
使用【宽线】（TRACE）命令可以绘制一定宽度的实体线。在绘制实体线时，当 FILL 模式处于"开"状态时，宽线将被填充为实体，否则只显示轮廓。

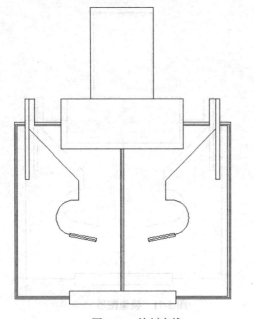
图 5-73　绘制多线

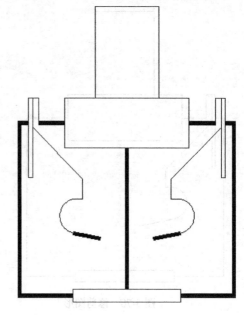
图 5-74　填充图案

第 6 章　面域、填充与渐变绘图

本章导读

在上一章学习了点与线的绘制的基础上，本章开始学习面的绘制与填充。面是平面绘图中最大的单位。本章将学习如何将线组成的闭合面转换成一个完整的面域，如何绘制面域以及对面域的填充方式等。还将接触到特殊图形圆环的绘制方法。

学习要点

面域
填充概述
使用图案填充
渐变色填充
区域覆盖
测量与面积、体积计算

6.1　面域

面域是具有物理特性（例如质心）的二维封闭区域。封闭区域可以是直线、多段线、圆、圆弧、椭圆、椭圆弧和样条曲线的组合，组成环的对象必须闭合或通过与其他对象共享端点而形成闭合的区域，如图 6-1 所示。

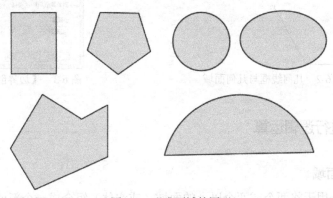

图 6-1　形成面域的图形

面域可用于应用填充和着色、计算面域或三维实体的质量特性，以及提取设计信息（例如形心）。面域的创建方法有多种，可以使用【面域】命令来创建，可以使用【边界】命令来创建，还可使用【三维建模】空间的【并集】、【交集】和【差集】命令来创建。

6.1.1 创建面域

所谓面域，其实就是实体的表面。它是一个没有厚度的二维实心区域，具备实体模型的一切特性，不但含有边的信息，还有边界内的信息。可以利用这些信息计算工程属性，如面积、重心和惯性矩等。

执行【面域】命令主要有以下几种方式：

- 执行菜单栏【绘图】/【面域】命令。
- 单击【绘图】面板上的【面域】按钮 ◎。
- 在命令行输入 Region。

1. 将单个对象转化成面域

面域不能直接被创建，而是通过其他闭合图形进行转化。在激活【面域】命令后，只需选择封闭的图形对象即可将其转化为面域，如圆、矩形、正多边形等。

当闭合对象被转化为面域后，看上去并没有什么变化，如果对其进行着色后就可以区分开，如图 6-2 所示。

2. 从多个对象中提取面域

使用【面域】命令，只能将单个闭合对象或由多个首尾相连的闭合区域转化成面域。如果用户需要从多个相交对象中提取面域，则可以使用【边界】命令。在【边界创建】对话框中，将【对象类型】设置为【面域】，如图 6-3 所示。

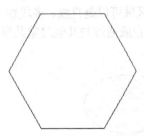 

图 6-2　几何线框与几何面域　　　　图 6-3　【边界创建】对话框

6.1.2 对面域进行逻辑运算

1. 创建并集面域

【并集】命令用于将两个或两个以上的面域（或实体）组合成一个新的对象，如图 6-4 所示。

执行【并集】命令主要有以下几种方法：

- 执行菜单栏【修改】/【实体编辑】/【并集】命令。
- 单击【实体】工具栏中的【并集】按钮⑩。
- 在命令行输入 Union。

📔 动手操作——并集面域

（1）首先新建空白文件，并绘制半径为 26 的圆。

（2）执行【绘图】/【矩形】命令，以圆的圆心作为矩形左侧边的中点，绘制长度为 59 宽度为 32 的矩形，如图 6-5 所示。

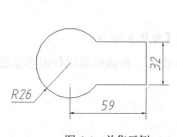

图 6-4 并集示例

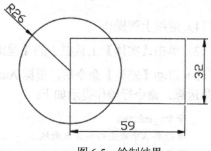

图 6-5 绘制结果

（3）单击【绘图】菜单中的【面域】命令，根据 AutoCAD 命令行操作提示，将刚绘制的两个图形转化为圆形面域和矩形面域。命令行操作如下：

命令: _region	
选择对象:	//选择刚绘制的圆形
选择对象:	//选择刚绘制的矩形
选择对象: ↵	//按 Enter 键，结束命令
已提取 2 个环。	
已创建 2 个面域。	

（4）单击【修改】菜单栏中的【实体编辑】/【并集】命令，根据 AutoCAD 命令行的操作提示，将刚创建的两个面域进行组合。命令行操作如下：

命令: _union	
选择对象:	//选择刚创建的圆形面域
选择对象:	//选择刚创建的矩形面域
选择对象:↵	//结束命令，完成并集。结果如图 6-6 所示。

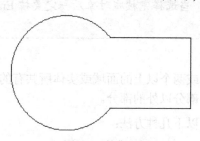

图 6-6 并集示例

2. 创建差集面域

【差集】命令用于从一个面域或实体中，移去与其相交的面域或实体，从而生成新的组合实体。

执行【差集】命令主要有以下几种方法：

- 执行【修改】/【实体编辑】/【差集】命令.
- 单击【实体】工具栏中的【差集】按钮◎。
- 在命令行中输入 Subtract。

动手操作——差集面域

（1）继续上例操作。

（2）单击【实体】工具栏中的【差集】按钮◎，启动【差集】命令。

（3）启动【差集】命令后，根据 AutoCAD 命令行操作提示，将圆形面域和矩形面域进行差集运算。命令行操作提示如下：

```
命令: _subtract
选择要从中减去的实体或面域...
选择对象:                          //选择刚创建的圆形面域
选择对象:✓                        //结束对象的选择
选择要减去的实体或面域 ..
选择对象:                          //选择刚创建的矩形面域
选择对象:✓                        //结束命令，差集结果如图 6-7 所示。
```

图 6-7　差集示例

> **提示**
> 在执行【差集】命令时，当选择完被减对象后一定要按 Enter 键，然后再选择需要减去的对象。

3. 创建交集面域

【交集】命令用于将两个或两个以上的面域或实体所共有的部分，提取出来组合成一个新的图形对象，同时删除公共部分以外的部分。

执行【交集】命令主要有以下几种方法：

- 执行【修改】/【实体编辑】/【交集】命令。

第 6 章 面域、填充与渐变绘图

- 单击【实体】工具栏中的【交集】按钮⑩。
- 在命令行输入 Intersect。

动手操作——交集面域

（1）继续上例操作。

（2）单击【修改】菜单栏中的【实体编辑】/【交集】命令，启动命令。

（3）启动【交集】命令后，根据 AutoCAD 命令行操作提示，将圆形面域和矩形面域进行交集运算。交集结果如图 6-8 所示。

```
命令:_intersect
选择对象:                          //选择刚创建的圆形面域
选择对象:                          //选择刚创建的矩形面域
选择对象:↙                         //结束命令
```

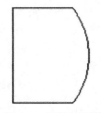

图 6-8　交集示例图

6.1.3　使用 MASSPROP 提取面域质量特性

Massprop 命令是对面域进行分析的命令，分析的结果可以存入文件。

在命令行输入 Massprop 命令后，打开如图 6-9 所示的窗口，在绘图区单击选择一个面域，释放左键再单击右键，分析结果就显示出来了。

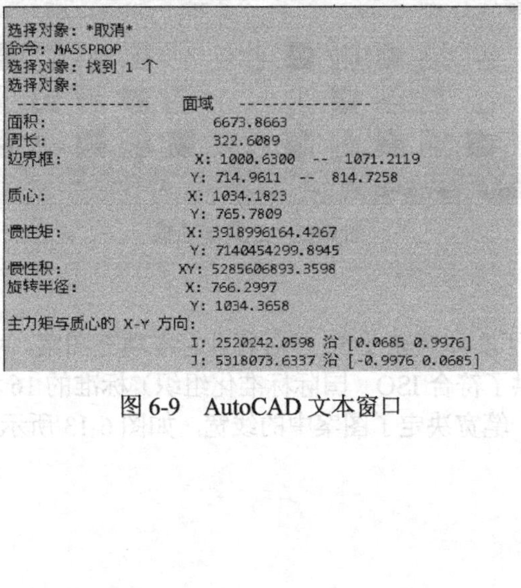

```
选择对象: *取消*
命令: MASSPROP
选择对象: 找到 1 个
选择对象:
---------------     面域     ----------------
面积:               6673.8663
周长:               322.6089
边界框:             X: 1000.6300  --  1071.2119
                    Y: 714.9611   --  814.7258
质心:               X: 1034.1823
                    Y: 765.7809
惯性矩:             X: 3918996164.4267
                    Y: 7140454299.8945
惯性积:             XY: 5285606893.3598
旋转半径:           X: 766.2997
                    Y: 1034.3658
主力矩与质心的 X-Y 方向
                    I: 2520242.0598 沿 [0.0685 0.9976]
                    J: 5318073.6337 沿 [-0.9976 0.0685]
```

图 6-9　AutoCAD 文本窗口

6.2 填充概述

填充是一种使用指定线条图案、颜色来充满指定区域的操作,常常用于表达剖切面和不同类型物体对象的外观纹理等,被广泛应用于绘制机械图、建筑图及地质构造图等。图案的填充可以使用预定义填充图案填充区域;可以使用当前线型定义简单的线图案,也可以创建更复杂的填充图案;还可以使用实体颜色填充区域。

1. 定义填充图案的边界

图案的填充首先要定义一个填充边界,定义边界的方法有:指定对象封闭区域中的点、选择封闭区域的对象、将填充图案从工具选项板或设计中心拖动到封闭区域等。填充图形时,程序将忽略不在对象边界内的整个对象或局部对象,如图 6-10 所示。

如果填充线与某个对象(例如文本、属性或实体填充对象)相交,并且该对象被选定为边界集的一部分,将围绕该对象来填充图案,如图 6-11 所示。

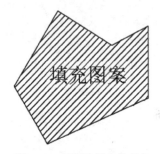 

图 6-10 忽略边界内的对象　　　　图 6-11 对象包含在边界中

2. 添加填充图案和实体填充

除了通过执行【图案填充】命令填充图案外,还可以通过从工具选项板拖动图案填充。使用工具选项板,可以更快、更方便地工作。在菜单栏选择【工具】/【选项板】/【工具选项板】命令,即可打开工具选项板,然后将【图案填充】标签打开,如图 6-12 所示。

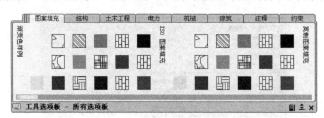

图 6-12 工具选项板

3. 选择填充图案

AutoCAD 程序提供了实体填充及 50 多种行业标准填充图案,可用于区分对象的部件或表示对象的材质。还提供了符合 ISO(国际标准化组织)标准的 16 种填充图案。当选择 ISO 图案时,可以指定笔宽,笔宽决定了图案中的线宽,如图 6-13 所示。

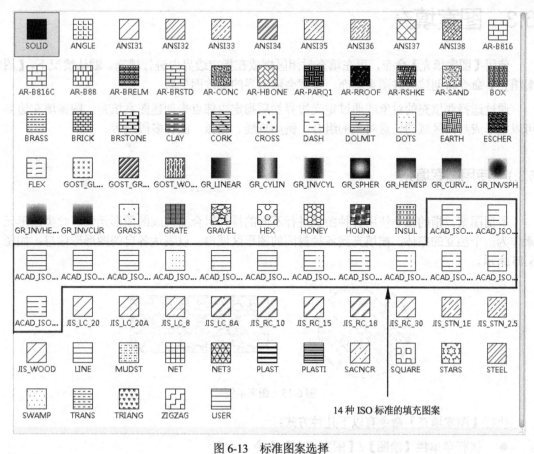

图 6-13 标准图案选择

4. 关联填充图案

图案填充随边界的更改自动更新。默认情况下，用【填充图案】命令创建的图案填充区域是关联的。该设置存储在系统变量 HPASSOC 中。

使用 HPASSOC 中的设置通过从工具选项板或 DesignCenter™（设计中心）拖动填充图案来创建图案填充。任何时候都可以删除图案填充的关联性，或者使用 HATCH 创建无关联填充。当 HPGAPTOL 系统变量设置为 0（默认值）时，如果编辑关联填充将会创建开放的边界，并自动删除关联性。使用 HATCH 来创建独立于边界的非关联图案填充，如图 6-14 所示。

图 6-14 编辑关联填充

6.3 图案填充

使用【图案填充】命令，可在填充封闭区域或在指定边界内进行填充。默认情况下，【图案填充】命令将创建关联图案填充，图案会随边界的更改而更新。

通过选择要填充的对象或通过定义边界然后指定内部点来创建图案填充。图案填充边界可以是形成封闭区域的任意对象的组合，例如直线、圆弧、圆和多段线等。

6.3.1 使用图案填充

所谓图案，指的就是使用各种图线进行不同的排列组合而构成的图形元素。此类图形元素作为一个独立的整体，被填充到各种封闭的图形区域内，以表达各自的图形形信息，如图6-15所示。

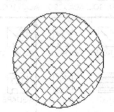
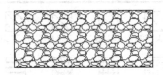

图 6-15　图案示例

执行【图案填充】命令有以下几种方式：

- 执行菜单栏【绘图】/【图案填充】命令。
- 单击【绘图】面板上的【图案填充】按钮。
- 在命令行输入 Bhatch。

执行上述命令后，功能区将显示【图案填充创建】选项卡，如图6-16所示。

图 6-16　【图案填充创建】选项卡

该选项卡中包含有【边界】、【图案】、【特性】、【原点】、【选项】等工具面板。

1. 【边界】面板

【边界】面板主要用于拾取点（选择封闭的区域）、添加或删除边界对象、查看选项集等。如图6-17所示。

图 6-17 【边界】面板

- 【拾取点】按钮：根据围绕指定点构成封闭区域的现有对象确定边界。对话框将暂时关闭，系统将会提示拾取一个点，如图 6-18 所示。

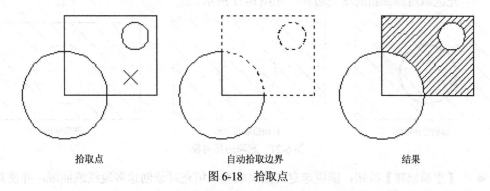

图 6-18 拾取点

- 【选择】按钮：根据构成封闭区域的选定对象确定边界。对话框将暂时关闭，系统将会提示选择对象，如图 6-19 所示。使用【选择】选项时，HATCH 不自动检测内部对象。必须选择选定边界内的对象，以按照当前孤岛检测样式填充这些对象，如图 6-20 所示。

技术要点：

在选择对象时，可以随时在绘图区域单击鼠标右键以显示快捷菜单。可以利用此快捷菜单放弃最后一个或所定对象、更改选择方式、更改孤岛检测样式或预览图案填充或渐变填充。

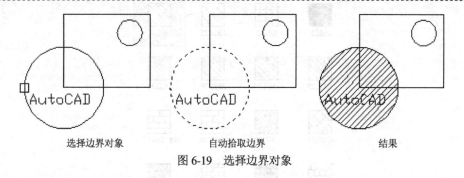

图 6-19 选择边界对象

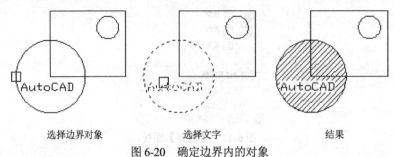

图 6-20 确定边界内的对象

- 【删除】按钮：从边界定义中删除之前添加的任何对象。使用此命令，还可以在填充区域内添加新的填充边界，如图 6-21 所示。

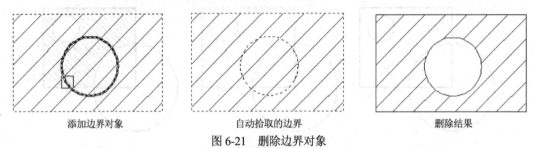

图 6-21 删除边界对象

- 【重新创建】按钮：围绕选定的图案填充或填充对象创建多段线或面域，并使其与图案填充对象相关联。
- 【显示边界对象】按钮：暂时关闭对话框，并使用当前的图案填充或填充设置显示当前定义的边界。如果未定义边界，则此选项不可用。

2.【图案】面板

【图案】面板的主要作用是定义要应用的填充图案的外观。

【图案】面板中列出可用的预定义图案。拖动上下滑动块，可查看更多图案的预览，如图 6-22 所示。

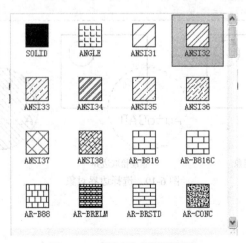

图 6-22 【填充】面板的图案

3. 【特性】面板

此面板用于设置图案的特性，如图案的类型、颜色、背景色、图层、透明度、角度、填充比例和笔宽等，如图 6-23 所示。

图 6-23 【特性】面板

- 图案类型：图案填充的类型有 4 种，实体、渐变色、图案和用户定义。这 4 种类型在【图案】面板中也能找到，但在此处选择比较快捷。
- 图案填充颜色：为填充的图案选择颜色，单击列表的下三角按钮，展开颜色列表。如果需要更多的颜色选择，可以在颜色列表中选择【选择颜色】选项，将打开【选择颜色】对话框，如图 6-24 所示。

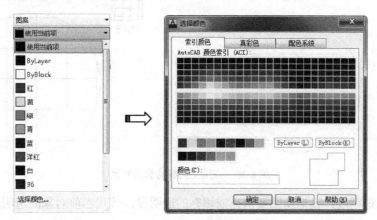

图 6-24 打开【选择颜色】对话框

- 背景色：是指在填充区域内，除填充图案外的区域颜色设置。
- 图案填充图层替代：从用户定义的图层中为定义的图案指定当前图层。如果用户没有定义图层，则此列表中仅仅显示 AutoCAD 默认的图层 0 和图层 Defpoints。
- 相对于图纸空间：在图纸空间中，此选项被激活。此选项用于设置相对于在图纸空间中图案的比例。选择此选项，将自动更改比例，如图 6-25 所示。

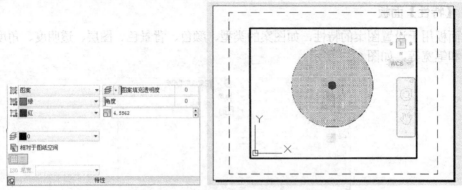

图 6-25　在图纸空间中设置相对比例

- 交叉线：当图案类型为【用户定义】时，【交叉线】选项被激活。如图 6-26 所示为应用交叉线的前后对比。
- ISO 笔宽：基于选定笔宽缩放 ISO 预定义图案（此选项等同于填充比例功能）。仅当用户指定了 ISO 图案时才可以使用此选项。

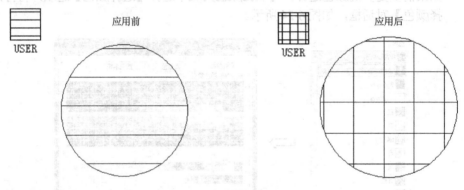

图 6-26　应用交叉线的前后对比

- 填充透明度：设定新图案填充或填充的透明度，替代当前对象的透明度。
- 填充角度：指定填充图案的角度（相对当前 UCS 坐标系的 X 轴）。设置角度的图案如图 6-27 所示。

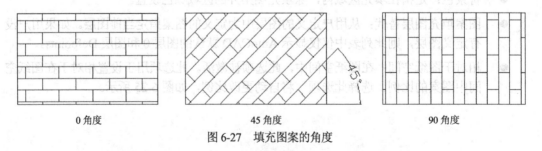

图 6-27　填充图案的角度

- 填充图案比例：放大或缩小预定义或自定义图案，如图 6-28 所示。

 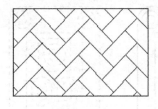 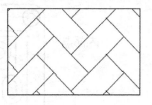

比例 0.5　　　　　　　　比例 1.0　　　　　　　　比例 1.5

图 6-28　填充图案的比例

4.【原点】面板

该面板主要用于控制填充图案生成的起始位置,如图 6-29 所示。当某些图案填充(例如砖块图案)需要与图案填充边界上的一点对齐时,默认情况下,所有图案填充原点都对应于当前的 UCS 原点。

- 设定原点：单击此按钮,在图形区中可直接指定新的图案填充原点。
- 左下、右下、左上、右上和中心：根据图案填充对象边界的矩形范围来定义新原点。
- 存储为默认原点：将新图案填充原点的值存储在 HPORIGIN 系统变量中。

5.【选项】面板

【选项】面板主要用于控制几个常用的图案填充或填充选项。【选项】面板如图 6-30 所示。

图 6-29　【原点】面板　　　　　图 6-30　【选项】面板

- 注释性：指定图案填充为注释性。
- 关联：控制图案填充或填充的关联,关联的图案填充或填充在用户修改其边界时将会更新。
- 创建独立的图案填充：控制当指定了几个单独的闭合边界时,是创建单个图案填充对象,还是创建多个图案填充对象。当创建了 2 个或 2 个以上的填充图案时,此选项才可用。
- 孤岛检测：填充区域内的闭合边界称为孤岛,控制是否检测孤岛。如果不存在内部边界,则指定孤岛检测样式没有意义。孤岛检测的 4 种方式：普通、外部、忽略和无,如图 6-31~图 6-34 所示。

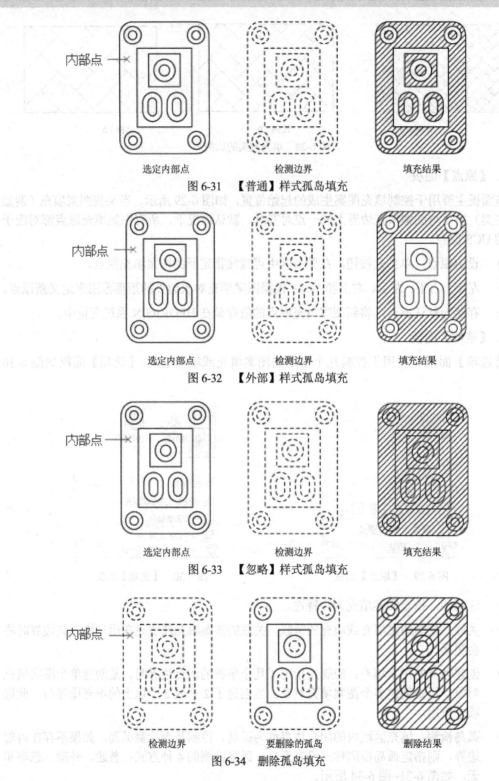

图 6-31 【普通】样式孤岛填充

图 6-32 【外部】样式孤岛填充

图 6-33 【忽略】样式孤岛填充

图 6-34 删除孤岛填充

- 绘图次序：为图案填充或填充指定绘图次序。图案填充可以放在所有其他对象之后、所有其他对象之前、图案填充边界之后或图案填充边界之前。在下方的列表框中包括【不指定】、【后置】、【前置】、【置于边界之后】和【置于边界之前】选项。

- 【图案填充和渐变色】对话框：当在面板的右下角单击按钮时，会弹出【图案填充和渐变色】对话框，如图 6-35 所示。此对话框与 AutoCAD 2016 之前的版本中的填充图案功能对话框相同。

图 6-35　【图案填充和渐变色】对话框

6.3.2　创建无边界的图案填充

在特殊情况下，有时不需要显示填充图案的边界，用户可使用以下几种方法创建不显示图案填充边界的图案填充：

- 使用【图案填充】命令创建图案填充，然后删除全部或部分边界对象。
- 使用【图案填充】命令创建图案填充，确保边界对象与图案填充不在同一图层上，然后关闭或冻结边界对象所在的图层。这是保持图案填充关联性的唯一方法。
- 可以用创建为修剪边界的对象修剪现有的图案填充，修剪图案填充以后，删除这些对象。
- 用户可以通过在命令提示下使用 HATCH 的【绘图】选项指定边界点来定义图案填充边界。

例如，只通过填充图形中较大区域的一小部分，来凸显较大区域，如图 6-36 所示。

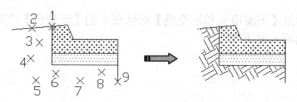

图 6-36　指定点来定义图案填充边界

动手操作——创建图案填充

（1）打开光盘中的本例源文件"ex-1.dwg"。

（2）在【默认】选项卡【绘图】面板中单击【图案填充】按钮，功能区显示【图案填充创建】面板。

（3）在面板中进行如下设置：选择类型为【图案】；选择图案 ANSI31；角度为 90；比例为 0.8。设置完成后单击【拾取一个点】按钮，如图 6-37 所示。

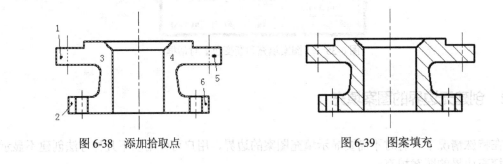

图 6-37 设置图案填充

（4）在图形中的 6 个点上进行选择，拾取点选择完成后按 Enter 键确认，如图 6-38 所示。

（5）在【图案填充创建】选项卡中单击【关闭填充图案创建】按钮，程序自动填充所选择的边界，如图 6-39 所示。

图 6-38 添加拾取点　　　　　图 6-39 图案填充

6.4 渐变色填充

渐变色填充在一种颜色的不同灰度之间或两种颜色之间使用过渡，渐变色填充提供光源反射到对象上的外观，可用于增强演示图形。

6.4.1 设置渐变色

渐变色填充是通过【图案填充和渐变色】对话框中的【渐变色】选项卡来设置、创建的，【渐变色】选项卡如图 6-40 所示。

第 6 章 面域、填充与渐变绘图

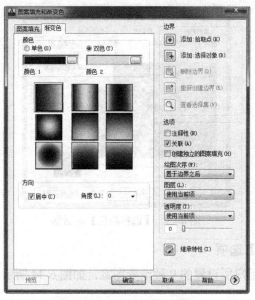

图 6-40 【渐变色】选项卡

用户可通过以下命令方式来打开此选项卡：

- 菜单栏：选择【绘图】/【渐变色】命令。
- 面板：在【默认】标签【绘图】面板中单击【渐变色】按钮 。
- 命令行：输入 GRADIENT。

【渐变色】选项卡包含多个选项，其中【边界】、【选项】等在【图案填充】选项卡下已详细介绍过，这里不再重复叙述。下面主要介绍【颜色】、【渐变图案预览】和【方向】选项的功能。

1．【颜色】选项

【颜色】选项主要控制渐变色填充的颜色对比、颜色的选择等，包括【单色】和【双色】。

- 【单色】：指定使用从较深着色到较浅色调平滑过渡的单色填充。选择该选项，将显示带有【浏览】按钮 和【暗】、【明】滑块的颜色样本，如图 6-41 所示。
- 【双色】：指定在两种颜色之间平滑过渡的双色渐变填充。选择【双色】选项时，将显示颜色 1 和颜色 2 的带有【浏览】按钮的颜色样本，如图 6-42 所示。

图 6-41 【单色】

图 6-42 【双色】

- 颜色样本：指定渐变填充的颜色。单击【浏览】按钮 ，以显示【选择颜色】对话框，从中可以选择索引颜色、真彩色或配色系统颜色，如图 6-43 所示。

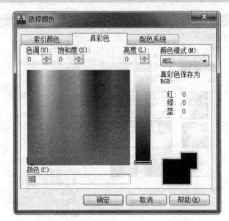

图 6-43 【选择颜色】对话框

2. 【渐变图案预览】选项

该选项卡预览显示用户所设置的 9 种渐变图案,如图 6-44 所示。

图 6-44 渐变色预览

3. 【方向】选项

该选项指定渐变色的角度以及其是否对称。

- 【居中】复选框:指定对称的渐变配置。如果没有勾选此复选框,渐变填充将朝左上方变化,在对象左边的图案创建光源,如图 6-45 所示。

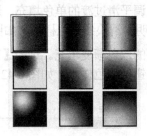
没有居中

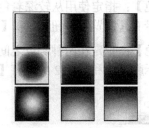
居中

图 6-45 对称的渐变配置

- 【角度】:指定渐变填充的角度,相对于当前 UCS 指定的角度,如图 6-46 所示。此选项指定的渐变填充角度与图案填充指定的角度互不影响。

第 6 章 面域、填充与渐变绘图

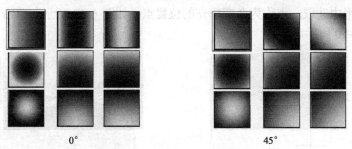

图 6-46 渐变填充的角度

6.4.2 创建渐变色填充

接下来以一个实例来说明渐变色填充的操作过程。本例将渐变填充颜色设为【双色】，并自选颜色，以及设置角度。

动手操作——创建渐变色填充

（1）打开光盘中的本例源文件 "ex-2.dwg"。

（2）在【默认】标签【绘图】面板中单击【渐变色】按钮，弹出【图案填充创建】选项卡。

（3）在【特性】标签中设置以下参数：在颜色 1 的颜色样本列表中单击【更多颜色】按钮，在随后弹出的【选择颜色】对话框【真彩色】标签下设置色调为 267、饱和度为 93、亮度为 77，然后关闭该对话框，如图 6-47 所示。

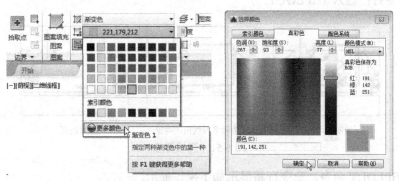

图 6-47 选择颜色

（4）在【原点】面板中单击【居中】选项；并设置角度为 30，如图 6-48 所示。

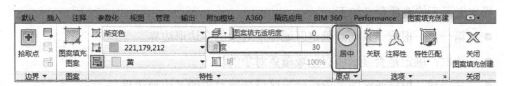

图 6-48 渐变填充角度设置

（5）在图形中选取一点作为渐变填充的位置点，如图 6-49 所示，单击即可创建渐变填充，结果如图 6-50 所示。

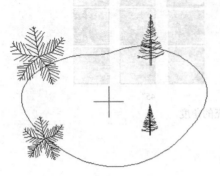

图 6-49　添加拾取点　　　　　　　　　　图 6-50　渐变填充

6.5　区域覆盖

区域覆盖对象是一块多边形区域，它可以使用当前背景色屏蔽底层的对象。此区域由区域覆盖边框进行绑定，可以打开此区域进行编辑，也可以关闭此区域进行打印。使用区域覆盖对象可以在现有对象上生成一个空白区域，用于添加注释或详细的蔽屏信息，如图 6-51 所示。

用户可通过以下命令方式来执行此操作：

- 菜单栏：选择【绘图】/【区域覆盖】命令。
- 面板：在【默认】标签【绘图】面板中单击【区域覆盖】按钮 。
- 命令行：输入 WIPEOUT。

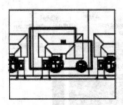
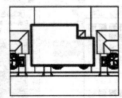
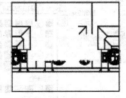

绘制多段线　　　　擦除多段线内的对象　　　　擦除边框

图 6-51　区域覆盖

执行 WIPEOUT 命令，命令行将显示如下操作提示：

```
命令：_wipeout
指定第一点或 [边框(F)/多段线(P)]<多段线>：
```

操作提示下的选项含义如下：

- 第一点：根据一系列点确定区域覆盖对象的多边形边界。
- 边框：确定是否显示所有区域覆盖对象的边。
- 多段线：根据选定的多段线确定区域覆盖对象的多边形边界。

第6章 面域、填充与渐变绘图

> **技术要点：**
> 如果使用多段线创建区域覆盖对象，则多段线必须闭合、只包括直线段且宽度为零。

📖 **动手操作——创建区域覆盖**

（1）打开光盘中的本例源文件"ex-3.dwg"。

（2）在【默认】标签【绘图】面板中单击【区域覆盖】按钮 ，然后按命令行的提示进行操作：

```
命令：_wipeout
指定第一点或 [边框(F)/多段线(P)] <多段线>：✓     //选择选项或按 Enter 键
选择闭合多段线：                                //选择多段线
是否要删除多段线？[是(Y)/否(N)] <否>：✓
```

（3）创建区域覆盖对象的过程及结果如图 6-52 所示。

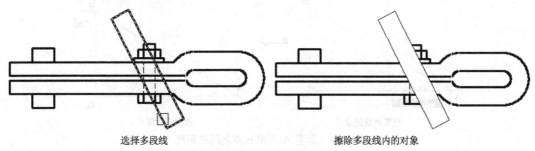

选择多段线　　　　　　　　　　　　擦除多段线内的对象

图 6-52　创建区域覆盖

6.6 测量与面积、体积计算

AutoCAD 是表达二维平面的软件，除了表达平面图形的形状，还要表达出平面图形中各图线之间的位置关系，以及整个图形的面积、三维实体模型的体积等。

6.6.1 测量距离、半径和角度

当你导入某一 AutoCAD 图形（或者其他由三维软件生成的工程制图）时，此图形并没有给出尺寸标注等基本信息，这时候就需要用测量工具，获得具体的尺寸信息了。可以执行菜单栏的【工具】/【查询】/【距离】、【半径】或【角度】命令，得到相关的尺寸信息。下面我们用 3 个小案例说明如何进行测量。

📖 **动手操作——测量直线长度和角度**

已知，A 点、B 点和 C 点的绝对坐标分别为（0,0）、（51.9615,30）和（51.9615,0），用直线连接 3 个点后，用【距离】测量工具测量各点之间连线的长度，再利用【角度】测量线段

AB 与线段 AC 之间的夹角。

（1）利用上述已知的条件，绘制如图 6-53 所示的图形。

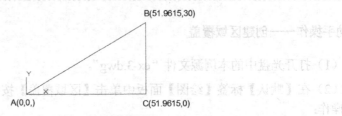

图 6-53　绘制图形

（2）在菜单栏执行【工具】/【查询】/【距离】命令，首先测量 A 与 B 之间的距离（也就是直线的长度）。先在 A 点位置放置第一个测量点，然后再将光标移动到 B 点位置（先不要单击鼠标确定），即可显示两点之间的距离，如图 6-54 所示。

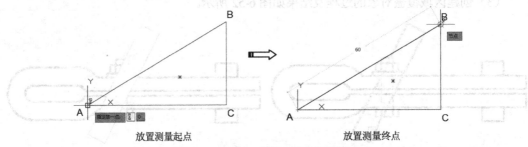

图 6-54　测量 A 点和 B 点之间的距离

（3）在 B 点位置单击鼠标，会弹出距离信息提示和测量选项，并同时获得其余连接直线的长度，如图 6-55 所示。

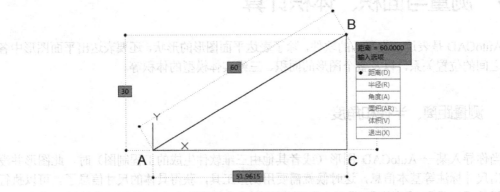

图 6-55　获得其他信息

（4）获得距离信息后，可以在鼠标悬停工具提示面板上选择【半径】选项，或者重新在菜单栏执行【工具】/【查询】/【角度】命令，再选中 AB 和 AC 两条线段，即可获得角度信息，如图 6-56 所示。

第 6 章 面域、填充与渐变绘图

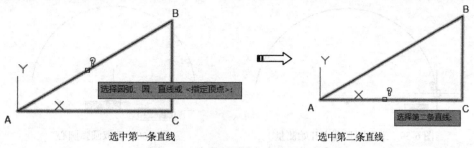

图 6-56 选中要测量角度的两相交直线

（5）随后会显示测量的信息，如图 6-57 所示。

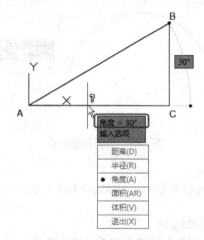

图 6-57 获得角度信息

动手操作——测量圆弧周长

【距离】工具不但可以测量直线的长度，还可以测量圆弧的弧长。

（1）利用【三点】圆弧命令任意绘制一段圆弧，如图 6-58 所示。

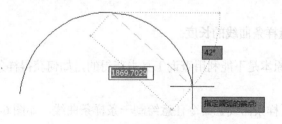

图 6-58 绘制圆弧

（2）在菜单栏执行【工具】/【查询】/【距离】命令，选取圆弧的一个端点，如图 6-59 所示。

（3）然后在命令行中选择【多个点（M）】选项，再继续选择【圆弧(A)】选项，接着选择【圆心（CE）】选项，光标捕捉圆弧的圆心，如图 6-60 所示。

181

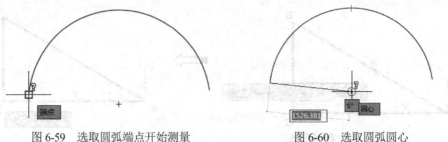

图 6-59　选取圆弧端点开始测量　　　　图 6-60　选取圆弧圆心

（4）选取圆心后，按住 Ctrl 键切换圆弧方向，最后拾取圆弧的另一端点再按 Enter 键，即可获得圆弧的长度信息，如图 6-61 所示。命令行操作提示如下：

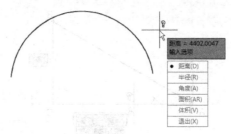

图 6-61　获得长度信息

命令：_MEASUREGEOM
输入选项 [距离(D)/半径(R)/角度(A)/面积(AR)/体积(V)] <距离>：_distance
指定第一点：　　　　　　　　　　　　　　　　　　　//指定圆弧起点
指定第二个点或 [多个点(M)]：M　　　　　　　　　　 //选择 M 选项
指定下一个点或 [圆弧(A)/长度(L)/放弃(U)/总计(T)] <总计>：A　　//选择 A 选项
指定圆弧的端点(按住 Ctrl 键以切换方向)或
[角度(A)/圆心(CE)/方向(D)/直线(L)/半径(R)/第二个点(S)/放弃(U)]：CE　　//选择 CE 选项
指定圆弧的圆心：　　　　　　　　　　　　　　　　　//拾取圆心
指定圆弧的端点(按住 Ctrl 键以切换方向)或 [角度(A)/长度(L)]：
距离 = 4402.0047
　　　　　　　　　　　　　　　//按住 Ctrl 键以切换方向并拾取圆弧的终点
输入选项 [距离(D)/半径(R)/角度(A)/面积(AR)/体积(V)/退出(X)] <距离>：✔　　//结束操作

动手操作——测量样条曲线的长度

样条曲线的长度原本是不能利用查询工具去获得的，如何获得样条曲线的长度信息呢？这里以案例演示。

（1）首先利用【样条曲线】命令任意绘制一条样条曲线，如图 6-62 所示。

（2）在命令行输入 LIST 命令，然后选择样条曲线，如图 6-63 所示。

第 6 章 面域、填充与渐变绘图

图 6-62 绘制样条曲线

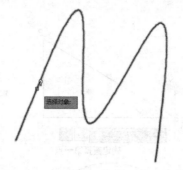
图 6-63 选择样条曲线进行计算

（3）按 Enter 键，即可获取样条曲线的长度信息，如图 6-64 所示。

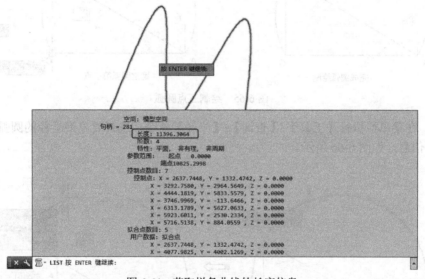
图 6-64 获取样条曲线的长度信息

> **提示**
> 输入 LIST 命令查询曲线的长度，可以适用于任何类型的曲线。

动手操作——测量圆弧半径

继续上一个案例，来完成半径的测量工作。

（1）在【默认】标签【绘图】命令面板中单击【三点】按钮，然后依次选择三角形的 3 个角点绘制出如图 6-65 所示的圆弧。

183

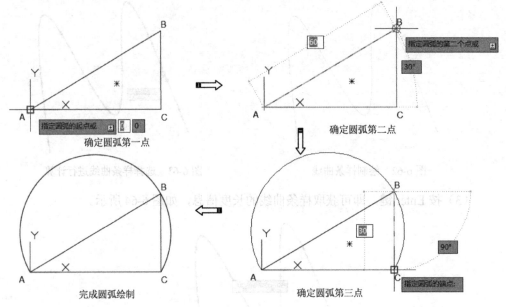

图 6-65 绘制三点圆弧

（2）在菜单栏执行【工具】/【查询】/【半径】命令，选择要查询半径的圆弧后，随即获得查询信息，如图 6-66 所示。

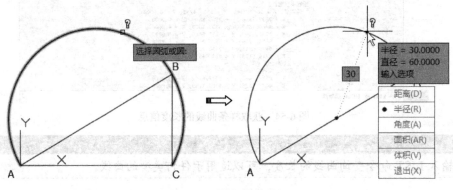

图 6-66 测量圆弧的半径

6.6.2 面积与体积的计算

AutoCAD 中对于图形面积的计算方式有两种：一种是将图形制作成区域然后进行计算；另一种是在命令行执行选取直线或圆弧的端点创建计算区域的方式进行计算。前者方法要比后者精确一些。前者是原有的图形，后者是采用选取点的方式会有一定的误差。

体积的计算方式也有两种，一种是直接选取实体进行体积的计算，第二种也是通过选取点的方式确定实体的形状然后再计算。

动手操作——计算图形的面积

将长度和角度精度设置为小数点后四位,绘制如图 6-67 所示的图形,并求剖面线区域面积。

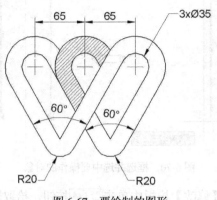

图 6-67 要绘制的图形

绘制这样的图形,首先要判断基准中心在哪里,然后该利用何种变换操作工具进行快速制图。此图很明显总体上是一个左右对称的图形,因此,基准中心设置在阴影部分的圆弧圆心上。

(1)利用【直线】命令绘制辅助中心线,然后利用【圆】命令绘制 1 个圆,如图 6-68 所示。

(2)利用【直线】命令绘制圆的两条相切竖直线,暂且不管长度如何,如图 6-69 所示。

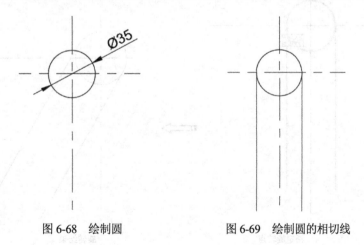

图 6-68 绘制圆　　　图 6-69 绘制圆的相切线

(3)框选选中圆和它的相切线,如图 6-70 所示。

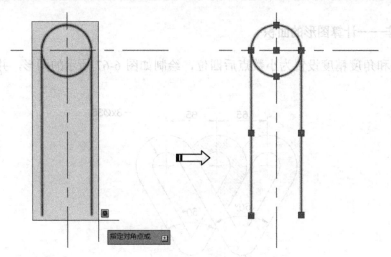

图 6-70 框选并选中要操作的对象

（4）在【默认】标签【修改】模板中单击 旋转 按钮，拾取圆心为旋转点，并在命令行中输入旋转角度为 30，按 Enter 键完成旋转操作，如图 6-71 所示。命令行操作如下：

```
命令: _rotate
UCS 当前的正角方向：  ANGDIR=逆时针  ANGBASE=0
找到 6 个
指定基点:                                          //指定旋转点
指定旋转角度，或 [复制(C)/参照(R)] <0>:  30↵         //输入旋转角度并按 Enter 键
```

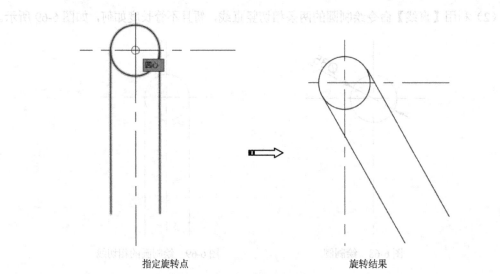

指定旋转点　　　　　　　　旋转结果

图 6-71 旋转操作

（5）再次框选选中圆和它的相切线，然后在【修改】模板中单击 复制 按钮，拾取圆心为复制参照点并向左移动 65，效果如图 6-72 所示。

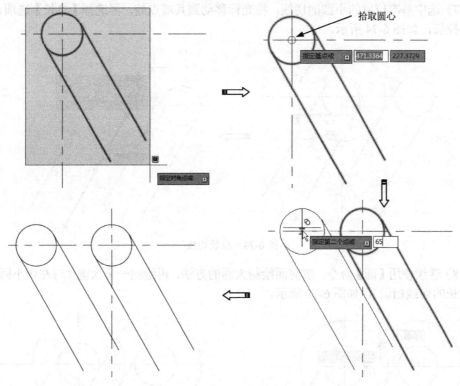

图 6-72 复制操作

(6) 利用【圆】命令,在基准中心位置的小圆上捕捉圆心,再捕捉另一小圆的一条切线上的垂直约束点,绘制出如图 6-73 所示的大圆。

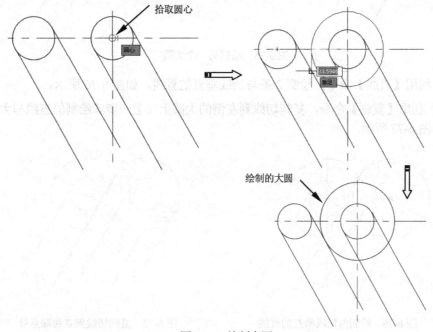

图 6-73 绘制大圆

（7）选中基准位置的小圆的切线，将光标移动到其端点处，再选择【拉长】选项，将切线拖动拉长，如图 6-74 所示。

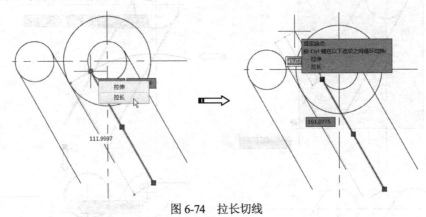

图 6-74　拉长切线

（8）继续使用【圆】命令，按前面绘制大圆的方法，再绘制一个大圆（与左边小圆同心、且与拉长的切线相切），如图 6-75 所示。

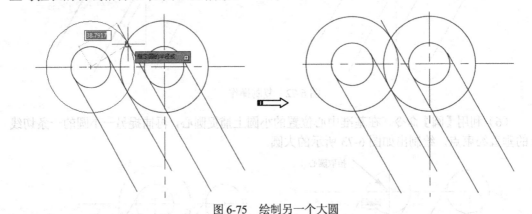

图 6-75　绘制另一个大圆

（9）利用【直线】命令，绘制 2 条与切线垂直的直线，如图 6-76 所示。

（10）利用【复制】命令，复制切线到左侧的大圆上（上一步骤绘制的直线与大圆的交点处），如图 6-77 所示。

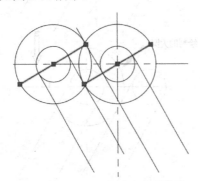

图 6-76　绘制与切线垂直的直线

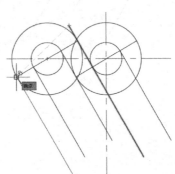

图 6-77　复制切线到直线端点处

（11）使用相同的方法，再复制切线到另一大圆上，如图 6-78 所示。

（12）在命令行输入 tr，再连续按两次 Enter 键，执行【修剪】命令，清理多余线段，便于后续操作，如图 6-79 所示。

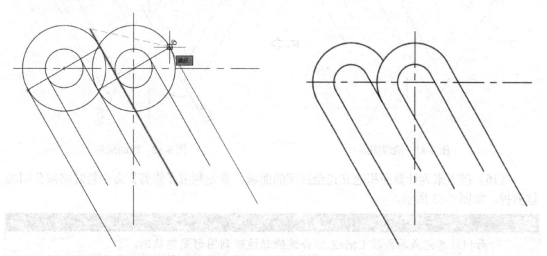

图 6-78　复制切线到另一大圆上　　　　图 6-79　修剪多余线段

（13）选中如图 6-73 所示的图线，再单击【修改】面板中的 镜像 按钮，然后指定 2 个点作为镜像直线的参考点，如图 6-80 所示。

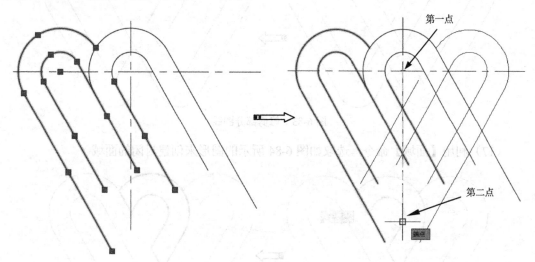

图 6-80　镜像操作

（14）再清理一下镜像后的图形（该拉长的拉长，该修剪的修剪），结果如图 6-81 所示。

（15）利用【圆角】命令，绘制半径为 20 的圆角，最终图形绘制完成，结果如图 6-82 所示。

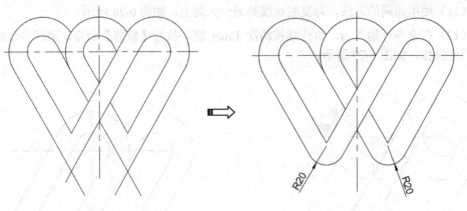

图 6-81 清理图形　　　　　　　　图 6-82 绘制圆角

（16）接下来为计算面积建立完全封闭的面域。首先利用【修剪】命令暂时将部分图线修剪掉，如图 6-83 所示。

> 提示
> 待面积计算完成后再按 Ctrl+Z 组合键撤销返回到图形完整状态。

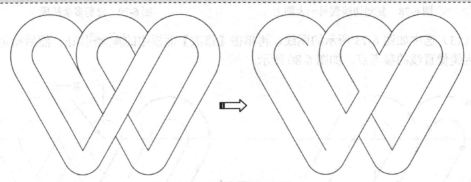

图 6-83 修剪部分图线

（17）利用【面域】命令，选取如图 6-84 所示的图形来创建封闭的面域。

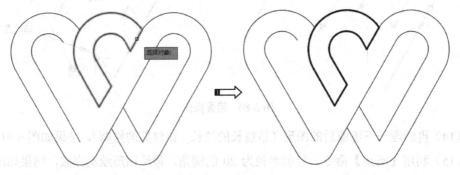

图 6-84 创建面域

（18）在菜单栏执行【工具】/【查询】/【面积】命令，然后在命令行中选择【对象 O】选项，再选择前面建立的面域进行计算，如图 6-85 所示。命令行提示如下：

命令:_MEASUREGEOM
输入选项 [距离(D)/半径(R)/角度(A)/面积(AR)/体积(V)] <距离>: _area
指定第一个角点或 [对象(O)/增加面积(A)/减少面积(S)/退出(X)] <对象(O)>: O
选择对象:
区域 = 2745.1257，修剪的区域 = 0.0000 ，周长 = 306.9820
输入选项 [距离(D)/半径(R)/角度(A)/面积(AR)/体积(V)/退出(X)] <面积>: AR

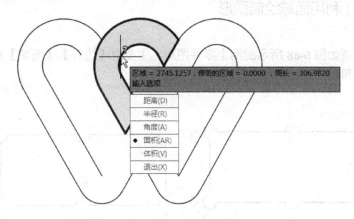

图 6-85　计算面域的面积

（19）由此获得阴影部分的面积为 2 745.125 7。最后撤销计算和修建操作，返回到图形完整状态。

> **提示**
> 如果采用的是指定"直线+圆弧"的端点套取要测量的部分图形进行测量时，可能会因为选取点的误差导致最终计算的面积有较小的误差。

动手操作——计算三维模型的体积

（1）打开光盘中的本例源文件"阀管模型.dwg"，如图 6-86 所示。

（2）在菜单栏执行【工具】/【查询】/【体积】命令，在命令行中选择【对象 O】选项，然后选取实体模型，自动计算该模型的体积并显示信息，如图 6-87 所示。

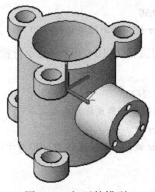
图 6-86　打开的模型

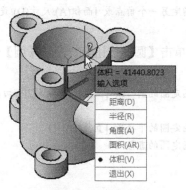
图 6-87　计算体积

6.7 综合范例

下面利用 2 个案例来说明面域与图案填充的综合应用过程。

6.7.1 范例一：利用面域绘制图形

本例通过绘制如图 6-88 所示的两个零件图形，主要对【边界】、【面域】和【并集】等命令进行综合练习和巩固。

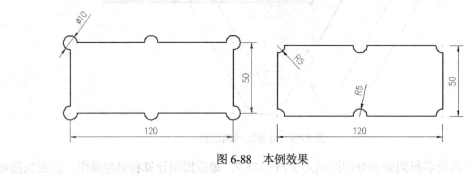

图 6-88 本例效果

 操作步骤

（1）新建图形文件。

（2）使用快捷键 DS 激活【草图设置】命令，设置对象的捕捉模式为端点捕捉和圆心捕捉。

（3）执行【图形界限】命令，设置图形界限为 240×100，并将其最大化显示。

（4）执行【矩形】命令，绘制长度为 120、宽度为 50 的矩形。命令行操作如下：

```
命令: _rectang
指定第一个角点或 [倒角(C)/标高(E)/圆角(F)/厚度(T)/宽度(W)]:
                                         //在绘图区拾取一点
指定另一个角点或 [面积(A)/尺寸(D)/旋转(R)]: @120,50
                                         //按 Enter 键，绘制结果如图 6-89 所示。
```

（5）单击【圆】按钮，激活【圆】命令，绘制直径为 10 的圆。命令行操作如下：

```
命令: _circle
指定圆的圆心或 [三点(3P)/两点(2P)/切点、切点、半径(T)]:
                                         //捕捉矩形左下角点作为圆心
指定圆的半径或 [直径(D)]: D               //按 Enter 键
指定圆的直径: 10                          //按 Enter 键，绘制结果如图 6-90 所示。
```

图 6-89 绘制矩形

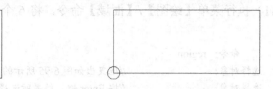
图 6-90 绘制圆

(6) 重复执行【圆】命令,分别以矩形其他 3 个角点和 2 条水平边的中点作为圆心,绘制直径为 10 的 5 个圆,结果如图 6-91 所示。

(7) 执行【绘图】/【边界】命令,打开如图 6-92 所示的【边界创建】对话框。

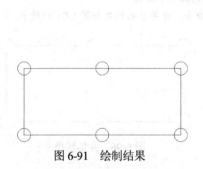

图 6-91 绘制结果　　图 6-92 【边界创建】对话框

(8) 采用默认设置,单击左上角的"拾取点"按钮,返回绘图区,在命令行"拾取内部点:"的提示下,在矩形内部拾取一点,此时系统自动分析出一个闭合的虚线边界,如图 6-93 所示。

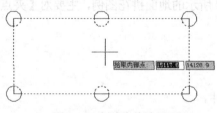
图 6-93 创建虚线边界

(9) 继续在命令行"拾取内部点:"的提示下,按 Enter 键,结束命令,创建出一个闭合的多段线边界。

(10) 使用快捷键 M 激活【移动】命令,使用"点选"的方式选择刚创建的闭合边界,将其外移,结果如图 6-94 所示。

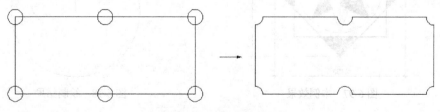
图 6-94 移出边界

193

（11）执行菜单【绘图】/【面域】命令，将 6 个圆形和矩形转换为面域。命令行操作如下：

```
命令: _region
选择对象:        //拖曳出如图 6-95 所示的窗交选择框。
选择对象:        //按 Enter 键，结果所选择的 6 个圆和 1 个矩形被转换为面域。
已提取 7 个环。
已创建 7 个面域。
```

（12）执行【修改】/【实体编辑】/【并集】命令，将刚创建的 7 个面域进行合并。命令行操作如下：

```
命令: _union
选择对象:        //使用"框选"方式选择7个面域
选择对象:        //按 Enter 键，结束命令，合并后的结果如图 6-96 的所示。
```

图 6-95　窗交选择

图 6-96　并集结果

6.7.2　范例二：给图形进行图案填充

本例通过绘制如图 6-97 所示的地面拼花图例，主要对【夹点编辑】、【图案填充】等知识进行综合练习和巩固。

操作步骤

（1）快速创建空白文件。

（2）执行【圆】命令，绘制直径为 900 的圆和圆的垂直半径，如图 6-98 所示。

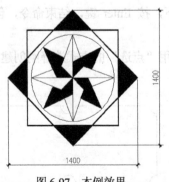
图 6-97　本例效果

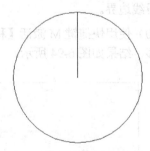
图 6-98　绘制结果

（3）在无命令执行的前提下选择垂直线段，使其夹点显示。

(4) 以半径上侧的点作为基点，对其进行夹点编辑。命令行操作过程如下：

命令: //进入夹点编辑模式
** 拉伸 **
指定拉伸点或 [基点(B)/复制(C)/放弃(U)/退出(X)]:   //按 Enter 键，进入夹点移动模式
** 移动 **
指定移动点或 [基点(B)/复制(C)/放弃(U)/退出(X)]:   // 按 Enter 键，进入夹点旋转模式
** 旋转 **
指定旋转角度或 [基点(B)/复制(C)/放弃(U)/参照(R)/退出(X)]: //输入 c，按 Enter 键
** 旋转 (多重) **
指定旋转角度或 [基点(B)/复制(C)/放弃(U)/参照(R)/退出(X)]: //输入 20，按 Enter 键
** 旋转 (多重) **
指定旋转角度或 [基点(B)/复制(C)/放弃(U)/参照(R)/退出(X)]: //输入-20，按 Enter 键
** 旋转 (多重) **
指定旋转角度或 [基点(B)/复制(C)/放弃(U)/参照(R)/退出(X)]:
                        //按 Enter 键，退出夹点编辑模式，编辑结果如图 6-99 所示。

提示

使用夹点旋转命令中的"多重"功能，可以在夹点旋转对象的同时，将源对象复制。

(5) 以半径下侧的点作为夹基点，将半径夹点旋转 45°，并对其进行复制，结果如图 6-100 所示。

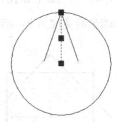   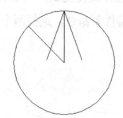

图 6-99　夹点旋转　　　　　　　图 6-100　夹点旋转

(6) 选择如图 6-101 所示的直线，以圆心作为夹基点，对其夹点旋转复制-45°，结果如图 6-102 所示。

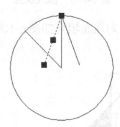   

图 6-101　显示夹点　　　　　　　图 6-102　旋转结果

(7) 将旋转复制后的直线移动到指定交点上，结果如图 6-103 所示。

(8) 使用夹点拉伸功能，对直线进行编辑，然后删除多余直线，结果如图 6-104 所示。

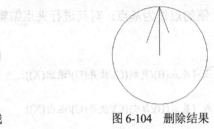

图 6-103　移动直线　　　　　图 6-104　删除结果

（9）使用【阵列】命令，对编辑出的花格单元进行环列阵列，阵列份数为 8 份，结果如图 6-105 所示。

（10）单击菜单【绘图】/【正多边形】命令，绘制外接圆半径为 500 的正四边形，如图 6-106 所示。

图 6-105　阵列结果　　　　　图 6-106　绘制正边形

（11）将矩形进行旋转复制，对正四边形旋转复制 45°，如图 6-107 所示。

（12）执行【特性】命令，选择两个正四边形，修改全局宽度为 8，结果如图 6-108 所示。

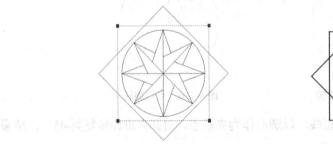
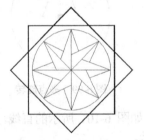

图 6-107　夹点编辑　　　　　图 6-108　修改线宽

（13）单击【绘图】菜单中的【图案填充】命令，为地面填充如图 6-109 所示的实体图案。

图 6-109　填充结果

第 7 章 常规变换作图

本章导读

在 AutoCAD 中,单纯地使用绘图命令或绘图工具只能绘制一些基本的图形对象。为了绘制复杂图形,很多情况下都必须借助于图形编辑命令。AutoCAD 2016 提供了众多的图形编辑命令,如复制、移动、旋转、镜像、偏移、阵列、拉伸及修剪等。使用这些命令,可以修改已有图形或通过已有图形构造新的复杂图形。

学习要求

利用夹点变换操作图形
删除图形
移动与旋转
副本的变换操作

7.1 利用夹点变换操作图形

使用【夹点】可以在不调用任何编辑命令的情况下,对需要进行编辑的对象进行修改。只要单击所要编辑的对象,当对象上出现若干个夹点时,单击其中一个夹点作为编辑操作的基点,这时该点会以高亮度显示,表示已成为基点。在选取基点后,就可以使用 AutoCAD 的夹点功能对相应的对象进行拉伸、移动、旋转等编辑操作。

7.1.1 夹点定义和设置

单击所要编辑的图形对象,被选中图形的特征点(如端点、圆心、象限点等)将显示为蓝色的小方块,这些小方块被称为【夹点】。【夹点】有两种状态:未激活状态和被激活状态。单击某个未激活的夹点,该夹点被激活,以红色的实心小方框显示,这种处于被激活状态的夹点称为【热夹点】。

不同对象特征点的位置和数量也不相同。表 7-1 中给出了 AutoCAD 中常见对象特征的规定。

表 7-1　图形对象的特征点

对象类型	特征点的位置
直线	两个端点和中点
多段线	直线段的两端点、圆弧段的中点和两端点
构造线	控制点以及线上邻近两点
射线	起点以及射线上的一个点
多线	控制线上的两个端点
圆弧	两个端点和中点
圆	四个象限点和圆心
椭圆	四个顶点和中心点
椭圆弧	端点、中点和中心点
文字	插入点和第二个对齐点
段落文字	各顶点

动手操作——设置夹点选项

（1）在菜单栏执行【工具】/【选项】命令，打开【选项】对话框，可通过【选项】对话框的【选择集】选项卡来设置夹点参数，如图 7-1 所示。

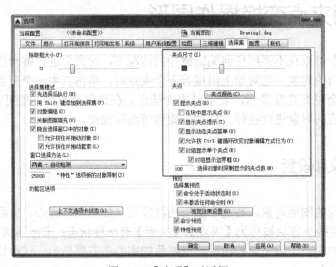

图 7-1　【选项】对话框

（2）在【选择集】选项卡中包含了对夹点选项的设置，这些设置主要有以下几种。

- 设置【夹点尺寸】：确定夹点小方块的大小，可通过调整滑块的位置来设置。
- 设置【夹点颜色】：单击该按钮，可打开【夹点颜色】对话框，如图 7-2 所示。在此对话框中可对夹点未选中、悬停、选中几种状态以及夹点轮廓的颜色进行设置。

- 设置【显示夹点】：设置 AutoCAD 的夹点功能是否有效。【显示夹点】复选框下面有几个复选框，用于设置夹点显示的具体内容。

图 7-2 【夹点颜色】对话框

7.1.2 利用【夹点】拉伸对象

在选择基点后，命令行将出现以下提示：

```
** 拉伸 **
指定拉伸点或 [基点(B)/复制(C)/放弃(U)/退出(X)]:
```

【拉伸】各选项的解释如下：

- 【基点(B)】：重新确定拉伸基点。选择此选项，AutoCAD 将按照提示指定基点，在此提示下指定一个点作为基点来执行拉伸操作。
- 【复制(C)】：允许用户进行多次拉伸操作。选择该选项，允许用户进行多次拉伸操作。此时用户可以确定一系列的拉伸点，以实现多次拉伸。
- 【放弃(U)】：可以取消上一次操作。
- 【退出(X)】：退出当前的操作。

> **提示**
> 默认情况下，通过输入点的坐标或者直接用鼠标指针拾取点拉伸点后，AutoCAD 将把对象拉伸或移动到新的位置。因为对于某些夹点，移动时只能移动对象而不能拉伸对象，如文字、块、直线中点、圆心、椭圆中心和点对象上的夹点。

动手操作——利用夹点拉伸图形

（1）打开素材文件，如图 7-3 所示。

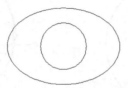

图 7-3 打开的文件

（2）选中图中的圆形，然后拖动夹点至新位置，如图 7-4 所示。

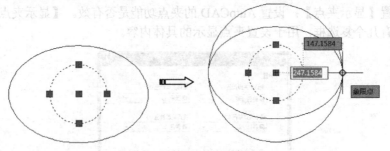

图 7-4 利用夹点拉伸对象

（3）拉伸后的结果如图 7-5 所示。

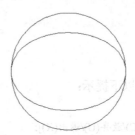

图 7-5 拉伸结果

> 提示
> 若需退出夹点模式，按 Esc 键即可。

7.1.3 利用【夹点】移动对象

移动对象仅仅是位置上的平移，对象的方向和大小并不会改变。要精确地移动对象，可使用捕捉模式、坐标、夹点和对象捕捉模式。

动手操作——利用夹点移动图形

（1）利用【圆心，半径】命令绘制一个半径为 50 的圆，如图 7-6 所示。

（2）光标选中圆，显示编辑夹点，如图 7-7 所示。

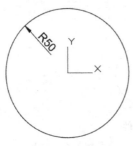
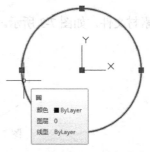

图 7-6 绘制圆　　　图 7-7 选中圆显示编辑夹点

（3）在夹点编辑模式下光标移动到圆心（移动基点）后，进入移动模式。

（4）在命令行中选择【复制（C）】选项，在光标水平向右移动过程中输入移动距离为 150 并按 Enter 键，完成移动操作，如图 7-8 所示。

> **提示**
>
> 无论光标指向哪个方向，只要输入距离都可以完成在该方向上的平移。所以夹点平移跟方向没有关系。

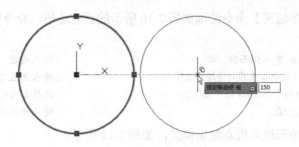

图 7-8　在水平向右移动过程中输入移动距离

（5）命令行提示如下：

命令:
** 拉伸 **
指定拉伸点或 [基点(B)/复制(C)/放弃(U)/退出(X)]: C　　　　//选择 C 选项
** 拉伸 (多重) **
指定拉伸点或 [基点(B)/复制(C)/放弃(U)/退出(X)]: 150　　　//输入移动距离
** 拉伸 (多重) **
指定拉伸点或 [基点(B)/复制(C)/放弃(U)/退出(X)]:↵　　　　//按 Enter 键结束操作

> **提示**
>
> 输入值可以在动态指针输入文本框内输入，也可以在命令行中输入。
> 通过输入点的坐标或拾取点的方式来确定平移对象的目的点后，即可以基点为平移的起点，以目的点为终点将所选对象平移到新位置。

（6）最终移动并复制的结果如图 7-9 所示。

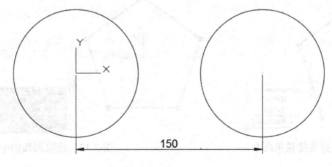

图 7-9　移动图形

7.1.4 利用【夹点】修改对象

在夹点编辑模式下,可将圆弧转变成直线,或者将直线转变成圆弧,达到修改图形形状的目的。

动手操作——利用夹点修改图形

(1)利用【正多边形】命令绘制如图 7-10 所示的正五边形。命令行提示如下:

```
命令:
命令: _polygon 输入侧面数 <4>: 5              //输入边数
指定正多边形的中心点或 [边(E)]: 0,0           //输入正五边形的圆心坐标
输入选项 [内接于圆(I)/外切于圆(C)] <I>:        //选择 I 选项
指定圆的半径: 50                              //输入半径并按 Enter 键
```

(2)选中正五边形进入夹点编辑模式,如图 7-11 所示。

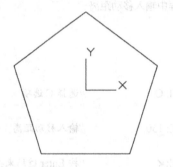
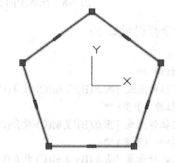

图 7-10　绘制正五边形　　　　　　图 7-11　选中图形显示夹点

(3)将光标移动到正五边形的一条边的中点位置,并选择随后显示的快捷菜单中的【转换为圆弧】选项命令,如图 7-12 所示。

(4)在拾取圆弧中点过程中直接输入新点到原直线中点的距离值为 20,并按 Enter 键,如图 7-13 所示。

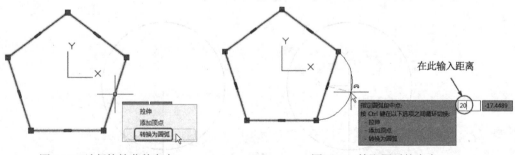

图 7-12　选择快捷菜单命令　　　　　　图 7-13　拾取圆弧的中点

(5)按 Enter 键后直线转成圆弧,如图 7-14 所示。

(6)同理,将其余四条边的直线全转成圆弧,且取值都一样,效果如图 7-15 所示。

第 7 章 常规变换作图

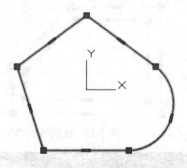
图 7-14 直线转成圆弧

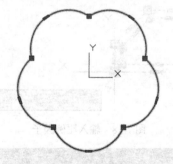
图 7-15 转换其余直线为圆弧

7.1.5 利用【夹点】比例缩放

在夹点编辑模式下确定基点后，在命令行提示下输入 SC 进入缩放模式，命令行将显示如下提示信息：

```
** 比例缩放 **
指定比例因子或 [基点(B)/复制(C)/放弃(U)/参照(R)/退出(X)]:
```

默认情况下，当确定了缩放的比例因子后，AutoCAD 将相对于基点进行缩放对象操作。

💻 动手操作——缩放图形

（1）打开素材文件，如图 7-16 所示。

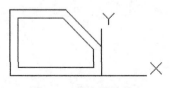
图 7-16 指定缩放基点

（2）选中所有图形，然后指定缩放基点，如图 7-17 所示。

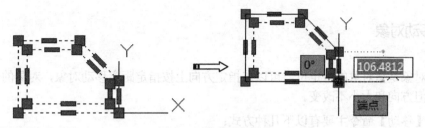
图 7-17 指定缩放基点

（3）在命令行输入 SC，执行命令后再输入缩放比例 2，如图 7-18 所示。

（4）按 Enter 键，完成图形的缩放，如图 7-19 所示。

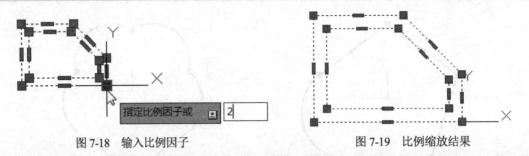

图 7-18　输入比例因子　　　　　　　　图 7-19　比例缩放结果

> **提示**
> 当比例因子大于 1 时放大对象；当比例因子大于 0 而小于 1 时缩小对象。

7.2　删除图形

【删除】是非常常用的一个命令，用于删除掉画面中不需要的对象。【删除】命令的执行方式主要有以下几种：

- 执行菜单栏【修改】/【删除】命令。
- 在命令行输入 Erase 按 Enter 键。
- 单击【修改】面板中的【删除】按钮 。
- 选择对象，按 Delete 键。

执行【删除】命令后，命令行将显示如下提示信息：

```
命令:_erase
选择对象: 找到 1 个                  //指定删除的对象↙
选择对象: ↙                          //结束选择
```

7.3　移动与旋转

移动指令包括移动对象和旋转对象两个指令，也是复制指令的一种特殊情形。

7.3.1　移动对象

移动对象是指对象的重定位，可以在指定方向上按指定距离移动对象，对象的位置发生了改变，但方向和大小不改变。

执行【移动】命令主要有以下几种方式：

- 执行菜单栏【修改】/【移动】命令。
- 单击【修改】面板上的【移动】按钮 。
- 在命令行输入 Move 按 Enter 键。

执行【移动】命令后，命令行将显示如下提示信息：

命令：_move
选择对象：找到 1 个↙   //指定移动对象
选择对象：
指定基点或 [位移(D)] <位移>：   //选择移动的基点
指定第二个点或 <使用第一个点作为位移>： //指定移动的终点

动手操作——利用【移动】命令绘图

下面我们利用【移动】命令来绘制如图 7-20 的图形。

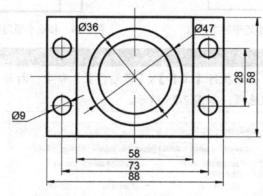

图 7-20 练习图形

（1）利用【矩形】命令，绘制长 88、宽 58 的矩形，如图 7-21 所示。

（2）然后在其他位置再绘制一个长 58、宽 58 的矩形，如图 7-22 所示。

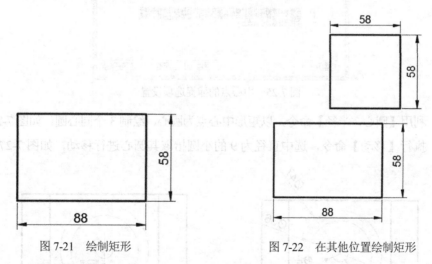

图 7-21 绘制矩形　　　　　　图 7-22 在其他位置绘制矩形

（3）单击 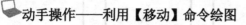 按钮，选中小矩形作为要移动的对象，按 Enter 键后再拾取小矩形的中心点作为移动的基点，如图 7-23 所示。

（4）拖动小矩形到大矩形中心点位置，完成小矩形的移动操作，如图 7-24 所示。

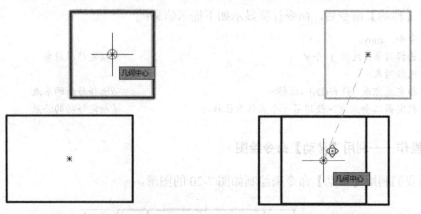

图 7-23　拾取小矩形的中心点　　　　图 7-24　移动小矩形到大矩形中心点位置

> **提示**
> 要捕捉到中心点，必须执行【工具】/【草绘设置】命令，打开【草图设置】对话框启用【几何中心】捕捉选项，如图 7-25 所示。

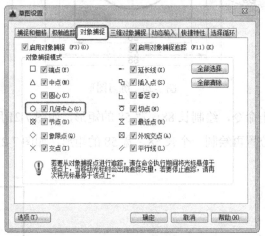

图 7-25　中心点的捕捉选项设置

（5）利用【圆心，半径】命令，以矩形中心点为圆心，绘制 3 个同心圆，如图 7-26 所示。

（6）执行【移动】命令，选中直径为 9 的小圆拾取其圆心进行移动，如图 7-27 所示。

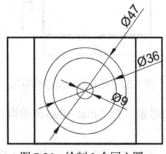
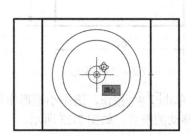

图 7-26　绘制 3 个同心圆　　　　　　图 7-27　拾取圆心

(7)输入新位置点的坐标(36.5,14),按 Enter 键即可完成移动操作,如图 7-28 所示。

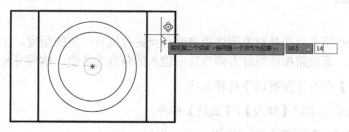

图 7-28 输入位置点坐标

(8)接下来使用夹点编辑来移动小圆,进行移动复制操作。选中小圆并拾取圆心,然后竖直向下进行复制移动,移动距离为 28,如图 7-29 所示。命令行提示如下:

```
命令:
** 拉伸 **
指定拉伸点或 [基点(B)/复制(C)/放弃(U)/退出(X)]: C          //选择复制选项
** 拉伸 (多重) **
指定拉伸点或 [基点(B)/复制(C)/放弃(U)/退出(X)]: 28         //输入移动距离值
** 拉伸 (多重) **
指定拉伸点或 [基点(B)/复制(C)/放弃(U)/退出(X)]: ↙          //按 Enter 键,完成移动
```

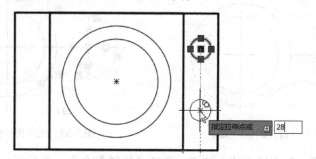

图 7-29 利用夹点移动并复制小圆

(9)同理,将 2 个小圆分别向左移动并复制,移动距离为 73,得到最终的图形,如图 7-30 所示。

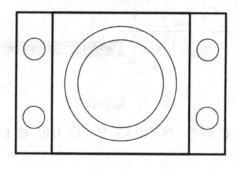

图 7-30 移动并复制小圆到左侧

7.3.2 旋转对象

【旋转】命令用于将选择对象围绕指定的基点进行旋转一定的角度。在旋转对象时，输入的角度为正值，系统将按逆时针方向旋转；输入的角度为负值，按顺时针方向旋转。

执行【旋转】命令主要有以下几种方式：

- 执行菜单栏中的【修改】/【旋转】命令。
- 单击【修改】面板上的 ⟳ 按钮。
- 在命令行输入 Rotate 按 Enter 键。
- 使用命令简写 RO 按 Enter 键。

💻 动手操作——旋转对象

（1）打开素材文件，如图 7-31 所示。

（2）选中图形中需要旋转的部分图线，如图 7-32 所示。

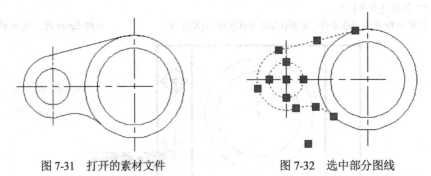

图 7-31　打开的素材文件　　　　图 7-32　选中部分图线

（3）单击【修改】面板上的 ⟳ 按钮，激活【旋转】命令。然后指定大圆的圆心作为旋转的基点，如图 7-33 所示。

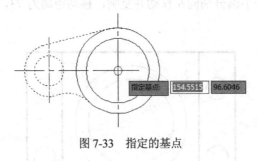

图 7-33　指定的基点

（4）在命令行中输入 C 命令，然后输入旋转角度 180，按 Enter 键即可创建如图 7-34 所示的旋转复制对象。

第 7 章 常规变换作图

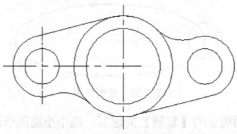

图 7-34 创建的旋转复制对象

> **提示**
>
> 【参照】选项用于将对象进行参照旋转，即指定一个参照角度和新角度，两个角度的差值就是对象的实际旋转角度。

7.4 副本的变换操作

在 AutoCAD 中，单纯地使用绘图命令或绘图工具只能绘制一些基本的图形对象。为了绘制复杂图形，很多情况下都必须借助于图形副本的变换操作命令。AutoCAD 2016 提供了复制、镜像、阵列、偏移等变换操作命令，使用这些命令，可以修改已有图形或通过已有图形构造新的复杂图形。

7.4.1 复制对象

【复制】命令用于对已有的对象复制出副本，并放置到指定的位置。复制出的图形尺寸、形状等保持不变，唯一发生改变的就是图形的位置。

执行【复制】命令主要有以下几种方式：

- 执行菜单栏【修改】/【复制】命令。
- 单击【修改】面板上的【复制】按钮。
- 在命令行输入 Copy 按 Enter 键。
- 使用命令简写 CO 按 Enter 键。

动手操作——复制对象

一般情况下，通常使用【复制】命令创建结构相同、位置不同的复合结构，下面通过典型的操作实例学习此命令。

（1）新建一个空白文件。

(2）首先执行【椭圆】和【圆】命令，配合象限点捕捉功能，绘制如图 7-35 所示的椭圆和圆。

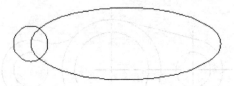

图 7-35　绘制结果

(3）单击【修改】面板上的【复制】按钮，选中小圆图形进行多重复制，如图 7-36 所示。

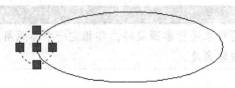

图 7-36　选中小圆

(4）将小圆的圆心作为基点，然后将椭圆的象限点作为指定点复制小圆，如图 7-37 所示。

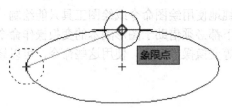

图 7-37　在象限点上复制圆

(5）重复操作，在椭圆余下的象限点复制小圆，最后结果如图 7-38 所示。

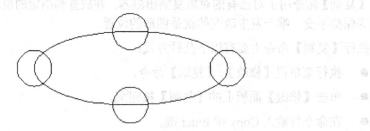

图 7-38　最后结果

7.4.2　镜像对象

【镜像】命令用于将选择的图形以镜像线对称复制。在镜像过程中，源对象可以保留，也可以删除。

执行【镜像】命令主要有以下几种方式：

- 执行菜单栏【修改】/【镜像】命令。
- 单击【修改】面板上的【镜像】按钮。
- 在命令行输入 Mirror 按 Enter 键。
- 使用命令简写 MI 按 Enter 键。

动手操作——镜像对象

绘制如图 7-39 所示的图形。该图形是上下对称的，可利用 MIRROR 命令来绘制。

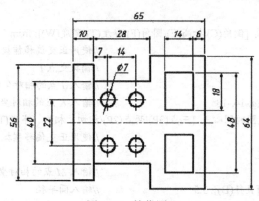

图 7-39　镜像图形

（1）创建中心线层，设置图层颜色为蓝色，线型为 Center，线宽默认。设定线型全局比例因子为 0.2。

（2）打开极轴追踪、对象捕捉及自动追踪功能。指定极轴追踪角度增量为 90°；设定对象捕捉方式为"端点"、"交点"及"圆心"；设置仅沿正交方向自动追踪。

（3）画两条作图基准线 A、B，A 线的长度约为 80，B 线的长度约为 50。绘制平行线 C、D、E 等，如图 7-40 左图所示。

```
命令：_offset
指定偏移距离或<6.0000>: 10           //输入平移距离
选择要偏移的对象，或 <退出>:          //选择线段 A
指定要偏移的那一侧上的点:             //在线段 A 的右边单击一点
选择要偏移的对象，或 <退出>:          //按 Enter 键结束
```

（4）向右平移线段 A 至 D，平移距离为 38。

（5）向右平移线段 A 至 E，平移距离为 65。

（6）向上平移线段 B 至 F，平移距离为 20。

（7）向上平移线段 B 至 G，平移距离为 28。

（8）向上平移线段 B 至 H，平移距离为 32。

（9）修剪多余线条，结果如图 7-40 右图所示。

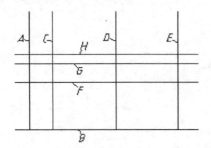
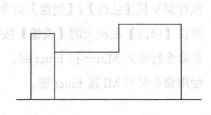

图 7-40 绘制平行线

（10）画矩形和圆。

```
命令: _rectang
指定第一个角点或 [倒角(C)/标高(E)/圆角(F)/厚度(T)/宽度(W)]: from
                                              //使用正交偏移捕捉
基点:                                          //捕捉交点 I
<偏移>: @-6,-8                                 //输入 J 点的相对坐标
指定另一个角点: @-14,-18                       //输入 K 点的相对坐标
命令: _circle 指定圆的圆心或 [三点(3P)/两点(2P)/相切、相切、半径(T)]: from
                                              //使用正交偏移捕捉
基点: //捕捉交点 L
<偏移>: @7,11                                  //输入 M 点的相对坐标
指定圆的半径或 [直径(D)]: 3.5                  //输入圆半径
```

（11）再绘制圆的定位线，结果如图 7-41 所示。

（12）复制圆，再镜像图形。

```
命令: _copy
选择对象: 指定对角点: 找到 3 个                //选择对象 N
选择对象:                                      //按 Enter 键
指定基点或 [位移(D)] <位移>:                    //单击一点
指定第二点或 <使用第一点作为位移>: 14          //向右追踪并输入追踪距离
指定第二个点:                                  //按 Enter 键结束
命令: _mirror                                  //镜像图形
选择对象: 指定对角点: 找到 14 个               //选择上半部分图形
选择对象:                                      //按 Enter 键
指定镜像线的第一点:                            //捕捉端点 O
指定镜像线的第二点:                            //捕捉端点 P
是否删除源对象? [是(Y)/否(N)] <N>:             //按 Enter 键结束
```

（13）将线段 OP 及圆的定位线修改到中心线层上，结果如图 7-42 所示。

> **提示**
>
> 如果对文字进行镜像时，其镜像后的文字可读性取决于系统变量【MIRRTEX】的值。当变量值为 1 时，镜像文字不具有可读性；当变量值为 0 时，镜像后的文字具有可读性。

第 7 章 常规变换作图

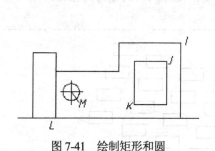

图 7-41 绘制矩形和圆

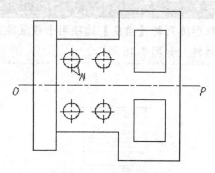

图 7-42 复制及镜像图形

7.4.3 阵列对象

【阵列】是一种用于创建规则图形结构的复合命令，使用此命令可以创建均布结构或聚心结构的复制图形。

1. 矩形阵列

所谓【矩形阵列】，指的就是将图形对象按照指定的行数和列数，呈【矩形】的排列方式进行大规模复制。

执行【矩形阵列】命令主要有以下几种方式：

- 执行菜单栏【修改】/【阵列】/【矩形阵列】命令。
- 单击【修改】面板上的【矩形阵列】按钮。
- 在命令行输入 Arrayrect 按 Enter 键。

执行【矩形阵列】命令后，命令行操作如下：

```
命令: _arrayrect
选择对象: 找到 1 个                                    //选择阵列对象
选择对象:↵                                           //确认选择
类型 = 矩形  关联 = 是
为项目数指定对角点或 [基点(B)/角度(A)/计数(C)] <计数>: //拉出一条斜线，如图 7-43 所示
指定对角点以间隔项目或 [间距(S)] <间距>:               //调整间距，如图 7-44 所示
按 Enter 键接受或 [关联(AS)/基点(B)/行(R)/列(C)/层(L)/退出(X)] <退出>:↵
                                                    //确认，并打开如图 7-45 所示的快捷菜单
```

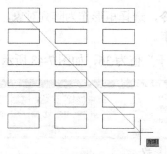

图 7-43 设置阵列的数目

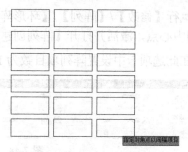

图 7-44 设置阵列的间距

> **提示**
>
> 矩形阵列的【角度】选项用于设置阵列的角度，使阵列后的图形对象沿着某一角度进行倾斜，如图 7-46 所示。

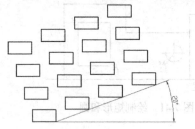

图 7-45　快捷菜单　　　　　　图 7-46　角度示例

2. 环形阵列

所谓【环形阵列】指的就是将图形对象按照指定的中心点和阵列数目呈【圆形】排列。

执行【环形阵列】命令主要有以下几种方式：

- 执行【修改】/【阵列】/【环形阵列】命令。
- 单击【修改】面板上的【环形阵列】按钮。
- 在命令行输入 Arraypolar 按 Enter 键。

动手操作——环形阵列

下面通过一个小例子来学习【环形阵列】命令：

（1）新建空白文件。

（2）执行【圆】和【矩形】命令，配合象限点捕捉，绘制图形，如图 7-47 所示。

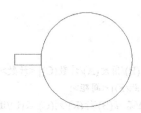

图 7-47　绘制图形

（3）执行【修改】/【阵列】/【环形阵列】命令，选择矩形作为阵列对象，然后选择圆心作为阵列中心点，激活并打开【阵列创建】选项卡。

（4）在此选项卡中设置阵列项目数为 10，"介于"值为 36，如图 7-48 所示。

图 7-48　设置阵列参数

（5）最后单击【关闭阵列】按钮，完成阵列。操作结果如图7-49所示。

> **提示**
> 【旋转项目（ROT）】用于设置环形阵列对象时，对象本身是否绕其基点旋转。如果设置不旋转复制选项，那么阵列出的对象将不会绕基点旋转，如图7-50所示。

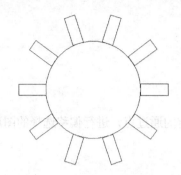 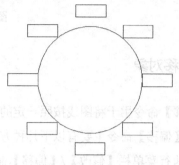

图7-49　环形阵列示例　　　　　　　　　图7-50　不旋转复制

3. 路径阵列

【路径阵列】是将对象沿着一条路径进行排列，排列形态由路径形态而定。

动手操作——路径阵列

下面通过一个小例子来讲解【路径阵列】的操作方法：

（1）绘制一个圆。

（2）执行【修改】/【阵列】/【路径阵列】命令，激活【路径阵列】命令，命令行操作如下：

```
命令:_arraypath
选择对象: 找到 1 个                          //选择【圆】图形
选择对象:↙                                  //确认选择
类型 = 路径  关联 = 是
选择路径曲线:                                //选择弧形
输入沿路径的项数或 [方向(O)/表达式(E)] <方向>: 15   //输入复制的数量
指定沿路径的项目之间的距离或 [定数等分(D)/总距离(T)/表达式(E)] <沿路径平均定数等分(D)>:
↙                                           //定义密度，如图7-51所示
按 Enter 键接受或 [关联(AS)/基点(B)/项目(I)/行(R)/层(L)/对齐项目(A)/Z 方向(Z)/退出(X)] <退出
>:↙                                         //自动弹出快捷菜单，如图7-52所示
```

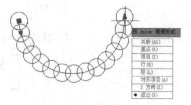

图7-51　定义图形密度　　　　　　　　　图7-52　快捷菜单

(3) 操作结果如图 7-53 所示。

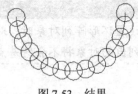

图 7-53　结果

7.4.4　偏移对象

【偏移】命令用于将图线按照一定的距离或指定的通过点，进行偏移选择的图形对象。

执行【偏移】命令主要有以下几种方式：

- 执行菜单栏【修改】/【偏移】命令。
- 单击【修改】面板上的【偏移】按钮 。
- 在命令行输入 Offset 按 Enter 键。
- 使用命令简写 O 按 Enter 键。

1. 将对象距离偏移

不同结构的对象，其偏移结果也会不同。比如在对圆、椭圆等对象偏移后，对象的尺寸发生了变化，而对直线偏移后，尺寸则保持不变。

💻**动手操作——利用【偏移】命令绘制底座局部视图**

底座局部剖视图如图 7-54 所示。本例主要利用直线偏移命令 offset 将各部分定位，再执行倒角命令 chamfer、圆角命令 fillet、修剪命令 trim、样条曲线命令 spline 和图案填充命令 bhatch 完成此图。

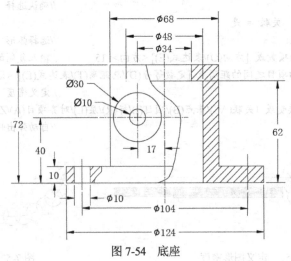

图 7-54　底座

(1) 新建空白文件，然后设置中心线图层、细实线层和轮廓线图层。

(2) 将"中心线"层设置为当前层。单击【直线】按钮，绘制一条竖直的中心线。将"轮廓线"层设置为当前层。重复【直线】命令，绘制一条水平的轮廓线，结果如图 7-55 所示。

(3) 单击【偏移】按钮，将水平轮廓线向上偏移，偏移距离分别为 10、40、62、72。重复【偏移】命令，将竖直中心线分别向两侧偏移 17、34、52、62，再将竖直中心线向右偏移 24。选取偏移后的直线，将其所在层修改为"轮廓线"层，得到的结果如图 7-56 所示。

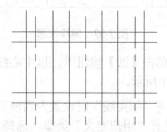

图 7-55　绘制直线　　　　　　　　　图 7-56　偏移处理

提示

在选择偏移对象时，只能以点选的方式选择对象，且每次只能偏移一个对象。

(4) 单击【样条曲线】按钮，绘制中部的剖切线，结果如图 7-57 所示。命令行提示与操作如下：

```
命令:_spline
指定第一个点或 [对象(O)]:
指定下一点:
指定下一点或 [闭合(C)/拟合公差(F)] <起点切向>:
指定下一点或 [闭合(C)/拟合公差(F)] <起点切向>:
指定下一点或 [闭合(C)/拟合公差(F)] <起点切向>:
指定起点切向:
指定端点切向:
```

(5) 单击【修剪】按钮，修剪相关图线，修剪编辑后结果如图 7-58 所示。

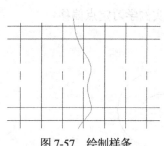
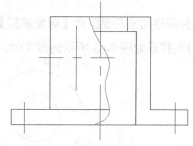

图 7-57　绘制样条　　　　　　　　　图 7-58　修剪结果

(6) 单击【偏移】按钮，将线段 1 向两侧分别偏移 5，并修剪。转换图层，将图线线型进行转换，结果如图 7-59 所示。

（7）单击【样条曲线】按钮，绘制中部的剖切线，并进行修剪，结果如图7-60所示。

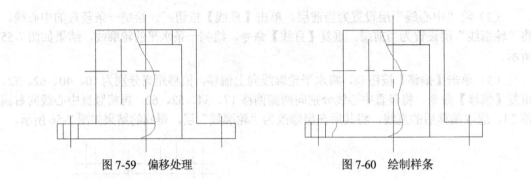

图7-59 偏移处理　　　　　　图7-60 绘制样条

（8）单击【圆】按钮，以中心线交点为圆心，分别绘制半径为15和5的同心圆，结果如图7-61所示。

（9）将"细实线"层设置为当前层。单击【图案填充】按钮，打开【图案填充创建】选项卡，选择"用户定义"类型，选择角度为45°，间距为3；分别打开和关闭"双向"复选框，选择相应的填充区域。确认后进行填充，结果如图7-62所示。

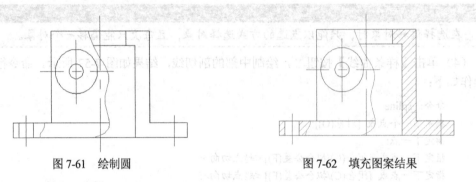

图7-61 绘制圆　　　　　　图7-62 填充图案结果

2. 将对象定点偏移

所谓【定点偏移】，指的就是为偏移对象指定一个通过点，进行偏移对象。

动手操作——定点偏移对象

此种偏移通常需要配合【对象捕捉】功能。下面通过实例学习定点偏移。

（1）打开如图7-63所示的源文件。

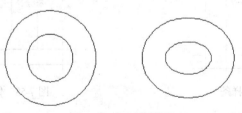

图7-63 打开的图形

（2）单击【修改】面板中的【偏移】按钮，激活【偏移】命令，偏移小圆图形，使偏移出的圆与大椭圆相切，如图 7-64 所示。

（3）偏移结果如图 7-65 所示。

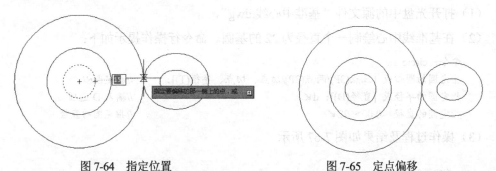

图 7-64　指定位置　　　　　　　　图 7-65　定点偏移

> **提示**
> 　　【通过】选项用于按照指定的通过点偏移对象，所偏移出的对象将通过事先指定的目标点。

7.5　综合范例

　　本章前面几节中主要介绍了 AutoCAD 2016 的二维图形编辑相关命令及使用方法。接下来在本节中将以几个典型的图形绘制实例来说明图形编辑命令的应用方法及使用过程，以帮助读者快速掌握本章所学的重点知识。

7.5.1　范例一：绘制法兰盘

　　二维的法兰盘图形由多个同心圆和圆阵列组共同组成，如图 7-66 所示。

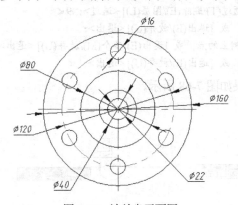

图 7-66　法兰盘平面图

　　绘制法兰盘，可使用【偏移】命令来快速创建同心圆，然后使用【阵列】命令来创建出直径相同的圆阵列组。

219

操作步骤

（1）打开光盘中的源文件"基准中心线.dwg"。

（2）在基准线中心绘制一个直径为22的基圆。命令行操作提示如下：

```
命令：circle
指定圆的圆心或 [三点(3P)/两点(2P)/切点、切点、半径(T)]:      //指定圆心
指定圆的半径或 [直径(D)]: d↙                                //输入 D 选项
指定圆的直径 <0.00>: 22↙                                    //指定圆的直径
```

（3）操作过程及结果如图 7-67 所示。

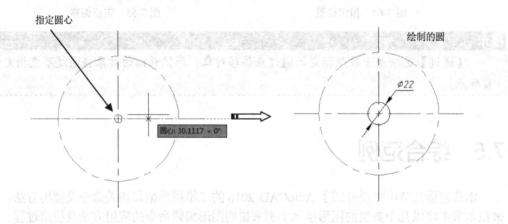

图 7-67　绘制基圆

（4）使用【偏移】命令，以基圆作为要偏移的对象，创建出偏移距离为9的同心圆。在【常规】标签【修改】面板中单击【偏移】按钮。命令行操作提示如下：

```
命令：_offset
当前设置：删除源=否  图层=源  OFFSETGAPTYPE=0              //设置显示
指定偏移距离或 [通过(T)/删除(E)/图层(L)] <通过>: 9↙         //输入偏移距离值
选择要偏移的对象，或 [退出(E)/放弃(U)] <退出>:              //指定基圆
指定要偏移的那一侧上的点，或 [退出(E)/多个(M)/放弃(U)] <退出>:  //指定偏移侧
选择要偏移的对象，或 [退出(E)/放弃(U)] <退出>: ↙
```

（5）操作过程及结果如图 7-68 所示。

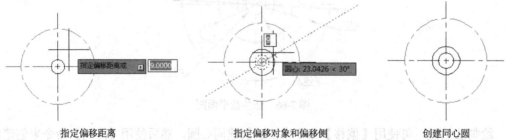

图 7-68　绘制第一个同心圆

> **提示**
> 要执行相同命令，可直接按 Enter 键。

（6）使用【偏移】命令，以基圆作为要偏移的对象，创建出偏移距离为 29 的同心圆。在【常规】标签【修改】面板中单击【偏移】按钮。命令行操作提示如下：

```
命令: _offset
当前设置: 删除源=否  图层=源  OFFSETGAPTYPE=0           //设置显示
指定偏移距离或 [通过(T)/删除(E)/图层(L)] <9.0>: 29↵      //输入偏移距离值
选择要偏移的对象，或 [退出(E)/放弃(U)] <退出>:          //指定基圆
指定要偏移的那一侧上的点，或 [退出(E)/多个(M)/放弃(U)] <退出>:  //指定偏移侧
选择要偏移的对象，或 [退出(E)/放弃(U)] <退出>: ↵
```

（7）操作过程及结果如图 7-69 所示。

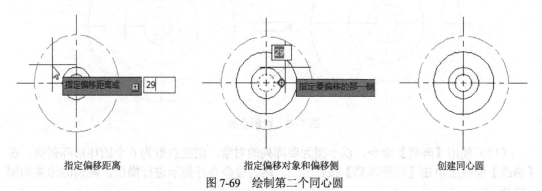

指定偏移距离　　　　　　　指定偏移对象和偏移侧　　　　　　　创建同心圆

图 7-69　绘制第二个同心圆

（8）使用【偏移】命令，以基圆作为要偏移的对象，创建出偏移距离为 69 的同心圆。在【常规】标签【修改】面板中单击【偏移】按钮。命令行操作提示如下：

```
命令: _offset
当前设置: 删除源=否  图层=源  OFFSETGAPTYPE=0           //设置显示
指定偏移距离或 [通过(T)/删除(E)/图层(L)] <29.0>: 69↵     //输入偏移距离值
选择要偏移的对象，或 [退出(E)/放弃(U)] <退出>:          //指定基圆
指定要偏移的那一侧上的点，或 [退出(E)/多个(M)/放弃(U)] <退出>  //指定偏移侧
选择要偏移的对象，或 [退出(E)/放弃(U)] <退出>: ↵
```

（9）操作过程及结果如图 7-70 所示。

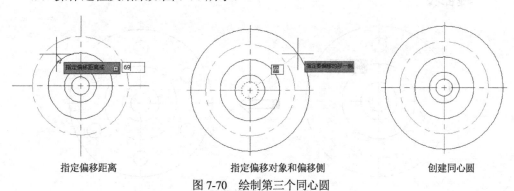

指定偏移距离　　　　　　　指定偏移对象和偏移侧　　　　　　　创建同心圆

图 7-70　绘制第三个同心圆

（10）使用【圆】命令，在圆定位线与基准线的交点上绘制一个直径为 16 的小圆。命令行操作提示如下：

```
命令：circle
CIRCLE 指定圆的圆心或 [三点(3P)/两点(2P)/切点、切点、半径(T)]：    //指定圆心
指定圆的半径或 [直径(D)] <11.0>：d↙                              //输入 D 选项
指定圆的直径 <22.0>：16↙                                       //输入直径
```

（11）操作过程及结果如图 7-71 所示。

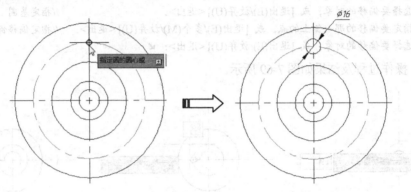

图 7-71　绘制小圆

（12）使用【阵列】命令，以小圆为要阵列的对象，创建总数为 6 个的环形阵列圆。在【修改】面板上单击【环形阵列】按钮，然后按命令行提示进行操作，阵列的结果如图 7-72 所示。

```
命令：_arraypolar
选择对象：找到 1 个
选择对象：                                                     //选择小圆
类型 = 极轴  关联 = 是
指定阵列的中心点或 [基点(B)/旋转轴(A)]：                         //指定大圆圆心
输入项目数或 [项目间角度(A)/表达式(E)] <4>：6↙
指定填充角度(+=逆时针、-=顺时针)或 [表达式(EX)] <360>：↙
按 Enter 键接受或 [关联(AS)/基点(B)/项目(I)/项目间角度(A)/填充角度(F)/行(ROW)/层(L)/旋转项目(ROT)/退出(X)]
<退出>：↙
```

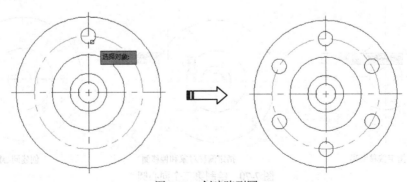

图 7-72　创建阵列圆

(13) 至此，本例二维图形编辑命令的应用及操作就结束了。

7.5.2 范例二：绘制机制夹具

本例机制夹具图形主要由圆、圆弧、直线等图素构成，如图 7-73 所示。图形基本元素可使用【直线】和【圆弧】工具来绘制，再结合【偏移】、【修剪】、【旋转】、【圆角】、【镜像】、【延伸】等命令来辅助完成其余特征，这样就可以提高图形绘制效率。

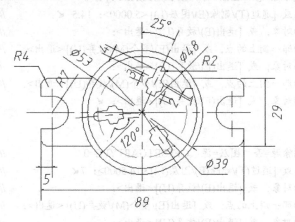

图 7-73　机制夹具二维图

操作步骤

（1）新建一个空白文件。

（2）绘制中心线，如图 7-74 所示。

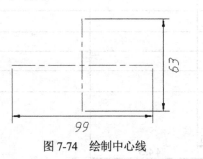

图 7-74　绘制中心线

（3）使用【偏移】命令，绘制出直线图素的大致轮廓。其命令行的操作提示如下：

```
命令：_offset
当前设置：删除源=否　图层=源　OFFSETGAPTYPE=0            //设置显示
指定偏移距离或 [通过(T)/删除(E)/图层(L)] <通过>：44.5✔    //输入偏移距离
选择要偏移的对象，或 [退出(E)/放弃(U)] <退出>：           //指定偏移对象
指定要偏移的那一侧上的点，或 [退出(E)/多个(M)/放弃(U)] <退出>：  //指定偏移侧
选择要偏移的对象，或 [退出(E)/放弃(U)] <退出>：✔
命令：✔
```

223

```
OFFSET
当前设置：删除源=否    图层=源    OFFSETGAPTYPE=0              //设置显示
指定偏移距离或 [通过(T)/删除(E)/图层(L)] <44.5000>: 5 ✓      //输入偏移距离
选择要偏移的对象，或 [退出(E)/放弃(U)] <退出>:              //指定偏移对象
指定要偏移的那一侧上的点，或 [退出(E)/多个(M)/放弃(U)] <退出>:  //指定偏移侧
选择要偏移的对象，或 [退出(E)/放弃(U)] <退出>:              //指定偏移对象
命令: ✓
OFFSET
当前设置：删除源=否    图层=源    OFFSETGAPTYPE=0              //设置显示
指定偏移距离或 [通过(T)/删除(E)/图层(L)] <5.0000>: 14.5 ✓    //输入偏移距离
选择要偏移的对象，或 [退出(E)/放弃(U)] <退出>:              //指定偏移对象
指定要偏移的那一侧上的点，或 [退出(E)/多个(M)/放弃(U)] <退出>:  //指定偏移侧
选择要偏移的对象，或 [退出(E)/放弃(U)] <退出>:              //指定偏移对象
指定要偏移的那一侧上的点，或 [退出(E)/多个(M)/放弃(U)] <退出>:  //指定偏移侧
选择要偏移的对象，或 [退出(E)/放弃(U)] <退出>: ✓
命令: ✓
OFFSET
当前设置：删除源=否    图层=源    OFFSETGAPTYPE=0              //设置显示
指定偏移距离或 [通过(T)/删除(E)/图层(L)] <14.5000>: 7✓       //输入偏移距离
选择要偏移的对象，或 [退出(E)/放弃(U)] <退出>:              //指定偏移对象
指定要偏移的那一侧上的点，或 [退出(E)/多个(M)/放弃(U)] <退出>:  //指定偏移侧
选择要偏移的对象，或 [退出(E)/放弃(U)] <退出>:              //指定偏移对象
指定要偏移的那一侧上的点，或 [退出(E)/多个(M)/放弃(U)] <退出>:  //指定偏移侧
选择要偏移的对象，或 [退出(E)/放弃(U)] <退出>: ✓
```

（4）绘制的偏移直线如图 7-75 所示。

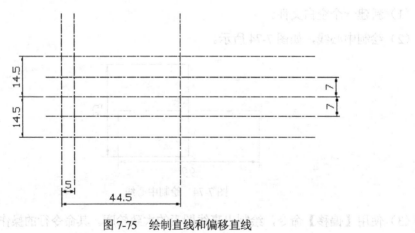

图 7-75 绘制直线和偏移直线

（5）创建一个圆，然后以此圆作为偏移对象，再创建出两个偏移对象。命令行的操作提示如下：

```
命令: _circle
指定圆的圆心或 [三点(3P)/两点(2P)/切点、切点、半径(T)]:   //指定圆心
指定圆的半径或 [直径(D)] <0.0000>: d✓                    //输入 D 选项
指定圆的直径 <0.0000>: 39✓                               //输入圆的直径
```

```
命令: _offset
当前设置: 删除源=否  图层=源  OFFSETGAPTYPE=0                //设置显示
指定偏移距离或 [通过(T)/删除(E)/图层(L)] <3.5000>: 4.5↙       //输入偏移距离
选择要偏移的对象，或 [退出(E)/放弃(U)] <退出>:              //指定直径为 39 的圆
指定要偏移的那一侧上的点，或 [退出(E)/多个(M)/放弃(U)] <退出>:  //指定偏移侧
选择要偏移的对象，或 [退出(E)/放弃(U)] <退出>: ↙
命令: ↙
OFFSET
当前设置: 删除源=否  图层=源  OFFSETGAPTYPE=0                //设置显示
指定偏移距离或 [通过(T)/删除(E)/图层(L)] <4.5000>: 2.5↙       //输入偏移距离
选择要偏移的对象，或 [退出(E)/放弃(U)] <退出>:              //指定直径为 48 的圆
指定要偏移的那一侧上的点，或 [退出(E)/多个(M)/放弃(U)] <退出>:  //指定偏移侧
选择要偏移的对象，或 [退出(E)/放弃(U)] <退出>: ↙
```

（6）绘制的圆和偏移圆如图 7-76 所示。

（7）使用【修剪】命令，对绘制的直线和圆进行修剪，结果如图 7-77 所示。

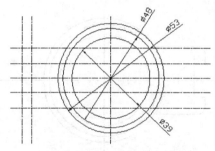
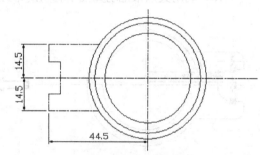

图 7-76 绘制圆和偏移圆　　　　　　　　　图 7-77 修剪直线和圆

（8）使用【圆角】命令，对直线倒圆。命令行操作提示如下：

```
命令: _fillet
当前设置: 模式=不修剪，半径=0.0000                              //设置显示
选择第一个对象或 [放弃(U)/多段线(P)/半径(R)/修剪(T)/多个(M)]: r↙  //输入 R
指定圆角半径 <0.0000>: 3.5↙                                   //输入圆角半径
选择第一个对象或 [放弃(U)/多段线(P)/半径(R)/修剪(T)/多个(M)]: t↙  //选择选项
输入修剪模式选项 [修剪(T)/不修剪(N)] <不修剪>: t↙              //选择选项
选择第一个对象或 [放弃(U)/多段线(P)/半径(R)/修剪(T)/多个(M)]:    //选择圆角边 1
选择第二个对象，或按住 Shift 键选择要应用角点的对象: ↙         //选择圆角边 2
命令: ↙
FILLET
当前设置: 模式=修剪，半径=3.5000                                //设置显示
选择第一个对象或 [放弃(U)/多段线(P)/半径(R)/修剪(T)/多个(M)]:    //指定圆角边 1
选择第二个对象，或按住 Shift 键选择要应用角点的对象:            //指定圆角边 2
命令: ↙
FILLET
当前设置: 模式=修剪，半径=3.5000                                //设置显示
选择第一个对象或 [放弃(U)/多段线(P)/半径(R)/修剪(T)/多个(M)]: r↙  //选择选项
指定圆角半径 <3.5000>: 7↙                                     //输入圆角半径
```

选择第一个对象或 [放弃(U)/多段线(P)/半径(R)/修剪(T)/多个(M)]:   //指定圆角边1
选择第二个对象，或按住 Shift 键选择要应用角点的对象：✓   //指定圆角边2

（9）倒圆结果如图 7-78 所示。

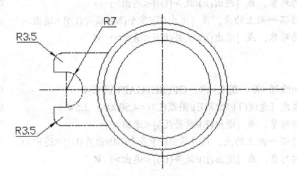

图 7-78　直线倒圆结果

（10）利用夹点来拖动如图 7-79 所示的直线。

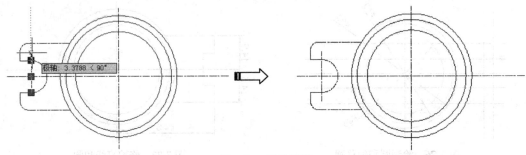

图 7-79　拖动直线

（11）使用【镜像】命令将选择的对象镜像到圆中心线的另一侧。命令行操作提示如下：

```
命令：_mirror
选择对象：指定对角点：找到 10 个                //选择要镜像的对象
选择对象：✓
指定镜像线的第一点：指定镜像线的第二点：        //指定镜像第一点和第二点
要删除源对象吗？[是(Y)/否(N)] <N>：✓
```

（12）镜像操作的结果如图 7-80 所示。

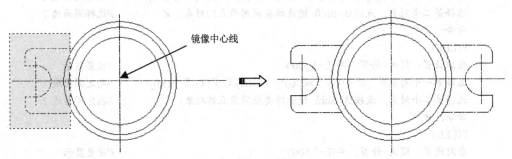

图 7-80　镜像选择的对象

(13) 绘制一条斜线，如图 7-81 所示。命令行操作提示如下：

命令：_line 指定第一点： //指定起点
指定下一点或 [放弃(U)]: <65 ✓ //输入替代角度
角度替代：65
指定下一点或 [放弃(U)]: //指定直线终点
指定下一点或 [放弃(U)]: ✓

(14) 打开【极轴追踪】，在【草图设置】对话框的【极轴追踪】选项卡下将增量角设为 90°，并在【极轴角测量】选项中单击【相对上一段】单选按钮，如图 7-82 所示。

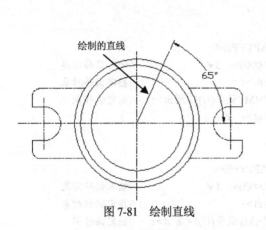

图 7-81 绘制直线

图 7-82 设置极轴追踪

(15) 在斜线的端点处绘制一条垂线，并将垂线移动至如图 7-83 所示的斜线与圆交点上。

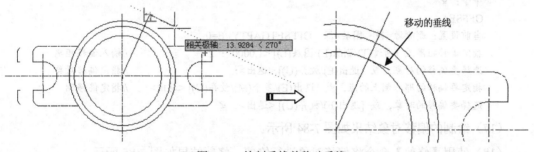

图 7-83 绘制垂线并移动垂线

(16) 使用【偏移】命令，绘制垂线和斜线的偏移对象，命令行的操作提示如下：

命令：_offset
当前设置：删除源=否 图层=源 OFFSETGAPTYPE=0 //设置显示
指定偏移距离或 [通过(T)/删除(E)/图层(L)] <7.0000>: 2✓ //输入偏移距离
选择要偏移的对象，或 [退出(E)/放弃(U)] <退出>： //指定偏移对象
指定要偏移的那一侧上的点，或 [退出(E)/多个(M)/放弃(U)] <退出>： //指定偏移侧
选择要偏移的对象，或 [退出(E)/放弃(U)] <退出>： ✓
命令：✓
OFFSET
当前设置：删除源=否 图层=源 OFFSETGAPTYPE=0
指定偏移距离或 [通过(T)/删除(E)/图层(L)] <2.0000>: 4✓ //输入偏移距离

227

```
选择要偏移的对象，或 [退出(E)/放弃(U)]<退出>:                    //指定偏移对象
指定要偏移的那一侧上的点，或 [退出(E)/多个(M)/放弃(U)]<退出>:    //指定偏移侧
选择要偏移的对象，或 [退出(E)/放弃(U)]<退出>: ✓
命令: ✓
OFFSET
当前设置：删除源=否   图层=源   OFFSETGAPTYPE=0
指定偏移距离或 [通过(T)/删除(E)/图层(L)] <4.0000>: 1✓           //输入偏移距离
选择要偏移的对象，或 [退出(E)/放弃(U)]<退出>:                    //指定偏移对象
指定要偏移的那一侧上的点，或 [退出(E)/多个(M)/放弃(U)]<退出>:    //指定偏移侧
选择要偏移的对象，或 [退出(E)/放弃(U)]<退出>: ✓
命令: ✓
OFFSET
当前设置：删除源=否   图层=源   OFFSETGAPTYPE=0
指定偏移距离或 [通过(T)/删除(E)/图层(L)] <1.0000>: 3✓           //输入偏移距离
选择要偏移的对象，或 [退出(E)/放弃(U)]<退出>:                    //指定偏移对象
指定要偏移的那一侧上的点，或 [退出(E)/多个(M)/放弃(U)]<退出>:    //指定偏移侧
选择要偏移的对象，或 [退出(E)/放弃(U)]<退出>: ✓
命令: ✓
OFFSET
当前设置：删除源=否   图层=源   OFFSETGAPTYPE=0
指定偏移距离或 [通过(T)/删除(E)/图层(L)] <3.0000>: 1✓           //输入偏移距离
选择要偏移的对象，或 [退出(E)/放弃(U)]<退出>:                    //指定偏移对象
指定要偏移的那一侧上的点，或 [退出(E)/多个(M)/放弃(U)]<退出>:    //指定偏移侧
选择要偏移的对象，或 [退出(E)/放弃(U)]<退出>: ✓
命令: ✓
OFFSET
当前设置：删除源=否   图层=源   OFFSETGAPTYPE=0
指定偏移距离或 [通过(T)/删除(E)/图层(L)] <1.0000>: 2✓           //输入偏移距离
选择要偏移的对象，或 [退出(E)/放弃(U)]<退出>:                    //指定偏移对象
指定要偏移的那一侧上的点，或 [退出(E)/多个(M)/放弃(U)]<退出>:    //指定偏移侧
选择要偏移的对象，或 [退出(E)/放弃(U)]<退出>: ✓
```

（17）绘制的偏移对象结果如图 7-84 所示。

（18）使用【修剪】命令将偏移对象进行修剪，修剪结果如图 7-85 所示。

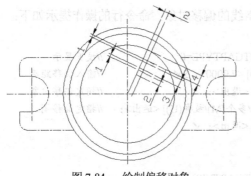
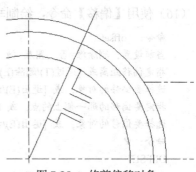

图 7-84 绘制偏移对象　　　　　　　图 7-85 修剪偏移对象

(19) 使用【旋转】命令,将修剪后的两条直线进行旋转但不复制。命令行的操作提示如下:

```
命令: _rotate
UCS 当前的正角方向:    ANGDIR=逆时针    ANGBASE=0         //设置显示
选择对象: 找到 1 个                                       //选择旋转对象 1
选择对象: ↵
指定基点:                                                 //指定旋转基点
指定旋转角度, 或 [复制(C)/参照(R)] <0>: 30 ↵              //输入旋转角度
命令: ↵
ROTATE
UCS 当前的正角方向:    ANGDIR=逆时针    ANGBASE=0
选择对象: 找到 1 个                                       //选择旋转对象 2
选择对象: ↵
指定基点:                                                 //指定旋转基点
指定旋转角度, 或 [复制(C)/参照(R)] <30>: -30 ↵           //输入旋转角度
```

(20) 旋转结果如图 7-86 所示。

(21) 将旋转后的直线进行修剪,然后绘制一条直线,结果如图 7-87 所示。

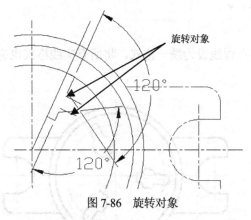

图 7-86 旋转对象

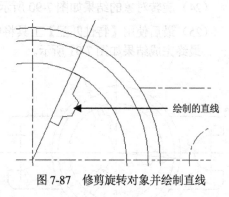

图 7-87 修剪旋转对象并绘制直线

(22) 使用【镜像】命令,将修剪后的直线镜像到斜线的另一侧,如图 7-88 所示。然后再使用【圆角】命令创建圆角,如图 7-89 所示。

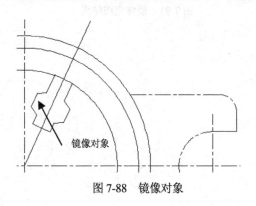

图 7-88 镜像对象

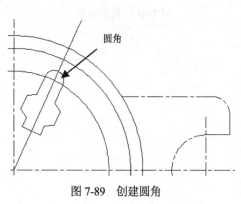

图 7-89 创建圆角

229

（23）使用【旋转】命令，将镜像对象、镜像中心线及圆角进行旋转复制。命令行操作提示如下：

```
命令：_rotate
UCS 当前的正角方向：ANGDIR=逆时针  ANGBASE=0          //设置提示
选择对象：指定对角点：找到 19 个                       //选择旋转对象
选择对象：✓
指定基点：                                          //指定基点
指定旋转角度，或 [复制(C)/参照(R)] <330>：c✓         //输入 C 选项
旋转一组选定对象。
指定旋转角度，或 [复制(C)/参照(R)] <330>：120✓       //输入旋转角度
命令：✓
ROTATE
UCS 当前的正角方向：ANGDIR=逆时针  ANGBASE=0
选择对象：找到 19 个                                 //选择旋转对象
选择对象：✓
指定基点：                                          //指定基点
指定旋转角度，或 [复制(C)/参照(R)] <120>：c✓         //输入 C 选项
旋转一组选定对象。
指定旋转角度，或 [复制(C)/参照(R)] <120>：✓
```

（24）旋转对象的结果如图 7-90 所示。

（25）最后使用【特性匹配】工具将中心点画线设为统一格式，将所有实线格式也进行统一。最终完成结果如图 7-91 所示。

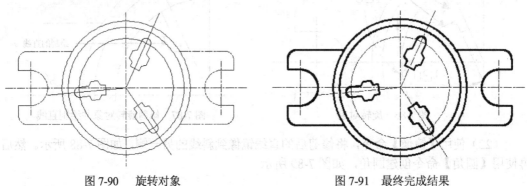

图 7-90　旋转对象　　　　　　　　　　图 7-91　最终完成结果

第 8 章 修改图形

本章导读

利用 AutoCAD 2016 的修改图形工具，可以方便我们对复杂形状类型的图形进行后期处理。这些修改图形工具可以单独使用，也可以结合图形变换操作工具来处理图形对象。本章将详细介绍各类修改工具的基本功能和操作使用技巧。

学习要求

对象的常规修改
对象的分解与合并
编辑对象特性

8.1 对象的常规修改

在 AutoCAD 2016 中，可以使用【修剪】和【延伸】命令缩短或拉长对象，以与其他对象的边相接。也可以使用【缩放】、【拉伸】和【拉长】命令，在一个方向上调整对象的大小或按比例增大/缩小对象。

8.1.1 缩放对象

【缩放】命令用于将对象进行等比例放大或缩小，使用此命令可以创建形状相同、大小不同的图形结构。

执行【缩放】命令主要有以下几种方式：

- 执行菜单栏【修改】/【缩放】命令。
- 单击【修改】面板上的【缩放】按钮□。
- 在命令行输入 Scale 按 Enter 键。
- 使用命令简写 SC 按 Enter 键。

📖 动手操作——图形的缩放

下面通过具体实例学习使用【缩放】命令。

（1）首先新建空白文件。

（2）使用快捷键 C 激活【圆】命令，绘制直径为 100 的圆形，如图 8-1 所示。

（3）单击【修改】面板上的 按钮，激活【缩放】命令，将圆形等比缩放 0.5 倍。命令行操作如下：

```
命令:_scale
选择对象:                                    //选择刚绘制的圆
选择对象:↵                                   //结束对象的选择
指定基点:                                    //捕捉圆的圆心
指定比例因子或 [复制(C)/参照(R)] <1.0000>:0.5↵  //输入缩放比例
```

（4）缩放结果如图 8-2 所示。

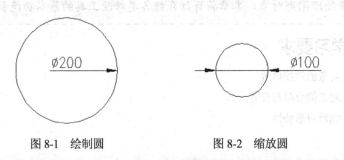

图 8-1　绘制圆　　　　　图 8-2　缩放圆

> **提示**
> 在等比例缩放对象时，如果输入的比例因子大于 1，对象将被放大；如果输入的比例小于 1，对象将被缩小。

8.1.2　拉伸对象

【拉伸】命令用于将对象进行不等比缩放，进而改变对象的尺寸或形状，如图 8-3 所示。

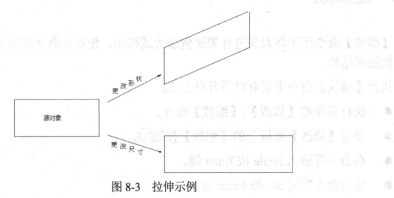

图 8-3　拉伸示例

执行【拉伸】命令主要有以下几种方式：

- 执行菜单栏【修改】/【拉伸】命令。
- 单击【修改】面板上的【拉伸】按钮 。
- 在命令行输入 Stretch 按 Enter 键。

- 使用命令简写 S 按 Enter 键。

动手操作——拉伸对象

通常用于拉伸的对象有直线、圆弧、椭圆弧、多段线、样条曲线等。下面通过将某矩形的短边尺寸拉伸为原来的两倍，而长边尺寸拉伸为 1.5 倍，学习使用【拉伸】命令。

（1）新建空白文件。

（2）使用【矩形】命令绘制一个矩形。

（3）单击【修改】面板上的【拉伸】按钮，激活【拉伸】命令，对矩形的水平边进行拉长。命令行操作如下：

```
命令: _stretch
以交叉窗口或交叉多边形选择要拉伸的对象...
选择对象:                          //拉出如图 8-4 所示的窗交选择框
选择对象:↵                         //结束对象的选择
指定基点或 [位移(D)] <位移>:        //捕捉矩形的左下角点，作为拉伸的基点
指定第二个点或 <使用第一个点作为位移>:  //捕捉矩形下侧边中点作为拉伸目标点
```

（4）拉伸结果如图 8-5 所示。

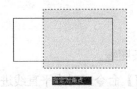 

图 8-4　窗交选择框　　　　　　　　　　　图 8-5　拉伸结果

> **提示**
> 如果所选择的图形对象完全处于选择框内，那么拉伸的结果只能是图形对象相对于原位置上的平移。

（5）按 Enter 键，重复【拉伸】命令，将矩形的宽度拉伸 1.5 倍。命令行操作如下：

```
命令: _stretch
以交叉窗口或交叉多边形选择要拉伸的对象...
选择对象:                          //拉出如图 8-6 所示的窗交选择框
选择对象:↵                         //结束对象的选择
指定基点或 [位移(D)] <位移>:        //捕捉矩形的左下角点，作为拉伸的基点
指定第二个点或 <使用第一个点作为位移>:  //捕捉矩形的左上角点，作为拉伸的目标点
```

（6）拉伸结果如图 8-7 所示。

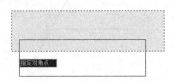 

图 8-6　窗交选择框　　　　　　　　　　　图 8-7　拉伸结果

8.1.3 修剪对象

【修剪】命令用于修剪掉对象上指定的部分，不过在修剪时，需要事先指定一个边界。

执行【修剪】命令主要有以下几种方式：

- 执行菜单栏【修改】/【修剪】命令。
- 单击【修改】面板上的【修剪】按钮 。
- 在命令行输入 Trim 按 Enter 键。
- 使用命令简写 TR 按 Enter 键。

1. 常规修剪

在修剪对象时，边界的选择是关键，而边界必须要与修剪对象相交，或与其延长线相交，才能成功修剪对象。因此，系统为用户设定了两种修剪模式，即【修剪模式】和【不修剪模式】，默认模式为【不修剪模式】。

📖 动手操作——对象的修剪

下面通过具体实例，学习默认模式下的修剪操作。

（1）新建一个空白文件。

（2）使用画线命令绘制如图 8-8（左）所示的两条图线。

（3）单击【修改】面板上的 按钮，激活【修剪】命令，对水平直线进行修剪。命令行操作如下：

```
命令: _trim
当前设置:投影=UCS,边=无
选择剪切边...
选择对象或 <全部选择>:                //选择倾斜直线作为边界
选择对象:↵                            //结束边界的选择
选择要修剪的对象,或按住 Shift 键选择要延伸的对象,或[栏选(F)/窗交(C)/投影式(P)/边(E)/删除
(R)/放弃(U)]:                         //在水平直线的右端单击,定位需要删除的部分
选择要修剪的对象,或按住 Shift 键选择要延伸的对象,或[栏选(F)/窗交(C)/投影(P)/边(E)/删除(R)/
放弃(U)]:↵                            //结束命令
```

（4）修剪结果如图 8-8（右）所示。

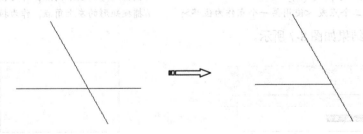

图 8-8 修剪示例

> **提示**
> 当修剪多个对象时,可以使用【栏选】和【窗交】两种选项功能,而【栏选】方式需要绘制一条或多条栅栏线,所有与栅栏线相交的对象都会被选择,如图8-9和图8-10所示。

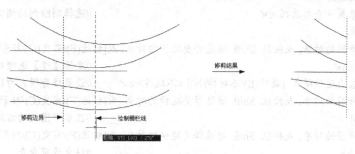

图 8-9 【栏选】示例

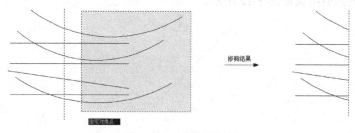

图 8-10 【窗交】示例

2. 隐含交点下的修剪

所谓隐含交点,指的是边界与对象没有实际的交点,而是边界被延长后,与对象存在一个隐含交点。

对隐含交点下的图线进行修剪时,需要更改默认的修剪模式,即将默认模式更改为【修剪模式】。

动手操作——隐含交点下的修剪

下面通过实例学习此种操作。

(1) 使用【直线】工具绘制如图 8-11 所示的两条图线。

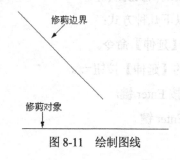

图 8-11 绘制图线

（2）单击【修改】面板上的【修剪】按钮 ，激活【修剪】命令，对水平图线进行修剪，命令行操作如下：

```
命令:_trim
当前设置:投影=UCS，边=无
选择剪切边...
选择对象或 <全部选择>:✓                        //选择刚绘制的倾斜图线
选择对象:
选择要修剪的对象,或按住 Shift 键选择要延伸的对象,或[栏选(F)/窗交(C)/投影(P)/边(E)/删除(R)/
放弃(U)]:e✓                                   //激活【边】选项功能
输入隐含边延伸模式 [延伸(E)/不延伸(N)] <不延伸>:e✓  //设置修剪模式为延伸模式
选择要修剪的对象,或按住 Shift 键选择要延伸的对象,或[栏选(F)/窗交(C)/投影(P)/边(E)/删除(R)/
放弃(U)]:                                     //在水平图线的右端单击
选择要修剪的对象,或按住 Shift 键选择要延伸的对象,或[栏选(F)/窗交(C)/投影(P)/边(E)/删除(R)/
放弃(U)]:✓                                    //结束修剪命令
```

（3）图线的修剪结果如图 8-12 所示。

图 8-12　修剪结果

> **提示**
> 【边】选项用于确定修剪边的隐含延伸模式，其中【延伸】选项表示剪切边界可以无限延长，边界与被剪实体不必相交；【不延伸】选项指剪切边界只有与被剪实体相交时才有效。

8.1.4　延伸对象

【延伸】命令用于将对象延伸至指定的边界上，用于延伸的对象有直线、圆弧、椭圆弧、非闭合的二维多段线和三维多段线以及射线等。

执行【延伸】命令主要有以下几种方式：

- 执行菜单栏【修改】/【延伸】命令。
- 单击【修改】面板上的【延伸】按钮 。
- 在命令行输入 Extend 按 Enter 键。
- 使用命令简写 EX 按 Enter 键。

1. 常规延伸

在延伸对象时，也需要为对象指定边界。指定边界时，有两种情况，一种是对象被延长后与边界存在一个实际的交点，另一种就是与边界的延长线相交于一点。

为此，AutoCAD 与为用户提供了两种模式，即【延伸模式】和【不延伸模式】，系统默认模式为【不延伸模式】。

动手操作——对象的延伸

下面通过具体实例，学习此种模式的延伸过程。

（1）使用【直线】工具绘制如图 8-13（左）所示的两条图线。

（2）执行【修改】/【延伸】命令，对垂直图线进行延伸，使之与水平图线垂直相交。命令行操作如下：

```
命令: _extend
当前设置:投影=UCS，边=无
选择边界的边...
选择对象或 <全部选择>:                    //选择水平图线作为边界
选择对象: ✔                              //结束边界的选择
选择要延伸的对象,或按住 Shift 键选择要修剪的对象,或[栏选(F)/窗交(C)/投影(P)/边(E)/放弃(U)]:
                                        //在垂直图线的下端单击
选择要延伸的对象,或按住 Shift 键选择要修剪的对象,或[栏选(F)/窗交(C)/投影(P)/边(E)/放弃(U)]:
  ✔                                     //结束命令
```

（3）垂直图线的下端被延伸，如图 8-13（右）所示。

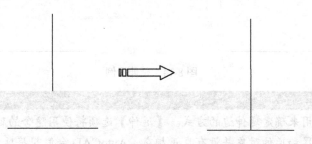

图 8-13 延伸示例

> **提示**
> 在选择延伸对象时，要在靠近延伸边界的一端选择需要延伸的对象，否则对象将不被延伸。

2. 隐含交点下的延伸

所谓隐含交点，指的是边界与对象延长线没有实际的交点，而是边界被延长后，与对象延长线存在一个隐含交点。

对隐含交点下的图线进行延伸时，需要更改默认的延伸模式，即将默认模式更改为【延伸模式】。

动手操作——隐含交点下的延伸

（1）使用画线命令绘制如图8-14（左）所示的两条图线。

（2）执行【修剪】命令，将垂直图线的下端延长，使之与水平图线的延长线相交。命令行操作如下：

```
命令:_extend
当前设置:投影=UCS，边=无
选择边界的边...
选择对象:                              //选择水平的图线作为延伸边界
选择对象:↙                            //结束边界的选择
选择要延伸的对象，或按住 Shift 键选择要修剪的对象，或[栏选(F)/窗交(C)/投影(P)/边(E)/放弃(U)]:e↙                //选择【边】选项
输入隐含边延伸模式 [延伸(E)/不延伸(N)]<不延伸>: e↙    //设置模式为延伸模式
选择要延伸的对象，或按住 Shift 键选择要修剪的对象,或[栏选(F)/窗交(C)/投影(P)/边(E)/放弃(U)]:
                                      //在垂直图线的下端单击
选择要延伸的对象，或按住 Shift 键选择要修剪的对象，或[栏选(F)/窗交(C)/投影(P)/边(E)/放弃(U)]:
     ↙                                //结束命令
```

（3）延伸效果如图8-14（右）所示。

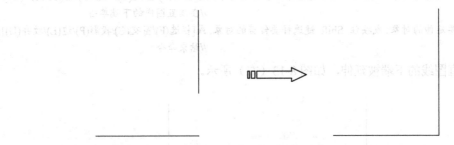

图8-14 延伸示例

> **提示**
> 【边】选项用来确定延伸边的方式。【延伸】选项将使用隐含的延伸边界来延伸对象，而实际上边界和延伸对象并没有真正相交，AutoCAD会假想将延伸边延长，然后再延伸；【不延伸】选项确定边界不延伸，而只有边界与延伸对象真正相交后才能完成延伸操作。

8.1.5 拉长对象

【拉长】命令用于将对象进行拉长或缩短，在拉长的过程中，不仅可以改变线对象的长度，还可以更改弧对象的角度。

执行【拉长】命令主要有以下几种方式：

- 执行菜单栏【修改】/【拉长】命令。

第 8 章 修改图形

- 在命令行输入 Lengthen 按 Enter 键。
- 使用命令简写 LEN 按 Enter 键。

1. 增量拉长

所谓【增量拉长】，指的是按照事先指定的长度增量或角度增量，进行拉长或缩短对象。

动手操作——拉长对象

（1）首先新建空白文件。

（2）使用【直线】工具绘制长度为 200 的水平直线，如图 8-15（上）所示。

（3）执行【修改】/【拉长】命令，将水平直线水平向右拉长 50 个单位。命令行操作如下：

```
命令: _lengthen
选择对象或 [增量(DE)/百分数(P)/全部(T)/动态(DY)]:DE↙          //激活【增量】选项
输入长度增量或 [角度(A)] <0.0000>:50↙                        //设置长度增量
选择要修改的对象或 [放弃(U)]:                                //在直线的右端单击
选择要修改的对象或 [放弃(U)]:↙                              //退出命令
```

（4）拉长结果如图 8-15（下）所示。

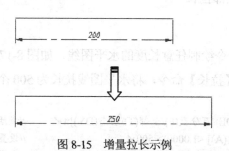

图 8-15 增量拉长示例

> **提示**
> 如果把增量值设置为正值，系统将拉长对象；反之则缩短对象。

2. 百分数拉长

所谓【百分数拉长】，指的是以总长的百分比值进行拉长或缩短对象，长度的百分数值必须为正且非零。

动手操作——用百分比拉长对象

（1）新建空白文件。

（2）使用【直线】工具绘制任意长度的水平图线，如图 8-16（上）所示。

（3）执行【修改】/【拉长】命令，将水平图线拉长 200%。命令行操作如下：

```
命令: _lengthen
选择对象或 [增量(DE)/百分数(P)/全部(T)/动态(DY)]: P↙         //激活【百分比】选项
```

```
输入长度百分数 <100.0000>:200↵       //设置拉长的百分比值
选择要修改的对象或 [放弃(U)]:          //在线段的一端单击
选择要修改的对象或 [放弃(U)]:↵         //结束命令
```

（4）拉长结果如图 8-16（下）所示。

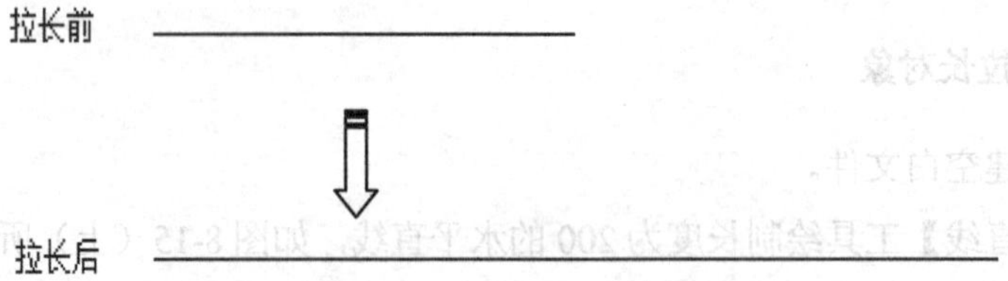

拉长前 ————————

拉长后 ————————————

图 8-16 百分比拉长示例

> **提示**
> 当长度百分比值小于 100 时，将缩短对象；大于 100 时，将拉伸对象。

3. 全部拉长

所谓【全部拉长】，指的是根据指定一个总长度或者总角度进行拉长或缩短对象。

动手操作——将对象全部拉长

（1）新建空白文件。

（2）使用【直线】命令绘制任意长度的水平图线，如图 8-17（上）所示。

（3）执行【修改】/【拉长】命令，将水平图线拉长为 500 个单位。命令行操作如下：

```
命令:_lengthen
选择对象或 [增量(DE)/百分数(P)/全部(T)/动态(DY)]:t↵     //激活【全部】选项
指定总长度或 [角度(A)] <1.0000>:500↵                  //设置总长度
选择要修改的对象或 [放弃(U)]:                         //在线段的一端单击
选择要修改的对象或 [放弃(U)]:↵                        //退出命令
```

（4）结果源对象的长度被拉长为 500，如图 8-17（下）所示。

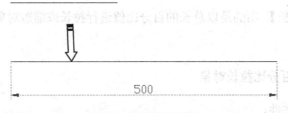

图 8-17 全部拉长示例

> **提示**
> 如果源对象的总长度或总角度大于所指定的总长度或总角度，源对象将被缩短；反之，将被拉长。

4. 动态拉长

所谓动态拉长，指的是根据图形对象的端点位置动态改变其长度。激活【动态】选项功能之后，AutoCAD 将端点移动到所需的长度或角度，另一端保持固定，如图 8-18 所示。

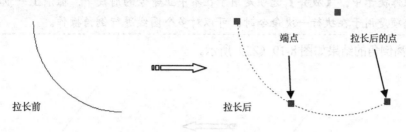

图 8-18 动态拉长

8.1.6 倒角

【倒角】命令指的就是使用一条线段连接两个非平行的图线。用于倒角的图线一般有直线、多段线、矩形、多边形等，不能倒角的图线有圆、圆弧、椭圆和椭圆弧等。下面将学习几种常用的倒角功能。

执行【倒角】命令主要有以下几种方式：

- 执行菜单栏【修改】/【倒角】命令。
- 单击【修改】面板上的【倒角】按钮 。
- 在命令行输入 Chamfer 按 Enter 键。
- 使用命令简写 CHA 按 Enter 键。

1. 距离倒角

所谓【距离倒角】，指的就是直接输入两条图线上的倒角距离，进行倒角图线。

动手操作——距离倒角

（1）首先新建空白文件。

（2）绘制如图 8-19（左）所示的两条图线。

（3）单击【修改】面板上的【倒角】按钮 ，激活【倒角】命令，对两条图线进行距离倒角。命令行操作如下：

```
命令: _chamfer
(【修剪】模式) 当前倒角距离 1 = 0.0000，距离 2 = 0.0000
选择第一条直线或 [放弃(U)/多段线(P)/距离(D)/角度(A)/修剪(T)/方式(E)/多个(M)]:
d↙                                              //激活【距离】选项
指定第一个倒角距离 <0.0000>:40↙                  //设置第一倒角长度
指定第二个倒角距离 <25.0000>:50↙                 //设置第二倒角长度
选择第一条直线或 [放弃(U)/多段线(P)/距离(D)/角度(A)/修剪(T)/方式(E)/多个(M)]:
```

```
                                                              //选择水平线段
选择第二条直线，或按住 Shift 键选择要应用角点的直线：  //选择倾斜线段
```

> **提示**
> 在此操作提示中，【放弃】选项是用于在不中止命令的前提下，撤消上一步操作；【多个】选项是用于在执行一次命令时，可以对多个图线进行倒角操作。

（4）距离倒角的结果如图 8-19（右）所示。

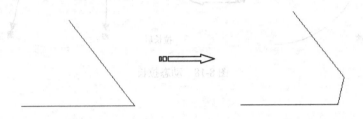

图 8-19　距离倒角

> **提示**
> 用于倒角的两个倒角距离值不能为负值，如果将两个倒角距离设置为零，那么倒角的结果就是两条图线被修剪或延长，直至相交于一点。

2. 角度倒角

所谓【角度倒角】，指的是通过设置一条图线的倒角长度和倒角角度，为图线倒角。

动手操作——角度倒角

（1）新建空白文件。

（2）使用【直线】工具绘制如图 8-20（左）所示的两条垂直图线。

（3）单击【修改】面板上的【倒角】按钮，激活【倒角】命令，对两条图形进行角度倒角。命令行操作如下：

```
命令: _chamfer
("修剪"模式) 当前倒角长度 = 15.0000，角度 = 10
选择第一条直线或 [放弃(U)/多段线(P)/距离(D)/角度(A)/修剪(T)/方式(E)/多个(M)]: a
                                                              //选择 a 选项
指定第一条直线的倒角长度 <15.0000>: 30                         //输入第一倒角的距离
指定第一条直线的倒角角度 <10>: 45                              //输入倒角角度
选择第一条直线或 [放弃(U)/多段线(P)/距离(D)/角度(A)/修剪(T)/方式(E)/多个(M)]:
                                                              //选择要倒角的第一直线
选择第二条直线，或按住 Shift 键选择直线以应用角点或 [距离(D)/角度(A)/方法(M)]:
                                                              //选择要倒角的第二直线
```

（4）角度倒角的结果如图 8-20（右）所示。

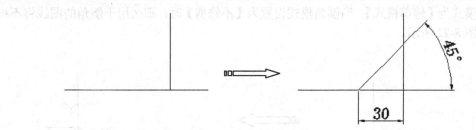

图 8-20 角度倒角

> **提示**
> 在此操作提示中,【方式】选项用于确定倒角的方式,要求选择【距离倒角】或【角度倒角】。另外,系统变量【Chammode】控制着倒角的方式:当【Chammode=0】,系统支持【距离倒角】;当【Chammode=1】,系统支持【角度倒角】模式。

3. 多段线倒角

【多段线】选项是用于为整条多段线的所有相邻元素边同时进行倒角操作。在为多段线进行倒角操作时,可以使用相同的倒角距离值,也可以使用不同的倒角距离值。

动手操作——多段线倒角

(1) 使用【多段线】命令绘制如图 8-21(左)所示的多段线。

(2) 单击【修改】面板上的【倒角】按钮,激活【倒角】命令,对多段线进行倒角。命令行操作如下:

```
命令: _chamfer
(【修剪】模式) 当前倒角距离 1 = 0.0000,距离 2 = 0.0000
选择第一条直线或 [放弃(U)/多段线(P)/距离(D)/角度(A)/修剪(T)/方式(E)/多个(M)]:d↙
                                                  //激活【距离】选项
指定第一个倒角距离 <0.0000>:30↙                    //设置第一倒角长度
指定第二个倒角距离 <50.0000>:20↙                   //设置第二倒角长度
选择第一条直线或 [放弃(U)/多段线(P)/距离(D)/角度(A)/修剪(T)/方式(E)/多个(M)]:
p↙                                                //激活【多段线】选项
选择二维多段线或 [距离(D)/角度(A)/方法(M)]:        //选择刚绘制的多段线
```

(3) 6 条直线已被倒角,多段线倒角的结果如图 8-21(右)所示。

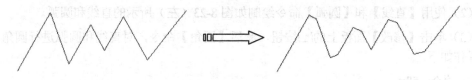

图 8-21 多段线倒角

4. 设置倒角模式

【修剪】选项用于设置倒角的修剪状态。系统提供了两种倒角边的修剪模式,即【修剪】和【不修剪】。当将倒角模式设置为【修剪】时,被倒角的两条直线被修剪到倒角的端点,系统默认的模式为【修剪模式】;当倒角模式设置为【不修剪】时,那么用于倒角的图线将不被修剪,如图 8-22 所示。

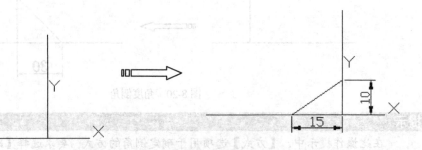

图 8-22 非修剪模式下的倒角

提示

系统变量【Trimmode】控制倒角的修剪状态。当【Trimmode=0】时,系统保持对象不被修剪;当【Trimmode=1】时,系统支持倒角的修剪模式。

8.1.7 倒圆角

所谓【圆角对象】,指的就是使用一段给定半径的圆弧光滑连接两条图线,一般情况下,用于圆角的图线有直线、多段线、样条曲线、构造线、射线、圆弧和椭圆弧等。

执行【圆角】命令主要有以下几种方式:

- 执行菜单栏【修改】/【圆角】命令。
- 单击【修改】面板上的【圆角】按钮◯。
- 在命令行输入 Fillet 按 Enter 键。
- 使用命令简写 F 按 Enter 键。

动手操作——直线与圆弧倒圆角

下面通过对直线和圆弧进行倒圆角,学习使用【圆角】命令。

(1) 新建空白文件。

(2) 使用【直线】和【圆弧】命令绘制如图 8-23(左)所示的直线和圆弧。

(3) 单击【修改】面板上的◯按钮,激活【圆角】命令,对直线和圆弧进行圆角。命令行操作如下:

```
命令:_fillet
当前设置: 模式 = 修剪,半径 = 0.0000
选择第一个对象或 [放弃(U)/多段线(P)/半径(R)/修剪(T)/多个(M)]: r↙        //激活【半径】选项
指定圆角半径 <0.0000>:100↙                                              //输入半径值并按 Enter 键
选择第一个对象或 [放弃(U)/多段线(P)/半径(R)/修剪(T)/多个(M)]:           //选择倾斜线段
选择第二个对象,或按住 Shift 键选择要应用角点的对象:                     //选择圆弧
```

（4）图线的圆角效果如图8-23（右）所示。

> **提示**
> 【多个】选项用于对多个对象进行圆角处理，不需要重复执行命令。如果倒圆角的图线处于同一图层中，那么圆角也处于同一图层上；如果两圆角对象不在同一图层中，那么圆角将处于当前图层上。同样，圆角的颜色、线型和线宽也都遵守这一规则。

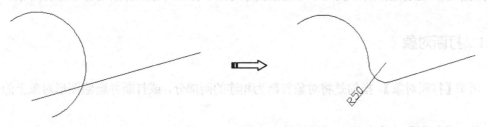

图 8-23　圆角示例

> **提示**
> 【多段线】选项用于对多段线的所有相邻元素进行圆角处理，激活此选项后，AutoCAD 将以默认的圆角半径对整条多段线相邻各边进行圆角操作，如图8-24所示。

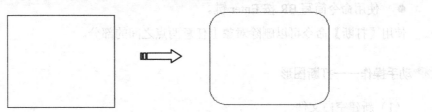

图 8-24　多段线圆角

与【倒角】命令一样，【圆角】命令也存在两种圆角模式，即【修剪】和【不修剪】，以上各例都是在【修剪】模式下进行倒圆角的，而【非修剪】模式下的圆角效果如图8-25所示。

> **提示**
> 用户也可通过系统变量【Trimmode】设置圆角的修剪模式，当系统变量的值设为0时，保持对象不被修剪；当设置为1时表示倒圆角后进行修剪对象。

图 8-25　非修剪模式下的圆角

8.2 对象分解与合并

在 AutoCAD 中，可以将一个对象打断为两个或两个以上的对象，对象之间可以有间隙；也可以将一个多段线分解为多个对象；还可以将多个对象合并为一个对象；更可以选择对象并将其删除。上述操作所涉及的命令包括删除对象、打断对象、分解对象和合并对象。

8.2.1 打断对象

所谓【打断对象】，指的是将对象打断为相连的两部分，或打断并删除图形对象上的一部分。

执行【打断】命令主要有以下几种方式：

- 执行菜单栏【修改】/【打断】命令。
- 单击【修改】面板上的【打断】按钮 。
- 在命令行输入 Break 按 Enter 键。
- 使用命令简写 BR 按 Enter 键。

使用【打断】命令可以删除对象上任意两点之间的部分。

动手操作——打断图形

（1）新建空白文件。

（2）使用【直线】命令绘制长度为 500 的图线。

（3）单击【修改】面板上的 按钮，配合点的捕捉和输入功能，将在水平图线上删除 40 个单位的距离。命令行操作如下：

```
命令: _break
选择对象:                              //选择刚绘制的线段
指定第二个打断点 或 [第一点(F)]:f↙      //激活【第一点】选项
指定第一个打断点:                      //捕捉线段的中点作为第一断点
指定第二个打断点:@150,0↙               //定位第二断点
```

> **提示**
> 【第一点】选项用于重新确定第一断点。由于在选择对象时不可能拾取到准确的第一点，所以需要激活该选项，以重新定位第一断点。

（4）打断结果如图 8-26 所示。

第8章 修改图形

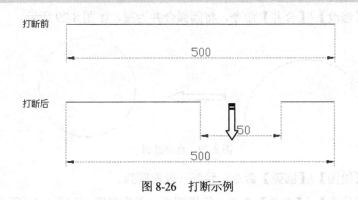

图 8-26 打断示例

8.2.2 合并对象

所谓【合并对象】，指的是将同角度的两条或多条线段合并为一条线段，还可以将圆弧或椭圆弧合并为一个整圆和椭圆，如图 8-27 所示。

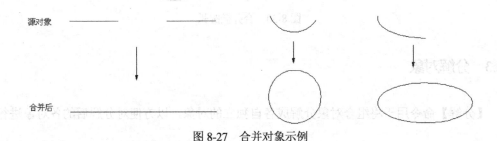

图 8-27 合并对象示例

执行【合并】命令主要有以下几种方式：

- 执行【修改】/【合并】命令。
- 单击【修改】面板上的【合并】按钮 ┅。
- 在命令行输入 Join 按 Enter 键。
- 使用命令简写 J 按 Enter 键。

动手操作——图形的合并

(1) 使用【直线】命令绘制两条线段。

(2) 执行【修改】/【合并】命令，将两条线段合并为一条线段，如图 8-28 所示。

图 8-28 合并线段

(3) 执行【绘图】/【圆弧】命令，绘制一段圆弧。

247

（4）执行【修改】/【合并】命令，将圆弧合并为圆，如图 8-29 所示。

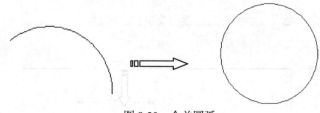

图 8-29　合并圆弧

（5）执行【绘图】/【圆弧】命令，绘制一段椭圆弧。

（6）执行【修改】/【合并】命令，将椭圆弧合并为椭圆，如图 8-30 所示。

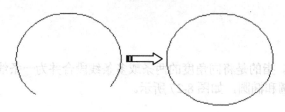

图 8-30　合并椭圆弧

8.2.3　分解对象

【分解】命令用于将组合对象分解成各自独立的对象，以方便对分解后的各对象进行编辑。

执行【分解】命令主要有以下几种方式：

- 执行菜单栏【修改】/【分解】命令。
- 单击【修改】面板上的【分解】按钮。
- 在命令行输入 Explode 按 Enter 键。
- 使用命令简写 X 按 Enter 键。

经常用于分解的组合对象有矩形、正多边形、多段线、边界以及一些图块等。在激活命令后，只需选择需要分解的对象按 Enter 键即可将对象分解。如果是对具有一定宽度的多段线分解，AutoCAD 将忽略其宽度并沿多段线的中心放置分解多段线，如图 8-31 所示。

图 8-31　分解多段线

> **提示**
> 　　AutoCAD 一次只能删除一个编组级，如果一个块包含一个多段线或嵌套块，那么首先分解出该多段线或嵌套块，然后再分别分解该块中的各个对象。

8.3 编辑对象特性

8.3.1 【特性】选项板

在 AutoCAD 2016 中，可以利用【特性】选项板修改选定对象的完整特性。

打开【特性】选项板主要有以下几种方式：

- 执行菜单栏【修改】/【特性】命令。
- 执行【工具】/【对象特性管理器】命令。

执行【特性】命令后，系统将打开【特性】选项板，如图 8-32 所示。

> 提示
> 当选取多个对象时，【特性】选项板中将显示这些对象的公共特性。

选择对象与【特性】选项板显示内容的解释如下：

- 在没有选择对象时，【特性】选项板将显示整个图纸的特性。
- 选择一个对象，【特性】选项板将列出该对象的全部特性及其当前设置。
- 选择同一类型的多个对象，【特性】选项板列出这些对象的共有特性及当前设置。
- 选择不同类型的多个对象，在【特性】选项板内只列出这些对象的基本特性以及它们的当前设置。

在【特性】选项板中单击【快速选择】按钮，或者直接在绘图区单击鼠标右键，在弹出的快捷菜单中选择【快速选择】命令，将打开【快速选择】对话框，如图 8-33 所示。用户可以通过该对话框快速创建选择集。

图 8-32 【特性】选项板

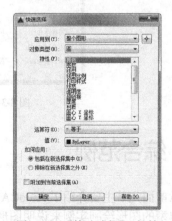

图 8-33 【快速选择】对话框

8.3.2 特性匹配

【特性匹配】是一个使用非常方便的编辑工具，它对编辑同类对象非常有用。它将源对象的特性，包括颜色、图层、线型、线型比例等，全部赋给目标对象。

执行【特性匹配】命令主要有以下几种方式：

- 执行【修改】/【特性匹配】命令。
- 在【标准】面板中单击【特性匹配】按钮。
- 在命令行输入 Matchprop 按 Enter 键。
- 使用简写命令 MA 按 Enter 键。

执行【特性匹配】命令后，命令栏的操作如下：

```
命令: '_matchprop
选择源对象:                                    //选择一个图形作为源对象
当前活动设置:  颜色 图层 线型 线型比例 线宽 透明度 厚度 打印样式 标注 文字
             图案填充 多段线 视口 表格材质 阴影显示 多重引线
选择目标对象或 [设置(S)]:                     //将源对象的属性赋予所选的目标
```

如果在该提示下直接选择对象，所选对象的特性将由源对象的特性替代。如果在该提示下输入选项 S，这时将打开如图 8-34 所示的【特性设置】对话框，使用该对话框可以设置要匹配的选项。

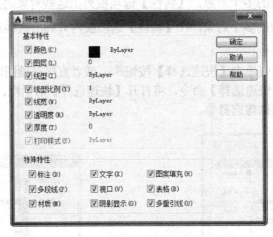

图 8-34 【特性设置】对话框

8.4 综合范例

本章前面几节主要介绍了 AutoCAD 2016 的二维图形编辑相关命令及使用方法，本节将以几个典型的图形绘制实例来说明图形编辑命令的应用方法及使用过程，以帮助读者快速掌握本章所学的重点知识。

8.4.1 范例一:将辅助线转化为图形轮廓线

下面通过绘制如图 8-35 所示的某零件剖视图,对作图辅助线及线的修改编辑工具进行综合练习和巩固。

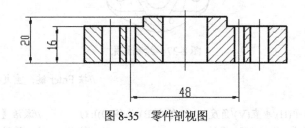

图 8-35 零件剖视图

操作步骤

(1)打开本范例的素材源文件。

(2)启用状态栏上的【对象捕捉】功能,并设置捕捉模式为端点捕捉、圆心捕捉和交点捕捉。

(3)展开【图层】工具栏上的【图层控制】列表,选择【轮廓线】作为当前图层。

(4)执行【绘图】菜单中的【构造线】命令,绘制一条水平的构造线作为定位辅助线。命令行操作如下:

```
命令:_xline
指定点或 [水平(H)/垂直(V)/角度(A)/二等分(B)/偏移(O)]: H    //激活【水平】选项
指定通过点:                                           //在俯视图上侧的适当位置拾取一点
指定通过点:                                           //按 Enter 键,绘制结果如图 8-36 所示
```

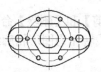

图 8-36 绘制结果

(5)按 Enter 键,重复执行【构造线】命令,绘制其他定位辅助线,具体操作如下:

```
命令:                                                //按 Enter 键,重复执行命令
XLINE
指定点或 [水平(H)/垂直(V)/角度(A)/二等分(B)/偏移(O)]: O
                                                    //选择选项并按 Enter 键,激活【偏移】选项
指定偏移距离或 [通过(T)] <通过>:16                    //输入值按 Enter 键,设置偏移距离
选择直线对象:                                        //选择刚绘制的水平辅助线
指定向哪侧偏移:                                      //在水平辅助线上侧拾取一点
选择直线对象:↙                                       //按 Enter 键,结果如图 8-37 所示
```

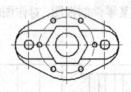

图 8-37 绘制结果

```
命令:                                              //按 Enter 键,重复执行命令
XLINE
指定点或 [水平(H)/垂直(V)/角度(A)/二等分(B)/偏移(O)]: O    //激活【偏移】选项
指定偏移距离或 [通过(T)] <通过>:4                    //按 Enter 键,设置偏移距离
选择直线对象:                                       //选择刚绘制的水平辅助线
指定向哪侧偏移:                                     //在水平辅助线上侧拾取一点
选择直线对象:                                       //按 Enter 键,结果如图 8-38 所示
```

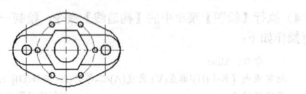

图 8-38 绘制结果

（6）再次执行【构造线】命令，配合对象的捕捉功能，分别通过俯视图各位置的特征点绘制如图 8-39 所示的垂直定位辅助线。

（7）使用【修改】菜单中的【修剪】和【删除】命令，对刚绘制的水平和垂直辅助线进行修剪编辑，删除多余图线，将辅助线转化为图形轮廓线，结果如图 8-40 所示。

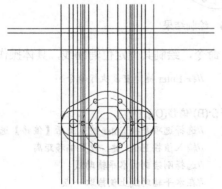

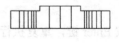

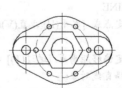

图 8-39 绘制垂直辅助线　　　　　　　　　　图 8-40 编辑结果

(8) 在无命令执行的前提下，选择如图 8-41 所示的图线，使其夹点显示。

(9) 单击【图层】工具栏上的【图层控制】列表，在展开的下拉列表中选择【点画线】，将夹点显示的图线图层修改为【点画线】。

(10) 按 Esc 键取消对象的夹点显示状态，结果如图 8-42 所示。

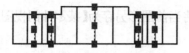
图 8-41 夹点显示图线

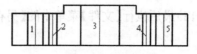
图 8-42 修改结果

(11) 执行【修改】菜单中的【拉长】命令，将各位置中心线进行两端拉长。命令行操作如下：

```
命令: _lengthen
选择对象或 [增量(DE)/百分数(P)/全部(T)/动态(DY)]: de    //激活【增量】选项
输入长度增量或 [角度(A)] <0.0>:3              //设置拉长的长度
选择要修改的对象或 [放弃(U)]:                //在中心线 1 的上端单击
选择要修改的对象或 [放弃(U)]:                //在中心线 1 的下端单击
选择要修改的对象或 [放弃(U)]:                //在中心线 2 的上端单击
选择要修改的对象或 [放弃(U)]:                //在中心线 2 的下端单击
选择要修改的对象或 [放弃(U)]:                //在中心线 3 的上端单击
选择要修改的对象或 [放弃(U)]:                //在中心线 3 的下端单击
选择要修改的对象或 [放弃(U)]:                //在中心线 4 的上端单击
选择要修改的对象或 [放弃(U)]:                //在中心线 4 的下端单击
选择要修改的对象或 [放弃(U)]:                //在中心线 5 的上端单击
选择要修改的对象或 [放弃(U)]:                //在中心线 5 的下端单击
选择要修改的对象或 [放弃(U)]:                //按 Enter 键，拉长结果如图 8-43 所示
```

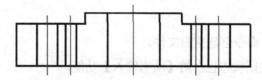
图 8-43 拉长结果

(12) 将【剖面线】设置为当前图层，执行【绘图】菜单中的【图案填充】命令，在【图案填充创建】选项卡中设置填充参数，如图 8-44 所示。

图 8-44 设置填充参数

(13) 为剖视图填充剖面图案，填充结果如图 8-45 所示。

(14) 重复执行【图案填充】命令，将填充角度设置为 90，其他参数保持不变，继续对剖视图填充剖面图案，最终的填充效果如图 8-46 所示。

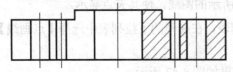
图 8-45　填充结果

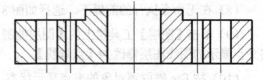
图 8-46　最终效果

（15）最后执行【文件】菜单中的【另存为】命令，将当前图形另存为【某零件剖视图.dwg】。

8.4.2　范例二：绘制凸轮

下面通过绘制如图 8-47 所示的异形轮轮廓图，对本节相关知识进行综合练习和应用。

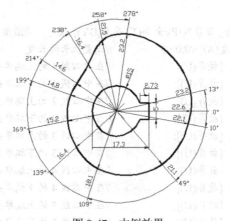
图 8-47　本例效果

**操作步骤**

（1）使用【新建】命令创建空白文件。

（2）按 F12 键，关闭状态栏上的【动态输入】功能。

（3）选择菜单【视图】/【平移】/【实时】命令，将坐标系图标移至绘图区中央位置上。

（4）执行【绘图】菜单栏中的【多段线】命令，配合坐标输入法绘制内部轮廓线，绘制结果如图 8-48 所示。命令行操作如下：

```
命令：_pline
指定起点：9.8,0                                           //输入起点坐标并按 Enter 键
当前线宽为 0.0000
指定下一个点或 [圆弧(A)/半宽(H)/长度(L)/放弃(U)/宽度(W)]：9.8,2.5     //输入第 2 点坐标
指定下一点或 [圆弧(A)/闭合(C)/半宽(H)/长度(L)/放弃(U)/宽度(W)]：@-2.73,0  //输入第 3 点坐标
指定下一点或 [圆弧(A)/闭合(C)/半宽(H)/长度(L)/放弃(U)/宽度(W)]：a      //转入画弧模式
指定圆弧的端点或[角度(A)/圆心(CE)/闭合(CL)/方向(D)/半宽(H)/直线(L)/半径(R)/第二个点(S)/放弃(U)/宽度(W)]：ce                                           //选择圆心选项
指定圆弧的圆心：0,0                                       //输入圆心坐标
```

指定圆弧的端点或 [角度(A)/长度(L)]: 7.07,-2.5　　　　　　//输入圆弧终点坐标
指定圆弧的端点或[角度(A)/圆心(CE)/闭合(CL)/方向(D)/半宽(H)/直线(L)/半径(R)/第二个点(S)/放
弃(U)/宽度(W)]: l　　　　　　　　　　　　　　　　　　　//转入画直线模式
指定下一点或 [圆弧(A)/闭合(C)/半宽(H)/长度(L)/放弃(U)/宽度(W)]: 9.8,-2.5
　　　　　　　　　　　　　　　　　　　　　　　　　　　　//输入下一点坐标
指定下一点或 [圆弧(A)/闭合(C)/半宽(H)/长度(L)/放弃(U)/宽度(W)]: c✔
　　　　　　　　　　//选择【闭合】选项，形成封闭轮廓，并按 Enter 键结束命令

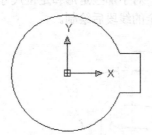

图 8-48　绘制内轮廓

（5）单击【绘图】面板中的 ～ 按钮，激活【样条曲线】命令，绘制外轮廓线。命令行操作如下：

命令: _spline
指定第一个点或 [对象(O)]: 22.6,0　　　　　　　　　//输入起点坐标
指定下一点: 23.2<13✔
指定下一点或 [闭合(C)/拟合公差(F)] <起点切向>:23.2<-278✔
指定下一点或 [闭合(C)/拟合公差(F)] <起点切向>:21.5<-258✔
指定下一点或 [闭合(C)/拟合公差(F)] <起点切向>:16.4<-238✔
指定下一点或 [闭合(C)/拟合公差(F)] <起点切向>:14.6<-214✔
指定下一点或 [闭合(C)/拟合公差(F)] <起点切向>:14.8<-199✔
指定下一点或 [闭合(C)/拟合公差(F)] <起点切向>:15.2<-169✔
指定下一点或 [闭合(C)/拟合公差(F)] <起点切向>:16.4<-139✔
指定下一点或 [闭合(C)/拟合公差(F)] <起点切向>:18.1<-109✔
指定下一点或 [闭合(C)/拟合公差(F)] <起点切向>:21.1<-49✔
指定下一点或 [闭合(C)/拟合公差(F)] <起点切向>:22.1<-10✔
指定下一点或 [闭合(C)/拟合公差(F)] <起点切向>: c✔　　　//选择闭合选项
指定切向:　　//将光标移至如图 8-49 所示位置单击，以确定切向，绘制结果如图 8-50 所示

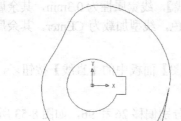
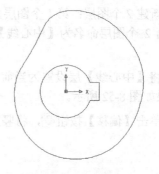

图 8-49　确定切向　　　　　　　　　　图 8-50　绘制结果

（6）最后执行【保存】命令，将图形命名并保存。

8.4.3 范例三：绘制定位板

绘制如图 8-51 所示中的定位板，按照 1：1 尺寸进行绘制，不需要标注尺寸。绘制平面图形是按照一定的顺序来绘制的，对于那些定形和定位尺寸齐全的图线，我们称它们为已知线段，应该首先绘制，尺寸不齐全的线段后绘制。

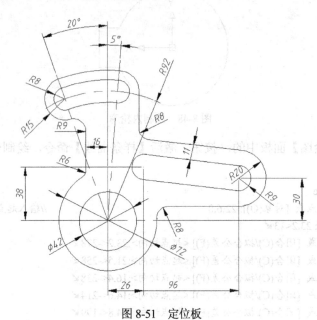

图 8-51 定位板

操作步骤

（1）新建一个空白文件。

（2）设置图层。选择菜单栏中的【格式】/【图层】命令，打开【图层特性管理器】面板。

（3）新建 2 个图层：第 1 个图层命名为【轮廓线】，线宽属性为 0.3mm，其余属性保持默认值；第 2 个图层命名为【中心线】，颜色设为红色，线型加载为 CEnter，其余属性保持默认值。

（4）将【中心线】层设置为当前层。单击【绘图】面板中的【直线】按钮，绘制中心线，结果如图 8-52 所示。

（5）单击【偏移】按钮，将竖直中心线向右分别偏移 26 和 96，如图 8-53 所示。

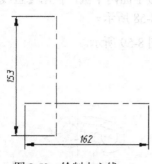
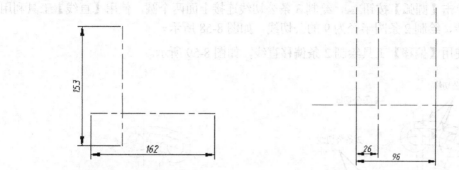

图 8-52 绘制中心线　　　　　　图 8-53 偏移竖直中心线

（6）再次单击【偏移】按钮 ，将水平中心线向上分别偏移 30 和 38，如图 8-54 所示。

（7）绘制 2 条重合于竖直中心线的直线，然后单击 按钮，分别旋转-5°和 20°，如图 8-55 所示。

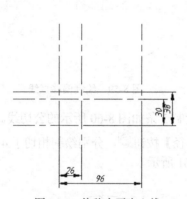
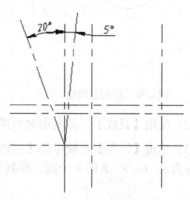

图 8-54 偏移水平中心线　　　　　图 8-55 旋转直线

（8）单击【圆】按钮 绘制 1 个半径为 92 的圆，绘制结果如图 8-56 所示。

（9）将【轮廓线】层设置为当前层。单击【圆】按钮 ，分别绘制出直径为 72、42 的 2 个圆，半径为 8 的 2 个圆，半径为 9 的 2 个圆，半径为 15 的 2 个圆，半径为 20 的 1 个圆，如图 8-57 所示。

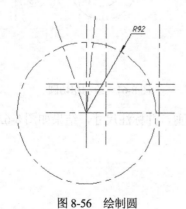
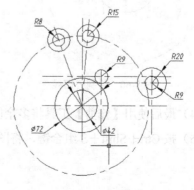

图 8-56 绘制圆　　　　　　　　图 8-57 绘制圆

（10）单击【圆弧】按钮，绘制 3 条公切线连接上面两个圆。使用【直线】工具利用对象捕捉功能，绘制 2 条圆半径为 9 的公切线，如图 8-58 所示。

（11）使用【偏移】工具绘制 2 条偏移直线，如图 8-59 所示。

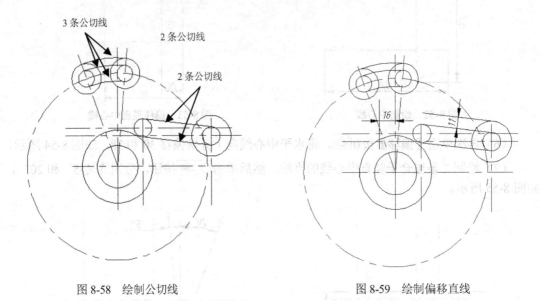

图 8-58　绘制公切线　　　　　　　　图 8-59　绘制偏移直线

（12）使用【直线】工具利用对象捕捉功能，绘制 2 条如图 8-60 所示的公切线。

（13）单击【绘图】面板中的【相切、相切、半径】按钮，分别绘制相切于 4 条辅助直线半径为 9、6、8、8 的 4 个圆，绘制结果如图 8-61 所示。

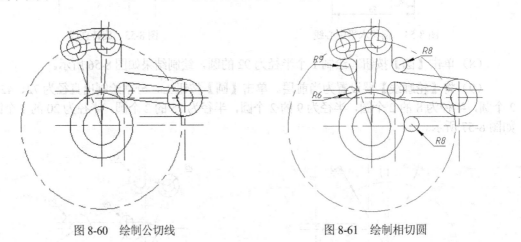

图 8-60　绘制公切线　　　　　　　　图 8-61　绘制相切圆

（14）最后使用【修剪】工具将多余图线进行修剪，并标注尺寸，结果如图 8-62 所示。

（15）按 Ctrl＋Shift＋S 组合键，将图形另存。

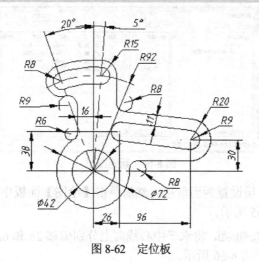

图 8-62 定位板

8.4.4 范例四：绘制垫片

绘制如图 8-63 所示中的垫片，按照 1∶1 尺寸进行绘制。

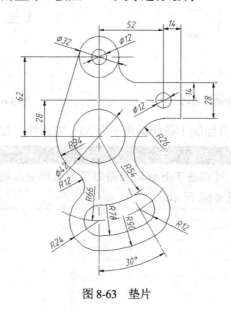

图 8-63 垫片

操作步骤

（1）新建一个空白文件。

（2）设置图层。选择菜单栏中的【格式】/【图层】命令，打开【图层特性管理器】面板。

（3）新建 3 个图层，如图 8-64 所示。

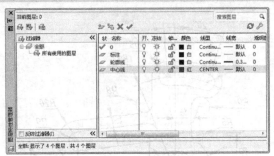

图 8-64 新建图层

（4）将【中心线】层设置为当前层。然后单击【绘图】面板中的【直线】按钮，绘制中心线，结果如图 8-65 所示。

（5）单击【偏移】按钮，将水平中心线向上分别偏移 28 和 62，将竖直中心线向右分别偏移 52 和 66，结果如图 8-66 所示。

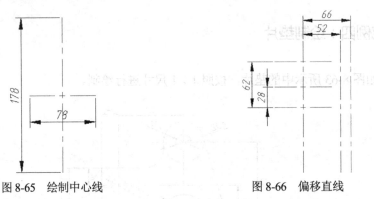

图 8-65 绘制中心线　　　　　　图 8-66 偏移直线

（6）利用【直线】工具绘制 1 条倾斜角度为 30°的直线，如图 8-67 所示。

> **提示**
> 在绘制倾斜直线时，可以按 Tab 键切换图形区中坐标输入的数值文本框，以此确定直线的长度和角度，如图 8-68 所示。

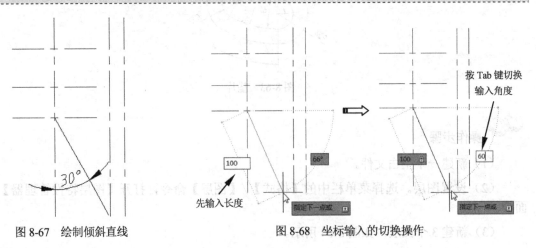

图 8-67 绘制倾斜直线　　　　　图 8-68 坐标输入的切换操作

(7) 单击【圆】按钮 绘制一个直径为132的辅助圆,结果如图8-69所示。

(8) 再利用【圆】工具,绘制如图8-70所示的3个小圆。

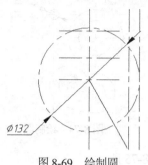
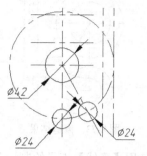

图 8-69 绘制圆　　　　　　　　　　　图 8-70 绘制3个小圆

(9) 利用【圆】工具,绘制如图8-71所示的3个同心圆。

(10) 使用【起点、端点、半径】工具,依次绘制出如图8-72所示的3条圆弧。

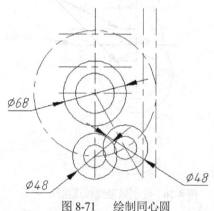
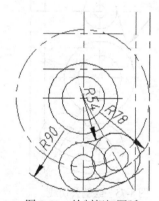

图 8-71 绘制同心圆　　　　　　　　　图 8-72 绘制相切圆弧

提示

利用【起点、端点、半径】命令绘制同时与其他2个对象都相切的圆时,需要输入tan命令,使其起点与端点与所选的对象相切,命令行中的命令提示如下:

命令:_arc
指定圆弧的起点或 [圆心(C)]: tan↙
到
指定圆弧的第二个点或 [圆心(C)/端点(E)]: _e　　　//指定圆弧起点
指定圆弧的端点: tan↙　　　　　　　　　　　　　//指定圆弧端点
到
指定圆弧的圆心或 [角度(A)/方向(D)/半径(R)]: _r　　//设置圆心选项
指定圆弧的半径:78 ↙　　　　　　　　　　　　　//输入半径

(11) 为了后续观察图形的需要,使用【修剪】工具将多余的图线修剪掉,如图8-73所示。

(12) 单击【圆】按钮 绘制2个直径为12的圆,和1个直径为32的圆,如图8-74所示。

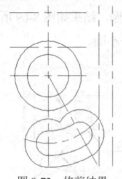
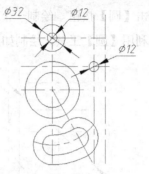

图 8-73 修剪结果　　　　　图 8-74 绘制圆

（13）使用【直线】工具绘制一条公切线，如图 8-75 所示。

（14）使用【偏移】工具绘制 2 条辅助线，然后连接 2 条辅助线，如图 8-76 所示。

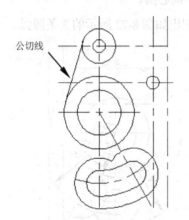
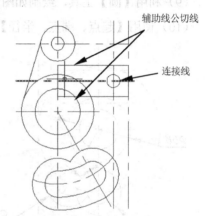

图 8-75 绘制公切线　　　　　图 8-76 绘制辅助线和连接线

（15）单击【绘图】面板中的【相切、相切、半径】按钮，分别绘制半径为 26、16、12 的相切圆，如图 8-77 所示。

（16）使用【修剪】工具修剪多余图线，最后结果如图 8-78 所示。

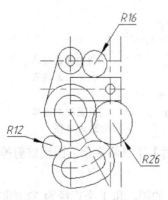

图 8-77 绘制 3 个相切圆　　　　　图 8-78 垫片图

第 9 章 高效辅助作图技巧

本章导读

绘制图形之前，用户需要了解一些基本的操作，以熟练地运用 AutoCAD。本章将对 AutoCAD 2016 的精确绘制图形的辅助工具应用、图形的简单编辑工具应用、图形对象的选择方法等进行详细介绍。

学习要求

捕捉、追踪与正交绘图

巧用动态输入与角度替代

图形的更正与删除

对象的选择技巧

9.1 捕捉、追踪与正交绘图

在绘图的过程中，经常要指定一些已有对象上的点，例如端点、圆心和两个对象的交点等。如果只凭观察来拾取，不可能非常准确地找到这些点。为此，AutoCAD 提供了精确绘制图形的功能，可以迅速、准确地捕捉到某些特殊点，从而能精确地绘制图形。

9.1.1 设置捕捉选项

在绘制图形时，尽管可以通过移动光标来指定点的位置，却很难精确指定点的某一位置。因此，要精确定位点，必须使用坐标输入或启用捕捉功能。

提示

【捕捉模式】可以单独打开，也可以和其他模式一同打开。

【捕捉模式】用于设定鼠标光标移动的间距。使用【捕捉模式】功能，可以提高绘图效率。如图 9-1 所示，打开捕捉模式后，光标按设定的移动间距来捕捉点位置，并绘制出图形。

用户可通过以下方式来打开或关闭【捕捉】功能：

- 状态栏：单击【捕捉模式】按钮。
- 键盘快捷键：按 F9 键。
- 【草图设置】对话框：在【捕捉和栅格】选项卡中，勾选或取消勾选【启用捕捉】复选框。

- 命令行：输入 SNAPMODE 变量。

图 9-1　打开【捕捉模式】来绘制的图形

9.1.2　栅格显示

【栅格】是一些标定位置的小点，起到坐标纸的作用，可以提供直观的距离和位置参照。利用栅格可以对齐对象并直观显示对象之间的距离。若要提高绘图的速度和效率，可以显示并捕捉矩形栅格，还可以控制其间距、角度和对齐。

用户可通过以下命令方式来打开或关闭【栅格】功能：

- 状态栏：单击【栅格】按钮。
- 键盘快捷键：按 F7 键。
- 【草图设置】对话框：在【捕捉和栅格】选项卡中，勾选或取消勾选【启用栅格】复选框。
- 命令行：输入 GRIDDISPLAY 变量。

栅格的显示可以为点矩阵，也可以为线矩阵。仅在当前视觉样式设置为【二维线框】时栅格才显示为点，否则栅格将显示为线，如图 9-2 所示。在三维中工作时，所有视觉样式都显示为线栅格。

> **提示**
> 默认情况下，UCS 的 X 轴和 Y 轴以不同于栅格线的颜色显示。用户可在【图形窗口颜色】对话框中控制颜色，此对话框可以从【选项】对话框的【草图】选项卡中访问。

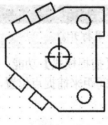　　　　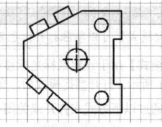

栅格显示为点　　　　　　　栅格显示为线

图 9-2　栅格的显示

9.1.3 对象捕捉

在绘图的过程中，经常要指定一些已有对象上的点，例如端点、中点、圆心、节点等来进行精确定位。因此，对象捕捉功能可以迅速、准确地捕捉到某些特殊点，从而精确地绘制图形。

不论何时提示输入点，都可以指定对象捕捉。默认情况下，当光标移到对象的对象捕捉位置时，将显示标记和工具提示。此功能称为 AutoSnap™（自动捕捉），提供了视觉提示，指示哪些对象捕捉正在使用。

1. 特殊点对象捕捉

AutoCAD 提供了状态栏和右键快捷菜单两种执行特殊点对象捕捉命令的方式。

（1）使用如图 9-3 所示状态栏中的【对象捕捉】工具。

（2）同时按 Shift 键和鼠标右键，弹出如图 9-4 所示的快捷菜单。菜单中列出了多种对象捕捉模式。

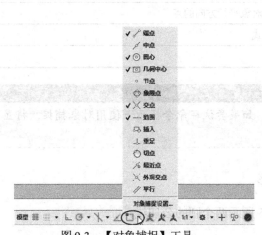

图 9-3 【对象捕捉】工具

图 9-4 对象捕捉快捷菜单

表 9-1 列出了对象捕捉的模式及其功能，与【对象捕捉】工具栏图标及对象捕捉快捷菜单命令相对应，在下面将对其中一部分捕捉模式进行介绍。

表 9-1 特殊位置点捕捉

捕捉模式	快捷命令	功　　能
临时追踪点	TT	建立临时追踪点
两点之间的中点	M2P	捕捉两个独立点之间的中点
捕捉自	FRO	与其他捕捉方式配合使用建立一个临时参考点，作为指出后继点的基点
端点	ENDP	用于捕捉对象（如线段或圆弧等）的端点
中点	MID	用于捕捉对象（如线段或圆弧等）的中点
圆心	CEN	用于捕捉圆或圆弧的圆心

(续表)

捕捉模式	快捷命令	功　能
节点	NOD	捕捉用 POINT 或 DIVIDE 等命令生成的点
象限点	QUA	用于捕捉距光标最近的圆或圆弧上可见部分的象限点，即圆周上 0°、90°、180°、270° 位置上的点
交点	INT	用于捕捉对象（如线、圆弧或圆等）的交点
延长线	EXT	用于捕捉对象延长路径上的点
插入点	INS	用于捕捉块、形、文字、属性或属性定义等对象的插入点
垂足	PER	在线段、圆、圆弧或它们的延长线上捕捉一个点，使之与最后生成的点的连线与该线段、圆或圆弧正交
切点	TAN	最后生成的一个点到选中的圆或圆弧上引切线的切点位置
最近点	NEA	用于捕捉离拾取点最近的线段、圆、圆弧等对象上的点
外观交点	APP	用来捕捉两个对象在视图平面上的交点。若两个对象没有直接相交，则系统自动计算其延长后的交点；若两对象在空间上为异面直线，则系统计算其投影方向上的交点
平行线	PAR	用于捕捉与指定对象平行方向的点
无	NON	关闭对象捕捉模式
对象捕捉设置	OSNAP	设置对象捕捉

提示

仅当提示输入点时，对象捕捉才生效。如果尝试在命令提示下使用对象捕捉，将显示错误消息。

动手操作——利用【对象捕捉】绘制图形

利用【对象捕捉】工具辅助绘制如图 9-5 所示两个圆的公切线。

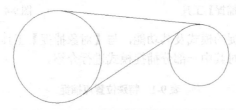

图 9-5　圆的公切线

（1）单击【绘图】面板中的【圆】按钮 ⊙，以适当半径绘制两个圆，绘制结果如图 9-6 所示。

（2）在操作界面的顶部工具栏区单击鼠标右键，选择快捷菜单中的【autocad】/【对象捕捉】命令，打开【对象捕捉】工具栏。

（3）单击【绘图】面板中的【直线】按钮 ✎ 开启直线绘制，再选择状态栏中的【捕捉到切点】⊙ 工具以捕捉切点，如图 9-7 所示为捕捉第一个切点的情形。

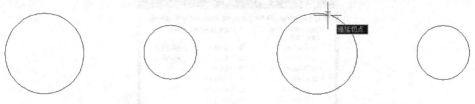

图 9-6　绘制圆　　　　　　　　　图 9-7　捕捉切点

（4）继续捕捉第二个切点，如图 9-8 所示。同样，进行第二条公切线的切点捕捉，随后完成公切线绘制，如图 9-9 所示。

图 9-8　捕捉另一切点　　　　　　图 9-9　捕捉第二个切点

> **提示**
> 　　不管指定圆上哪一点作为切点，系统都会根据圆的半径和指定的大致位置确定准确的切点位置，并能根据大致指定点与内外切点距离，依据距离趋近原则判断绘制外切线还是内切线。

2. 捕捉设置

在 AutoCAD 中绘图之前，可以根据需要事先设置开启一些对象捕捉模式，绘图时系统就能自动捕捉这些特殊点，从而加快绘图速度，提高绘图质量。

用户可通过以下命令方式进行对象捕捉设置：

- 命令行：DDOSNAP。
- 菜单栏：【工具】/【绘图设置】。
- 工具栏：【对象捕捉】/【对象捕捉设置】按钮 。
- 状态栏：【对象捕捉】按钮 （仅限于打开与关闭）。
- 快捷键：F3 键（仅限于打开与关闭）。
- 快捷菜单：【捕捉替代】/【对象捕捉设置】。

执行上述操作后，系统打开【草图设置】对话框，单击【对象捕捉】选项卡，如图 9-10 所示，利用此选项卡可对对象捕捉方式进行设置。

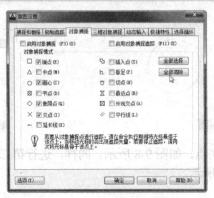

图 9-10 【对象捕捉】选项卡

💻 动手操作——盘盖的绘制

绘制如图 9-11 所示的盘盖。

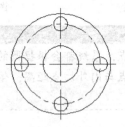

图 9-11 盘盖

（1）选择【格式】/【图层】命令，设置图层：

- 中心线层：线型为 CEnter，颜色为红色，其余属性采用默认值。
- 粗实线层：线宽为 0.30mm，其余属性采用默认值。

（2）将中心线层设置为当前层，然后单击【直线】 ✎ 命令绘制垂直中心线。

（3）选择菜单栏【工具】/【绘图设置】命令，打开【草图设置】对话框中的【对象捕捉】选项卡，单击【全部选择】按钮，选择所有的捕捉模式，并勾选【启用对象捕捉】复选框，如图 9-12 所示，单击【确定】按钮。

图 9-12 对象捕捉设置

（4）单击【绘图】面板中的【圆】按钮，绘制圆形中心线，如图 9-13(a)所示。在指定圆心时，捕捉垂直中心线的交点，结果如图 9-13(b)所示。

图 9-13　绘制中心线

（5）转换到粗实线层，单击【绘图】面板中的【圆】按钮，绘制盘盖外圆和内孔，在指定圆心时，捕捉垂直中心线的交点，如图 9-14(a)所示，结果如图 9-14(b)所示。

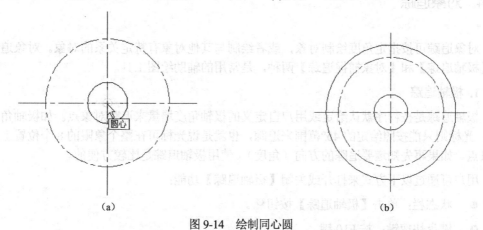

图 9-14　绘制同心圆

（6）单击【绘图】面板中的【圆】按钮，绘制螺孔在指定圆心时，捕捉圆形中心线与水平中心线或垂直中心线的交点，如图 9-15(a)所示，结果如图 9-15(b)所示。

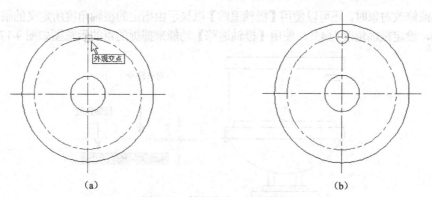

图 9-15　捕捉交点，绘制螺孔

（7）使用同样的方法绘制其他 3 个螺孔，结果如图 9-16 所示。

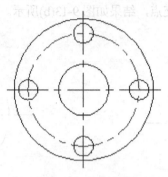

图 9-16　最后结果

（8）保存文件。在命令行输入命令 QSAVE，选择菜单栏【文件】/【保存】命令，或者单击标准工具栏命令图标 。

9.1.4　对象追踪

对象追踪可按指定角度绘制对象，或者绘制与其他对象有特定关系的对象。对象追踪分为【极轴追踪】和【对象捕捉追踪】两种，是常用的辅助绘图工具。

1. 极轴追踪

极轴追踪是按程序默认给定或用户自定义的极轴角度增量来追踪对象点。如极轴角度为 45°，光标则只能按照给定的 45°范围来追踪，也就是说光标可在整个象限的 8 个位置上追踪对象点。如果事先知道要追踪的方向（角度），使用极轴追踪是比较方便的。

用户可通过以下方式来打开或关闭【极轴追踪】功能：

- 状态栏：单击【极轴追踪】按钮 。
- 键盘快捷键：按 F10 键。
- 【草图设置】对话框：在【极轴追踪】选项卡中，勾选或取消勾选【启用极轴追踪】复选框。

创建或修改对象时，还可以使用【极轴追踪】以显示由指定的极轴角度所定义的临时对齐路径。例如，设定极轴角度为 45°，使用【极轴追踪】功能来捕捉的点的示意图如图 9-17 所示。

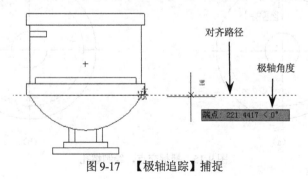

图 9-17　【极轴追踪】捕捉

第9章 高效辅助作图技巧

> **提示**
> 在没有特别指定极轴角度时，默认角度测量值为 90°；可以使用对齐路径和工具提示绘制对象；与【交点】或【外观交点】对象捕捉一起使用极轴追踪，可以找出极轴对齐路径与其他对象的交点。

动手操作——利用【极轴追踪】绘制图形

绘制如图 9-18 所示的方头平键。

（1）单击【绘图】面板中的【矩形】按钮 ▭，绘制主视图外形。首先在屏幕上适当位置指定一个角点，然后指定第二个角点为（@100,11），结果如图 9-19 所示。

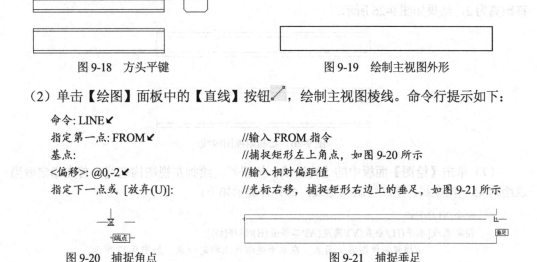

图 9-18　方头平键　　　　　　　　图 9-19　绘制主视图外形

（2）单击【绘图】面板中的【直线】按钮 ╱，绘制主视图棱线。命令行提示如下：

命令：LINE↙
指定第一点：FROM↙　　　　　　　//输入 FROM 指令
基点：　　　　　　　　　　　　　//捕捉矩形左上角点，如图 9-20 所示
<偏移>：@0,-2↙　　　　　　　　//输入相对偏距值
指定下一点或 [放弃(U)]：　　　　//光标右移，捕捉矩形右边上的垂足，如图 9-21 所示

图 9-20　捕捉角点　　　　　　　　图 9-21　捕捉垂足

（3）使用相同方法，以矩形左下角点为基点，向上偏移两个单位，利用基点捕捉绘制下边的另一条棱线，结果如图 9-22 所示。

（4）同时单击状态栏上的【对象捕捉】和【对象追踪】按钮，启动对象捕捉追踪功能，并打开如图 9-23 所示的【草图设置】对话框中的【极轴追踪】选项卡，将【增量角】设置为 90，将【对象捕捉追踪设置】设置为【仅正交追踪】。

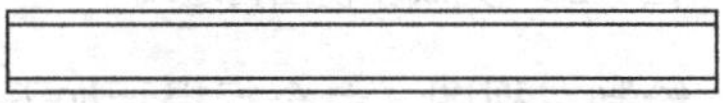

图 9-22　绘制主视图棱线　　　　　图 9-23　设置极轴追踪

(5) 单击【绘图】面板中的【矩形】按钮□,绘制俯视图外形。捕捉矩形的左下角点,系统显示追踪线,沿追踪线向下在适当位置指定一点为矩形角点,如图 9-24 所示。另一角点坐标为(@100,18),结果如图 9-25 所示。

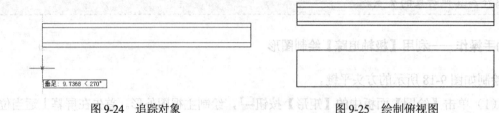

图 9-24　追踪对象　　　　　　　　图 9-25　绘制俯视图

(6) 单击【绘图】面板中的【直线】按钮,结合基点捕捉功能绘制俯视图棱线,偏移距离为 2,结果如图 9-26 所示。

图 9-26　绘制俯视图棱线

(7) 单击【绘图】面板中的【构造线】按钮,绘制左视图构造线。首先指定适当一点绘制-45°构造线,继续绘制构造线,命令行提示如下:

命令:XLINE↙
指定点或[水平(H)/垂直(V)/角度(A)/二等分(B)/偏移(O)]:
　　　　//捕捉俯视图右上角点,在水平追踪线上指定一点,如图 9-27 所示。
指定通过点:
　　　　//打开状态栏上的【正交】开关,指定水平方向一点指定斜线与第四条水平线的交点

(8) 使用相同方法绘制另一条水平构造线。再捕捉两水平构造线与斜构造线交点为指定点绘制两条竖直构造线,如图 9-28 所示。

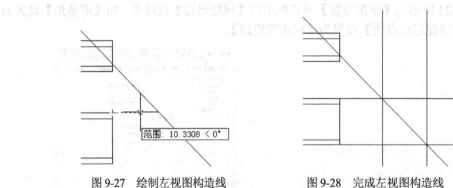

图 9-27　绘制左视图构造线　　　　　图 9-28　完成左视图构造线

(9) 单击【绘图】面板中的【矩形】按钮□,绘制左视图。命令行提示如下:

命令: rectang↙

```
指定第一个角点或 [倒角(C)/标高(E)/圆角(F)/厚度(T)/宽度(W)]: C↙
指定矩形的第一个倒角距离 <0.0000>:         //捕捉俯视图右上端点
指定第二点:                                //捕捉俯视图右上第二个端点
指定矩形的第二个倒角距离 <2.0000>:         //捕捉俯视图右上端点
指定第二点:                                //捕捉主视图右上第二个端点
指定第一个角点或 [倒角(C)/标高(E)/圆角(F)/厚度(T)/宽度(W)]:
         //捕捉主视图矩形上边延长线与第一条竖直构造线交点，如图9-29所示
指定另一个角点或 [尺寸(D)]:
         //捕捉主视图矩形下边延长线与第二条竖直构造线交点
```

（10）结果如图9-30所示。

图9-29　捕捉对象

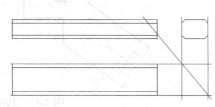

图9-30　绘制左视图

（11）单击【修改】工具栏中的【删除】按钮，删除构造线。

2. 对象捕捉追踪

对象捕捉追踪按照与对象的某种特定关系来追踪，这种特定的关系确定了一个未知角度。如果事先不知道具体的追踪方向（角度），但知道与其他对象的某种关系（如相交、垂直等），则用对象捕捉追踪。极轴追踪和对象捕捉追踪可以同时使用。

用户可通过以下方式来打开或关闭【对象捕捉追踪】功能：

- 状态栏：单击【对象捕捉追踪】按钮。
- 键盘快捷键：按F11键。

使用对象捕捉追踪，在命令中指定点时，光标可以沿基于其他对象捕捉点的对齐路径进行追踪，如图9-31所示。

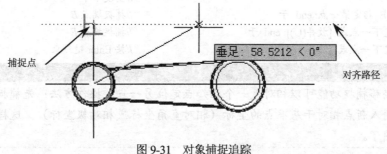

图9-31　对象捕捉追踪

> **提示**
> 要使用对象捕捉追踪，必须打开一个或多个对象捕捉。

动手操作——利用【对象捕捉追踪】绘制图形

使用 LINE 命令并结合对象捕捉将图 9-32 中的左图修改为右图。这个实例的目的是掌握"交点"、"切点"和"延伸点"等常用对象捕捉的方法。

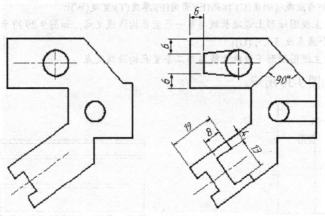

图 9-32 利用对象捕捉画线

（1）新建文件。

（2）绘制线段 *BC*、*EF* 等，*B*、*E* 两点的位置用正交偏移捕捉确定，如图 9-33 所示。

命令: _line 指定第一点: from	//使用正交偏移捕捉
基点: end 于	//捕捉偏移基点 *A*
<偏移>: @6,-6	//输入 *B* 点的相对坐标
指定下一点或 [放弃(U)]: tan 到	//捕捉切点 *C*
指定下一点或 [放弃(U)]:	//按 Enter 键结束
命令:	//重复命令
LINE 指定第一点: from	//使用正交偏移捕捉
基点: end 于	//捕捉偏移基点 *D*
<偏移>: @6,6	//输入 *E* 点的相对坐标
指定下一点或 [放弃(U)]: tan 到	//捕捉切点 *F*
指定下一点或 [放弃(U)]:	//按 Enter 键结束
命令:	//重复命令
LINE 指定第一点: end 于	//捕捉端点 *B*
指定下一点或 [放弃(U)]: end 于	//捕捉端点 *E*
指定下一点或 [放弃(U)]:	//按 Enter 键结束

> **提示**
> 正交偏移捕捉功能可以相对于一个已知点定位另一点。操作方法：先捕捉一个基准点，然后输入新点相对于基准点的坐标（相对直角坐标或相对极坐标），这样就可从新点开始作图了。

（3）绘制线段 *GH*、*IJ* 等，如图 9-34 所示。

| 命令: _line 指定第一点: int 于 | //捕捉交点 *G* |
| 指定下一点或 [放弃(U)]: per 到 | //捕捉垂足 *H* |

指定下一点或 [放弃(U)]:	//按 Enter 键结束
命令:	//重复命令
LINE 指定第一点: qua 于	//捕捉象限点 *I*
指定下一点或 [放弃(U)]: per 到	//捕捉垂足 *J*
指定下一点或 [放弃(U)]:	//按 Enter 键结束
命令:	//重复命令
LINE 指定第一点: qua 于	//捕捉象限点 *K*
指定下一点或 [放弃(U)]: per 到	//捕捉垂足 *L*
指定下一点或 [放弃(U)]:	//按 Enter 键结束

(4) 绘制线段 *NO*、*OP* 等，如图 9-35 所示。

命令: _line 指定第一点: ext	//捕捉延伸点 *N*
到 19	//输入 *N* 点与 *M* 点的距离
指定下一点或 [放弃(U)]: par	//利用平行捕捉画平行线
到 4	//输入 *O* 点与 *N* 点的距离
指定下一点或 [放弃(U)]: par	//使用平行捕捉
到 8	//输入 *P* 点与 *O* 点的距离
指定下一点或 [闭合(C)/放弃(U)]: par	//使用平行捕捉
到 13	//输入 *Q* 点与 *P* 点的距离
指定下一点或 [闭合(C)/放弃(U)]: par	//使用平行捕捉
到 8	//输入 *R* 点与 *Q* 点的距离
指定下一点或 [闭合(C)/放弃(U)]: per 到	//捕捉垂足 *S*
指定下一点或 [闭合(C)/放弃(U)]:	//按 Enter 键结束

> **提示**
> 延伸点捕捉功能可以从线段端点开始沿线的方向确定新点。操作方法是：先把光标从线段端点开始移动，此时系统沿线段方向显示出捕捉辅助线及捕捉点的相对极坐标，再输入捕捉距离，系统就定位一个新点。

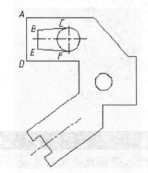
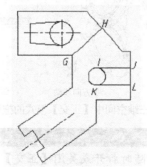
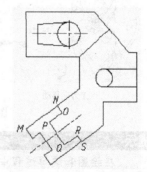

图 9-33　绘制线段 *BC*、*EF* 等　　图 9-34　绘制线段 *GH*、*IJ* 等　　图 9-35　绘制线段 *NO*、*OP* 等

9.1.5　正交模式

【正交】模式用于控制是否以正交方式绘图，或者在正交模式下追踪对象点。在【正交】模式下，可以方便地绘制出与当前 *X* 轴或 *Y* 轴平行的直线。

用户可通过以下命令方式打开或关闭【正交】模式：

- 状态栏：单击【正交模式】按钮。
- 键盘快捷键：按 F8 键。
- 命令行：输入变量 ORTHO。

创建或移动对象时，使用【正交】模式将光标限制在水平或垂直轴上。移动光标时，不管水平轴或垂直轴哪个离光标最近，拖引线将沿着该轴移动，如图 9-36 所示。

> **提示**
> 打开【正交】模式时，使用直接距离输入方法以创建指定长度的正交线或将对象移动指定的距离。

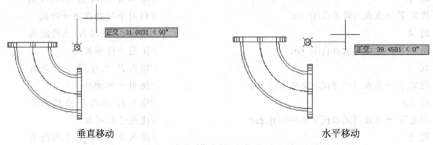

图 9-36　【正交】模式的垂直移动和水平移动

在【二维草图与注释】空间中，打开【正交】模式，拖引线只能在 XY 工作平面的水平方向和垂直方向上移动。在三维视图中，【正交】模式下，拖引线除可在 XY 工作平面的 X、-X 方向和 Y、-Y 方向上移动外，还能在 Z 和 -Z 方向上移动，如图 9-37 所示。

图 9-37　三维空间中【正交】模式的拖引线移动

> **提示**
> 在绘图和编辑过程中，可以随时打开或关闭【正交】模式。输入坐标或指定对象捕捉时将忽略【正交】模式。使用临时替代键时，无法使用直接距离输入方法。

动手操作——利用【正交】模式绘制图形

利用【正交】模式绘制如图 9-38 所示的图形，其操作步骤如下。

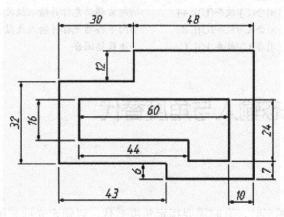

图 9-38 图形

（1）新建文件。

（2）单击状态栏中的【正交模式】按钮，启动【正交模式】功能。

（3）绘制线段 *AB*、*BC* 等，如图 9-39 所示。命令行操作提示如下：

命令:<正交开>	//打开正交模式
命令: _line 指定第一点:	//单击 *A* 点
指定下一点或 [放弃(U)]: 30	//向右移动光标并输入线段 *AB* 的长度
指定下一点或 [放弃(U)]: 12	//向上移动光标并输入线段 *BC* 的长度
指定下一点或 [闭合(C)/放弃(U)]: 48	//向右移动光标并输入线段 *CD* 的长度
指定下一点或 [闭合(C)/放弃(U)]: 50	//向下移动光标并输入线段 *DE* 的长度
指定下一点或 [闭合(C)/放弃(U)]: 35	//向左移动光标并输入线段 *EF* 的长度
指定下一点或 [闭合(C)/放弃(U)]: 6	//向上移动光标并输入线段 *FG* 的长度
指定下一点或 [闭合(C)/放弃(U)]: 43	//向左移动光标并输入线段 *GH* 的长度
指定下一点或 [闭合(C)/放弃(U)]: c	//使线框闭合

（4）绘制线段 *IJ*、*JK* 等，如图 9-40 所示。

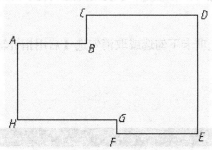
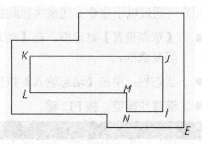

图 9-39 绘制线段 *AB*、*BC* 等　　　　图 9-40 绘制线段 *IJ*、*JK* 等

命令: _line 指定第一点: from	//使用正交偏移捕捉
基点: int 于	//捕捉交点 *E*
<偏移>: @-10,7	//输入 *I* 点的相对坐标
指定下一点或 [放弃(U)]: 24	//向上移动光标并输入线段 *IJ* 的长度
指定下一点或 [放弃(U)]: 60	//向左移动光标并输入线段 *JK* 的长度
指定下一点或 [闭合(C)/放弃(U)]: 16	//向下移动光标并输入线段 *KL* 的长度

指定下一点或 [闭合(C)/放弃(U)]: 44   //向右移动光标并输入线段 *LM* 的长度
指定下一点或 [闭合(C)/放弃(U)]: 8   //向下移动光标并输入线段 *MN* 的长度
指定下一点或 [闭合(C)/放弃(U)]: C   //使线框闭合

9.2 巧用动态输入与角度替代

9.2.1 锁定角度

用户在绘制几何图形时，有时需要指定角度替代，以锁定光标来精确输入下一个点。通常，指定角度替代，是在命令提示指定点时输入左尖括号（<），其后输入一个角度。

例如，如下所示的命令行操作提示中显示了在执行 LINE 命令过程中输入 30 替代。

命令: line
指定第一点: //指定直线的起点
指定下一点或 [放弃(U)]: <30↙   //输入符号及角度值
角度替代: 30
指定下一点或 [放弃(U)]:   //指定直线下一点

> **提示**
> 所指定的角度将锁定光标，替代【栅格捕捉】和【正交】模式。坐标输入和对象捕捉优先于角度替代。

9.2.2 动态输入

【动态输入】功能可以控制指针输入、标注输入、动态提示以及绘图工具提示的外观。

用户可通过以下命令方式来执行此操作：

- 【草图设置】对话框：在【动态输入】选项卡下勾选或取消勾选【启用指针输入】等复选框。
- 状态栏：单击【动态输入】按钮 。
- 键盘快捷键：按 F12 键。

> **提示**
> 启用【动态输入】时，工具提示将在光标附近显示信息，该信息会随着光标的移动而动态更新。当某命令处于活动状态时，工具提示将为用户提供输入的位置。如图 9-41 所示为绘图时动态和非动态输入比较。

动态输入有三个组件：指针输入、标注输入和动态提示。用户可通过【草图设置】对话框来设置动态输入显示时的内容。

(a) 动态输入　　　　　　　　　　　　(b) 非动态输入

图 9-41　动态和非动态输入比较

1. 指针输入

当启用指针输入且有命令在执行时，十字光标的位置将在光标附近的工具提示中显示为坐标。绘制图形时，用户可在工具提示中直接输入坐标值来创建对象，则不用在命令行中另行输入，如图 9-42 所示。

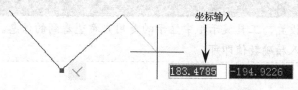

图 9-42　指针输入

> 提示
> 指针输入时，如果是相对坐标输入或绝对坐标输入，其输入格式与在命令行中输入相同。

2. 标注输入

若启用标注输入，当命令提示输入第二点时，工具提示将显示距离（第二点与起点的长度值）和角度值，且在工具提示中的值将随光标的移动而发生改变，如图 9-43 所示。

> 提示
> 在标注输入时，按 Tab 键可以交换动态显示长度值和角度值。

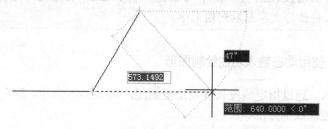

图 9-43　标注输入

用户在使用夹点来编辑图形时，标注输入的工具提示框中可能会显示旧的长度、移动夹点时更新的长度、长度的改变、角度、移动夹点时角度的变化、圆弧的半径等信息，如图 9-44 所示。

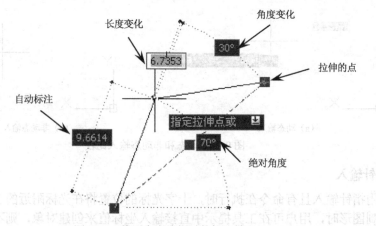

图 9-44 使用夹点编辑时的标注输入

> **提示**
>
> 使用标注输入设置,工具提示框中显示的是用户希望看到的信息。要精确指定点,在工具提示框中输入精确数值即可。

3. 动态提示

启用动态提示时,命令提示和命令输入会显示在光标附近的工具提示中。用户可以在工具提示(而不是在命令行)中直接输入坐标值,如图 9-45 所示。

图 9-45 使用动态提示

> **提示**
>
> 按键盘上的↓键可以查看和选择选项。按↑键可以显示最近的输入。要在动态提示工具提示中使用 PASTECLIP(粘贴),可在输入字母之后、粘贴输入之前用空格键将其删除。否则,输入将作为文字粘贴到图形中。

动手操作——使用动态输入功能绘制图形

打开动态输入,通过指定线段长度及角度画线,如图 9-46 所示。这个实例的目的是掌握使用动态输入功能画线的方法。

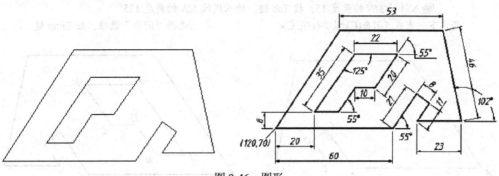

图 9-46 图形

(1) 新建文件。

(2) 打开动态输入,设定动态输入方式为"指针输入"、"标注输入"及"动态显示"。

(3) 绘制线段 AB、BC 等,如图 9-47 所示。

命令: _line 指定第一点: 120,70
　　//在动态框中先输入 A 点的 x 坐标值,再按 Tab 键,输入 A 点的 y 坐标值
指定下一点或 [放弃(U)]: 0
　　//输入线段 AB 的长度 60,按 Tab 键,输入线段 AB 的角度 0°
指定下一点或 [放弃(U)]: 55
　　//输入线段 BC 的长度 21,按 Tab 键,输入线段 BC 的角度 55°
指定下一点或 [闭合(C)/放弃(U)]: 35
　　//输入线段 CD 的长度 8,按 Tab 键,输入线段 CD 的角度 35°
指定下一点或 [闭合(C)/放弃(U)]: 125
　　//输入线段 DE 的长度 11,按 Tab 键,输入线段 DE 的角度 125°
指定下一点或 [闭合(C)/放弃(U)]: 0
　　//输入线段 EF 的长度 23,按 Tab 键,输入线段 EF 的角度 0°
指定下一点或 [闭合(C)/放弃(U)]: 102
　　//输入线段 FG 的长度 46,按 Tab 键,输入线段 FG 的角度 102°
指定下一点或 [闭合(C)/放弃(U)]: 180
　　//输入线段 GH 的长度 53,按 Tab 键,输入线段 GH 的角度 180°
指定下一点或 [闭合(C)/放弃(U)]: C↙　　　　　//选择"闭合"选项,并按 Enter 键

(4) 绘制线段 IJ、JK 等,如图 9-48 所示。

命令: _line 指定第一点: 140,78
　　//输入 I 点的 x 坐标值,按 Tab 键,输入 I 点的 y 坐标值
指定下一点或 [放弃(U)]: 55
　　//输入线段 IJ 的长度 35,按 Tab 键,输入线段 IJ 的角度 55°
指定下一点或 [放弃(U)]: 0
　　//输入线段 JK 的长度 22,按 Tab 键,输入线段 JK 的角度 0°
指定下一点或 [闭合(C)/放弃(U)]: 125
　　//输入线段 KL 的长度 20,按 Tab 键,输入线段 KL 的角度 125°
指定下一点或 [闭合(C)/放弃(U)]: 180
　　//输入线段 LM 的长度 10,按 Tab 键,输入线段 LM 的角度 180°
指定下一点或 [闭合(C)/放弃(U)]: 125

//输入线段 MN 的长度 15，按 Tab 键，输入线段 MN 的角度 125°
指定下一点或 [闭合(C)/放弃(U)]: C↙   //选择"闭合"选项，按 Enter 键

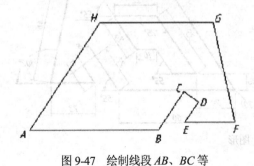

图 9-47　绘制线段 AB、BC 等　　　　　　图 9-48　画线段 IJ、JK 等

（5）保存图形。

9.3　图形的更正与删除

当用户绘制图形后，需要进行简单修改操作时，经常使用一些简单编辑工具来操作。这些简单编辑工具包括更正错误工具、删除对象工具、Windows 通用工具（复制、剪切和粘贴）等。

9.3.1　更正错误

当用户绘制的图形出现错误时，可使用多种方法来更正。

1. 放弃单个操作

> 动手操作——放弃单个操作

（1）在绘制图形过程中，若要放弃单个操作，最简单的方法就是单击【快速访问工具栏】上的【放弃】按钮↶或在命令行输入 U 命令。

（2）许多命令自身也包含有 U（放弃）选项，无须退出此命令即可更正错误。

（3）创建直线或多段线时，输入 U 命令即可放弃上一个线段。命令行操作提示如下：

命令：pline　　　　　　　　　　　　　　　　　　　　　　//输入命令
指定起点：　　　　　　　　　　　　　　　　　　　　　　//指定多段线起点
当前线宽为 0.0000　　　　　　　　　　　　　　　　　　//线宽
指定下一个点或 [圆弧(A)/半宽(H)/长度(L)/放弃(U)/宽度(W)]:　　//指定多段线第二点
指定下一点或 [圆弧(A)/闭合(C)/半宽(H)/长度(L)/放弃(U)/宽度(W)]: u↙　　//放弃上一操作

> **提示**
> 默认情况下，进行放弃或重做操作时，UNDO 命令将设置为把连续平移和缩放命令合并成一个操作。但是，从菜单开始的平移和缩放命令不会合并，并且始终保持独立的操作。

2. 一次放弃多步操作

动手操作——放弃几步操作

（1）在【快速访问工具栏】上单击【放弃】下拉列表的下三角按钮。

（2）在展开的下拉列表中，滑动鼠标可以选择多个已执行的命令，再单击（执行放弃操作）鼠标，即可一次性放弃几步操作，如图 9-49 所示。

图 9-49 选择操作条目来放弃

（3）在命令行输入 UNDO 命令，用户可输入操作步骤的数目来放弃操作。例如，将绘制的图形放弃 5 步操作，命令行操作提示如下：

```
命令: undo
当前设置: 自动= 开, 控制= 全部, 合并= 是, 图层= 是
输入要放弃的操作数目或 [自动(A)/控制(C)/开始(BE)/结束(E)/标记(M)/后退(B)] <1>: 5    //输入放弃的操作数目
LINE  LINE  LINE  LINE  LINE    //放弃的操作名称
```

（4）放弃前 5 步操作后的图形变化如图 9-50 所示。

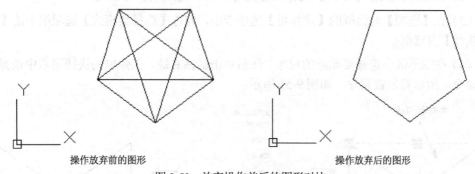

图 9-50 放弃操作前后的图形对比

3. 取消放弃的效果

【取消放弃的效果】也就是重做的意思，即恢复上一个用 UNDO 或 U 命令放弃的效果。用户可通过以下命令方式来执行此操作：

- 快速工具栏：单击【重做】按钮。
- 菜单栏：选择【编辑】/【重做】命令。
- 键盘快捷键：Ctrl+Z。

4. 删除对象的恢复

在绘制图形时，如果误删除了对象，可以使用 UNDO 命令或 OOPS 命令将其恢复。

5. 取消命令

AutoCAD 中，若要终止进行中的操作，或取消未完成的命令，可通过按 Esc 键来执行取消操作。

9.3.2 删除对象

在 AutoCAD 2016 中，对象的删除大致可分为三种：一般对象删除、消除显示和删除未使用的定义与样式。

1. 一般对象删除

用户可以使用以下方法来删除对象：

- 使用 ERASE（清除）命令，或在菜单栏选择【编辑】/【清除】命令来删除对象。
- 选择对象，然后使用 Ctrl+X 组合键将它们剪切到剪贴板。
- 选择对象，然后按 Delete 键。

动手操作——删除一般对象

（1）通常，当执行【删除】命令后，需要选择要删除的对象，然后按 Enter 键或 Space 键结束对象选择，同时删除已选择的对象。

（2）在菜单栏执行【工具】/【选项】命令，打开【选项】对话框。

（3）在【选项】对话框的【选择集】选项卡中，勾选【选择集模式】选项组中的【先选择后执行】复选框。

（4）在图形区中选择要删除的对象，然后单击鼠标右键，在弹出的快捷菜单中选择【删除】命令，所选对象被删除，如图 9-51 所示。

图 9-51 先选择后删除

> **提示**
> 可以使用 UNDO 命令恢复意外删除的对象。OOPS 命令可以恢复最近使用 ERASE、BLOCK 或 WBLOCK 命令删除的所有对象。

2. 消除显示

用户在进行某些编辑操作时留在显示区域中的加号形状的标记（称为点标记）和杂散像素，都可以删除。删除标记使用 REDRAW 命令，删除杂散像素则使用 REGEN 命令。

3. 删除未使用的定义与样式

用户还可以使用 PURGE 命令删除未使用的命名对象，包括块定义、标注样式、图层、线型和文字样式。

9.3.3 Windows 剪贴板工具

当用户要从另一个应用程序的图形文件中使用对象时，可以先将这些对象剪切或复制到剪贴板，然后将它们从剪贴板粘贴到其他的应用程序中。Windows 通用工具包括剪切、复制和粘贴。

1. 剪切

剪切就是从图形中删除选定对象并将它们存储到剪贴板上，然后便可以将对象粘贴到其他 Windows 应用程序中。用户可通过以下方式来执行此操作：

- 菜单栏：选择【编辑】/【剪切】命令。
- 键盘快捷键：Ctrl+X。
- 命令行：输入 CUTCLIP。

2. 复制

复制就是使用剪贴板将图形的部分或全部复制到其他应用程序创建的文档中。复制与剪切的区别是，剪切不保留原有对象，而复制则保留原有对象。

用户可通过以下方式来执行此操作：

- 菜单栏：选择【编辑】/【复制】命令。
- 键盘快捷键：Ctrl+C。
- 命令行：输入 COPYCLIP。

3. 粘贴

粘贴就是将剪切或复制到剪贴板上的图形对象，粘贴到图形文件中。将剪贴板的内容粘贴到图形中时，将使用保留信息最多的格式。用户也可将粘贴信息转换为 AutoCAD 格式。

9.4 对象的选择技巧

在对二维图形元素进行修改之前，首先选择要编辑的对象。对象的选择方法有很多种，例如，可以通过单击对象逐个拾取，也可利用矩形窗口或交叉窗口选择；可以选择最近创建的对象、前面的选择集或图形中的所有对象，也可以向选择集中添加对象或从中删除对象，等等。接下来将对象的选择方法及类型做详细介绍。

9.4.1 常规选择

图形的选择是 AutoCAD 的重要基本技能之一。常用的选择方式有点选、窗口和窗交三种。

1. 点选择

【点选】是最基本、最简单的一种对外选择方式，此种方式一次仅能选择一个对象。在命令行【选择对象:】的提示下，系统自动进入点选模式，此时光标指针切换为矩形选择框状，将选择框放在对象的边沿上单击，即可选择该图形，被选择的图形对象以虚线显示，如图 9-52 所示。

2. 窗口选择

【窗口选择】也是一种常用的选择方式，使用此方式一次也可以选择多个对象。当未激活任何命令的时候，在窗口中从左向右拉出一个矩形选择框，此选择框即为窗口选择框，选择框以实线显示，内部以浅蓝色填充，如图 9-53 所示。

当指定窗口选择框的对角点之后，所有完全位于框内的对象都能被选择，如图 9-54 所示。

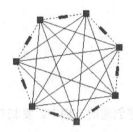
图 9-52　点选示例

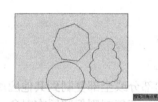
图 9-53　窗口选择框

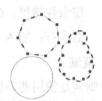
图 9-54　选择结果

3. 窗交选择

【窗交选择】是使用频率非常高的选择方式，使用此方式一次也可以选择多个对象。当未激活任何命令时，在窗口中从右向左拉出一个矩形选择框，此选择框即为窗交选择框，选择框以虚线显示，内部以绿色填充，如图 9-55 所示。

当指定选择框的对角点之后，所有与选择框相交和完全位于选择框内的对象都能被选择，如图 9-56 所示。

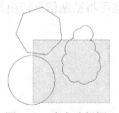
图 9-55　窗交选择框

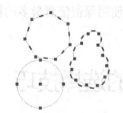
图 9-56　选择结果

9.4.2 快速选择

用户可使用【快速选择】命令来进行快速选择，该命令可以在整个图形或现有选择集的范围内来创建一个选择集，通过包括或排除符合指定对象类型和对象特性条件的所有对象。同时，用户还可以指定该选择集用于替换当前选择集还是将其附加到当前选择集之中。

执行【快速选择】命令的方式有以下几种：

- 执行【工具】/【快速选择】命令。
- 终止任何活动命令，用鼠标右键单击绘图区，在打开的快捷菜单中选择【快速选择】命令。
- 在命令行输入 Qselect 按 Enter 键。
- 在【特性】、【块定义】等窗口或对话框中也提供了【快速选择】按钮以便访问【快速选择】命令。

执行该命令后，打开【快速选择】对话框，如图 9-57 所示。

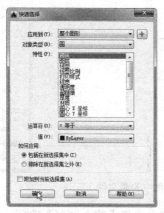

图 9-57 【快速选择】对话框

- 【应用到】：指定过滤条件应用的范围，包括【整个图形】和【当前选择集】。用户也可单击【选择对象】按钮返回绘图区来创建选择集。
- 【对象类型】：指定过滤对象的类型。如果当前不存在选择集，则该列表将包括 AutoCAD 中的所有可用对象类型及自定义对象类型，并显示默认值【所有图元】；如果存在选择集，此列表只显示选定对象的对象类型。
- 【特性】：指定过滤对象的特性。此列表包括选定对象类型的所有可搜索特性。
- 【运算符】：控制对象特性的取值范围。
- 【值】：指定过滤条件中对象特性的取值。如果指定的对象特性具有可用值，则该项显示为列表，用户可以从中选择一个值；如果指定的对象特性不具有可用值，则该项显示为编辑框，用户根据需要输入一个值。此外，如果在【运算符】下拉列表中选择了【选择全部】选项，则【值】选项将不显示。

- 【如何应用】：指定符合给定过滤条件的对象与选择集的关系。
- 【包括在新选择集中】：将符合过滤条件的对象创建一个新的选择集。
- 【排除在新选择集之外】：将不符合过滤条件的对象创建一个新的选择集。
- 【附加到当前选择集】：选择该项后通过过滤条件所创建的新选择集将附加到当前的选择集之中；否则将替换当前选择集。如果用户选择该项，则【当前选择集】和 按钮均不可用。

动手操作——快速选择对象

快速选择方式是 AutoCAD 2016 中唯一以窗口作为对象选择界面的选择方式。通过该选择方式，用户可以更直观地选择并编辑对象。具体操作步骤如下：

（1）启动 AutoCAD 2016，打开光盘中的源文件"视图.dwg"，如图 9-58 所示。在命令行中输入 QSELECT 并按 Enter 键确认，弹出【快速选择】对话框，如图 9-59 所示。

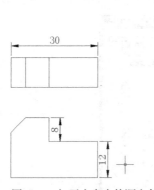

图 9-58 打开光盘中的源文件

图 9-59 【快速选择】对话框

（2）在【应用到】下拉列表中选择【整个图形】选项，在【特性】列表框中选择【图层】选项，在【值】下拉列表中选择【标注】选项，如图 9-60 所示。

（3）单击【确定】按钮，即可选择所有【标注】图层中的图形对象，如图 9-61 所示。

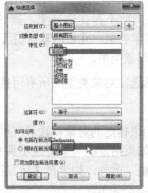

图 9-60 【快速选择】对话框

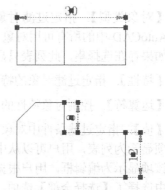

图 9-61 选择【标注】图层中的图形对象

> **提示**
> 如果想从选择集中排除对象，可以在【快速选择】对话框中设置"运算符"为"大于"，然后设置【值】，再选择【排除在新选择集之外】选项，就可以将大于值的对象排除在外。

9.4.3 过滤选择

与【快速选择】相比，【对象选择管理器】可以提供更复杂的过滤选项，并可以命名和保存过滤器。执行该命令的方式有：

- 在命令行输入 filter 按 Enter 键。
- 使用命令简写 FI 按 Enter 键。

执行该命令后，打开【对象选择过滤器】对话框，如图 9-62 所示。

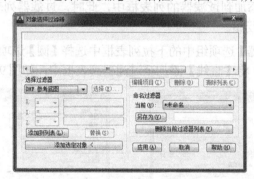

图 9-62 【对象选择过滤器】对话框

- 【对象选择过滤器】列表：该列表中显示了组成当前过滤器的全部过滤器特性。用户可单击【编辑项目】按钮编辑选定的项目，单击【删除】按钮删除选定的项目，或单击【清除列表】按钮清除整个列表。
- 【选择过滤器】：该选项组的作用类似于快速选择命令，可根据对象的特性向当前列表中添加过滤器。在该选项组的下拉列表中包含了可用于构造过滤器的全部对象以及分组运算符。用户可以根据对象的不同而指定相应的参数值，并可以通过关系运算符来控制对象属性与取值之间的关系。
- 【命名过滤器】：该选项组用于显示、保存和删除过滤器列表。

> **提示**
> 【filter】命令可透明地使用。AutoCAD 从默认的【filter.nfl】文件中加载已命名的过滤器，在【filter.nfl】文件中保存过滤器列表。

动手操作——过滤选择图形元素

在 AutoCAD 2016 中，如果需要在复杂的图形中选择某个指定对象，可以采用过滤选择集进行选择。具体操作步骤如下：

（1）启动 AutoCAD 2016，打开光盘中的源文件"电源插头.dwg"，如图 9-63 所示。在命令行中输入 FILTER 命令并按 Enter 键确认。

（2）弹出【对象选择过滤器】对话框，如图 9-64 所示。

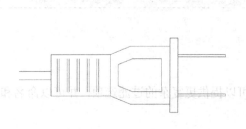
图 9-63　打开素材文件

图 9-64　【对象选择过滤器】对话框

（3）在【选择过滤器】选项组中的下拉列表框中选择【** 开始 OR】选项，并单击【添加到列表】按钮，将其添加到过滤器的列表框中，此时，过滤器列表框中将显示【** 开始 OR】选项，如图 9-65 所示。

（4）在【选择过滤器】选项组中的下拉列表框中选择【圆】选项，并单击【添加到列表】按钮。使用同样的方法，将【直线】添加至过滤器列表框中，如图 9-66 所示。

图 9-65　【对象选择过滤器】对话框

图 9-66　【对象选择过滤器】对话框

（5）在【选择过滤器】选项组中的下拉列表框中选择【** 结束 OR】选项，并单击【添加到列表】按钮，此时对话框如图 9-67 所示。

（6）单击【应用】按钮，在绘图区域中用窗口方式选择整个图形对象，这时满足条件的对象将被选中，效果如图 9-68 所示。

图 9-67　选择【** 结束 OR】选项

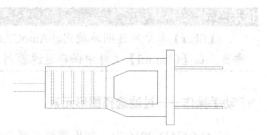
图 9-68　过滤选择后的效果

9.5 综合范例

9.5.1 范例一：绘制简单零件的二视图

本例通过绘制如图 9-69 所示的简单零件的二视图，主要对点的捕捉、追踪以及视图调整等功能进行综合练习和巩固。

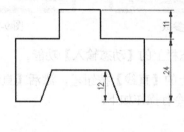
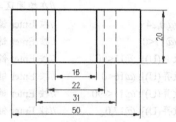

图 9-69 简单零件的二视图

操作步骤

（1）单击【新建】按钮 ，新建空白文件。

（2）在菜单栏执行【视图】/【缩放】/【中心点】命令，将当前视图高度调整为 150。命令行操作如下：

命令: _zoom
指定窗口的角点，输入比例因子 (nX 或 nXP)，或者[全部(A)/中心(C)/动态(D)/范围(E)/上一个(P)/比例(S)/窗口(W)/对象(O)] <实时>: _c   //输入 C 或者选择 C 选项
指定中心点: //在绘图区拾取一点作为新视图中心点
输入比例或高度 <210.0777>: 150   //按 Enter 键，输入新视图的高度

（3）执行菜单栏中的【工具】/【绘图设置】命令，打开【草图设置】对话框，然后分别设置极轴追踪参数和对象捕捉参数，如图 9-70 和图 9-71 所示。

图9-70 设置极轴追踪参数

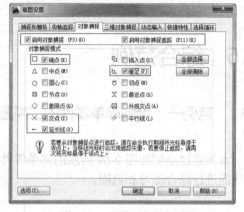
图9-71 设置对象捕捉参数

（4）按F12键，打开状态栏上的【动态输入】功能。

（5）单击【绘图】面板上的【直线】按钮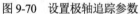，激活【直线】命令，使用点的精确输入功能绘制主视图外轮廓线。命令行操作如下：

```
命令: _line
指定第一点:                              //在绘图区单击，拾取一点作为起点
指定下一点或 [放弃(U)]: @0,24            //按 Enter 键，输入下一点坐标
指定下一点或 [放弃(U)]: @17<0            //按 Enter 键，输入下一点坐标
指定下一点或 [闭合(C)/放弃(U)]: @11<90   //按 Enter 键，输入下一点坐标
指定下一点或 [闭合(C)/放弃(U)]: @16<0    //按 Enter 键，输入下一点坐标
指定下一点或 [闭合(C)/放弃(U)]: @11<-90  //按 Enter 键，输入下一点坐标
指定下一点或 [闭合(C)/放弃(U)]: @17,0    //按 Enter 键，输入下一点坐标
指定下一点或 [闭合(C)/放弃(U)]: @0,-24   //按 Enter 键，输入下一点坐标
指定下一点或 [闭合(C)/放弃(U)]: @-9.5,0  //按 Enter 键，输入下一点坐标
指定下一点或 [闭合(C)/放弃(U)]: @-4.5,12 //按 Enter 键，输入下一点坐标
指定下一点或 [闭合(C)/放弃(U)]: @-22,0   //按 Enter 键，输入下一点坐标
指定下一点或 [闭合(C)/放弃(U)]: @-4.5,-12 //按 Enter 键，输入下一点坐标
指定下一点或 [闭合(C)/放弃(U)]: C        //按 Enter 键，结果如图 9-72 所示
```

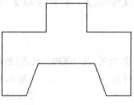
图9-72 绘制结果

（6）重复执行【直线】命令，配合端点捕捉、延伸捕捉和极轴追踪功能，绘制俯视图的外轮廓线。命令行操作如下：

```
命令: _line
指定第一点:           //以如图 9-73 所示的端点作为延伸点，向下引出如图 9-74 所示的
                      延伸线，然后在适当位置拾取一点，定位起点
```

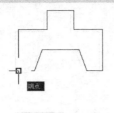　　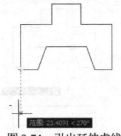

　　图 9-73　定位延伸点　　　　图 9-74　引出延伸虚线

指定下一点或 [放弃(U)]:
　　//水平向右移动光标，引出水平的极轴追踪虚线，如图 9-75 所示，然后输入 50，按 Enter 键
指定下一点或 [放弃(U)]:
　　//垂直向下移动光标，引出如图 9-76 所示的极轴虚线，输入 20，按 Enter 键

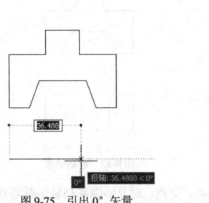　　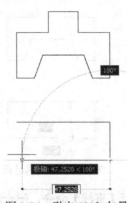

　　图 9-75　引出 0°矢量　　　　图 9-76　引出 180°矢量

指定下一点或 [闭合(C)/放弃(U)]:
　　//向左移动光标，引出如图 9-77 所示水平的极轴追踪虚线，然后输入 50，按 Enter 键
指定下一点或 [闭合(C)/放弃(U)]: c　　　//按 Enter 键，闭合图形，结果如图 9-78 所示

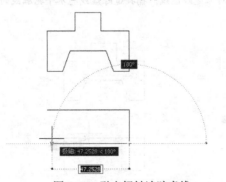　　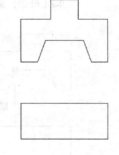

　　图 9-77　引出极轴追踪虚线　　　　图 9-78　绘制结果

（7）重复执行【直线】命令，配合端点捕捉、交点捕捉、垂足捕捉和对象捕捉追踪功能，绘制内部的垂直轮廓线。命令行操作如下：

命令:_line
指定第一点:
　　//引出如图 9-79 所示的对象追踪虚线，捕捉追踪虚线与水平轮廓线的交点，如图 9-80 所示

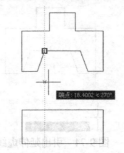
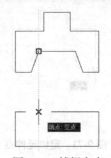

图 9-79　引出对象追踪虚线　　　　图 9-80　捕捉交点

```
指定下一点或 [放弃(U)]:          //向下移动光标，捕捉如图 9-81 所示的垂足点
指定下一点或 [放弃(U)]:          //按 Enter 键，结束命令，结果如图 9-82 所示
```

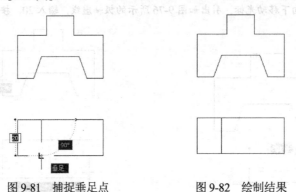

图 9-81　捕捉垂足点　　　　图 9-82　绘制结果

（8）再次执行【直线】命令，配合端点、交点、对象追踪和极轴追踪等功能，绘制右侧的垂直轮廓线。命令行操作如下：

```
命令: _line
指定第一点:         //引出如图 9-83 所示的对象追踪虚线，捕捉追踪虚线与水平轮廓线的交点，如图
                    9-84 所示，定位起点
```

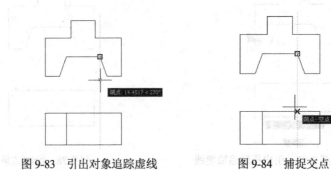

图 9-83　引出对象追踪虚线　　　　图 9-84　捕捉交点

```
指定下一点或 [放弃(U)]:
         //向下引出如图 9-85 所示的极轴追踪虚线，捕捉追踪虚线与下侧边的交点，如图 9-86 所示
指定下一点或 [放弃(U)]:          //按 Enter 键，结束命令，绘制结果如图 9-87 所示
```

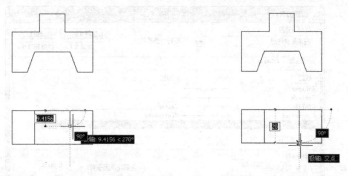

图 9-85 引出极轴追踪虚线　　　　　图 9-86 捕捉交点

（9）参照第 7~8 操作步骤，使用画线命令配合捕捉追踪功能，根据二视图的对应关系，绘制内部垂直轮廓线，结果如图 9-88 所示。

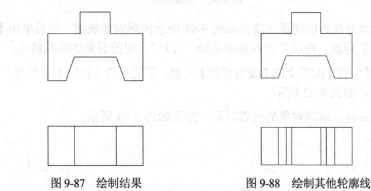

图 9-87 绘制结果　　　　　图 9-88 绘制其他轮廓线

（10）执行菜单栏中的【格式】/【线型】命令，打开【线型管理器】对话框，单击 加载(L)... 按钮，从弹出的【加载或重载线型】对话框中加载一种名为"HIDDEN2"的线型，如图 9-89 所示。

图 9-89 加载线型

（11）选择"HIDDEN2"的线型后单击【确定】按钮，进行加载此线型，加载结果如图 9-90 所示。

图 9-90　加载结果

（12）在无命令执行的前提下选择如图 9-91 所示的垂直轮廓线，然后单击【特性】面板上的【颜色控制】列表，在展开的列表中选择"洋红"，更改对象的颜色特性。

（13）单击【特性】面板上的【线型控制】列表，在展开的下拉列表中选择"HIDDEN2"，更改对象的线型，如图 9-92 所示。

（14）按 Esc 键，取消对象的夹点显示，结果如图 9-93 所示。

图 9-91　选择对象　　　　图 9-92　更改对象线型　　　　图 9-93　更改对象特性

（15）最后选择【文件】菜单中的【保存】命令，将图形另存。

9.5.2　范例二：利用栅格绘制茶几

利用栅格捕捉功能绘制如图 9-94 所示的茶几平面图。

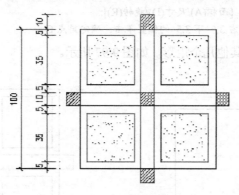

图 9-94　茶几平面图

 **操作步骤**

（1）新建文件。

（2）在菜单栏执行【工具】/【绘图设置】命令，随后在打开的【草图设置】对话框中，设置【捕捉和栅格】选项卡，如图 9-95 所示。单击【确定】按钮，关闭【草图设置】对话框。

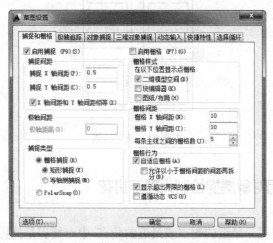

图 9-95　【草图设置】对话框中的设置

（3）单击【矩形】按钮 □，绘制矩形框。

命令: _rectang
指定第一个角点或 [倒角(C)/标高(E)/圆角(F)/厚度(T)/宽度(W)]:
//捕捉一个栅格，确定矩形第一个角点
指定另一个角点或 [面积(A)/尺寸(D)/旋转(R)]: @100,100
//输入另一角点的相对坐标

（4）重复矩形命令，绘制内部的矩形，结果如图 9-96 所示。

命令: _rectang
指定第一个角点或 [倒角(C)/标高(E)/圆角(F)/厚度(T)/宽度(W)]:
//移动光标到 A 点右 0.5 下 0.5 的位置单击，确定角点 B

指定另一个角点或 [面积(A)/尺寸(D)/旋转(R)]:
//移动光标到 B 点右 3.5 下 3.5 的位置单击，确定角点 C

（5）按此方法绘制其他几个矩形，如图 9-97 所示。

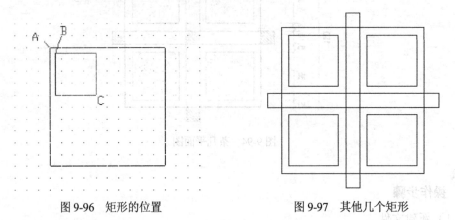

图 9-96　矩形的位置　　　　　　　图 9-97　其他几个矩形

（6）利用【图案填充】命令，选择【ANSI31】图案进行填充，结果如图 9-98 所示。

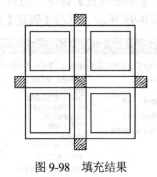

图 9-98　填充结果

9.5.3　范例三：利用对象捕捉绘制大理石拼花

端点捕捉可以捕捉图元最近的端点或最近的角点，中点捕捉是捕捉图元的中点，如图 9-99 所示。

利用端点捕捉和中点捕捉功能，绘制如图 9-100 所示的大理石拼花图案。

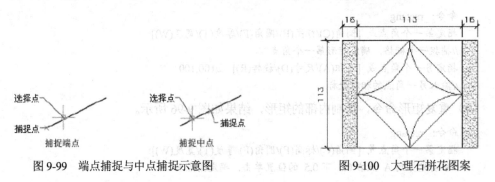

图 9-99　端点捕捉与中点捕捉示意图　　　　图 9-100　大理石拼花图案

 **操作步骤**

(1) 新建文件。

(2) 在屏幕下方状态栏上单击【对象捕捉】按钮使其凹下,并在此按钮上单击右键,在弹出的快捷菜单中选择【设置】选项,在弹出的【草图设置】对话框的【对象捕捉】选项卡中勾选【端点】和【中点】选项,如图 9-101 所示。

(3) 单击【确定】按钮,关闭【草图设置】对话框。

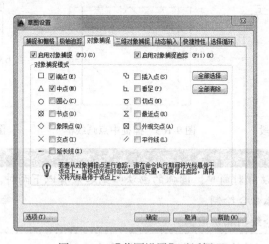

图 9-101 【草图设置】对话框

(4) 单击【绘图】面板中的【矩形】按钮 □,绘制矩形。

```
命令: _rectang
指定第一个角点或 [倒角(C)/标高(E)/圆角(F)/厚度(T)/宽度(W)]:
                          //在屏幕适当位置单击,确定矩形的第一个角点
指定另一个角点或 [面积(A)/尺寸(D)/旋转(R)]: @16,113      //输入另一角点的相对坐标
```

(5) 单击【直线】按钮 ∕,绘制线段 AB,结果如图 9-102 所示。

```
命令: _line 指定第一点:              //捕捉 A 点作为线段第一点
指定下一点或 [放弃(U)]: @113,0         //输入端点 B 的相对坐标
```

(6) 单击【矩形】按钮 □,捕捉 B 点,绘制与上一个矩形相同尺寸的矩形 C,如图 9-103 所示。

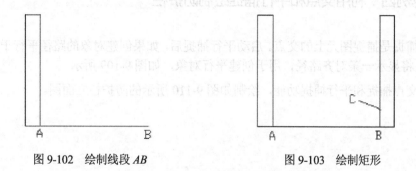

图 9-102 绘制线段 AB   图 9-103 绘制矩形

（7）单击【直线】按钮，捕捉端点 D 和 E，绘制线段，如图 9-104 所示。

（8）捕捉中点 F、G、H、I，绘制线框，如图 9-105 所示。

（9）单击【圆弧】按钮，绘制圆弧，结果如图 9-106 所示。

```
命令: _arc 指定圆弧的起点或[圆心(C)]:            //捕捉中点 G，作为起点
指定圆弧的第二个点或 [圆心(C)/端点(E)]: c       //调用"圆心（C）"选项
指定圆弧的圆心:                                //捕捉端点 D
指定圆弧的端点或 [角度(A)/弦长(L)]:             //捕捉中点 F
```

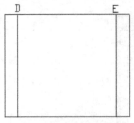
图 9-104　绘制线段

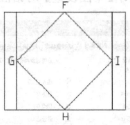
图 9-105　捕捉中点画线框

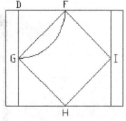
图 9-106　绘制圆弧

> **提示**
> 直线和矩形的画法相对简单，圆弧的画法归纳起来有以下两种。
> (1) 直接利用画弧命令绘制。
> (2) 利用圆角命令绘制相切圆弧。

（10）按此方法绘制其他圆弧，如图 9-107 所示。

（11）利用【图案填充】命令，选择【AR-SAND】图案进行填充，结果如图 9-108 所示。

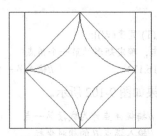
图 9-107　绘制其他圆弧

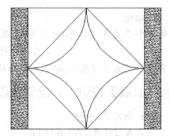
图 9-108　图案填充

9.5.4　范例四：利用交点和平行捕捉绘制防护栏

交点捕捉是捕捉图元上的交点。启动平行捕捉后，如果创建对象的路径平行于已知线段，AutoCAD 将显示一条对齐路径，用于创建平行对象，如图 9-109 所示。

利用交点捕捉和平行捕捉功能，绘制如图 9-110 所示的防护栏立面图。

第 9 章 高效辅助作图技巧

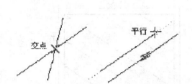
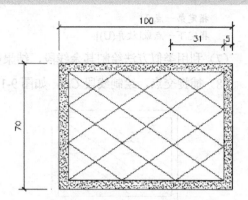

图 9-109 交点捕捉与平行捕捉示意图　　　图 9-110 防护栏立面图

 操作步骤

（1）设置对象捕捉方式为交点、平行捕捉。

（2）单击【矩形】按钮，绘制长 100、宽 70 的矩形。

（3）单击【偏移】按钮，按命令行提示进行操作：

```
命令: _offset
当前设置: 删除源=否 图层=源 OFFSETGAPTYPE=0
指定偏移距离或 [通过(T)/删除(E)/图层(L)] <通过>: 5              //输入偏移距离
选择要偏移的对象，或 [退出(E)/放弃(U)] <退出>:                  //选择矩形
指定要偏移的那一侧上的点，或 [退出(E)/多个(M)/放弃(U)] <退出>:  //在矩形内部单击
```

（4）结果如图 9-111 所示。

（5）单击【直线】按钮，捕捉交点，绘制线段 AB，如图 9-112 所示。

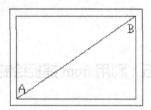

图 9-111 绘制矩形　　　　　图 9-112 绘制线段

（6）重复直线命令，捕捉斜线绘制平行线，结果如图 9-113 所示。

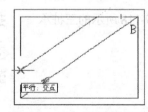

图 9-113 平行捕捉绘制线段

```
命令: _line 指定第一点: _tt 指定临时对象追踪点:    //单击临时追踪点按钮，捕捉 B 点
```

```
指定第一点:31                              //输入追踪距离,确定线段的第一点
指定下一点或[放弃(U)]:                      //捕捉平行延长线与矩形边的交点
```

（7）利用类似方法绘制其余线段，结果如图 9-114 所示。

（8）捕捉交点，绘制线段 CD，如图 9-115 所示。

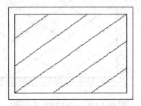
图 9-114　绘制其余线段

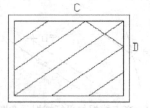
图 9-115　捕捉交点并绘制线段

（9）利用相同方法捕捉交点，绘制其余线段，如图 9-116 所示。

（10）利用【填充图案】命令，选择【AR-SAND】图案进行填充，结果如图 9-117 所示。

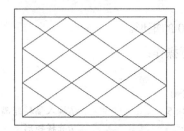
图 9-116　绘制其余线段

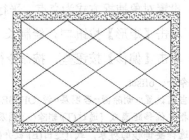
图 9-117　图案填充

> **提示**
>
> 在选择填充时，先单击【边界】中的【选择】按钮，选择矩形的两条边来对图案进行填充。

9.5.5　范例五：利用 from 捕捉绘制三桩承台

当绘制图形需要确定一点时，输入 from 可获取一个基点，然后输入要定位的点与基点之间的相对坐标，以此获得定位点的位置。

利用 from 捕捉功能绘制如图 9-118 所示的三桩承台大样平面图。

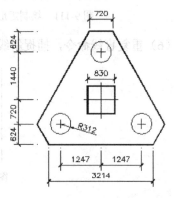
图 9-118　三桩承台大样平面图

 操作步骤

(1) 设置捕捉方式为端点、交点捕捉。

(2) 单击【正交】按钮，再单击【直线】按钮，绘制垂直定位线。

(3) 单击【矩形】按钮，绘制线框，结果如图 9-119 所示。

命令: _rectang
指定第一个角点或 [倒角(C)/标高(E)/圆角(F)/厚度(T)/宽度(W)]: from   //输入 from
基点: //捕捉交点 A
<偏移>: @-415,415   //输入偏移坐标，确定矩形的第一个角点
指定另一个角点或 [面积(A)/尺寸(D)/旋转(R)]: @830,-830   //输入另一角点的偏移坐标

图 9-119　from 捕捉点绘制矩形线框

(4) 单击【直线】按钮，利用 from 捕捉来绘制 2 条水平的直线（基点仍然是 A 点，相对坐标参考图 9-118 中的尺寸）。再利用角度覆盖方式（输入方式为"<角度"）绘制斜度直线线段，如图 9-120 所示。

(5) 单击【修剪】按钮，修剪图形，结果如图 9-121 所示。

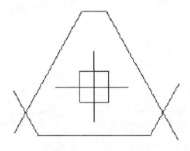 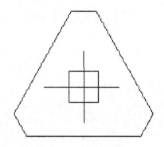

图 9-120　绘制轮廓线　　　　　　　图 9-121　修剪线段

(6) 单击【圆】按钮，利用 from 捕捉（基点仍然是 A 点，相对坐标参考图 9-118 中的尺寸），以 B 点为基点画圆 C，如图 9-122 所示。

(7) 单击【阵列】按钮，将圆 C 以定位线交点为圆心进行环形阵列，如图 9-123 所示。

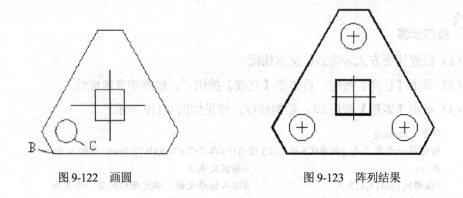

图 9-122　画圆　　　　　　　　图 9-123　阵列结果

第 10 章 用"块"作图

本章导读

在绘制图形时,如果图形中有大量相同或相似的内容,或者所绘制的图形与已有的图形文件相同,则可以把要重复绘制的图形创建成块(也称为图块),并根据需要为块创建属性,指定块的名称、用途及设计者等信息,在需要时直接插入它们,从而提高绘图效率。

用户也可以把已有的图形文件以参照的形式插入到当前图形中(即外部参照),或是通过 AutoCAD 设计中心浏览、查找、预览、使用和管理 AutoCAD 图形、块、外部参照等不同的资源文件。

学习要求

块与外部参照
创建块
块编辑器
动态块
块属性
使用外部参照
剪裁外部参照与光栅图像

10.1 块与外部参照

块与外部参照有相似的地方,但它们的主要区别是:一旦插入了块,该块就永久性地插入到当前图形中,成为当前图形的一部分。而以外部参照方式将图形插入到某一图形(称为主图形)后,被插入图形文件的信息并不直接加入到主图形中,主图形只是记录参照的关系。在功能区中,用于创建块和参照的【插入】选项卡如图 10-1 所示。

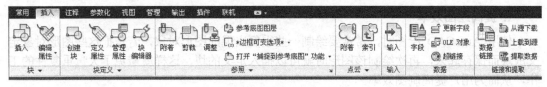

图 10-1 【插入】选项卡

10.1.1 "块"的定义

块可以是绘制在几个图层上的不同颜色、线型和线宽特性的对象的组合。尽管块总是在当前图层上,但块参照保存了有关包含在该块中的对象的原图层、颜色和线型特性的信息。

块的定义方法主要有以下几种:

- 合并对象以在当前图形中创建块定义。
- 使用【块编辑器】将动态行为添加到当前图形中的块定义。
- 创建一个图形文件,随后将它作为块插入到其他图形中。
- 使用若干种相关块定义创建一个图形文件以用作块库。

10.1.2 块的特点

在 AutoCAD 中,使用块可以提高绘图速度、节省存储空间、便于修改图形,能够为块添加属性,还可以控制块中的对象是保留其原特性还是继承当前的图层、颜色、线型或线宽设置。例如,在机械装配图中,常用的螺帽、螺钉、弹簧等标准件都可以定义为块,在定义成块时,需指定块名、块中对象、块插入基点和块插入单位等。如图 10-2 所示为机械零件装配图。

图 10-2 机械零件装配图

1. 提高绘图效率

使用 AutoCAD 绘图时,常常要绘制一些重复出现的图形对象,若是把这些图形对象定义成块而保存起来,再次绘制该图形时就可以插入定义的块,这样就避免了大量重复性的工作,从而为用户提高制图效率。

2. 节省存储空间

AutoCAD 要保存图中每一个对象的相关信息,如对象的类型、位置、图层、线型及颜色等,这些信息占据了大量的程序存储空间。如果在一幅图中绘制大量相同的图形,势必会造成操作系统运行缓慢,但把这些相同的图形定义成块,需要该图形时直接插入即可,从而节省了磁盘空间。

3. 便于修改图形

一张工程图往往要经过多次的修改。如在机械设计中,旧的国家标准(GB)用虚线表示螺栓的内径,而新的标准则用细实线表示,如果对旧图纸上的每一个螺栓按新标准来修改,既费时又不方便。但如果原来各螺栓是通过插入块的方法绘制的,那么只要简简单单地修改定义的块,图中所有块图形都会相应地做修改。

4. 可以添加属性

很多块还要求有文字信息以进一步解释其用途。AutoCAD 允许为块创建这些文字属性,而且还可以在插入的块中显示或不显示这些属性,也可以从图中提取这些信息并将它们传送到数据库中。

10.2 创建块

块是一个或多个对象组成的对象集合,常用于绘制复杂、重复的图形。一旦一组对象组合成块,就可以根据作图需要将这组对象插入到图中任意指定位置,而且还可以按不同的比例和旋转角度插入。本节将着重介绍块的创建、插入块、删除块、存储并参照块、嵌套块、间隔插入块、多重插入块及创建块库等内容。

10.2.1 块的创建

通过选择对象、指定插入点然后为其命名,可创建块定义。用户可以创建自己的块,也可以使用设计中心或工具选项板中提供的块。

用户可通过以下命令方式来执行此操作:

- 菜单栏:选择【绘图】/【块】/【创建】命令。
- 面板:在【常用】选项卡【块】面板中单击【创建】按钮 。
- 面板:在【插入】选项卡【块定义】面板中单击【创建块】按钮 。
- 命令行:输入 BLOCK。

执行 BLOCK 命令,将弹出【块定义】对话框,如图 10-3 所示。

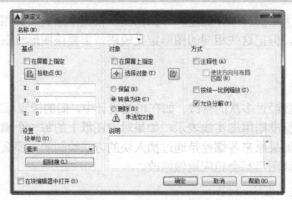

图 10-3 【块定义】对话框

该对话框中各选项含义如下：

- 名称：指定块的名称。名称最多可以包含 255 个字符，包括字母、数字、空格，以及操作系统或程序未做他用的任何特殊字符（注意：不能用 DIRECT、LIGHT、AVE_RENDER、RM_SDB、SH_SPOT 和 OVERHEAD 作为有效的块名称）。

- 【基点】选项卡：指定块的插入基点，默认值是（0,0,0）（注意：此基点是图形插入过程中旋转或移动的参照点）。
    - 在屏幕上指定：在屏幕窗口上指定块的插入基点。
    - 【拾取点】按钮：暂时关闭对话框以使用户能在当前图形中拾取插入基点。
    - X：指定基点的 X 坐标值。
    - Y：指定基点的 Y 坐标值。
    - Z：指定基点的 Z 坐标值。

- 【设置】选项卡：指定块的设置。
    - 块单位：指定块参照插入单位。
    - 【超链接】按钮：单击此按钮，打开【插入超链接】对话框，使用该对话框将某个超链接与块定义相关联，如图 10-4 所示。

- 在块编辑器中打开：勾选此复选框，将在块编辑器中打开当前的块定义。

- 【对象】选项卡：指定新块中要包含的对象，以及创建块之后如何处理这些对象，是保留还是删除选定的对象或者是将它们转换成块实例。
    - 在屏幕上指定：在屏幕中选择块包含的对象。
    - 【选择对象】按钮：暂时关闭【块定义】对话框，允许用户选择块对象。完成选择对象后，按 Enter 键重新打开【块定义】对话框。
    - 【快速选择】按钮：单击此按钮，将打开【快速选择】对话框，该对话框可以定义选择集，如图 10-5 所示。

第 10 章 用"块"作图

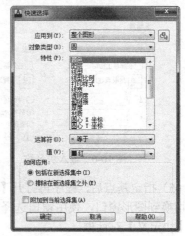

图 10-4 【插入超链接】对话框　　图 10-5 【快速选择】对话框

> 保留：创建块以后，将选定对象保留在图形中作为区别对象。
> 转换为块：创建块以后，将选定对象转换成图形中的块实例。
> 删除：创建块以后，从图形中删除选定的对象。
> 【未选定的对象】：此区域将显示选定对象的数目。

● 【方式】选项卡：指定块的生成方式。
> 注释性：指定块为注释性。单击信息图标可以了解有关注释性对象的更多信息。
> 使块方向与布局匹配：指定在图纸空间视口中的块参照的方向与布局的方向匹配。如果未选择【注释性】选项，则该选项不可用。
> 按统一比例缩放：指定块参照是否按统一比例缩放。
> 允许分解：指定块参照是否可以被分解。

每个块定义必须包括块名、一个或多个对象、用于插入块的基点坐标值和所有相关的属性数据。插入块时，将基点作为放置块的参照。

提示

建议用户指定基点位于块中对象的左下角。在以后插入块时将提示指定插入点，块基点与指定的插入点对齐。

动手操作——块的创建

（1）打开光盘中的源文件"ex-1.dwg"。

（2）在【插入】选项卡【块】面板中单击【创建】按钮，打开【块定义】对话框。

（3）在【名称】文本框内输入块的名称【齿轮】，然后单击【拾取点】按钮，如图 10-6 所示。

（4）程序将暂时关闭对话框，在绘图区域中指定图形的中心点作为块插入基点，如图 10-7 所示。

309

图 10-6　输入块名称

图 10-7　指定基点

（5）指定基点后，程序再打开【块定义】对话框。单击该对话框中的【选择对象】按钮，切换到图形窗口，使用窗口选择的方法全部选择窗口中的图形元素，然后按 Enter 键返回到【块定义】对话框。

（6）此时，在【名称】文本框旁边生成块图标。接着在对话框的【说明】选项卡中输入块的说明文字，如输入"齿轮分度圆直径 12，齿数 18、压力角 20"等字样。保留其余选项默认设置，单击【确定】按钮，完成块的定义，如图 10-8 所示。

图 10-8　完成块的定义

> **提示**
>
> 　　创建块时，必须先输入要创建块的图形对象，否则显示【块-未选定任何对象】选择信息提示框，如图 10-9 所示。如果新块名与已有块重名，程序将显示【块重新定义块】信息提示框，要求用户更新块定义或参照，如图 10-10 所示。

图 10-9　对象选择信息提示框

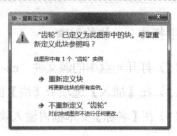
图 10-10　重定义块信息提示框

10.2.2 插入块

插入块时,需要创建块参照并指定它的位置、缩放比例和旋转度。插入块操作将创建一个称作块参照的对象,因为参照了存储在当前图形中的块定义。

用户可通过以下命令方式来执行此操作:

- 面板:在【插入】选项卡【块】面板中单击【插入】按钮。
- 命令行:输入 IBSERT。

执行 IBSERT 命令,弹出【插入】对话框,如图 10-11 所示。

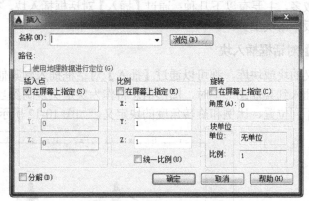

图 10-11 【插入】对话框

该对话框中各选项卡、选项的含义如下:

- 【名称】列表框:在该列表框中指定要插入块的名称,或指定要作为块插入的文件的名称。
- 【浏览】按钮:单击此按钮,打开【选择图形文件】对话框(标准的文件选择对话框),从中可选择要插入的块或图形文件。
- 【路径】:显示块文件的浏览路径。
- 【插入点】选项卡:控制块的插入点。
  - ➢ 【在屏幕上指定】复选框:用定点设备指定块的插入点。
- 【比例】选项卡:指定插入块的缩放比例。如果指定负的 X、Y、Z 缩放比例因子,则插入块的镜像图像。

> **提示**
> 如果插入的块所使用的图形单位与为图形指定的单位不同,则块将自动按照两种单位相比的等价比例因子进行缩放。

  - ➢ 【在屏幕上指定】复选框:用定点设备指定块的比例。
- 【统一比例】复选框:为 X、Y、Z 坐标指定单一的比例值。为 X 指定的值也反映在 Y 和 Z 的值中。

- 【旋转】选项卡：在当前 UCS 中指定插入块的旋转角度。
  - 【在屏幕上指定】复选框：用定点设备指定块的旋转角度。
  - 【角度】：设置插入块的旋转角度。
- 【块单位】选项卡：显示有关块单位的信息。
  - 【单位】：显示块的单位。
  - 【比例】：显示块的当前比例因子。
- 【分解】复选框：分解块并插入该块的各个部分。勾选【分解】复选框时，只可以指定统一比例因子。

块的插入方法较多，主要有以下几种：通过【插入】对话框插入块、在命令行输入-insert 命令、在工具选项板单击块工具。

1. 通过【插入】对话框插入块

凡是用户自定义的块或块库，都可以通过【插入】对话框插入到其他图形文件中。将一个完整的图形文件插入到其他图形中时，图形信息将作为块定义复制到当前图形的块表中，后续插入参照具有不同位置、比例和旋转角度的块定义，如图 10-12 所示。

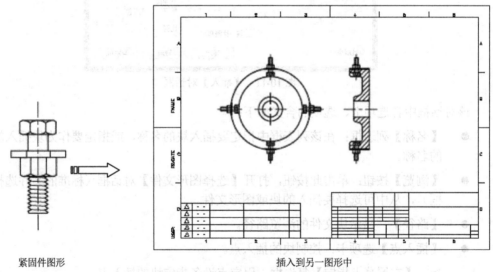

图 10-12 作为块插入图形文件

2. 在命令行输入-insert 命令

如果在命令提示下输入-insert 命令，将显示以下命令操作提示：

```
命令：-insert
输入块名或 [?]<上一个>：                                    //输入块名
单位：毫米    转换：1.00000000                              //显示转换单位和比例
指定插入点或 [基点(B)//比例(S)//X//Y//Z//旋转(R)]：          //指定插入点或输入选项
输入 X 比例因子，指定对角点，或 [角点(C)//XYZ(XYZ)] <1>：    //输入 X 缩放因子
输入 Y 比例因子或 <使用 X 比例因子>：                        //输入 Y 缩放因子
指定旋转角度 <0>：                                          //输入块旋转角度
```

操作提示下的选项含义如下：

- 输入块名：如果在当前编辑任务期间已经在当前图形中插入了块，则最后插入的块的名称作为当前块出现在提示中。
- 插入点：指定块或图形的位置，此点与块定义时的基点重合。
- 基点：将块临时放置到其当前所在的图形中，并允许在将块参照拖动到位时为其指定新基点。这不会影响为块参照定义的实际基点。
- 比例：设置 X、Y 和 Z 轴的比例因子。
- X//Y//Z：设置 X、Y、Z 的比例因子。
- 旋转：设置块插入的旋转角度。
- 指定对角点：指定缩放比例的对角点。

动手操作——插入块

下面以实例来说明在命令行中输入-insert 命令插入块的操作过程。

（1）打开光盘中的源文件"ex-2.dwg"。

（2）在命令行输入-insert 命令，并按 Enter 键执行命令。

（3）插入块时，将块放大为原来的 1.1 倍，并旋转 45°。命令行的操作提示如下：

命令：-insert
输入块名或 [?]<扳手>：✓
单位：毫米　　转换：1.00000000　　　　　　　　　　//转换单位信息
指定插入点或 [基点(B)//比例(S)//X//Y//Z//旋转(R)]: s✓　　//输入 S 选项
指定 XYZ 轴的比例因子 <1>: 1.1✓　　　　　　　　　//输入比例因子
指定插入点或 [基点(B)//比例(S)//X//Y//Z//旋转(R)]: r✓　　//输入 F 选项
指定旋转角度 <0>: 45✓　　　　　　　　　　　　　//输入旋转角度
指定插入点或 [基点(B)//比例(S)//X//Y//Z//旋转(R)]:　　　　//指定插入点

（4）插入块的操作过程及结果如图 10-13 所示。

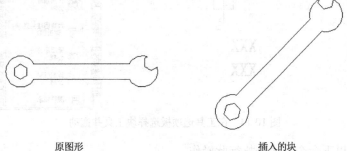

原图形　　　　　　　　　　　　插入的块

图 10-13　在图形中插入块

3. 在工具选项板上单击块工具

在 AutoCAD 中，工具选项板上的所有工具都是定义的块，从工具选项板中拖动的块将根据块和当前图形中的单位比例自动进行缩放。例如，如果当前图形使用米作为单位，而块使用厘米，则单位比例为 1m//100cm。将块拖动至图形时，该块将按照 1//100 的比例插入。

对于从工具选项板中拖动来进行放置的块，必须在放置后经常旋转或缩放。从工具选项板中拖动块时可以使用对象捕捉，但不能使用栅格捕捉。在使用该工具时，可以为块或图案填充工具设置辅助比例来替代常规比例设置。

从工具选项板单击块工具或拖动块来创建的图形如图 10-14 所示。

> **提示**
> 如果源块或目标图形中的【拖放比例】设置为【无单位】，可以使用【选项】对话框的【用户系统配置】选项卡中的【源内容单位】和【目标图形单位】来设置。

10.2.3 删除块

要删除未使用的块定义并减小图形尺寸，在绘图过程可使用【清理】命令。【清理】命令主要是删除图形中未使用的命名项目，例如块定义和图层。

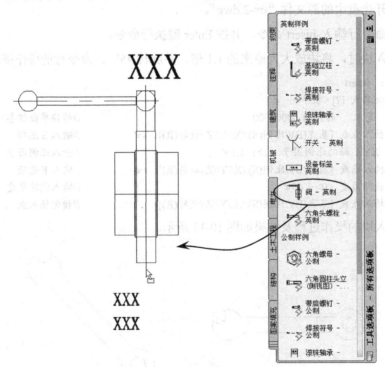

图 10-14 在工具选项板选择块工具并拖动

用户可通过以下命令方式来执行此操作：

- 菜单栏：选择【文件】/【图形实用程序】/【清理】命令。
- 命令行：输入 PURGE。

执行 PURGE 命令，弹出【清理】对话框，如图 10-15 所示。

该对话框显示可被清理的项目。对话框中各单选按钮、选项的含义如下：

- 【查看能清理的项目】单选按钮：切换树状图以显示当前图形中可以清理的命名对象的概要。
- 【查看不能清理的项目】单选按钮：切换树状图以显示当前图形中不能清理的命名对象的概要。
- 【图形中未使用的项目】选项卡：列出当前图形中未使用的、可被清理的命名对象。可以通过单击加号或双击对象类型列出任意对象类型的项目。通过选择要清理的项目来清理项目。
- 【确认要清理的每个项目】复选框：清理项目时显示【清理-确认清理】对话框，如图 10-16 所示。
- 【清理嵌套项目】复选框：从图形中删除所有未使用的命名对象，即使这些对象包含在其他未使用的命名对象中或被这些对象所参照。

在对话框的【图形中未使用的项目】列表中选择【块】选项，然后单击【清理】按钮，定义的块将被删除。

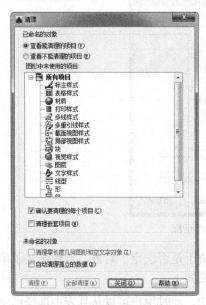

图 10-15 【清理】对话框

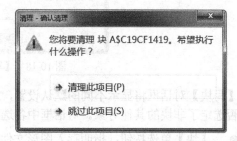

图 10-16 【清理-确认清理】对话框

10.2.4 存储并参照块

每个图形文件都具有一个称作块定义表的不可见数据区域。块定义表中存储着全部的块定义，包括块的全部关联信息。在图形中插入块时，所参照的就是这些块定义。

如图 10-17 所示的图例是三个图形文件的概念性表示。每个矩形表示一个单独的图形文件，并分为两个部分：较小的部分表示块定义表，较大的部分表示图形中的对象。

插入块时即插入了块参照。不仅仅是将信息从块定义复制到绘图区域，而是在块参照与块定义之间建立了链接。因此，如果修改块定义，所有的块参照也将自动更新。

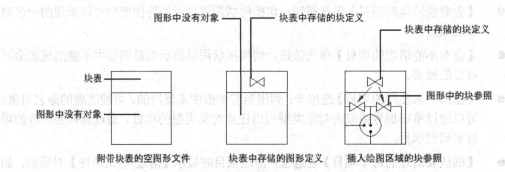

图 10-17　图形文件的概念性表示

当用户使用 BLOCK 命令定义一个块时，该块只能在存储该块定义的图形文件中使用。为了能在别的文件中再次引用块，必须使用 WBLOCK 命令，即打开【写块】对话框来进行文件的存放设置。【写块】对话框如图 10-18 所示。

图 10-18　【写块】对话框

【写块】对话框将显示不同的默认设置，这取决于是否选定了对象、是否选定了单个块或是否选定了非块的其他对象。对话框中各选项含义如下：

- 【块】单选按钮：指明存入图形文件的是块。此时用户可以从列表中选择已定义的块的名称。
- 【整个图形】单选按钮：将当前图形文件看成一个块，将该块存储于指定的文件中。
- 【对象】单选按钮：将选定对象存入文件，此时要求指定块的基点，并选择块所包含的对象。
- 【基点】选项卡：指定块的基点，默认值是（0,0,0）。
- 【拾取点】按钮：暂时关闭对话框以使用户能在当前图形中拾取插入基点。
- 【对象】选项卡：设置用于创建块的对象上的块创建的效果。
- 【选择对象】按钮：临时关闭该对话框以便可以选择一个或多个对象以保存至文件。

- 【快速选择】按钮：单击此按钮，打开【快速选择】对话框，从中可以过滤选择集。
- 【保留】单选按钮：将选定对象另存为文件后，在当前图形中仍保留它们。
- 【转换为块】单选按钮：将选定对象另存为文件后，在当前图形中将它们转换为块。在【块】的列表中指定为【文件名】中的名称。
- 【从图形中删除】单选按钮：将选定对象另存为文件后，从当前图形中删除。
- 未选定对象：该区域显示未选定对象或选定对象的数目。
- 【目标】选项卡：指定文件的新名称和新位置以及插入块时所用的测量单位。
- 【文件名和路径】列表框：指定目标文件的路径，单击其右侧的【浏览】按钮，显示【浏览文件夹】对话框。
- 【插入单位】列表框：设置将此处创建的块文件插入其他图形时所使用的单位。该列表框中包括多种可选单位。

10.2.5 嵌套块

使用嵌套块，可以在几个部件外创建单个块。使用嵌套块可以简化复杂块定义的组织。例如，可以将一个机械部件的装配图作为块插入，该部件包括机架、支架和紧固件，而紧固件又是由螺钉、垫片和螺母组成的块，如图 10-19、图 10-20 所示。

嵌套块的唯一限制是不能插入参照自身的块。

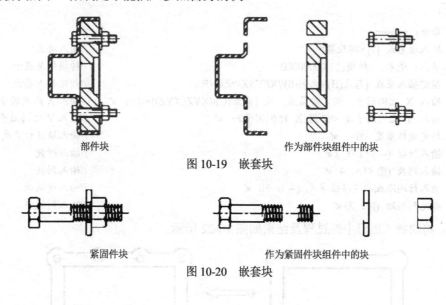

部件块　　　　　　　　　　作为部件块组件中的块

图 10-19　嵌套块

紧固件块　　　　　　　　作为紧固件块组件中的块

图 10-20　嵌套块

10.2.6 间隔插入块

在命令行执行 DIVIDE 命令（定数等分）或者 MEASURE 命令（定距等分），可以将点对象或块沿对象的长度或周长等间隔排列，也可以将点对象或块在对象上指定间隔处放置。

10.2.7 多重插入块

多重插入块就是在矩形阵列中插入一个块的多个引用。在插入过程中，MINSERT 命令不能像使用 INSERT 命令那样在块名前使用【*】号来分解块对象。

下面以实例来说明多重插入块的操作过程。

动手操作——多重插入块

本例中插入块的块名称为"螺纹孔"，基点为孔中心，如图 10-21 所示。

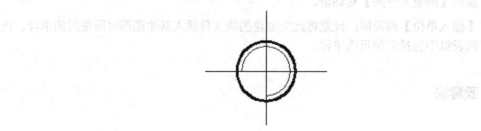

图 10-21 要插入的"螺纹孔"块

（1）打开光盘中的源文件"ex-3.dwg"。

（2）在命令行执行 MINSERT 命令，然后将【螺纹孔】块插入到图形中。命令行的操作提示如下：

```
命令: minsert
输入块名或 [?] <螺纹孔>:                                    //输入块名
单位: 毫米    转换: 1.00000000                              //转换信息提示
指定插入点或 [基点(B)//比例(S)//X//Y//Z//旋转(R)]:           //指定插入基点
输入 X 比例因子，指定对角点，或 [角点(C)//XYZ(XYZ)] <1>:✓    //输入 X 比例因子
输入 Y 比例因子或 <使用 X 比例因子>:✓                        //输入 Y 比例因子
指定旋转角度 <0>:✓                                         //输入块旋转角度
输入行数 (---) <1>: 2✓                                     //输入行数
输入列数 (|||) <1>: 4 ✓                                    //输入列数
输入行间距或指定单位单元 (---): 38 ✓                         //输入行间距
指定列间距 (|||): 23✓                                      //输入列间距
```

（3）将块插入图形中的过程及结果如图 10-22 所示。

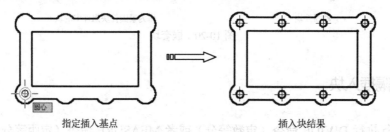

指定插入基点   插入块结果

图 10-22 插入块

10.2.8 创建块库

块库是存储在单个图形文件中的块定义的集合。在创建插入块时，用户可以使用 Autodesk 或其他厂商提供的块库或自定义块库。

通过在同一图形文件中创建块，可以组织一组相关的块定义。使用这种方法的图形文件称为块、符号或库。这些块定义可以单独插入正在其中工作的任何图形。除块几何图形之外，还可以包括提供块名的文字、创建日期、最后修改的日期，以及任何特殊的说明或约定。

下面以实例来说明块库的创建过程。

动手操作——创建块库

（1）打开光盘中的源文件"ex-4.dwg"，打开的图形如图 10-23 所示。

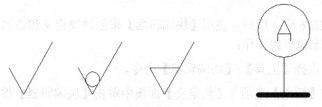

图 10-23 实例图形

（2）首先为 4 个代表粗糙度符号及基准代号的小图形创建块定义，名称分别为"粗糙度符号-1"、"粗糙度符号-2"、"粗糙度符号-3"和"基准代号"。添加的说明分别是"基本符号，可用任何方法获得"、"基本符号，表面是用不去除材料的方法获得"、"基本符号，表面是用去除材料的方法获得"和"此基准代号的基准要素为线或面"。其中，创建"基准代号"块图例如图 10-24 所示。

图 10-24 创建【基准代号】块

（3）在命令行执行 ADCEnter（设计中心）命令，打开【设计中心】面板。从面板中可看到创建块库，块库中包含了先前创建的 4 个块以及说明，如图 10-25 所示。

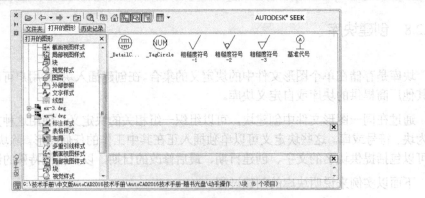

图 10-25 定义的块库

10.3 块编辑器

在 AutoCAD 2016 中，用户可使用【块编辑器】来创建块定义和添加动态行为。用户可通过以下命令方式来执行此操作：

- 菜单栏：选择【工具】/【块编辑器】命令。
- 面板：在【插入】选项卡【块定义】面板中单击【块编辑器】按钮 。
- 命令行：输入 BEDIT。

执行 BEDIT 命令，弹出【编辑块定义】对话框，如图 10-26 所示。

在该对话框的【要创建或编辑的块】文本框内输入新的块名称，例如【A】。单击【确定】按钮，程序自动显示【块编辑器】选项卡，同时打开【块编写选项板】面板。

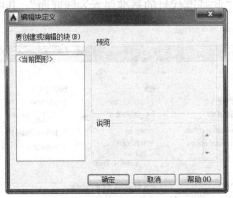

图 10-26 【编辑块定义】对话框

10.3.1 【块编辑器】选项卡

功能区【块编辑器】上下文选项卡和【块编写】选项板还提供了绘图区域，用户可以像在程序的主绘图区域中一样在此区域绘制和编辑几何图形，并可以指定块编辑器绘图区域的背景色。【块编辑器】选项卡如图 10-27 所示,【块编写选项板】如图 10-28 所示。

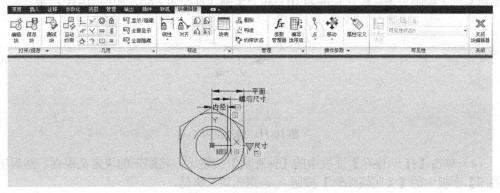

图 10-27 【块编辑器】选项卡

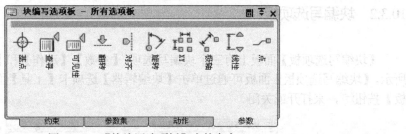

图 10-28 【块编写选项板】中的命令

> **提示**
> 用户可使用【块编辑器】选项卡中的多数命令。当用户使用了【块编辑器】中不允许执行的命令时,命令行提示中将显示一条警告消息。

动手操作——创建粗糙度符号块

(1) 打开光盘中的源文件 "ex-5.dwg",在图形中插入的块如图 10-29 所示。

(2) 在【插入】选项卡【块】面板中单击【块编辑器】按钮,打开【编辑块定义】对话框。在对话框的列表中选择【粗糙度符号-3】,并单击【确定】按钮,如图 10-30 所示。

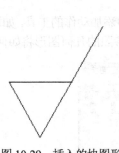

图 10-29 插入的块图形

图 10-30 选择要编辑的块

（3）随后程序打开【块编辑器】选项卡。使用 LINE 命令和 CIRCLE 命令在绘图区域中原图形基础上绘制一条直线（长度为 10）和一个圆（直径为 2.4），如图 10-31 所示。

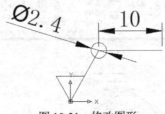

图 10-31　修改图形

（4）单击【打开/保存】面板中的【保存块】按钮，将编辑的块定义保存。然后单击【关闭】面板中的【关闭块编辑】按钮，退出块编辑器。

10.3.2　块编写选项板

【块编写选项板】面板上有三个块编写选项：【参数】、【动作】和【参数集】，如图 10-32 所示。【块编写选项板】面板可通过单击【块编辑器】选项卡【工具】面板中的【块编写选项板】按钮，来打开或关闭。

图 10-32　【块编写选项板】面板

1.【参数】选项

【参数】选项可提供用于向块编辑器中的动态块定义中添加参数的工具。参数用于指定几何图形在块参照中的位置、距离和角度。将参数添加到动态块定义中时，该参数将定义块的一个或多个自定义特性。

2.【动作】选项

【动作】选项可提供用于向块编辑器中的动态块定义中添加动作的工具，如图 10-33 所示。动作定义了在图形中操作块参照的自定义特性时，动态块参照的几何图形将如何移动或变化。

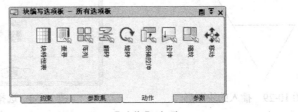

图 10-33　【动作】选项

3. 【参数集】选项

【参数集】选项提供用于在块编辑器中向动态块定义中添加一个参数和至少一个动作的工具，如图 10-34 所示。将参数集添加到动态块中时，动作将自动与参数相关联。将参数集添加到动态块中后，双击黄色警告图标，然后按照命令提示将该动作与几何图形选择集相关联。

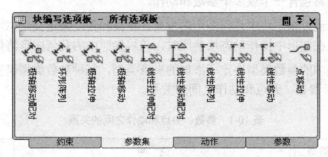

图 10-34 【参数集】选项卡

4. 【约束】选项

【约束】选项中各选项用于图形的位置约束。这些选项与块编辑器的【几何】面板中的约束选项相同。

10.4 动态块

如果向块定义中添加了动态行为，也就为块几何图形增添了灵活性和智能性。动态块参照并非图形的固定部分，用户在图形中进行操作时可以对其进行修改或操作。

10.4.1 动态块概述

动态块具有灵活性和智能性，用户在操作时可以轻松地更改图形中的动态块参照。这使得用户可以根据需要在位调整块，而不用搜索另一个块以插入或重定义现有的块。

通过【块编辑器】选项卡的功能，将参数和动作添加到块，或者将动态行为添加到新的或现有的块定义当中，如图 10-35 所示。块编辑器内显示了一个定义块，该块包含一个标有【距离】的线性参数，其显示方式与标注类似，此外还包含一个拉伸动作，该动作包含一个发亮螺栓和一个【拉伸】选项卡。

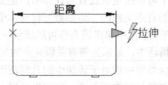

图 10-35 向块添加动作和参数

向块中添加参数和动作可以使其成为动态块。如果向块中添加了这些元素，也就为块几何图形增添了灵活性和智能性。

10.4.2 向块中添加元素

用户可以在块编辑器中向块定义中添加动态元素（参数和动作）。特殊情况下，除几何图形外，动态块中通常包含一个或多个参数和动作。

【参数】表示通过指定块中几何图形的位置、距离和角度来定义动态块的自定义特性。【动作】表示定义在图形中操作动态块参照时，该块参照中的几何图形将如何移动或修改。

添加到动态块中的参数类型决定了添加的夹点类型，每种参数类型仅支持特定类型的动作。表 10-1 显示了参数、夹点和动作之间的关系。

表 10-1 参数、夹点和动作之间的关系

参数类型	夹点类型	说 明	与参数关联的动作
点	■	在图形中定义一个 X 和 Y 位置。在块编辑器中，外观类似于坐标标注	移动、拉伸
线性	▶	可显示出两个固定点之间的距离。约束夹点沿预设角度移动。在块编辑器中，外观类似于对齐标注	移动、缩放、拉伸、阵列
极轴	■	可显示出两个固定点之间的距离并显示角度值。可以使用夹点和【特性】选项板来共同更改距离值和角度值。在块编辑器中，外观类似于对齐标注	移动、缩放、拉伸、极轴拉伸、阵列
XY	■	可显示出距参数基点的 X 距离和 Y 距离。在块编辑器中，显示为一对标注（水平标注和垂直标注）	移动、缩放、拉伸、阵列
旋转	●	可定义角度。在块编辑器中，显示为一个圆	旋转
翻转	➡	翻转对象。在块编辑器中，显示为一条投影线。可以围绕这条投影线翻转对象。将显示一个值，该值显示出了块参照是否被翻转	翻转
对齐	▶	可定义 X 和 Y 位置以及一个角度。对齐参数总是应用于整个块，并且无须与任何动作相关联。对齐参数允许块参照自动围绕一个点旋转，以便与图形中的另一对象对齐。对齐参数会影响块参照的旋转特性。在块编辑器中，外观类似于对齐线	无（此动作隐藏在参数中）
可见性	▼	可控制对象在块中的可见性。可见性参数总是应用于整个块，并且无须与任何动作相关联。在图形中单击夹点可以显示块参照中所有可见性状态的列表。在块编辑器中，显示为带有关联夹点的文字	无（此动作是隐藏的，并且受可见性状态的控制）
查询	▼	定义一个可以指定或设置为计算用户定义的列表或表中的值的自定义特性。该参数可以与单个查询夹点相关联。在块参照中单击该夹点可以显示可用值的列表。在块编辑器中，显示为带有关联夹点的文字	查询
基点	■	在动态块参照中相对于该块中的几何图形定义一个基点无法与任何动作相关联，但可以归属于某个动作的选择集。在块编辑器中，显示为带有十字光标的圆	无

注意：参数和动作仅显示在块编辑器中。将动态块参照插入到图形中时，将不会显示动态块定义中包含的参数和动作。

10.4.3 创建动态块

在创建动态块之前，应当了解其外观以及在图形中的使用方式。确定当操作动态块参照时，块中的哪些对象会更改或移动，另外，还要确定这些对象将如何更改。

下面以实例来说明创建动态块操作过程。本例将创建一个可旋转、可调整大小的动态块。

动手操作——创建动态块

（1）在【插入】选项卡【块】面板中单击【块编辑器】按钮，打开【编辑块定义】对话框。在该对话框中输入新块名【动态块】，并单击【确定】按钮，如图10-36所示。

（2）在【常用】选项卡下，使用【绘图】面板中的LINE命令创建出图形。然后使用【注释】面板中的【单行文字】命令在图形中添加单行文字，如图10-37所示。

图10-36　输入动态块名

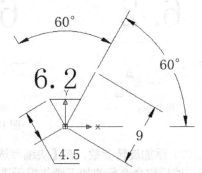
图10-37　绘制图形和文字

提示

在块编辑器处于激活状态下，仍然可使用功能区上其他选项卡中的功能命令来绘制图形。

（3）添加点参数。在【块编写选项板】面板的【参数】选项卡中单击【点参数】按钮，然后按命令行的如下操作提示进行操作：

```
命令：_BParameter 点
指定参数位置或 [名称(N)//选项卡(L)//链(C)//说明(D)//选项板(P)]: L↙    //输入选项
输入位置特性选项卡 <位置>：基点↙                                      //输入选项卡名称
指定参数位置或 [名称(N)//选项卡(L)//链(C)//说明(D)//选项板(P)]:        //指定参数位置
指定选项卡位置：                                                      //指定选项卡位置
```

（4）操作过程及结果如图10-38所示。

（5）添加线性参数。在【块编写选项板】面板的【参数】选项中单击【线性参数】按钮，然后按命令行的如下操作提示进行操作：

```
命令：_BParameter 线性
指定起点或 [名称(N)//选项卡(L)//链(C)//说明(D)//基点(B)//选项板(P)//值集(V)]: L↙
输入距离特性选项卡 <距离>：拉伸↙
```

```
指定起点或 [名称(N)//选项卡(L)//链(C)//说明(D)//基点(B)//选项板(P)//值集(V)]:
指定端点:
指定选项卡位置:
```

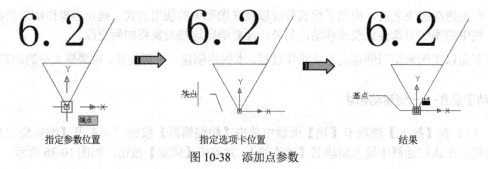

图 10-38　添加点参数

（6）操作过程及结果如图 10-39 所示。

图 10-39　添加线性参数

（7）添加旋转参数。在【块编写选项板】面板的【参数】选项卡中单击【旋转参数】按钮，然后按命令行的如下操作提示进行操作：

```
命令：_BParameter 旋转
指定基点或 [名称(N)//选项卡(L)//链(C)//说明(D)//选项板(P)//值集(V)]: L
输入旋转特性选项卡 <角度>: 旋转
指定基点或 [名称(N)//选项卡(L)//链(C)//说明(D)//选项板(P)//值集(V)]:
指定参数半径: 3
指定默认旋转角度或 [基准角度(B)]<0>: 270
指定选项卡位置:
```

（8）操作过程及结果如图 10-40 所示。

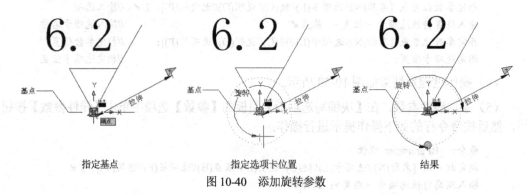

图 10-40　添加旋转参数

(9) 添加缩放动作。在【块编写选项板】面板的【动作】选项中单击【缩放动作】按钮，然后按命令行的如下操作提示进行操作：

命令：_BActionTool 缩放
选择参数：✔
指定动作的选择集
选择对象：找到 1 个
选择对象：找到 1 个，总计 2 个
选择对象：找到 1 个，总计 3 个
选择对象：找到 1 个，总计 4 个
选择对象：✔
指定动作位置或 [基点类型(B)]:

(10) 操作过程及结果如图 10-41 所示。

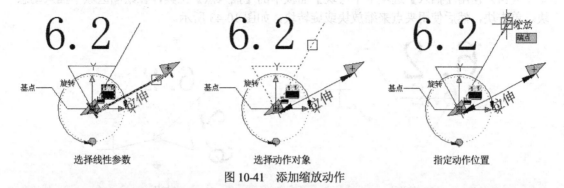

选择线性参数　　　　选择动作对象　　　　指定动作位置

图 10-41　添加缩放动作

提示

双击动作选项卡，还可以继续添加动作对象。

(11) 添加旋转动作。在【块编写选项板】面板的【动作】选项卡中单击【旋转动作】按钮，然后按命令行的如下操作提示进行操作：

命令：_BActionTool 旋转
选择参数：✔   //选择旋转参数
指定动作的选择集
选择对象：找到 1 个   //选择动作对象1
选择对象：找到 1 个，总计 2 个   //选择动作对象2
选择对象：找到 1 个，总计 3 个   //选择动作对象3
选择对象：找到 1 个，总计 4 个   //选择动作对象4
选择对象：✔
指定动作位置或 [基点类型(B)]:   //指定动作位置

(12) 操作过程及结果如图 10-42 所示。

提示

用户可以通过自定义夹点和自定义特性来操作动态块参照。例如，选择一动作，执行右键【特性】命令，打开【特性】选项板来添加夹点或动作对象。

(13) 单击【管理】面板中的【保存】按钮，将定义的动态块保存，然后单击【关闭块编辑器】按钮退出块编辑器。

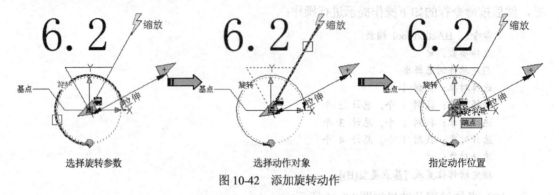

图 10-42 添加旋转动作

（14）使用【插入】选项卡下【块】面板中的【插入点】工具，在绘图区域中插入动态块。单击块，然后使用夹点来缩放块或旋转块，如图 10-43 所示。

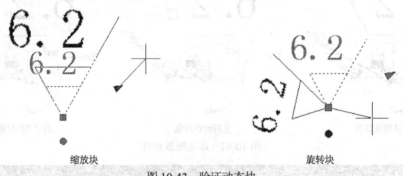

图 10-43 验证动态块

10.5 块属性

块属性是附属于块的非图形信息，是块的组成部分可包含在块定义中的文字对象。在定义一个块时，属性必须预先定义而后选定。通常属性用于在块的插入过程中进行自动注释。如图 10-44 所示的图中显示了具有 4 种特性（类型、制造商、型号和价格）的块。

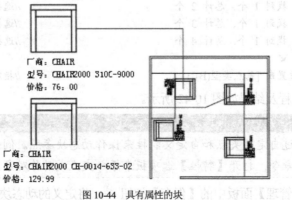

图 10-44 具有属性的块

10.5.1 块属性特点

在 AutoCAD 中，用户可以在图形绘制完成后(甚至在绘制完成前)，使用 ATTEXT 命令将块属性数据从图形中提取出来，并将这些数据写入到一个文件中，这样就可以从图形数据库文件中获取块数据信息了。块属性具有以下特点。

块属性由属性标记名和属性值两部分组成。

定义块前，应先定义该块的每个属性，即规定每个属性的标记名、属性提示、属性默认值、属性的显示格式(可见或不可见)及属性在图中的位置等。

定义块时，应将图形对象和表示属性定义的属性标记名一起用来定义块对象。

插入有属性的块时，系统将提示用户输入需要的属性值。插入块后，属性用它的值表示。

插入块后，用户可以改变属性的显示可见性，对属性做修改，把属性单独提取出来写入文件，以供统计、制表使用，还可以与其他高级语言或数据库进行数据通信。

10.5.2 定义块属性

要创建带有属性的块，可以先绘制希望作为块元素的图形，然后创建希望作为块元素的属性，最后同时选中图形及属性，将其统一定义为块或保存为块文件。

块属性是通过【属性定义】对话框来设置的。用户可通过以下命令方式打开该对话框：

- 菜单栏：选择【绘图】/【块】/【定义属性】命令。
- 面板：在【插入】选项卡【块定义】面板中单击【定义属性】按钮。
- 命令行：输入 ATTDEF。

执行 ATTDEF 命令，弹出【属性定义】对话框，如图 10-45 所示。

图 10-45 【属性定义】对话框

该对话框中各选项含义如下：

- 【模式】选项卡：在图形中插入块时，设置与块关联的属性值选项。
  - 【不可见】复选框：指定插入块时不显示或打印属性值。

- ➢ 【固定】复选框：设置属性的固定值。
- ➢ 验证：插入块时提示验证属性值是否正确。
- ➢ 预设：插入包含预设属性值的块时，将属性设置为默认值。
- ➢ 锁定位置：锁定块参照中属性的位置。解锁后，属性可以相对于使用夹点编辑的块的其他部分移动，并且可以调整多行文字属性的大小。
- ➢ 多行：指定属性值可以包含多行文字。选定此选项后，可以指定属性的边界宽度。

注意：动态块中，由于属性的位置包括在动作的选择集中，因此必须将其锁定。

- 【插入点】选项卡：指定属性位置。输入坐标值或者选择【在屏幕上指定】，并使用定点设备根据与属性关联的对象指定属性的位置。
  - ➢ 【在屏幕上指定】复选框：使用定点设备相对于要与属性关联的对象指定属性的位置。
- 【属性】选项卡：设置块属性的数据。
  - ➢ 【标记】文本框：标识图形中每次出现的属性。

> **提示**
> 指定在插入包含该属性定义的块时显示的提示。如果不输入提示，属性标记将用作提示。

  - ➢ 【默认】文本框：设置默认的属性值。
- 【文字设置】选项卡：设置属性文字的对正、样式、高度和旋转。
  - ➢ 对正：指定属性文字的对正。
  - ➢ 文字样式：指定属性文字的预定义样式。
  - ➢ 【注释性】复选框：勾选此复选框，指定属性为注释性。
  - ➢ 文字高度：设置文字的高度。
  - ➢ 旋转：设置文字的旋转角度。
- 边界宽度：换行前，请指定多行文字属性中文字行的最大长度。
- 【在上一个属性定义下对齐】复选框：将属性标记直接置于之前定义的属性的下面。如果之前没有创建属性定义，则此选项不可用。

下面通过一个实例说明如何创建带有属性定义的块。在机械制图中，表面粗糙度的值有0.8、1.6、3.2、6.3、12.5、25、50等，用户可以在表面粗糙度图块中将粗糙度值定义为属性，当每次插入表面粗糙度时，AutoCAD将自动提示用户输入表面粗糙度的数值。

动手操作——定义块属性

（1）打开光盘中的源文件"ex-6.dwg"，图形如图10-46所示。

（2）在菜单栏选择【格式】/【文字样式】命令，在弹出的【文字样式】对话框的【字体名】下拉列表中选择tex.shx选项，并勾选【使用大字体】复选框，接着在【大字体】列表

第 10 章 用"块"作图

中选择 gbcbig.shx 选项，最后依次单击【应用】与【关闭】按钮，如图 10-47 所示。

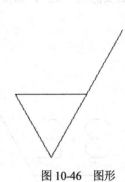

图 10-46　图形　　　　　　　　　　　图 10-47　设置文字样式

（3）在菜单栏中选择【绘图】/【块】/【定义属性】命令，打开如图 10-48 所示的【属性定义】对话框。在【标记】和【提示】文本框中输入相关内容，并单击【确定】按钮关闭该对话框。最后在绘图区域图形上单击以确定属性的位置，结果如图 10-49 所示。

图 10-48　设置属性参数　　　　　　　　图 10-49　定义的属性

（4）在菜单栏选择【绘图】/【块】/【创建】命令，打开【块定义】对话框。在【名称】文本框中输入"表面粗糙度符号"，并单击【选择对象】按钮，在绘图窗口选中全部对象（包括图形元素和属性），然后单击【拾取点】按钮，在绘图区的适当位置单击以确定块的基点，最后单击【确定】按钮，如图 10-50 所示。

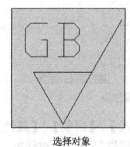
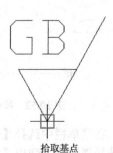

设置块参数　　　　　　　　　选择对象　　　　　　拾取基点

图 10-50　创建块

331

(5)接着程序弹出【编辑属性】对话框。在该对话框的【表面粗糙度值】文本框中输入新值"3.2",单击【确定】按钮后,块中的文字 GB 则自动变成实际值"3.2",如图 10-51 所示。GB 属性标记已被此处输入的具体属性值所取代。

图 10-51　编辑属性

提示

此后,每插入一次定义属性的块,命令行提示中将提示用户输入新的表面粗糙度值。

10.5.3　编辑块属性

对于块属性,用户可以像修改其他对象一样对其进行编辑。例如,单击选中块后,系统将显示块及属性夹点,单击属性夹点即可移动属性的位置,如图 10-52 所示。

要编辑块的属性,可在菜单栏中选择【修改】/【对象】/【属性】/【单个】命令,然后在图形区域中选择属性块,弹出【增强属性编辑器】对话框,如图 10-53 所示。在该对话框中用户可以修改块的属性值、属性的文字选项、属性所在图层,以及属性的线型、颜色和线宽等。

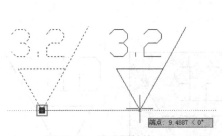

图 10-52　移动属性块

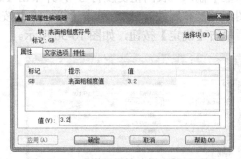

图 10-53　【增强属性编辑器】对话框

在菜单栏中选择【修改】/【对象】/【属性】/【块属性管理器】命令,然后在图形区域中选择属性块,弹出【块属性管理器】对话框,如图 10-54 所示。

该对话框的主要特点如下:

- 可利用【块】下拉列表选择要编辑的块。
- 在属性列表中选择属性后,单击【上移】或【下移】按钮,可以移动属性在列表中的位置。
- 在属性列表中选择某属性后,单击【编辑】按钮,将打开如图 10-55 所示的对话框。用户可以在该对话框中,修改属性模式、标记、提示与默认值,属性的文字选项,属性所在图层以及属性的线型、颜色和线宽等。
- 在属性列表中选择某属性后,单击【删除】按钮,可以删除选中的属性。

图 10-54 【块属性管理器】对话框

图 10-55 【编辑属性】对话框

10.6 使用外部参照

外部参照是指在一幅图形中对另一幅外部图形的引用。外部参照有两种基本用途。通过外部参照,参照图形中所做的修改将反映在当前图形中。附着的外部参照链接至另一图形,并不真正插入。因此,使用外部参照可以生成图形而不会显著增加图形文件的大小。

使用外部参照图形,可以使用户获得良好的设计效果。其表现如下:

- 通过在图形中参照其他用户的图形协调用户之间的工作,从而与其他设计师所做的修改保持同步。用户也可以使用组成图形装配一个主图形,主图形将随工程的开发而被修改。
- 确保显示参照图形的最新版本。打开图形时,将自动重载每个参照图形,从而反映参照图形文件的最新状态。
- 请勿在图形中使用参照图形中已存在的图层名、标注样式、文字样式和其他命名元素。
- 当工程完成并准备归档时,将附着的参照图形和当前图形永久合并(绑定)到一起。

提示
与块参照相同,外部参照在当前图形中以单个对象的形式存在。但是,必须首先绑定外部参照才能将其分解。

10.6.1 使用外部参照

外部参照与块在很多方面都很类似,其不同点在于块的数据存储在当前图形中,而外部参照的数据存储在一个外部图形中,当前图形数据库中仅存放外部文件的一个引用。

用户可通过以下命令方式来执行此操作：
- 菜单栏：选择【插入】/【外部参照】命令。
- 命令行：输入 EXTERNALREFERENCES。

执行 EXTERNALREFERENCES 命令，弹出【外部参照】选项板，如图 10-56 所示。

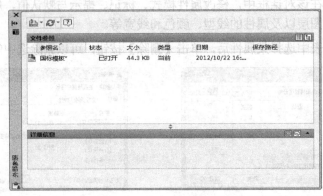

图 10-56 　【外部参照】选项板

通过该选项板，用户可以从外部加载 DWG、DXF、DGN 和图像等文件。单击选项板上的【附着】按钮，将打开【选择参照文件】对话框，用户可以通过该对话框选择要作为外部参照的图形文件。

选定文件后，单击【打开】按钮，程序则弹出如图 10-57 所示的【附着外部参照】对话框。用户可以在该对话框中选择引用类型（附加或覆盖），加入图形时的插入点、比例和旋转角度，以及是否包含路径。

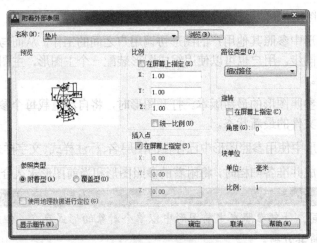

图 10-57 　【附着外部参照】对话框

【附着外部参照】对话框中各选项含义如下：
- 【名称】下拉列表框：附着了一个外部参照之后，该外部参照的名称将出现在列表中。当在列表中选择了一个附着的外部参照时，它的路径将显示在【保存路径】或【位置】中。

第 10 章 用"块"作图

- 【浏览】按钮：单击该按钮以显示【选择参照文件】对话框，可以从中为当前图形选择新的外部参照。
- 【附着型】单选按钮：将图形作为外部参照附着时，会将该参照图形链接到当前图形。打开或重载外部参照时，对参照图形所做的任何修改都会显示在当前图形中。
- 【覆盖型】单选按钮：覆盖外部参照用于在网络环境中共享数据。通过覆盖外部参照，无须通过附着外部参照来修改图形便可以查看图形与其他编组中的图形的相关方式。
- 【插入点】选项：指定所选外部参照的插入点。
    - 【在屏幕上指定】复选框：显示命令提示并使 X、Y 和 Z 比例因子选项不可用。
- 【比例】选项：指定所选外部参照的比例因子。
    - 【统一比例】复选框：勾选此复选框，使 Y 和 Z 的比例因子等于 X 的比例因子。
- 【旋转】选项：为外部参照引用指定旋转角度。
    - 【角度】文本框：指定外部参照实例插入到当前图形时的旋转角度。
- 【块单位】选项：显示有关块单位的信息。

10.6.2 外部参照管理器

参照管理器是一个独立的应用程序，它可以使用户轻松地管理图形文件和附着参照。其中包括图形、图像、字体和打印样式等由 AutoCAD 或基于 AutoCAD 产品生成的内容，还能够很容易地识别和修正图形中未解决的参照。

在 Windows 操作系统中选择【开始】/【所有程序】/【Autodesk】/【AutoCAD 2016-Simplifide Chinese】/【参照管理器】命令，即可打开【参照管理器】窗口，如图 10-58 所示。

参照管理器分为两个窗格。左侧窗格用于选定图形和它们参照的外部文件的树状视图。树状视图帮助用户在右侧窗格中查找和添加内容，这叫作参照列表。该列表显示了用户选择和编辑的保存参照路径信息。用户还可以控制树状视图的显示样式，并可以在树状视图中单击加号或减号来展开或收拢项目或节点。

如果要向参照管理器树状视图添加一个图形，可以单击窗口上的【添加图形】按钮，然后在打开的对话框中，浏览要打开文件的位置，选择文件后，单击【打开】按钮，会弹出如图 10-59 所示的【添加外部参照】信息提示对话框。

图 10-58 【参照管理器】窗口

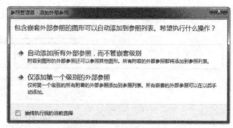

图 10-59 【添加外部参照】信息提示对话框

> **提示**
> 若勾选该对话框的【始终执行我的当前选择】复选框,则第二次添加外部参照时不会再弹出此对话框。

单击【添加外部参照】信息提示对话框的【自动添加所有外部参照,而不管嵌套级别】按钮后,用户所选择的外部参照图形将被添加进【参照管理器】窗口中,如图 10-60 所示。

若要在添加的外部参照图形中再添加外部参照,则在该图形上选择右键菜单【添加图形】命令即可,如图 10-61 所示。

图 10-60　添加参照到【参照管理器】窗口中

图 10-61　在外部参照中添加图形

10.6.3　附着外部参照

附着外部参照是指将图形作为外部参照附着时,会将该参照图形链接到当前图形;打开或重载外部参照时,对参照图形所做的任何修改都会显示在当前图形中。

用户可通过以下命令方式来执行此操作:

- 菜单栏:选择【插入】/【外部参照】命令。
- 命令行:输入 XATTACH。

执行 XATTACH 命令,所弹出的操作对话框及使用外部参照的操作过程与执行 EXTERNALREFERENCES 命令的操作过程是完全相同的。

当外部参照附着到图形时,应用程序窗口的右下角(状态栏托盘)将显示一个外部参照图标,如图 10-62 所示。

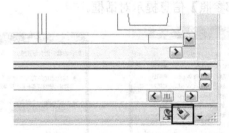
图 10-62　显示外部参照图标

10.6.4 拆离外部参照

要从图形中彻底删除 DWG 参照（外部参照），需要拆离它们而不是删除。因为删除外部参照不会删除与其关联的图层定义。

在菜单栏选择【插入】/【外部参照】命令，然后在打开的【外部参照】选项板中选择外部参照图形，并选择右键菜单【拆离】命令，即可将外部参照拆离，如图 10-63 所示。

图 10-63　拆离外部参照

10.6.5 外部参照应用实例

外部参照在 AutoCAD 图形中广泛使用。当打开和编辑包含外部参照的文件时，用户将发现改进的性能。为了获得更好的性能，AutoCAD 使用线程同时运行一些外部参照处理而不是按加载序列处理外部参照。

下面以实例来说明利用外部参照增强工作。首先在图形中添加一个带有相对路径的外部参照，然后打开外部参照进行更改。

📘 动手操作——外部参照的应用

（1）打开光盘中的源文件"ex-8.dwg"，打开的图纸文件如图 10-64 所示。

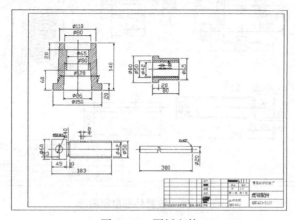

图 10-64　图纸文件

（2）在【插入】选项卡【参照】面板中单击【附着】按钮，打开【选择参照文件】对话框。然后选择"图纸-2.dwg"文件，并单击【打开】按钮。

（3）程序弹出【附着外部参照】对话框。在该对话框的【路径类型】列表中选择【相对路径】选项，保留其余选项默认的设置，单击【确定】按钮，如图10-65所示。

图10-65　设置外部参照选项

（4）关闭对话框后，在图纸右上角放置外部参照图形，如图10-66所示。

> **提示**
> 可先任意放置参照图形，然后使用【移动】命令将其移动到合适位置即可。

（5）在状态栏中单击【管理外部参照】按钮，弹出【外部参照】选项板。然后在【文件参照】列表中选择"图纸-2.dwg"文件，并选择右键菜单【打开】命令，如图10-67所示。

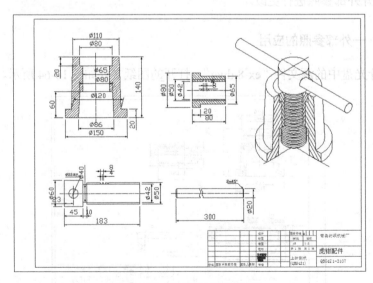

图10-66　放置外部参照图形

（6）从选项板的【文件信息】列表中可看见参照名为"图纸-2"的图形处于打开状态，如图 10-68 所示。

图 10-67　打开外部参照　　　　　图 10-68　打开信息显示

（7）将外部参照图形的颜色设为红色，并显示线宽，修改完成后将图形保存并关闭该文件。随后又返回到【图纸-2.dwg】文件的图形窗口中，窗口右下角则显示文件修改信息提示，在信息提示框中单击【重载 图纸-2】命令，如图 10-69 所示。

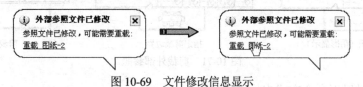

图 10-69　文件修改信息显示

（8）此时，外部参照图形的状态由"已打开"变为"已加载"。最后关闭【外部参照】选项板，完成外部参照图形编辑，如图 10-70 所示。

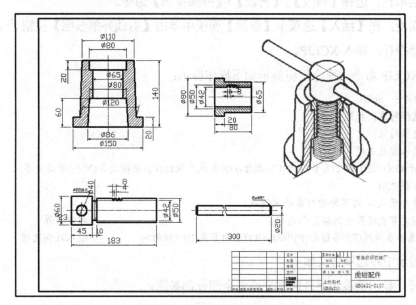

图 10-70　编辑完成的外部参照

10.7 剪裁外部参照与光栅图像

在 AutoCAD 2016 中，用户可以指定剪裁边界以显示外部参照和块插入的有限部分；可以使用链接图像路径将对光栅图像文件的参照附着到图像文件中，图像文件可以从 Internet 上访问；附着外部参照图像后，用户还可以进行剪裁图像、调整图像、图像质量控制、控制图像边框大小等操作。

10.7.1 剪裁外部参照

剪裁外部参照是 AutoCAD 中常常用到的一种处理外部参照的工具。剪裁边界可以定义外部参照的一部分，外部参照在剪裁边界内的部分仍然可见，而不显示边界外的图形。参照图形本身不发生任何改变，如图 10-71 所示。

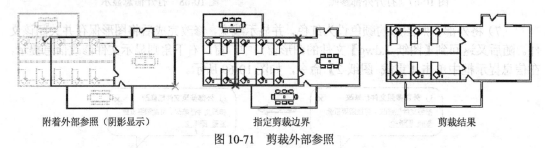

附着外部参照（阴影显示）　　　　指定剪裁边界　　　　　　　剪裁结果

图 10-71　剪裁外部参照

用户可通过以下命令方式来执行此操作：

- 快捷菜单：选定外部参照后，在绘图区选择右键菜单【剪裁外部参照】命令。
- 菜单栏：选择【修改】/【剪裁】/【外部参照】命令。
- 面板：在【插入】选项卡【参照】面板中单击【剪裁外部参照】按钮 。
- 命令行：输入 XCLIP。

执行 XCLIP 命令，命令行将显示如下操作提示：

```
命令：_xclip
选择对象：找到 1 个
选择对象：↙
输入剪裁选项
[开(ON)//关(OFF)//剪裁深度(C)//删除(D)//生成多段线(P)//新建边界(N)] <新建边界>:
剪裁选项
外部模式 - 边界外的对象将被隐藏。
指定剪裁边界或选择反向选项：                            //指定边界
[选择多段线(S)//多边形(P)//矩形(R)//反向剪裁(I)] <矩形>:    //输入反向选项
```

操作提示中各选项含义如下：

- 开：显示剪裁边界外的部分或者全部外部参照。

第10章 用"块"作图

- 关：关闭显示剪裁边界外的部分或者全部外部参照。
- 剪裁深度：在外部参照或块上设置前剪裁平面和后剪裁平面，程序将不显示由边界和指定深度所定义的区域外的对象。

注意：剪裁深度应用在平行于剪裁边界的方向上，与当前UCS无关。

- 删除：删除剪裁平面。
- 生成多段线：剪裁边界由多段线生成。
- 新建边界：重新创建或指定剪裁边界。可以使用矩形、多边形或多段线。
- 选择多段线：选择多段线作为剪裁边界。
- 多边形：选择多边形作为剪裁边界。
- 矩形：选择矩形作为剪裁边界。
- 反向剪裁：反转剪裁边界的模式。如隐藏边界外（默认）或边界内的对象。

动手操作——剪裁外部参照

（1）打开光盘中的源文件"ex-9.dwg"，使用的外部参照为如图 10-72 所示的虚线部分图形。

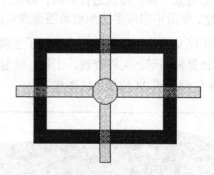

图 10-72 外部参照

（2）在菜单栏中选择【修改】/【剪裁】/【外部参照】命令，然后将外部参照进行剪裁。命令行的操作提示如下：

命令：_xclip
选择对象：找到 1 个
选择对象：✓
输入剪裁选项
[开(ON)//关(OFF)//剪裁深度(C)//删除(D)//生成多段线(P)//新建边界(N)] <新建边界>：✓
外部模式 - 边界外的对象将被隐藏。
指定剪裁边界或选择反向选项：
[选择多段线(S)//多边形(P)//矩形(R)//反向剪裁(I)] <矩形>：r✓
指定第一个角点：
指定对角点：
已删除填充边界关联性。

341

(3) 剪裁外部参照的过程及结果如图 10-73 所示。

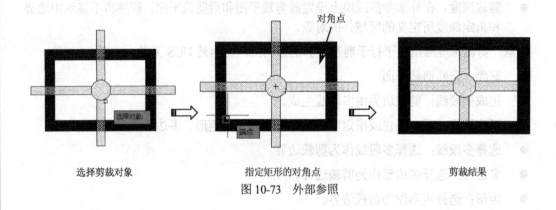

选择剪裁对象　　　　　　　指定矩形的对角点　　　　　　剪裁结果

图 10-73　外部参照

10.7.2　光栅图像

光栅图像由一些称为像素的小方块或点的矩形栅格组成，光栅图像参照了特有的栅格上的像素。例如，产品零件的实景照片由一系列表示外观的着色像素组成，如图 10-74 所示。

光栅图像与其他许多图形对象一样，可以进行复制、移动或剪裁，也可以使用夹点模式修改图像、调整图像的对比度、使用矩形或多边形剪裁图像或将图像用作修剪操作的剪切边。

在 AutoCAD 2016 中，程序支持的图像文件格式包含了主要技术成像应用领域中最常用的格式，这些应用领域有：计算机图形、文档管理、工程、映射和地理信息系统（GIS）。图像可以是两色、8 位灰度、8 位颜色或 24 位颜色的图像。

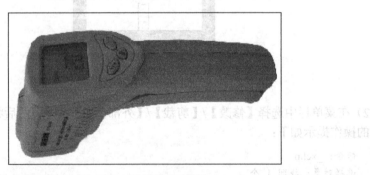

图 10-74　附着的真实照片

提示

AutoCAD 2016 不支持 16 位颜色深度的图像。

10.7.3　附着图像

与其他外部参照图形一样，光栅图像也可以使用链接图像路径将参照附着到图像文件中或者放到图形文件中。附着的图像并不是图形文件的实际组成部分。

用户可通过以下命令方式来执行此操作：

- 菜单栏：选择【插入】/【光栅图像参照】命令。
- 命令行：输入 IMAGEATTACH。

执行 IMAGEATTACH 命令，弹出【选择参照文件】对话框，如图 10-75 所示。

在图像路径下选择要附着的图像文件后，单击【打开】按钮，会弹出【附着图像】对话框，如图 10-76 所示。该对话框与【附着外部参照】对话框的选项内容相差无几，除少了【参照类型】选项卡外，还增加了【显示细节】按钮选项。而其余选项含义都是相同的。

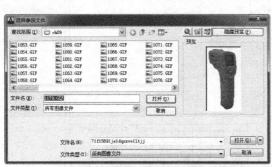

图 10-75 【选择参照文件】对话框　　　　图 10-76 【附着图像】对话框

单击【显示细节】按钮后，对话框下方则弹出【图像信息】选项，该选项卡列出了附着图像的各种图像信息，如图 10-77 所示。

> **提示**
>
> AutoCAD 2000、AutoCAD LT 2000 及更高版本不支持 LZW 压缩的 TIFF 文件，但在美国和加拿大销售的英语版除外。如果拥有使用 LZW 压缩创建的 TIFF 文件，要将其插入到图形中，则必须在禁用 LZW 压缩的情况下，重新保存 TIFF 文件。

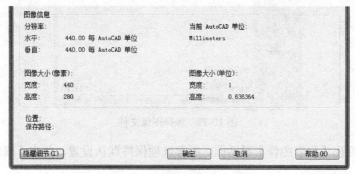

图 10-77 【图像信息】选项卡

下面以实例来说明在当前图形中附着外部图像操作过程。

动手操作——附着外部图像操作

（1）打开光盘中的源文件"ex-10.dwg"，打开的图形如图 10-78 所示。

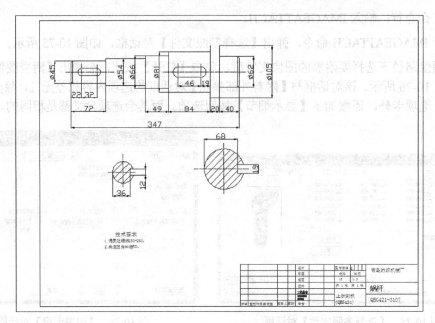

图 10-78　打开的图形

（2）在菜单栏选择【插入】/【光栅图像参照】命令，打开【选择参照文件】对话框，选择"蜗杆.gif"文件，单击【打开】按钮，如图 10-79 所示。

图 10-79　选择图像文件

（3）随后弹出【附着图像】对话框，所有选项保持默认设置，单击【确定】按钮关闭对话框。

（4）然后按命令行中的操作提示来操作：

命令：_imageattach
指定插入点 <0, 0>：　　　　　　　　　　　　　　　　　　//指定图像插入点

```
基本图像大小：宽：1.000000，高：0.695946，Millimeters    //图像信息显示
指定缩放比例因子 <1>：200↵                              //输入比例因子
```

（5）执行上述操作后，从外部附着图像的结果如图 10-80 所示。

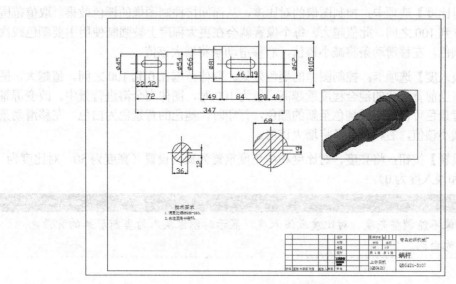

图 10-80 附着图像的结果

10.7.4 调整图像

附着外部图像后，可使用【调整图像】命令更改图形中光栅图像的几个显示特性（如亮度、对比度和淡入度），以便于查看或实现特殊效果。

用户可通过以下命令方式来执行此操作：

- 菜单栏：选择【修改】/【对象】/【图像】/【调整】命令。
- 快捷菜单：选中图像，选择右键菜单【图像】/【调整】命令。
- 命令行：输入 IMAGEADJUST。

在图形区中选中图像后，执行 IMAGEADJUST 命令，弹出【图像调整】对话框，如图 10-81 所示。

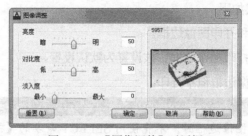

图 10-81 【图像调整】对话框

该对话框各选项卡及选项的含义如下：

- 【亮度】选项卡：控制图像的亮度，从而间接控制图像的对比度。取值范围在 0 到 100 之间。此值越大，图像就越亮，增大对比度时变成白色的像素点也会越多。左移滑动条将减小该值，右移滑动条将增大该值。
- 【对比度】选项卡：控制图像的对比度，从而间接控制图像的褪色效果。取值范围在 0 到 100 之间。此值越大，每个像素就会在更大程度上被强制使用主要颜色或次要颜色。左移滑动条将减小该值，右移滑动条将增大该值。
- 【淡入度】选项卡：控制图像的褪色效果。取值范围在 0 到 100 之间。值越大，图像与当前背景色的混合程度就越高。值为 100 时，图像完全溶进背景中。改变屏幕的背景色可以将图像褪色至新的颜色。打印时，褪色的背景色为白色。左移滑动条将减小该值，右移滑动条将增大该值。
- 【重置】按钮：将亮度、对比度和褪色度重置为默认设置（亮度为 50、对比度为 50 和淡入度为 0）。

> 提示
> 两色图像不能调整亮度、对比度或淡入度。显示时图像淡入为当前屏幕的背景色，打印时淡入为白色。

10.7.5 图像边框

【图像边框】工具可以隐藏图像边界，隐藏图像边界可以防止打印或显示边界，还可以防止使用定点设备选中图像，以确保不会因误操作而移动或修改图像。

隐藏图像边界时，剪裁图像仍然显示在指定的边界界限内，只有边界会受到影响。显示和隐藏图像边界将影响图形中附着的所有图像。

用户可通过以下命令方式来执行此操作：

- 菜单栏：选择【修改】/【对象】/【图像】/【边框】命令。
- 命令行：输入 IMAGEFRAME。

执行 IMAGEADJUST 命令，命令行显示如下操作提示：

命令：_imageframe
输入图像边框设置 [0//1//2] <1>:

操作提示中选项含义如下：

- 【0】：不显示和打印图像边框。
- 【1】：显示并打印图像边框。该设置为默认设置。
- 【2】：显示图像边框但不打印。

> 提示
> 通常情况下未显示图像边框时，不能使用 SELECT 命令的【拾取】或【窗口】选项选择图像。但是，重新执行 IMAGECLIP 命令会临时打开图像边框。

动手操作——图像边框的隐藏

(1) 打开光盘中的源文件"ex-10.dwg"。

(2) 在菜单栏选择【修改】/【对象】/【图像】/【边框】命令，然后按命令行操作提示进行操作：

命令：_imageframe
输入图像边框设置 [0//1//2] <1>：0↵

(3) 输入【0】选项并执行操作后，结果如图 10-82 所示。

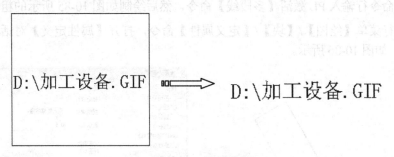

图 10-82　隐藏边框

10.8　综合范例——标注零件图表面粗糙度

本例通过为零件标注粗糙度符号，主要对【定义属性】、【创建块】、【写块】、【插入】等命令进行综合练习和巩固。本例效果如图 10-83 所示。

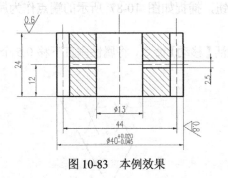

图 10-83　本例效果

操作步骤

(1) 打开光盘中的源文件"图形.dwg"，如图 10-84 所示。

(2) 启动【极轴追踪】功能，并设置增量角为 30 度。

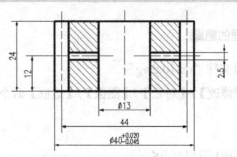

图 10-84　打开结果

（3）在命令行输入 PL 激活【多段线】命令，然后绘制如图 10-85 所示的粗糙度符号。

（4）执行菜单【绘图】/【块】/【定义属性】命令，打开【属性定义】对话框，然后设置属性参数，如图 10-86 所示。

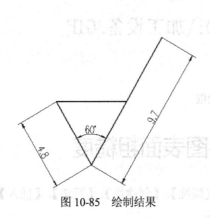

图 10-85　绘制结果

图 10-86　设置属性参数

（5）单击【确定】按钮，捕捉如图 10-87 所示的端点作为属性插入点，插入结果如图 10-88 所示。

（6）使用快捷键 M 激活【移动】命令，将属性垂直下移 0.5 个绘图单位，结果如图 10-89 所示。

图 10-87　指定插入点

图 10-88　插入结果

图 10-89　移动属性

（7）单击【块】面板中的【创建】按钮，激活【创建块】命令，以如图 10-90 所示的点作为块的基点，将粗糙度符号和属性一起定义为内部块块参数设置，如图 10-91 所示。

第 10 章 用"块"作图

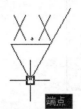

图 10-90 定义块基点　　　　　图 10-91 设置图块参数

（8）单击【插入】按钮，激活【插入块】命令，在打开的【插入】对话框中设置参数，如图 10-92 所示。

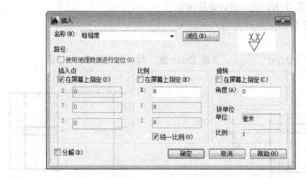

图 10-92 设置插入参数

（9）单击【确定】按钮返回绘图区，在插入粗糙度属性块的同时，为其输入粗糙度值。命令行操作如下：

```
命令:_insert
指定插入点或 [基点(B)//比例(S)//旋转(R)]:
//捕捉如图 10-93 所示中点作为插入点。
输入属性值
输入粗糙度值： <0.6>:       //按 Enter 键，结果如图 10-94 所示
```

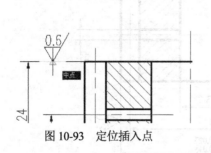
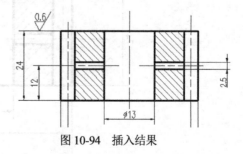

图 10-93 定位插入点　　　　　图 10-94 插入结果

（10）使用快捷键 I 激活【插入块】命令，在弹出的【插入】对话框中，参数设置如图 10-95 所示。

图 10-95 设置块参数

（11）单击【确定】按钮返回绘图区，根据命令行的操作提示，在插入粗糙度属性块的同时，为其输入粗糙度值。命令行具体操作如下：

```
命令: _insert
指定插入点或 [基点(B)//比例(S)//旋转(R)]:
//捕捉如图 10-96 所示中点作为插入点。
输入属性值
输入粗糙度值: <0.6>:        //按 Enter 键，结果如图 10-97 所示
```

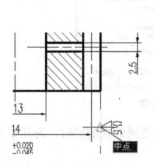
图 10-96 定位插入点

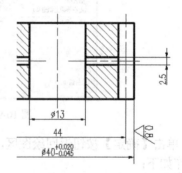
图 10-97 插入结果

（12）调整视图，使图形全部显示，最终效果如图 10-98 所示。

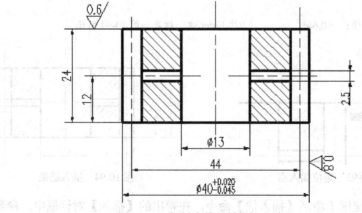
图 10-98 粗糙度符号最终标注效果

第 11 章　参数驱动作图

本章导读

图形的参数化驱动绘制是整个机械设计行业的一个整体趋势，其中就包括了 3D 建模和二维驱动设计。在本章中，我们将学习到 AutoCAD 2016 带给用户的设计新理念——参数化设计功能。

学习要求

图形参数化绘图概述
几何约束
尺寸驱动约束
约束管理

11.1　图形参数化绘图概述

参数化图形是一项用于具有约束的设计的技术。参数化约束是应用至二维几何图形的关联和限制。在 AutoCAD 2016 中，参数化约束包括几何约束和标注约束。如图 11-1 所示为功能区中【参数化】选项卡（标签）下的约束命令。

图 11-1　【参数化】选项卡

11.1.1　几何约束关系

在用户绘图过程中，AutoCAD 2016 与旧版本最大的不同就是在于：用户不用再考虑图线的精确位置。

为了提高工作效率，先绘制几何图形的大致形状后，再通过几何约束进行精确定位，以达到设计要求。

几何约束就是控制物体在空间中的 6 个自由度，而在 AutoCAD 2016 的【草图与注释】空间中可以控制对象的 2 个自由度，即平面内的 4 个方向。在三维建模空间中有 6 个自由度。

> **提示 "自由度" 概念**
> 一个自由的物体，它对三个相互垂直的坐标系来说，有六个活动可能性，其中三种是移动，三种是转动。习惯上把这种活动的可能性称为自由度，因此空间任一自由物体共有六个自由度，如图11-2所示。

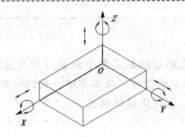

图 11-2　物体的自由度

11.1.2　尺寸驱动约束

【标注约束】不同于简单的尺寸标注，它不仅可以标注图形，还能靠尺寸驱动来改变图形，如图11-3所示。

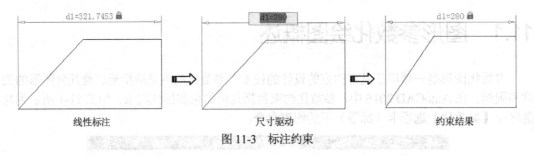

线性标注　　　　　　尺寸驱动　　　　　　约束结果

图 11-3　标注约束

11.2　几何约束

【几何约束】条件一般用于定位对象和确定对象间的相互关系。【几何约束】一般分为【手动约束】和【自动约束】。

在 AutoCAD 2016 中，【几何约束】的类型有 12 种，如表 11-1 所示。

表 11-1　AutoCAD 2016 的几何约束类型

图标	说明	图标	说明	图标	说明	图标	说明	图标	说明
↓	重合	⋎	共线	◎	同心	🔒	固定
∥	平行	⋋	垂直	═	水平	∥	竖直
⌀	相切	⤻	平滑	[]	对称	=	相等

11.2.1 手动几何约束

上表中列出的【几何约束】类型为手动约束类型,也就是需要用户指定要约束的对象。下面把约束类型重点介绍一下。

1. 重合约束

【重合约束】是约束两个点重合,或者约束一个点使其在曲线上,如图11-4所示。对象上的点会根据对象类型而有所不同,例如直线上可以选择中点或端点。

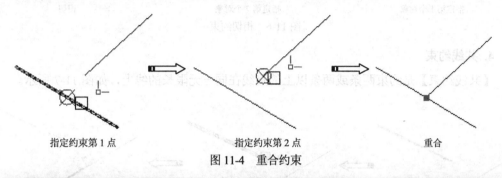

图11-4 重合约束

> **提示**
> 在某些情况下,应用约束时选择两个对象的顺序十分重要。通常,所选的第2个对象会根据第1个对象进行调整。例如,应用【重合约束】时,选择的第2个对象将调整为重合于第1个对象。

2. 平行约束

【平行约束】是约束两个对象相互平行。即第2个对象与第1个对象平行或具有相同角度,如图11-5所示。

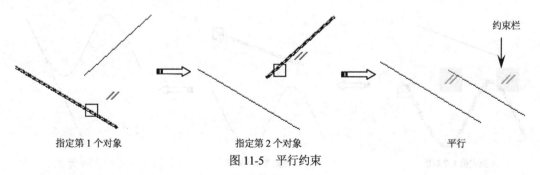

图11-5 平行约束

3. 相切约束

【相切约束】主要约束直线和圆、圆弧,或者在圆之间、圆弧之间进行相切约束,如图11-6所示。

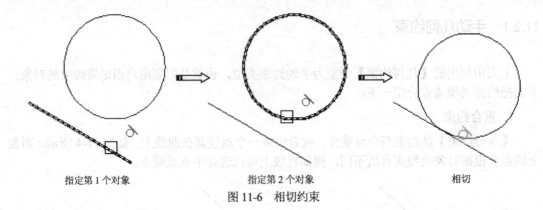

指定第 1 个对象　　　　　　指定第 2 个对象　　　　　　相切

图 11-6　相切约束

4. 共线约束

【共线约束】是约束两条或两条以上的直线在同一无限长的线上，如图 11-7 所示。

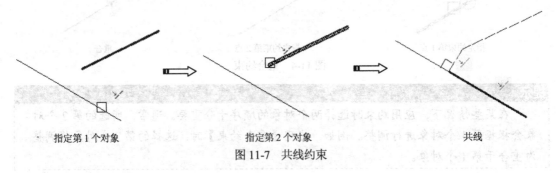

指定第 1 个对象　　　　　　指定第 2 个对象　　　　　　共线

图 11-7　共线约束

5. 平滑约束

【平滑约束】是约束一条样条曲线与其他如直线、样条曲线或圆弧、多短线等对象 G2 连续，如图 11-8 所示。

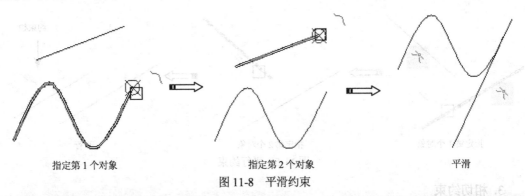

指定第 1 个对象　　　　　　指定第 2 个对象　　　　　　平滑

图 11-8　平滑约束

> **提示**
> 所约束的对象必须是样条曲线为第 1 约束。

6. 同心约束

【同心约束】是约束圆、圆弧和椭圆，使其圆心在同一点上，如图 11-9 所示。

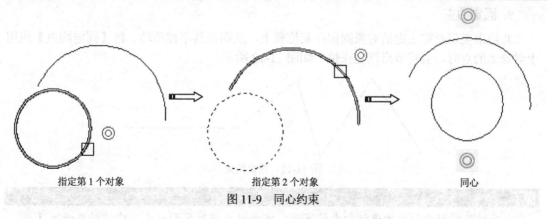

图 11-9　同心约束

7. 水平约束

【水平约束】是约束一条直线或 2 个点，使其与 UCS 的 X 轴平行，如图 11-10 所示。

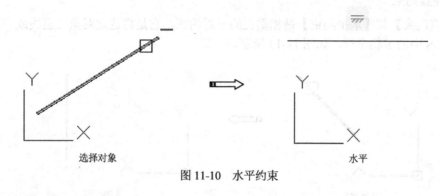

图 11-10　水平约束

8. 对称约束

【对称约束】使选定的对象以直线对称。对于直线，将直线的角度设为对称（而非使其端点对称）。对于圆弧和圆，将其圆心和半径设为对称（而非使圆弧的端点对称），如图 11-11 所示。

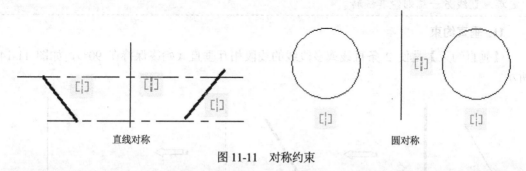

图 11-11　对称约束

> **提示**
> 必须具有一个对称轴，从而将对象或点约束为相对于此轴对称。

9. 固定约束

此约束类型是将选定的对象固定在某位置上，从而使其不被移动。将【固定约束】应用于对象上的点时，会将节点锁定在位，如图 11-12 所示。

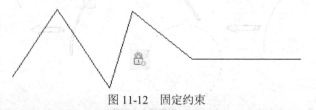

图 11-12　固定约束

> **提示**
> 在对某图形中的元素进行约束情况下，需要对无须改变形状或尺寸的对象进行【固定约束】。

10. 竖直约束

【竖直约束】与【水平约束】是相垂直的一对约束，它是将选定对象（直线或一对点）与当前 UCS 中的 Y 轴平行，如图 11-13 所示。

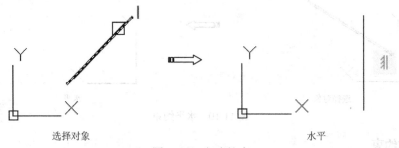

选择对象　　　　　　　　　　　水平

图 11-13　竖直约束

> **提示**
> 要为某直线使用【竖直约束】，注意光标在直线上选取的位置。光标选取端将是固定端，直线另一端则绕其旋转。

11. 垂直约束

【垂直约束】是使 2 条直线或多段线的线段相互垂直（始终保持在 90°），如图 11-14 所示。

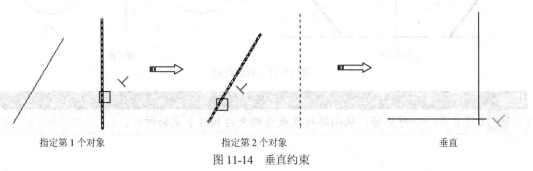

指定第 1 个对象　　　　　指定第 2 个对象　　　　　垂直

图 11-14　垂直约束

12. 相等约束

【相等约束】是约束 2 条直线或多段线的线段等长，约束圆、圆弧的半径相等，如图 11-15 所示。

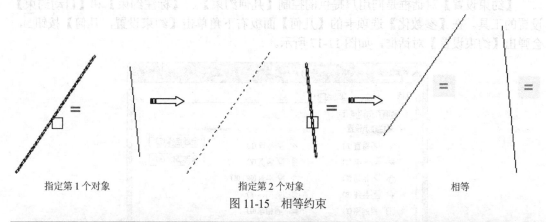

指定第 1 个对象　　　　　　　指定第 2 个对象　　　　　　　相等

图 11-15　相等约束

> **提示**
> 可以连续拾取多个对象以使其与第一个对象相等。

11.2.2　自动几何约束

【自动几何约束】是用来对选取的对象自动添加几何约束集合。此工具有助于查看图形中各元素的约束情况，并以此做出约束修改。

例如，有两条直线看似相互垂直，但需要验证。因此在【几何】面板中单击【自动约束】按钮，然后选取两条直线，随后程序自动约束对象，如图 11-16 所示。可以看出，图形区中没有显示【垂直约束】的符号，表明两条直线并非两两相互垂直。

要使两直线垂直，须使用【垂直约束】。

使用【约束设置】对话框中的【自动约束】选项卡，可在指定的公差集内将【几何约束】应用至几何图形的选择集。

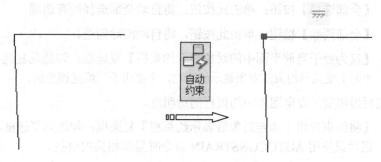

图 11-16　应用自动约束

11.2.3 约束设置

【约束设置】对话框是向用户提供的控制【几何约束】、【标注约束】和【自动约束】设置的工具。在【参数化】选项卡的【几何】面板右下角单击【约束设置，几何】按钮,会弹出【约束设置】对话框，如图 11-17 所示。

图 11-17 【约束设置】对话框

对话框中包含 3 个选项卡：几何、标注和自动约束。

1. 【几何】选项卡

【几何】选项卡控制约束栏上约束类型的显示。选项卡中各选项及按钮的含义如下：

- 【推断几何约束】复选框：勾选此复选框，在创建和编辑几何图形时推断几何约束。
- 约束栏显示设置：此选项组用来控制约束栏（图 11-5 中所显示的约束符号）的显示。取消勾选，在应用几何约束时将不显示约束栏，反之则显示。
  - 【全部选择】按钮：单击此按钮，将自动全部选择所有选项。
  - 【全部清除】按钮：单击此按钮，将自动清除勾选。
  - 【仅为处于当前平面中的对象显示约束栏】复选框：勾选此复选框，仅为当前平面上受几何约束的对象显示约束栏，主要用于三维建模空间。
- 约束栏透明度：设定图形中约束栏的透明度。
  - 【将约束应用于选定对象后显示约束栏】复选框：勾选此复选框，手动应用约束后或使用 AUTOCONSTRAIN 命令时显示相关约束栏。
  - 【选定对象时显示约束栏】复选框：临时显示选定对象的约束栏。

2. 【标注】选项卡

【标注】选项卡用来控制标注约束的格式与显示设置，如图 11-18 所示。

图 11-18　【标注】选项卡

选项卡中各选项及按钮含义如下：

- 标注名称格式：为应用【标注约束】时显示的文字指定格式，包括【名称】、【值】和【名称和表达式】3 种格式，如图 11-19 所示。

图 11-19　名称、值、名称和表达式

- 【为注释性约束显示锁定图标】复选框：针对已应用注释性约束的对象显示锁定图标。
- 【为选定对象显示隐藏的动态约束】复选框：显示选定时已设定为隐藏的动态约束。

3. 【自动约束】选项卡

此选项卡主要控制应用于选择集的约束，以及使用 AUTOCONSTRAIN 命令时约束的应用顺序，如图 11-20 所示。

此选项卡中各选项、按钮的含义如下：

- 【上移】按钮：将所选的约束类型向列表前面移动。
- 【下移】按钮：将所选的约束类型向列表后面移动。
- 【全部选择】按钮：选择所有几何约束类型以进行自动约束。

- 【全部清除】按钮：全部清除所选几何约束类型。
- 【重置】按钮：单击此按钮，将返回到默认设置。
- 【相切对象必须共用同一交点】复选框：指定两条曲线必须共用一个点（在距离公差内指定）以便应用相切约束。
- 【垂直对象必须共用同一交点】复选框：指定直线必须相交或者一条直线的端点必须与另一条直线或直线的端点重合（在距离公差内指定）。
- 公差：设定可接受的公差值以确定是否可以应用约束。【距离】公差应用于重合、同心、相切和共线约束；【角度】公差应用于水平、竖直、平行、垂直、相切和共线约束。

图 11-20 【自动约束】选项卡

11.2.4 几何约束的显示与隐藏

绘制图形后，为了不影响后续的设计工作，用户还可以使用 AutoCAD 2016 的【几何约束】的显示与隐藏功能，将约束栏显示或隐藏。

1. 显示/隐藏

此功能用于手动选择可显示或隐藏的【几何约束】。例如将图形中某一直线的【几何约束】隐藏，其命令行操作提示如下：

```
命令:_ConstraintBar
选择对象: 找到 1 个
选择对象:✓
输入选项 [显示(S)/隐藏(H)/重置(R)]<显示>:h
```

隐藏【几何约束】的过程及结果如图 11-21 所示。

同理，需要将图形中隐藏的【几何约束】单独显示，可在命令行中输入 S 选项。

2. 全部显示

【全部显示】功能将使隐藏的所有【几何约束】同时显示。

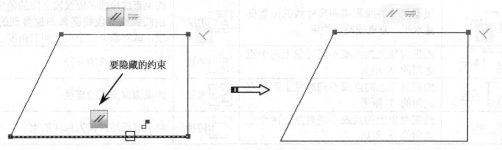

图 11-21　显示/隐藏几何约束

3. 全部隐藏

【全部隐藏】功能将使图形中的所有【几何约束】同时隐藏。

11.3　尺寸驱动约束

【标注约束】功能用来控制图形的大小与比例，也就是驱动尺寸来改变图形。它们可以约束以下内容：

- 对象之间或对象上的点之间的距离。
- 对象之间或对象上的点之间的角度。
- 圆弧和圆的大小。

AutoCAD 2016 的标注约束类型与图形注释功能中的尺寸标注类型类似，它们之间有以下几个不同之处：

- 标注约束用于图形的设计阶段，而尺寸标注通常在文档阶段进行创建。
- 标注约束驱动对象的大小或角度，而尺寸标注由对象驱动。
- 默认情况下，标注约束并不是对象，仅以一种标注样式显示，在缩放操作过程中保持相同大小，且不能输出到设备。

> **提示**
> 如果需要输出具有标注约束的图形或使用标注样式，可以将标注约束的形式从动态更改为注释性。

11.3.1　标注约束类型

【标注约束】会使几何对象之间或对象上的点之间保持指定的距离和角度。AutoCAD 2016 的【标注约束】类型共有 8 种，见表 11-2。

表 11-2　AutoCAD 2016 的标注约束类型

图标	说明	图标	说明
线性	根据尺寸界线原点和尺寸线的位置创建水平、垂直或旋转约束	角度	约束直线段或多段线段之间的角度、由圆弧或多段线圆弧扫掠得到的角度，或对象上三个点之间的角度
水平	约束对象上的点或不同对象上两个点之间的 X 距离	半径	约束圆或圆弧的半径
竖直	约束对象上的点或不同对象上两个点之间的 Y 距离	直径	约束圆或圆弧的直径
对齐	约束对象上的点或不同对象上两个点之间的 Y 距离	转换	将关联标注转换为标注约束

各标注约束的图解如图 11-22 所示。

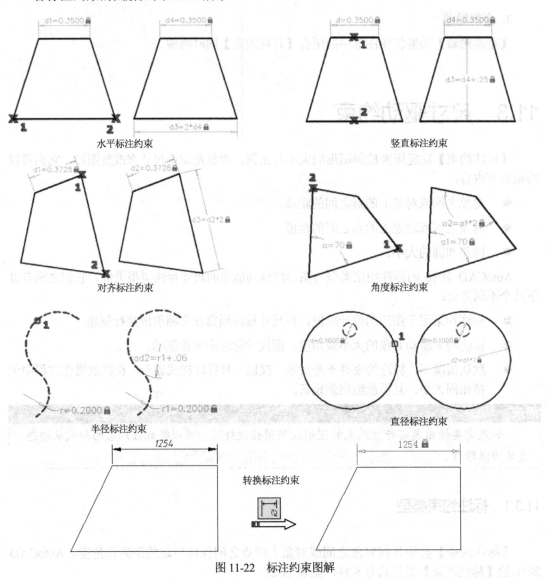

图 11-22　标注约束图解

11.3.2 约束模式

【标注约束】有 2 种模式：动态约束模式和注释性约束模式。

1. 动态约束模式

此模式允许用户编辑尺寸。默认情况下，标注约束是动态的。它们对于常规参数化图形和设计任务来说非常理想。

动态约束具有以下特征：

- 缩小或放大时保持大小相同。
- 可以在图形中轻松全局打开或关闭。
- 使用固定的预定义标注样式进行显示。
- 自动放置文字信息，并提供三角形夹点，可以使用这些夹点更改标注约束的值。
- 打印图形时不显示。

2. 注释性约束模式

希望标注约束具有以下特征时，注释性约束会非常有用：

- 缩小或放大时大小发生变化。
- 随图层单独显示。
- 使用当前标注样式显示。
- 提供与标注上的夹点具有类似功能的夹点功能。
- 打印图形时显示。

11.3.3 标注约束的显示与隐藏

【标注约束】的显示与隐藏功能，与前面介绍的几何约束的显示与隐藏操作是相同的，这里不再赘述了。

11.4 约束管理

AutoCAD 2016 还提供了约束管理功能，这也是【几何约束】和【标注约束】的辅助功能，包括【删除约束】和【参数管理器】。

11.4.1 删除约束

当用户需要对参数化约束做出更改时，就会使用此功能来删除约束。例如，对于已经进行垂直约束的两条直线再做平行约束，这是不允许的，因此只能是先删除垂直约束再对其进行平行约束。

> **提示**
> 删除约束跟隐藏约束在本质上是有区别的。

11.4.2 参数管理器

【参数管理器】控制图形中使用的关联参数。在【管理】面板中单击【参数管理器】按钮 f_x，弹出【参数管理器】选项板，如图 11-23 所示。

图 11-23 【参数管理器】选项板

在选项板的【过滤器】选项区域中列出了图形的所有参数组。单击【创建新参数组】按钮，可以添加参数组列。

在选项板右边的用户参数列表中则列出了当前图形中用户创建的【标注约束】。单击【创建新的用户参数】按钮 f_x，可以创建新的用户参数组。

在用户参数列表中可以创建、编辑、重命名、编组和删除关联变量。要编辑某一参数变量，双击即可。

选择【参数管理器】选项板中的【标注约束】时，图形中将亮显关联的对象，如图 11-24 所示。

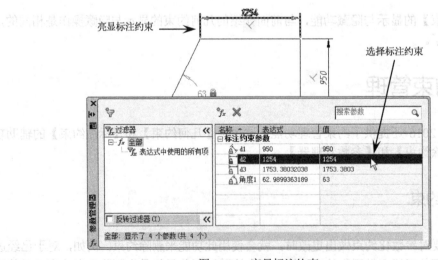

图 11-24 亮显标注约束

> **提示**
> 如果参数为处于隐藏状态的动态约束,则选中单元时将临时显示并亮显动态约束。亮显时并未选中对象;亮显只是直观地标识受标注约束的对象。

11.5 综合范例——绘制减速器透视孔盖

减速器透视孔盖虽然有多种类型,一般都以螺纹结构固定。如图 11-25 所示为减速器上的油孔顶盖。

本例中,我们完全颠覆以前的图形绘制方法。总体思路是:先任意绘制所有的图形元素(包括中心线、矩形、圆、直线等),然后标注约束各图形元素,最后几何约束各图形元素。

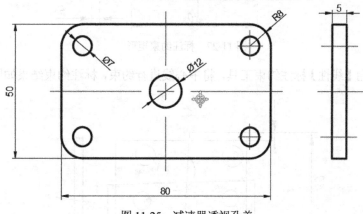

图 11-25 减速器透视孔盖

操作步骤

(1) 调用用户自定义的图纸样板文件。

(2) 使用【矩形】、【直线】、【圆】工具,绘制如图 11-26 所示的多个图形元素。

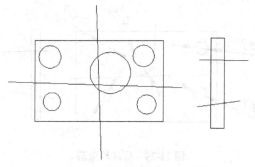

图 11-26 绘制图形的元素

> 提示
>
> 绘制的图形元素，其定位尽量与原图形类似。

（3）在【参数化】选项卡的【标注】面板中单击【注释性约束模式】按钮。

（4）使用【线性】标注约束工具，将 2 个矩形按图 11-25 所示的尺寸进行约束，标注约束结果如图 11-27 所示。

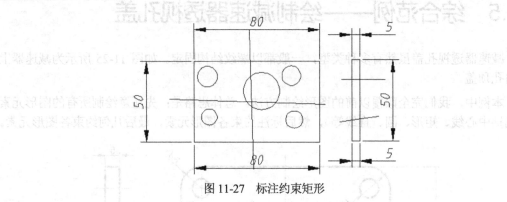

图 11-27 标注约束矩形

（5）再使用【线性】标注约束工具，将中心线进行约束，标注约束结果如图 11-28 所示。

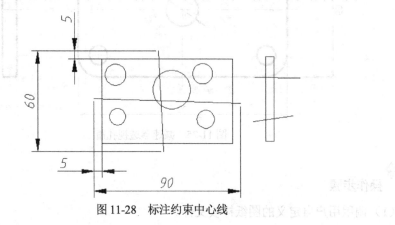

图 11-28 标注约束中心线

（6）使用【直径】标注约束，对 5 个圆进行约束，结果如图 11-29 所示。

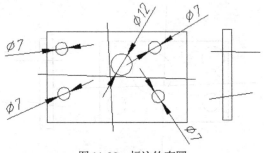

图 11-29 标注约束圆

（7）暂不进行标注约束。使用【水平】和【竖直】约束类型，约束矩形、中心线和侧视图中的直线，结果如图 11-30 所示。

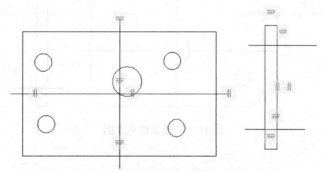

图 11-30　平行约束中心线、水平约束直线

（8）使用标注约束中的【线性】类型，标注中心线和直线，结果如图 11-31 所示。

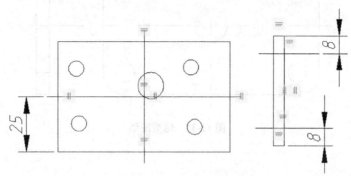

图 11-31　标注约束中心线和直线

（9）对大矩形和小矩形应用【共线】约束，使其在同一水平位置上，如图 11-32 所示。

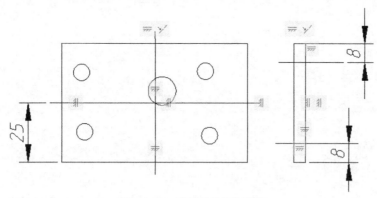

图 11-32　应用【共线】约束

（10）对大圆应用【重合】约束，使其与中心线的中点重合。然后使用【圆角】命令对大矩形倒圆，如图 11-33 所示。

（11）使用【同心】约束，将 4 个小圆与 4 个倒圆角的圆心重合。最后将侧视图中的直线删除，并拉长中心线，修改中心线的线性为 CEnter，结果如图 11-34 所示。

（12）至此，完成图形的绘制。

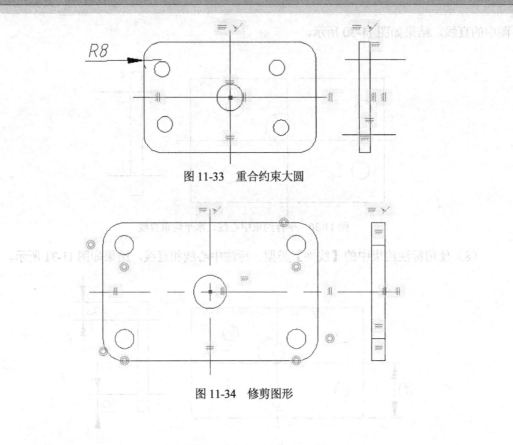

图 11-33　重合约束大圆

图 11-34　修剪图形

第 12 章 图纸中的尺寸标注

本章导读

图形尺寸标注是 AutoCAD 绘图设计工作中的一项重要内容，因为标注显示出了对象的几何测量值、对象之间的距离或角度、部件的位置。AutoCAD 包含了一套完整的尺寸标注命令和实用程序，可以轻松完成图纸中要求的尺寸标注。本章将详细地介绍 AutoCAD 2016 注释功能和尺寸标注的基本知识、尺寸标注的基本应用。

学习要求

AutoCAD 图纸尺寸标注常识
标注样式创建与修改
基本尺寸标注
快速标注
其他标注样式
编辑标注

12.1 AutoCAD 图纸尺寸标注常识

标注显示出了对象的几何测量值、对象之间的距离或角度或者部件的位置，因此标注图形尺寸时要满足尺寸的合理性。除此之外，用户还要掌握尺寸标注的方法、步骤等。

12.1.1 尺寸的组成

在 AutoCAD 工程图中，一个完整的尺寸标注应由尺寸界线、尺寸线、尺寸数字、箭头及引线等元素组成，如图 12-1 所示。

1. 尺寸界线

尺寸界线表明尺寸的界限，用细实线绘制，并应由轮廓线、轴线或对称中心线引出，也可借用图形的轮廓线、轴线或对称中心线。通常它和尺寸线垂直，必要时允许倾斜。在光滑过渡处标注尺寸时，必须用细实线将轮廓线延长，从它们的交点引出尺寸界线，如图 12-2 所示。

2. 尺寸线

尺寸线表明尺寸的长短，必须用细实线绘制，不能借用图形中的任何图线，一般也不得与其他图线重合或画在延长线上。

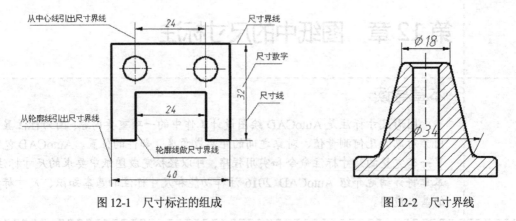

图 12-1　尺寸标注的组成　　　　　图 12-2　尺寸界线

3. 尺寸数字

尺寸数字一般在尺寸线的上方，也可在尺寸线的中断处。水平尺寸的数字字头朝上，垂直尺寸数字字头朝左，倾斜方向的数字字头应保持朝上的趋势，并与尺寸线成 75°斜角。

4. 箭头

指示尺寸线的端点。尺寸线终端有两种形式：箭头和斜线。箭头适用于各种类型的图样，如图 12-3（a）所示。斜线用细实线绘制，当尺寸线的终端采用斜线形式时，尺寸线与尺寸界线必须互相垂直，如图 12-3（b）所示。

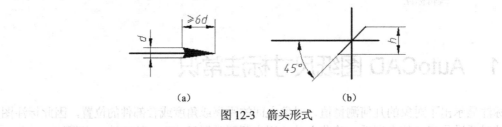

(a)　　　　　　　　(b)

图 12-3　箭头形式

5. 引线

形成一个从注释到参照部件的实线前导。根据标注样式，如果标注文字在延伸线之间容纳不下，将会自动创建引线。也可以创建引线将文字或块与部件连接起来。

12.1.2　尺寸标注类型

工程图纸中的尺寸标注类型大致分为三类：线性尺寸标注、直径或半径尺寸标注、角度尺寸标注。其中线性标注又分为水平标注、垂直标注和对齐标注。接下来对这三类尺寸标注类型做大致介绍。

1. 线性尺寸标注

线性尺寸标注包括水平标注、垂直标注和对齐标注，如图 12-4 所示。

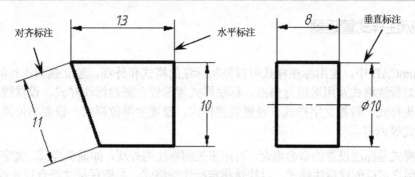

图 12-4 线性尺寸标注

2. 直径或半径尺寸标注

一般情况下，整圆或大于半圆的圆弧应标注直径尺寸，并在数字前面加注符号【∅】；小于或等于半圆的圆弧应标注为半径尺寸，并在数字前面加上【R】，如图 12-5 所示。

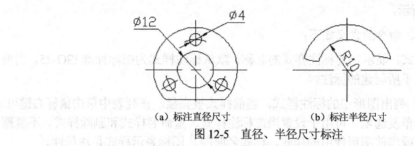

（a）标注直径尺寸　　　　（b）标注半径尺寸

图 12-5 直径、半径尺寸标注

3. 角度尺寸标注

标注角度尺寸时，延伸线应沿径向引出，尺寸线是以该角度顶点为圆心的一段圆弧。角度的数字一律字头朝上水平书写，并配置在尺寸线的中断处。必要时也可以引出标注或把数字写在尺寸线旁，如图 12-6 所示。

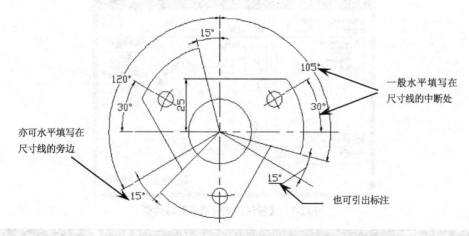

图 12-6 角度尺寸标注

12.1.3 标注样式管理器

在 AutoCAD 中，使用标注样式可以控制标注的格式和外观，建立强制执行的绘图标准，并有利于对标注格式及用途进行修改。标注样式管理包含新建标注样式、设置线样式、设置符号和箭头样式、设置文字样式、设置调整样式、设置主单位样式、设置单位换算样式、设置公差样式等内容。

标注样式是标注设置的命名集合，可用来控制标注的外观，如箭头样式、文字位置和尺寸公差等。用户可以创建标注样式，以快速指定标注的格式，并确保标注符合行业或项目标准。

创建标注时，标注将使用当前标注样式中的设置。如果要修改标注样式中的设置，则图形中的所有标注将自动使用更新后的样式。用户可以创建与当前标注样式不同的指定标注类型的标准子样式，如果需要，可以临时替代标注样式。

在【注释】选项卡的【标注】面板中单击【标注样式】按钮，弹出【标注样式管理器】对话框，如图12-7所示。

该对话框各选项、命令的含义如下：

- 当前标注样式：显示当前标注样式的名称。默认标注样式为国际标准 ISO-25。当前样式将应用于所创建的标注。

- 样式（S）：列出图形中的标注样式，当前样式被亮显。在列表中单击鼠标右键可显示快捷菜单及选项，可用于设置当前标注样式、重命名样式和删除样式。不能删除当前样式或当前图形使用的样式。样式名前的 图标表示样式是注释性。

注意：除非勾选【不列出外部参照中的样式】复选框，否则，将使用外部参照命名对象的语法显示外部参照图形中的标注样式。

- 列表：在【样式】列表中控制样式显示。

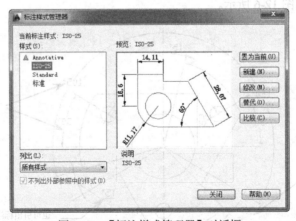

图 12-7 【标注样式管理器】对话框

> **提示**
> 如果要查看图形中所有的标注样式，需选择【所有样式】选项。如果只希望查看图形中标注当前使用的标注样式，则选择【正在使用的样式】选项。

- 【列出】下拉列表框：在该下拉列表框中选择选项来控制样式显示。如果要查看图形中所有的标注样式，须选择【所有样式】。如果只希望查看图形中标注当前使用的标注样式，选择【正在使用的样式】选项即可。
- 【不列出外部参照中的样式】复选框：如果勾选此复选框，在【列出】下拉列表框中将不显示【外部参照图形的标注样式】选项。
- 说明：主要说明【样式】列表中与当前样式相关的选定样式。如果说明超出给定的空间，可以单击窗格并使用箭头键向下滚动。
- 【置为当前】按钮：将【样式】列表中选定的标注样式设置为当前标注样式。当前样式将应用于用户所创建的标注中。
- 【新建】按钮：单击此按钮，可在弹出的【新建标注样式】对话框中创建新的标注样式。
- 【修改】按钮：单击此按钮，可在弹出的【修改标注样式】对话框中修改当前标注样式。
- 【替代】按钮：单击此按钮，可在弹出的【替代标注样式】对话框中设置标注样式的临时替代值。替代样式将作为未保存的更改结果显示在【样式】列表中。
- 【比较】按钮：单击此按钮，可在弹出的【比较标注样式】对话框中比较两个标注样式的所有特性。

12.2 标注样式创建与修改

多数情况下，用户完成图形的绘制后需要创建新的标注样式来标注图形尺寸，以满足各种各样的设计需要。在【标注样式管理器】对话框中单击【新建】按钮，弹出【创建新标注样式】对话框，如图12-8所示。

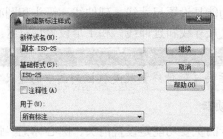

图12-8 【创建新标注样式】对话框

此对话框的选项含义如下：
- 新样式名：指定新的样式名。
- 基础样式：设置作为新样式的基础样式。对于新样式，仅修改那些与基础特性不同的特性。
- 【注释性】复选框：通常用于注释图形的对象有一个特性称为注释性。使用此特性，用户可以自动完成缩放注释的过程，从而使注释能够以正确的大小在图纸上打印或显示。

- 用于：创建一种仅适用于特定标注类型的标注子样式。例如，可以创建一个Standard标注样式的版本，该样式仅用于直径标注。

在【创建新标注样式】对话框中完成系列选项的设置后，单击【继续】按钮，弹出【新建标注样式：副本 ISO-25】对话框，如图12-9所示。

在此对话框中用户可以定义新标注样式的特性，最初显示的特性是在【创建新标注样式】对话框中所选择的基础样式的特性。【新建标注样式：副本 ISO-25】对话框中包括7个功能选项卡：线、符号和箭头、文字、调整、主单位、换算单位和公差。

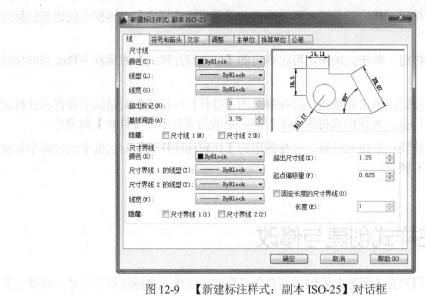

图12-9 【新建标注样式：副本 ISO-25】对话框

1.【线】选项卡

【线】选项卡的主要功能是设置尺寸线、延伸线、箭头和圆心标记的格式和特性。该选项卡包含2个功能选项组（尺寸线和延伸线）和1个设置预览区。

> 提示
> AutoCAD中尺寸标注的【延伸线】就是机械制图中的【尺寸界线】。

2.【符号和箭头】选项卡

【符号和箭头】选项卡的主要功能是设置箭头、圆心标记、弧长符号和折弯半径标注的格式和位置。该选项卡包含【箭头】、【圆心标记】、【折断标注】、【弧长符号】、【半径折弯标注】、【线性折弯标注】等选项组，如图12-10所示。

3.【文字】选项卡

【文字】选项卡主要用于设置标注文字的格式、放置和对齐。该选项卡包含【文字外观】、【文字位置】和【文字对齐】选项组，如图12-11所示。

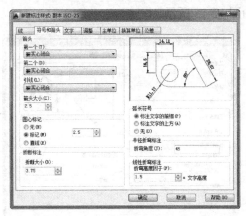
图 12-10 【符号和箭头】选项卡

图 12-11 【文字】选项卡

4．【调整】选项卡

【调整】选项卡的主要作用是控制标注文字、箭头、引线和尺寸线的放置。该选项卡包含【调整选项】、【文字位置】、【标注特征比例】和【优化】等选项组，如图12-12所示。

5．【主单位】选项卡

【主单位】选项卡的主要功能是设置主标注单位的格式和精度，并设置标注文字的前缀和后缀。该选项卡包含【线性标注】和【角度标注】等功能选项组，如图12-13所示。

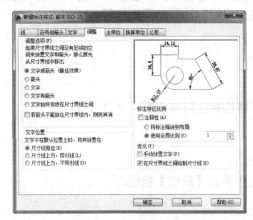
图 12-12 【调整】选项卡

图 12-13 【主单位】选项卡

6．【换算单位】选项卡

【换算单位】选项卡的主要功能是设置标注测量值中换算单位的显示及其格式和精度。该选项卡包含【换算单位】、【消零】和【位置】选项组，如图12-14所示。

> **提示**
> 【换算单位】选项组和【消零】选项组中的选项含义与前面介绍的【主单位】选项卡中的【线性标注】选项组中的选项含义相同，这里就不重复叙述了。

7．【公差】选项卡

【公差】选项卡的主要功能是设置标注文字中公差的格式和显示。该选项卡包括两个功能选项组：【公差格式】和【换算单位公差】，如图 12-15 所示。

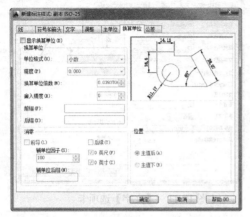

图 12-14 【换算单位】选项卡

图 12-15 【公差】选项卡

12.3 基本尺寸标注

AutoCAD 2016 向用户提供了非常全面的基本尺寸标注工具，这些工具包括线性尺寸标注、角度尺寸标注、半径或直径标注、弧长标注、坐标标注和对齐标注等。

12.3.1 线性尺寸标注

线性尺寸标注工具包含了水平和垂直标注，线性标注可以水平、垂直放置。

用户可通过以下命令方式来执行此操作：

- 菜单栏：选择【标注】/【线性】命令。
- 面板：在【注释】选项卡【标注】面板中单击【线性】按钮 。
- 命令行：输入 DIMLINEAR。

1. 水平标注

尺寸线与标注文字始终保持水平放置的尺寸标注就是水平标注。在图形中任选两点作为延伸线的原点，程序自动以水平标注方式作为默认的尺寸标注，如图 12-16 所示。将延伸线沿竖直方向移动至合适位置，即确定尺寸线中心点位置，随后即可生成水平尺寸标注，如图 12-17 所示。

错误！ 执行 DIMLINEAR 命令，并在图形中指定了延伸线的原点或要标注的对象，在命令行中显示如下操作提示：

```
命令：_dimlinear
指定第一条延伸线原点或 <选择对象>：        //指定标注原点1
指定第二条延伸线原点：                    //指定标注原点2
```

指定尺寸线位置或
[多行文字(M)/文字(T)/角度(A)/水平(H)/垂直(V)/旋转(R)]:   //标注选项

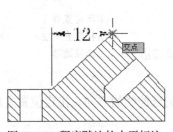
图 12-16 程序默认的水平标注

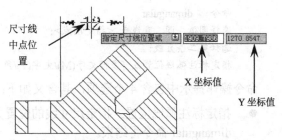
图 12-17 确定尺寸线中心点以创建标注

2. 垂直标注

尺寸线与标注文字始终保持竖直方向放置的尺寸标注就是垂直标注。当指定了延伸线原点或标注对象后，程序默认的标注方式是水平标注，将延伸线沿水平方向进行移动，或在命令行中输入 V 命令，即可创建出垂直标注，如图 12-18 所示。

图 12-18 创建垂直标注

> **提示**
> 垂直标注的命令行命令提示与水平标注的命令提示是相同的。

12.3.2 角度尺寸标注

角度尺寸标注用来测量选定的对象或三个点之间的角度。可选择的测量对象包括圆弧、圆和直线，如图 12-19 所示。

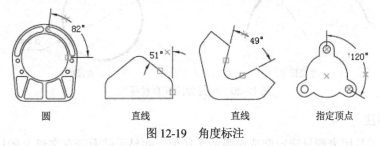
图 12-19 角度标注

用户可通过以下命令方式来执行此操作：
- 菜单栏：选择【标注】/【角度】命令。
- 面板：在【注释】选项卡【标注】面板中单击【角度】按钮 △。

- 命令行：输入 DIMANGULAR。

执行 DIMANGULAR 命令，并在图形窗口中选择标注对象，命令行显示如下操作提示：

```
命令：_dimangular
选择圆弧、圆、直线或 <指定顶点>：                       //指定直线1
选择第二条直线：                                        //指定直线2
指定标注弧线位置或 [多行文字(M)/文字(T)/角度(A)/象限点(Q)]：  //标注选项
```

命令操作提示中包含 4 个选项，其含义如下：

- 指定标注弧线位置：指定尺寸线的位置并确定绘制延伸线的方向。指定位置之后，dimangular 命令将结束。
- 多行文字（M）：编辑用于标注的多行文字，可添加前缀和后缀。
- 文字（T）：用户自定义文字，生成的标注测量值显示在尖括号中。
- 角度（A）：修改标注文字的角度。
- 象限点（Q）：指定标注应锁定到的象限。打开象限行为后，将标注文字放置在角度标注外时，尺寸线会延伸超过延伸线。

> **提示**
> 可以相对于现有角度标注创建基线和连续角度标注。基线和连续角度标注小于或等于 180°。要获得大于 180° 的基线和连续角度标注，请使用夹点编辑拉伸现有基线或连续标注的尺寸延伸线的位置。

12.3.3 半径或直径标注

当标注对象为圆弧或圆时，需创建半径或直径标注。一般情况下，整圆或大于半圆的圆弧应标注直径尺寸，小于或等于半圆的圆弧应标注为半径尺寸，如图 12-20 所示。

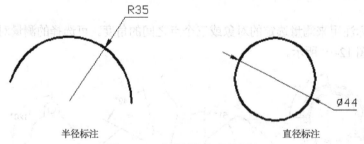

半径标注　　　　　　　　直径标注

图 12-20　半径标注和直径标注

1. 半径标注

半径标注工具用来测量选定圆或圆弧的半径值，并显示前面带有字母 R 的标注文字。用户可通过以下命令方式来执行此操作：

- 菜单栏：选择【标注】/【半径】命令。
- 面板：在【注释】选项卡【标注】面板中单击【半径】按钮 ⊙。

- 命令行：输入 DIMRADIUS。

执行 DIMRADIUS 命令，再选择圆弧来标注，命令行则显示如下操作提示：

```
命令：_dimradius
选择圆弧或圆：                                           //选择标注的圆弧
标注文字 = 35
指定尺寸线位置或 [多行文字(M)/文字(T)/角度(A)]:          //标注选项
```

2. 直径标注

直径标注工具用来测量选定圆或圆弧的直径值，并显示前面带有直径符号的标注文字。用户可通过以下命令方式来执行此操作：

- 菜单栏：选择【标注】/【直径】命令。
- 面板：在【注释】选项卡【标注】面板中单击【直径】按钮 。
- 命令行：输入 DIMDIAMETER。

对圆弧进行标注时，半径或直径标注不需要直接沿圆弧进行放置。如果标注位于圆弧末尾之后，则将沿进行标注的圆弧的路径绘制延伸线，或者不绘制延伸线。取消（关闭）延伸线后，半径标注或直径标注的尺寸线将通过圆弧的圆心（而不是按照延伸线）进行绘制，如图 12-21 所示。

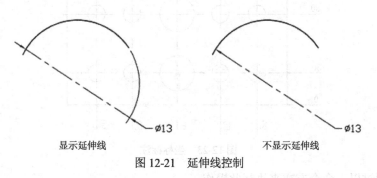

图 12-21　延伸线控制

12.3.4　弧长标注

弧长标注用于测量圆弧或多段线弧线段上的距离。默认情况下，弧长标注在标注文字的上方或前面将显示圆弧符号【⌒】，如图 12-22 所示。

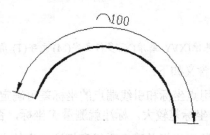

图 12-22　弧长标注

用户可通过以下命令方式来执行此操作：

- 菜单栏：选择【标注】/【弧长】命令。
- 面板：在【注释】选项卡【标注】面板中单击【弧长】按钮 。
- 命令行：输入 DIMARC。

执行 DIMARC 命令，选择弧线段作为标注对象，命令行则显示如下操作提示：

```
命令：_dimarc
选择弧线段或多段线弧线段：                                              //选择弧线段
指定弧长标注位置或 [多行文字(M)/文字(T)/角度(A)/部分(P)/引线(L)]：   //弧长标注选项
```

12.3.5 坐标标注

坐标标注主要用于测量从原点（基准）到要素（如部件上的一个孔）的水平或垂直距离。这种标注保持特征点与基准点的精确偏移量，从而避免增大误差。一般的坐标标注如图 12-23 所示。

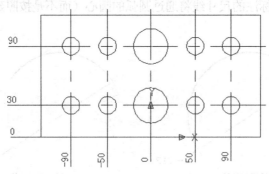

图 12-23 坐标标注

用户可通过以下命令方式来执行此操作：

- 菜单栏：选择【标注】/【坐标】命令。
- 面板：在【注释】选项卡【标注】面板中单击【坐标】按钮 。
- 命令行：输入 DIMORDINATE。

执行 DIMORDINATE 命令，命令行则显示如下操作提示：

```
命令：_dimordinate
指定点坐标：
指定引线端点或 [X 基准(X)/Y 基准(Y)/多行文字(M)/文字(T)/角度(A)]：
```

操作提示中各标注选项含义如下：

- 指定引线端点：使用点坐标和引线端点的坐标差可确定是 X 坐标标注还是 Y 坐标标注。如果 Y 坐标的坐标差较大，标注就测量 X 坐标，否则就测量 Y 坐标。
- X 基准（X）：测量 X 坐标并确定引线和标注文字的方向。确定时将显示【引线端点】提示，从中可以指定端点，如图 12-24 所示。

- Y基准（Y）：测量 Y 坐标并确定引线和标注文字的方向，如图12-25所示。

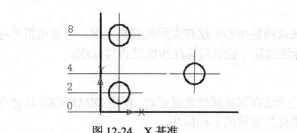
图12-24 X基准

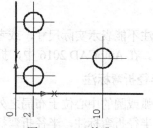
图12-25 Y基准

- 多行文字（M）：编辑用于标注的多行文字，可添加前缀和后缀。
- 文字（T）：用户自定义文字，生成的标注测量值显示在尖括号中。
- 角度（A）：修改标注文字的角度。

在创建坐标标注之前，需要在基点或基线上先创建一个用户坐标系，如图12-26所示。

12.3.6 对齐标注

当标注对象为倾斜的直线线形时，可使用【对齐】标注。对齐标注可以创建与指定位置或对象平行的标注，如图12-27所示。

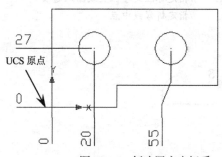
图12-26 创建用户坐标系

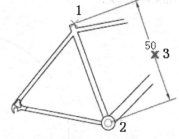
图12-27 对齐标注

用户可通过以下命令方式来执行此操作：

- 菜单栏：选择【标注】/【对齐】命令。
- 面板：在【注释】选项卡【标注】面板中单击【对齐】按钮 。
- 命令行：输入 DIMALIGNED。

执行 DIMALIGNED 命令后，命令行显示如下操作提示：

```
命令: _dimaligned
指定第一条延伸线原点或 <选择对象>:          //指定标注起点
指定第二条延伸线原点：                        //指定标注终点
指定尺寸线位置或
[多行文字(M)/文字(T)/角度(A)]：              //指定尺寸线及文字位置或输入选项
```

12.3.7 折弯标注

当标注不能表示实际尺寸，或者圆弧或圆的中心无法在实际位置显示时，可使用折弯标注来表达。在 AutoCAD 2016 中，折弯标注包括半径折弯标注和线性折弯标注。

1. 半径折弯标注

当圆弧或圆的中心位于布局之外并且无法在其实际位置显示时，使用 DIMJOGGED 命令可以创建半径折弯标注，半径折弯标注也称为缩放的半径标注。

用户可通过以下命令方式来执行此操作：

- 菜单栏：选择【标注】/【折弯】命令。
- 工具栏：在【注释】选项卡【标注】面板中单击【折弯】按钮 ⌒。
- 命令行：输入 DIMJOGGED。

创建半径折弯标注，须指定圆弧、图示中心位置、尺寸线位置和折弯线位置，半径折弯标注的典型图例如图 12-28 所示。执行 DIMJOGGED 命令后，命令行的操作提示如下：

```
命令: _dimjogged
选择圆弧或圆:                                          //选择标注对象
指定图示中心位置:                                      //指定折弯标注新圆心
标注文字 = 34.62
指定尺寸线位置或 [多行文字(M)/文字(T)/角度(A)]:        //指定标注文字位置或输入选项
指定折弯位置:                                          //指定折弯线中点
```

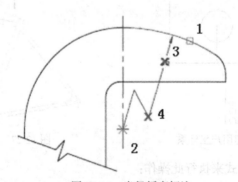

图 12-28 半径折弯标注

> **提示**
> 上图中的点 1 表示选择圆弧时的光标位置，点 2 表示新圆心位置，点 3 表示标注文字的位置，点 4 表示折弯中点位置。

2. 线性折弯标注

折弯线用于表示不显示实际测量值的标注值。将折弯线添加到线性标注，即线性折弯标注。通常，折弯标注的实际测量值小于显示的值。

用户可通过以下命令方式来执行此操作：

- 菜单栏：选择【标注】/【折弯线性】命令。
- 面板：在【注释】选项卡【标注】面板中单击【折弯线】按钮。
- 命令行：输入 DIMJOGLINE。

通常，在线性标注或对齐标注中可添加或删除折弯线，如图 12-29 所示。线性折弯标注中的折弯线表示所标注的对象中的折断，标注值表示实际距离，而不是图形中测量的距离。

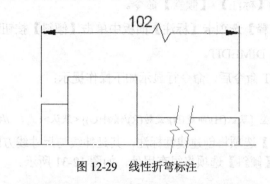

图 12-29 线性折弯标注

> **提示**
> 折弯由两条平行线和一条与平行线成 40°角的交叉线组成。折弯的高度由标注样式的线性折弯大小值决定。

12.3.8 折断标注

使用折断标注可以使标注、尺寸延伸线或引线不显示。还可以在标注和延伸线与其他对象的相交处打断或恢复标注和延伸线，如图 12-30 所示。

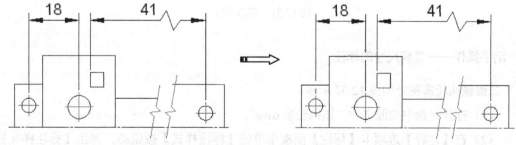

图 12-30 折断标注

用户可通过以下命令方式来执行此操作：

- 菜单栏：选择【标注】/【标注打断】命令。
- 面板：在【注释】选项卡【标注】面板中单击【打断】按钮。
- 命令行：输入 DIMBREAK。

12.3.9 倾斜标注

倾斜标注可使线性标注的延伸线倾斜，也可旋转、修改或恢复标注文字。

用户可通过以下命令方式来执行此操作：

- 菜单栏：选择【标注】/【倾斜】命令。
- 面板：在【注释】选项卡【标注】面板中单击【倾斜】按钮 ⊬。
- 命令行：输入 DIMEDIT。
- 执行 DIMEDIT 命令后，命令行显示如下操作提示：

命令：_dimedit
输入标注编辑类型 [默认(H)/新建(N)/旋转(R)/倾斜(O)] <默认>：　　//标注选项

命令行中的【倾斜】选项将创建线性标注，其延伸线与尺寸线方向垂直。当延伸线与图形的其他要素冲突时，【倾斜】选项将很有用处，如图 12-31 所示。

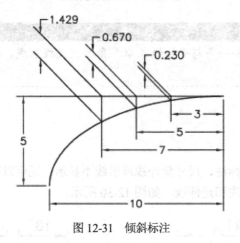

图 12-31　倾斜标注

动手操作——常规尺寸的标注

二维锁钩轮廓图形如图 12-32 所示。

（1）打开光盘中的源文件"锁钩轮廓.dwg"。

（2）在【注释】选项卡【标注】面板中单击【标注样式】按钮 ，弹出【标注样式管理器】对话框，单击该对话框中的【新建】按钮，弹出【创建新标注样式】对话框，在【新样式名】文本框内输入【机械标注】字样，单击【继续】按钮，进入下一步骤，如图 12-33 所示。

（3）在随后弹出的【新建标注样式：机械标注】对话框中进行选项设置：在【线】选项卡下设置基线间距为 7.5、超出尺寸线为 2.5；在【箭头和符号】选项卡下设置箭头大小为 3.5；在【文字】选项卡下设置文字高度为 5、从尺寸线偏移为 1、文字对齐采用【ISO 标准】；在【主单位】选项卡下设置精度为 0.0、小数分隔符为【"."（句点）】，如图 12-34 所示。

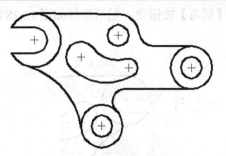

图 12-32 锁钩轮廓图形

图 12-33 命名新标注样式

图 12-34 设置新标注样式

(4) 在【注释】选项卡【标注】面板中单击【线性】按钮，然后在如图 12-35 所示的图形处选择两个点作为线性标注延伸线的原点，并完成该标注。

(5) 同理，继续使用【线性】标注工具将其余的主要尺寸进行标注，标注完成的结果如图 12-36 所示。

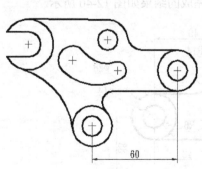

图 12-35 线性标注

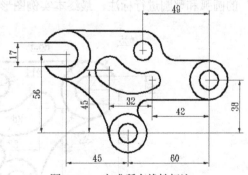

图 12-36 完成所有线性标注

(6) 在【注释】选项卡【标注】面板中单击【半径】按钮，然后在图形中选择小于 180°的圆弧进行标注，结果如图 12-37 所示。

（7）在【注释】选项卡【标注】面板中单击【折弯】按钮，然后选择如图12-38所示的圆弧进行折弯半径标注。

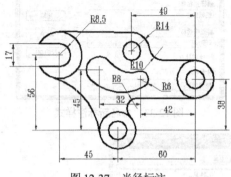
图12-37　半径标注

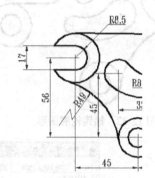
图12-38　折弯半径标注

（8）在【注释】选项卡【标注】面板中单击【打断】按钮，然后按命令行的操作提示选择【手动】选项，并选择如图12-39所示的线性标注上的两点作为打断点，并最终完成打断标注。

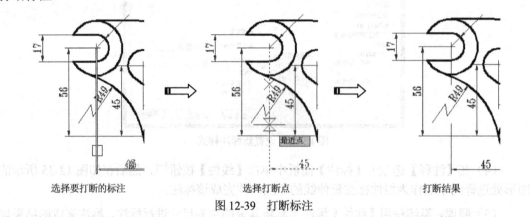
图12-39　打断标注

（9）在【注释】选项卡【标注】面板中单击【直径】按钮，然后在图形中选择大于180°的圆弧和整圆进行标注，最终本实例图形标注完成的结果如图12-40所示。

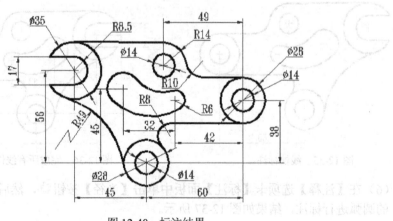
图12-40　标注结果

12.4 快速标注

当图形中存在连续的线段、并列的线条或相似的图样时,可使用 AutoCAD 2016 为用户提供的快速标注工具来完成标注,以此来提高标注的效率。快速标注工具包括【快速标注】、【基线标注】、【连续标注】和【等距标注】。

12.4.1 快速标注

【快速标注】就是对选择的对象创建一系列的标注。这一系列的标注可以是一系列连续标注、一系列并列标注、一系列基线标注、一系列坐标标注、一系列半径标注,或者一系列直径标注,如图 12-41 所示为多段线的快速标注。

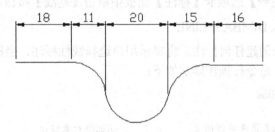

图 12-41 多段线的快速标注

用户可通过以下命令方式来执行此操作:

- 菜单栏:选择【标注】/【快速标注】命令。
- 面板:在【注释】选项卡【标注】面板中单击【快速标注】按钮。
- 命令行:输入 QDIM。

执行 QDIM 命令后,命令行的操作提示显示如下:

```
命令:_qdim
选择要标注的几何图形:找到 1 个
选择要标注的几何图形:
指定尺寸线位置或 [连续(C)/并列(S)/基线(B)/坐标(O)/半径(R)/直径(D)/基准点(P)/编辑(E)/设置(T)]
<连续>:
```

12.4.2 基线标注

【基线标注】是从上一个标注或选定标注的基线处创建线性标注、角度标注或坐标标注,如图 12-42 所示。

> 提示
> 可以通过标注样式管理器、【直线】选项卡和【基线间距】(DIMDLI 系统变量)设置基线标注之间的默认间距。

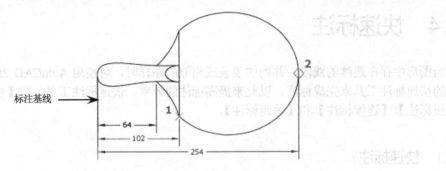

图 12-42 基线标注

用户可通过以下命令方式来执行此操作：

- 菜单栏：选择【标注】/【基线】命令
- 面板：在【注释】选项卡【标注】面板中单击【基线】按钮。
- 命令行：输入 DIMBASELINE

如果当前任务中未创建任何标注，将提示用户选择线性标注、坐标标注或角度标注，以用作基线标注的基准。命令行操作提示如下：

命令：_dimbaseline
选择基准标注：
需要线性、坐标或角度关联标注。　　　　　　//选择对象提示

当选择的基准标注是线性标注或角度标注时，命令行将显示以下操作提示：

命令：_dimbaseline
指定第二条延伸线原点或 [放弃(U)/选择(S)] <选择>：　　//指定标注起点或输入选项

12.4.3 连续标注

【连续标注】是从上一个标注或选定标注的第二条延伸线处开始创建线性标注、角度标注或坐标标注，如图 12-43 所示。

用户可通过以下命令方式来执行此操作：

- 菜单栏：选择【标注】/【连续】命令。
- 面板：在【注释】选项卡【标注】面板中单击【连续】按钮。
- 命令行：输入 DIMCONTINUE。

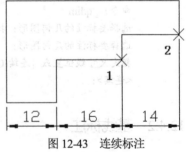

图 12-43 连续标注

连续标注将自动排列尺寸线。连续标注的标注方法与基线标注的方法相同，因此不再重复介绍了。

12.4.4 等距标注

【等距标注】可自动调整平行的线性标注之间的间距或共享一个公共顶点的角度标注之间的间距；尺寸线之间的间距相等；还可以通过使用间距值 0 来对齐线性标注或角度标注。

用户可通过以下命令方式来执行此操作：

- 菜单栏：选择【标注】/【标注间距】命令。
- 面板：在【注释】选项卡【标注】面板中单击【等距标注】按钮 。
- 命令行：输入 DIMSPACE。

执行 DIMSPACE 命令，命令行将显示如下操作提示：

```
命令：_DIMSPACE
选择基准标注：              //选择平行线性标注或角度标注以从基准标注均匀隔开，并按 Enter 键
选择要产生间距的标注：        //指定标注
输入值或 [自动(A)]<自动>：    //输入间距值或输入选项
```

例如，间距值为 5mm 的等距标注，如图 12-44 所示。

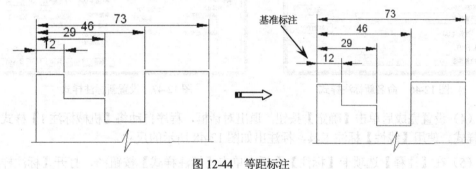

图 12-44　等距标注

动手操作——快速标注范例

标注完成的法兰零件图如图 12-45 所示。

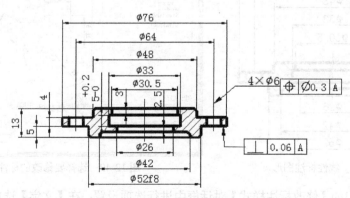

图 12-45　法兰零件图

（1）打开光盘中的源文件【法兰零件.dwg】。

（2）在【注释】选项卡【标注】面板中单击【标注样式】按钮，打开【标注样式管理器】对话框。单击该对话框的【新建】按钮，弹出【创建新标注样式】对话框，在此对话框的【新样式名】文本框内输入新样式名【机械标注1】，单击【继续】按钮，如图12-46所示。

（3）在随后弹出的【新建标注样式：机械标注1】对话框中进行选项设置：在【文字】选项卡下设置文字高度为3.5、从尺寸线偏移为1、文字对齐采用ISO标准；在【主单位】选项卡下设置精度为0.0、小数分隔符为【"."（句点）】、前缀输入%%c，如图12-47所示。

图12-46 命名新标注样式

图12-47 设置新标注样式

（4）设置完成后单击【确定】按钮，退出对话框，程序自动将【机械标注1】样式设为当前样式。使用【线性】标注工具，标注出如图12-48所示的尺寸。

（5）在【注释】选项卡【标注】面板中单击【标注样式】按钮，打开【标注样式管理器】对话框。在【样式】列表中选择【ISO-25】，然后单击【修改】按钮，如图12-49所示。

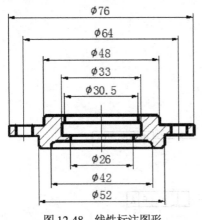

图12-48 线性标注图形

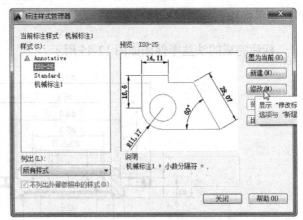

图12-49 选择要修改的标注样式

（6）在弹出的【修改标注样式】对话框中进行选项设置：在【文字】选项卡下设置文字高度为3.5、从尺寸线偏移为1、文字对齐采用【与尺寸线对齐】；在【主单位】选项卡下设置精度为 0.0、小数分隔符为【"."（句点）】。

（7）使用【线性】标注工具，标注出如图 12-50 所示的尺寸。

（8）在【注释】选项卡【标注】面板中单击【标注样式】按钮，打开【标注样式管理器】对话框。在【样式】列表中选择【ISO-25】，然后单击【替代】按钮，打开【替代当前样式】对话框。并在对话框的【公差】选项卡下【公差格式】选项组中设置方式为【极限偏差】，上偏差输入值为 0.2，单击【确定】按钮，退出替代样式设置。

（9）使用【线性】标注工具，标注出如图 12-51 所示的尺寸。

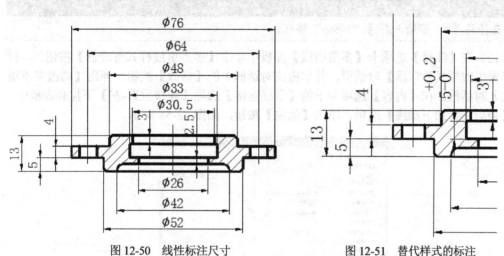

图 12-50　线性标注尺寸　　　　　图 12-51　替代样式的标注

（10）在【注释】选项卡【标注】面板中单击【折断标注】按钮，然后按命令行的操作提示选择【手动】选项，选择如图 12-52 所示的线性标注上的两点作为打断点，并完成折断标注。

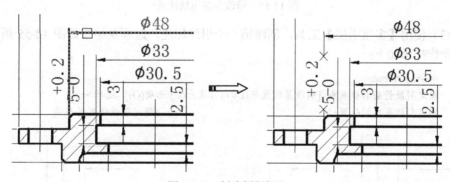

图 12-52　创建折断标注

（11）使用【编辑标注】工具编辑【⌀52】的标注文字，编辑文字的过程及结果如图 12-53 所示。命令行操作提示如下。

命令：_dimedit
输入标注编辑类型 [默认(H)/新建(N)/旋转(R)/倾斜(O)] <默认>：n↵
选择对象：找到 1 个　　　　　　　　　　//选择要编辑文字的标注
选择对象：↵

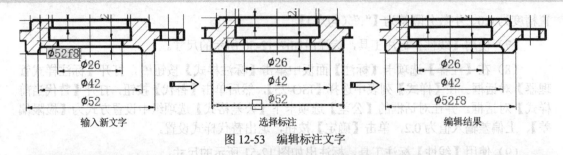

图 12-53 编辑标注文字

> **提示**
> 直径符号⌀，可输入符号"%%c"替代。

（12）在【注释】选项卡【多重引线】面板中单击【多重引线样式管理器】按钮，打开【多重引线样式管理器】对话框，并单击该对话框中的【修改】按钮，弹出【修改多重引线样式】对话框。在【内容】选项卡下的【引线连接】选项【连接位置-左】下拉列表框中，选择【最后一行加下画线】选项，单击【确定】按钮，如图 12-54 所示。

图 12-54 修改多重引线样式

（13）使用【多重引线】工具，创建第一个引线标注，过程及结果如图 12-55 所示。命令行的操作提示如下：

```
命令：_mleader
指定引线箭头的位置或 [引线基线优先(L)/内容优先(C)/选项(O)]<选项>：
指定引线基线的位置：                    //指定基线位置并单击
```

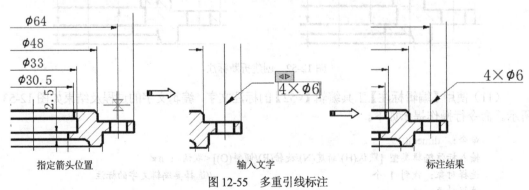

图 12-55 多重引线标注

（14）再使用【多重引线】工具，创建第二个引线标注，但不标注文字，如图 12-56 所示。

（15）在【标注】面板中单击【公差】按钮，在弹出的【形位公差】对话框中设置特征符号、公差值 1 及公差值 2，如图 12-57 所示。

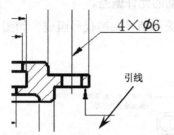

图 12-56 创建不标注文字的引线

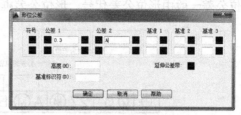

图 12-57 设置形位公差

（16）公差设置完成后，将特征框置于第一引线标注上，如图 12-58 所示。

（17）同理，在另一引线上也创建出如图 12-59 所示的形位公差标注。

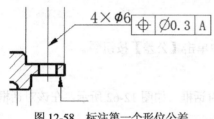

图 12-58 标注第一个形位公差

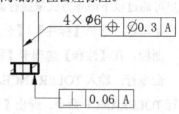

图 12-59 标注第二个形位公差

（18）至此，本例的零件图形的尺寸标注全部完成，结果如图 12-60 所示。

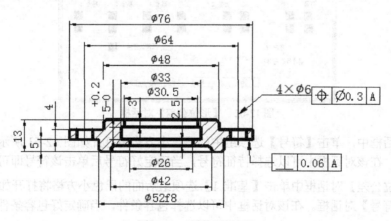

图 12-60 零件图形标注

12.5 其他标注样式

在 AutoCAD 2016 中，除基本尺寸标注和快速标注工具外，还有用于特殊情况下的图形标注或注释，如形位公差标注、多重引线标注等。

12.5.1 形位公差标注

形位公差表示特征的形状、轮廓、方向、位置和跳动的允许偏差。

形位公差一般由形位公差代号、形位公差框、形位公差值及基准代号组成，如图 12-61 所示。

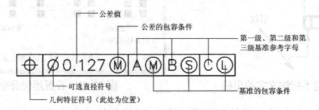

图 12-61 形位公差标注的基本组成

用户可通过以下命令方式来执行此操作：

- 菜单栏：选择【标注】/【公差】命令。
- 面板：在【注释】选项卡【标注】面板中单击【公差】按钮。
- 命令行：输入 TOLERANCE。

执行 TOLERANCE 命令，弹出【形位公差】对话框，如图 12-62 所示。在该对话框中可以设置公差值和修改符号。

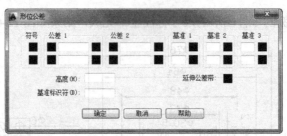

图 12-62 【形位公差】对话框

在该对话框中，单击【符号】选项组中的黑色小方格将打开如图 12-63 所示的【特征符号】对话框。在该对话框中可以选择特征符号，当确定好符号后单击该符号即可。

在【形位公差】对话框中单击【基准 1】选项组后面的黑色小方格将打开如图 12-64 所示的【附加符号】对话框。在该对话框中可以选择包容条件，当确定好包容条件后单击该特征符号即可。

图 12-63 【特征符号】对话框

图 12-64 【附加符号】对话框

表 12-1 中列出了国家标准规定的各种形位公差符号及其含义。

表 12-1 特征符号含义

符号	含义	符号	含义
⌖	位置度	▱	平面度
◎	同轴度	○	圆度
═	对称度	—	直线度
∥	平行度	⌒	面轮廓度
⊥	垂直度	⌒	线轮廓度
∠	倾斜度	↗	圆跳度
⌭	圆柱度	⌰	全跳度

表 12-2 给出了与形位公差有关的材料控制符号及其含义。

表 12-2 附加符号

符号	含义
Ⓜ	材料的一般中等状况
Ⓛ	材料的最大状况
Ⓢ	材料的最小状况

12.5.2 多重引线标注

引线是连接注释和图形对象的一条带箭头的线，用户可从图形的任意点或对象上创建引线。引线可由直线段或平滑的样条曲线组成，注释文字就放在引线末端，如图 12-65 所示。

多重引线对象或多重引线可先创建箭头，也可先创建尾部或内容。如果已使用多重引线样式，则可以从该样式创建多重引线。

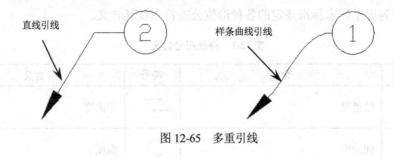

图 12-65 多重引线

12.6 编辑标注

当标注的尺寸界线、文字和箭头与当前图形文件中的几何对象重叠时,用户可能不想显示这些标注元素或者要进行适当的位置调整,通过更改、替换标注尺寸样式或者编辑标注的外观可以使图纸更加清晰、美观,增强可读性。

1. 修改与替代标注样式

要对当前样式进行修改但又不想创建新的标注样式,此时可以修改当前标注样式或创建标注样式替代。选择菜单栏中的【标注】/【样式】命令,在弹出的【标注样式管理器】对话框中选择 Standard 标注样式,再单击右侧的【修改】按钮,打开如图 12-66 所示的【修改标注样式:Standard】对话框。在该对话框中可以调整、修改样式,包括尺寸界线、公差、单位以及其可见性。

若用户创建标注样式替代,替代标注样式后,AutoCAD 将在标注样式名下显示【<样式替代>】,如图 12-67 所示。

图 12-66 【修改标注样式:Standard】对话框　　图 12-67 显示样式替代

2. 尺寸文字的调整

可通过移动夹点来调整尺寸文字的位置,也可利用快捷菜单来调整标注的位置。在利用移动夹点调整尺寸文字的位置时,先选中要调整的标注,按住夹点直接拖动光标进行移动,如图 12-68 所示。

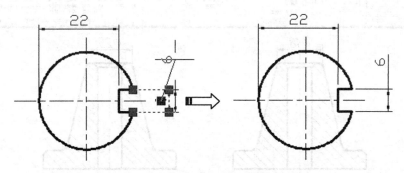

图 12-68 使用夹点移动来调整文字位置

利用右键菜单命令来调整文字位置时，先选择要调整的标注，单击鼠标右键，在弹出的快捷菜单中选择【标注文字位置】命令，然后再从下拉菜单中选择一条适当的命令，如图 12-69 所示。

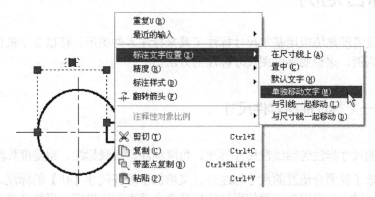

图 12-69 使用右键菜单命令调整文字位置

3. 编辑标注文字

有时需要将线性标注修改为直径标注，这就需要对标注的文字进行编辑，AutoCAD 2016 提供了标注文字编辑功能。

用户可以执行以下命令方式：

- 命令行：输入 DIMEDIT 命令。
- 工具条：在【标注】工具条中单击【编辑标注】按钮。
- 菜单栏：选择【修改】/【对象】/【文字】/【编辑】命令。

执行以上命令后，可以通过在功能区弹出的【文字编辑器】选项卡，对标注文字进行编辑。如图 12-70 所示为标注文字编辑的前后对比。

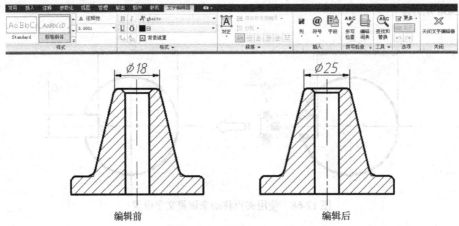

图 12-70 编辑标注文字

12.7 综合范例

为了便于读者能熟练应用基本尺寸标注工具来标注零件图形，特以 2 个机械零件图形的图形尺寸标注为例，来说明零件图尺寸标注的方法。

12.7.1 范例一：标注曲柄零件尺寸

机械图中的尺寸标注包括线性尺寸标注、角度标注、引线标注、粗糙度标注等。

该图形中除了前面介绍过的尺寸标注外，又增加了对齐尺寸【48】的标注。通过本例的学习，不但可以进一步巩固在前面使用过的标注命令及表面粗糙度、形位公差的标注方法，同时还将掌握对齐标注命令。标注完成的曲柄零件如图 12-71 所示。

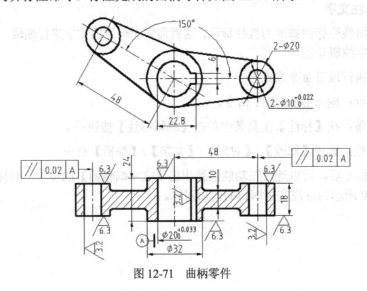

图 12-71 曲柄零件

 操作步骤

1. 创建一个新层【bz】用于尺寸标注

（1）单击【标准】工具栏中的【打开】按钮，在弹出的【选择文件】对话框中，选择前面保存的图形文件"曲柄零件.dwg"，单击【确定】按钮，则该图形显示在绘图窗口中，如图12-72所示。

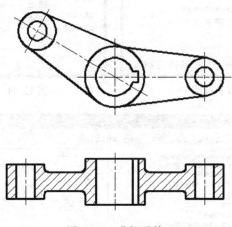

图12-72　曲柄零件

（2）单击【图层】工具栏中的【图层特性管理器】按钮，打开【图层特性管理器】对话框。

（3）创建一个新层【bz】，线宽为0.09mm，其他设置不变，用于标注尺寸，并将其设置为当前层。

（4）设置文字样式【SZ】，选择菜单栏中的【格式】/【文字样式】命令。打开【文字样式】对话框，创建一个新的文字样式【SZ】。

2. 设置尺寸标注样

（1）单击【标注】工具栏中的【标注样式】按钮，设置标注样式。在打开的【标注样式管理器】对话框中，单击【新建】按钮，创建新的标注样式【机械图样】，用于标注图样中的线性尺寸。

（2）单击【继续】按钮，对打开的【新建标注样式：机械图样】对话框中的各个选项卡进行设置，如图12-73～图12-75所示。设置完成后，单击【确定】按钮。选取【机械图样】，单击【新建】按钮，分别设置直径及角度标注样式。

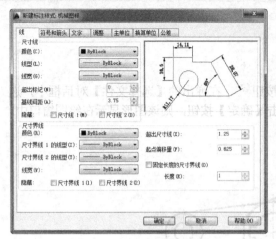
图 12-73 【线】选项卡

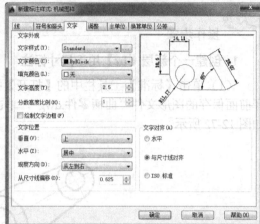
图 12-74 【文字】选项卡

图 12-75 【调整】选项卡

（3）同理，再依次建立直径标注样式、半径标注样式、角度标注样式等标注样式。其中，在建立直径标注样式时，须在【调整】选项卡中勾选【标注时手动放置文字】复选框，在【文字】选项卡中的【文字对齐】选项区选择【ISO 标准】；在角度标注样式的【文字】选项卡中的【文字对齐】选项区选择【水平】。其他选项卡的设置均不变。

（4）在【标注样式管理器】对话框中，选择【机械图样】标注样式，单击【置为当前】按钮，将其设置为当前标注样式。

3. 标注曲柄视图中的线性尺寸

（1）单击【标注】工具栏中的【线性标注】按钮，从上至下，依次标注曲柄主视图及俯视图中的线性尺寸 6、22.8、48、18、10、⌀20 和 32。

（2）在标注尺寸⌀20 时，需要输入【％％c20{\h0.7x;\s+0.033^0;}】。

（3）单击【标注】工具栏中的【编辑标注文字】按钮，命令行提示与操作如下：

命令:_dimtedit

第 12 章　图纸中的尺寸标注

选择标注：　　　　　　　　　//（选择曲柄俯视图中的线性尺寸 24）
为标注文字指定新位置或 [左对齐(L)/右对齐(R)/居中(C)/默认(H)/角度(A)]:
　　　　　　　　　　//拖动文字到尺寸界线外部

（4）单击【标注】工具栏中的【编辑标注文字】按钮 ，选择俯视图中的线性尺寸 10，将其文字拖动到适当位置，结果如图 12-76 所示。

（5）单击【标注】工具栏中的【标注样式】按钮 ，在打开的【标注样式管理器】的样式列表中选择【机械图样】，单击【替代】按钮。

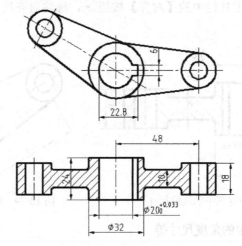

图 12-76　标注线性尺寸

（6）系统打开【替代当前样式】对话框。在【线】选项卡的【隐藏】选项区，勾选【尺寸线 2】复选框；在【符号和箭头】选项卡的【箭头】选项区中，将【第二个】设置为【无】，如图 12-77 所示。

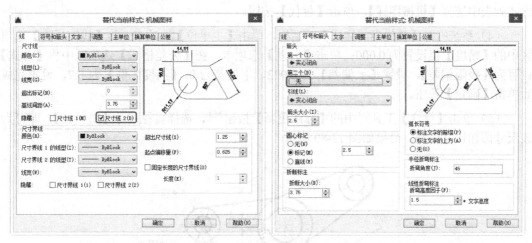

图 12-77　替代样式

（7）单击【标注】工具栏中的【标注更新】按钮 ，更新该尺寸样式，命令行提示与操作如下：

命令:_-dimstyle
当前标注样式: //机械标注样式   注释性: 否
输入标注样式选项
[注释性(AN)/保存(S)/恢复(R)/状态(ST)/变量(V)/应用(A)/?] <恢复>:   //_apply
选择对象: //（选择俯视图中的线性尺寸⌀20）
选择对象: ✓

（8）单击【标注】工具栏中的【标注更新】按钮，选择更新的线性尺寸，将其文字拖动到适当位置，结果如图 12-78 所示。

（9）单击【标注】工具栏中的【对齐】按钮，标注对齐尺寸【48】，结果如图 12-79 所示。

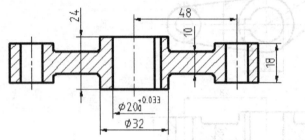 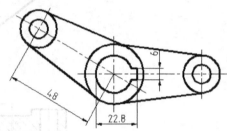

图 12-78　编辑俯视图中的线性尺寸　　　　图 12-79　标注主视图对齐尺寸

4. 标注曲柄主视图中的角度尺寸等

（1）单击【标注】工具栏中的【角度标注】按钮，标注角度尺寸【150°】。

（2）单击【标注】工具栏中的【直径标注】按钮，标注曲柄水平臂中的直径尺寸【2-⌀10】及【2-⌀20】。

（3）单击【标注】工具栏中的【标注样式】按钮，在打开的【标注样式管理器】的样式列表中选择【机械图样】，单击【替代】按钮。

（4）系统打开【替代当前样式】对话框，单击【主单位】选项卡，将【线性标注】选项区中的【精度】值设置为 0.000；单击【公差】选项卡，在【公差格式】选项区中将【方式】设置为【极限偏差】，设置【上偏差】为 0.022，下偏差为 0，【高度比例】为 0.7，设置完成后单击【确定】按钮。

（5）单击【标注】工具栏中的【标注更新】按钮，选择直径尺寸【2-⌀10】，即可为该尺寸添加尺寸偏差，结果如图 12-80 所示。

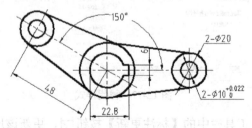

图 12-80　标注角度及直径尺寸

第 12 章 图纸中的尺寸标注

5. 标注曲柄俯视图中的表面粗糙度

（1）首先绘制表面粗糙度符号，如图 12-81 所示。

（2）选择菜单栏中的【格式】/【文字样式】，打开【文字样式】对话框，在其中设置标注的粗糙度值的文字样式，如图 12-82 所示。

图 12-81　绘制表面粗糙度符号　　　　　图 12-82　【文字样式】对话框

（3）在命令行输入命令 DDATTDEF，执行后，打开【属性定义】对话框，如图 12-83 所示。按照图中所示进行设置。

（4）设置完毕后，单击【拾取点】按钮，此时返回绘图区域，用鼠标拾取图 12-81 中的点 A，即 Ra 符号的右下角，此时返回【属性定义】对话框，然后单击【确定】按钮，完成属性设置。

（5）在功能区【插入】选项卡中单击【创建块】按钮，AutoCAD 打开【块定义】对话框，按照图中所示进行设置，如图 12-84 所示。

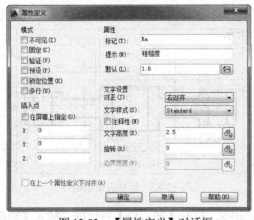

图 12-83　【属性定义】对话框　　　　　图 12-84　【块定义】对话框

（6）设置完毕后，单击【拾取点】按钮，此时返回绘图区域，用鼠标拾取图 12-81 中的点 B，此时返回【块定义】对话框，然后单击【选择对象】按钮，选择图 12-81 所示的图形，此时返回【块定义】对话框，最后按【确定】按钮完成块定义。

（7）在功能区【插入】选项卡中单击【插入】按钮，打开【插入】对话框，在【名称】下拉选项中选择【粗糙度】一项，如图12-85所示。

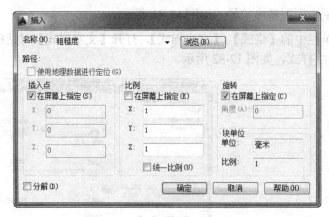

图12-85 【插入】对话框

（8）然后单击【确定】按钮，此时命令行提示与操作如下：

指定插入点或 [基点(B)/比例(S)/X/Y/Z/旋转(R)]:
　　　　　　　　　　//捕捉曲柄俯视图中的左臂上线的最近点，作为插入点
指定旋转角度 <0>:　　　　　　　　//输入要旋转的角度
输入属性值
请输入表面粗糙度值 <1.6>: 6.3↙　　//输入表面粗糙度的值6.3

（9）单击【修改】工具栏中的【复制】按钮，选择标注的表面粗糙度，将其复制到俯视图右边需要标注的地方，结果如图12-86所示。

（10）单击【修改】工具栏中的【镜像】按钮，选择插入的表面粗糙度图块，分别以水平线及竖直线为镜像线，进行镜像操作，并且镜像后不保留源对象。

（11）单击【修改】工具栏中的【复制】按钮，选择镜像后的表面粗糙度，将其复制到俯视图下部需要标注的地方，结果如图12-87所示。

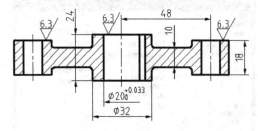

图12-86 标注表面粗糙度

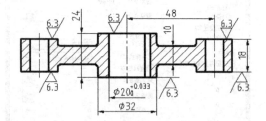

图12-87 标注表面粗糙度

（12）单击【绘图】面板中的【插入块】按钮，打开【插入块】对话框，插入【粗糙度】图块。重复执行【插入块】命令，标注曲柄俯视图中的其他表面粗糙度，结果如图12-88所示。

6. 标注曲柄俯视图中的形位公差

（1）在标注表面及形位公差之前，首先需要设置引线的样式，然后再标注表面及形位公差。在命令行中输入 QLEADER 命令，命令行提示与操作如下：

```
命令:QLEADER↙
指定第一个引线点或 [设置(S)] <设置>: S↙
```

（2）选择该选项后，打开如图 12-89 所示的【引线设置】对话框，在其中选择【公差】一项，即把引线设置为公差类型。设置完毕后，单击【确定】按钮，返回命令行，命令行提示与操作如下：

```
指定第一个引线点或 [设置(S)] <设置>:     //用鼠标指定引线的第一个点
指定下一点：                             //用鼠标指定引线的第二个点
指定下一点：                             //用鼠标指定引线的第三个点
```

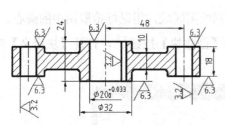

图 12-88　标注表面粗糙度

图 12-89　【引线设置】对话框

（3）此时，AutoCAD 自动打开【形位公差】对话框，如图 12-90 所示，单击【符号】黑框，打开【特征符号】对话框，用户可以在其中选择需要的符号，如图 12-91 所示。

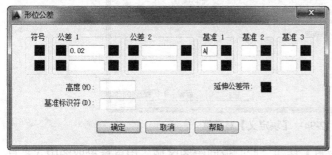

图 12-90　【形位公差】对话框

图 12-91　【特征符号】对话框

（4）填写完【形位公差】对话框后，单击【确定】按钮，则返回绘图区域，完成形位公差的标注。

（5）方法同前，标注俯视图左边的形位公差。

（6）绘制基准符号，如图 12-92 所示。

（7）在命令行输入命令 DDATTDEF，打开【属性定义】对话框，进行参数设置，如图 12-93 所示。

图 12-92 绘制的基准符号

图 12-93 【属性设置】对话框

（8）设置完毕后，单击【确定】按钮，此时返回绘图区域，用鼠标拾取图中的圆心。

（9）创建基准符号块。单击【绘图】面板中的【创建块】按钮，打开【块定义】对话框，选项设置如图 12-94 所示。

图 12-94 【块定义】对话框

（10）设置完毕后，单击【拾取点】按钮，此时返回绘图区域，用鼠标拾取图中水平直线的中点，此时返回【块定义】对话框，然后单击【选择对象】按钮，选择图形，此时返回【块定义】对话框，最后按【确定】按钮完成块定义。

（11）单击【绘图】面板中的【插入块】按钮，打开【插入】对话框，在【名称】下拉列表框中选择【基准符号】，如图 12-95 所示。

（12）单击【确定】按钮，此时命令行提示与操作如下：

指定插入点或 [基点(B)/比例(S)/X/Y/Z/旋转(R)]:
　　　　//在尺寸【⌀20】左边尺寸界线的左部适当位置拾取一点

（13）单击【修改】工具栏中的【旋转】按钮，选择插入的【基准符号】图块，将其旋转 90°。

第 12 章 图纸中的尺寸标注

图 12-95 【插入】对话框

（14）选择旋转后的【基准符号】图块，单击鼠标右键，在打开的如图 12-96 所示的快捷菜单中，选择【编辑属性】，打开【增强属性编辑器】对话框，单击【文字选项】选项卡，如图 12-97 所示。

图 12-96 快捷菜单

图 12-97 【增强属性编辑器】对话框

（15）将旋转角度修改为 0，最终的标注结果如图 12-98 所示。

407

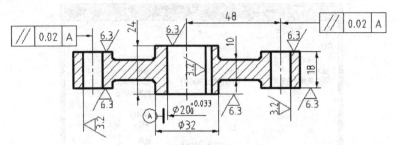

图 12-98 标注俯视图中的形位公差

12.7.2 范例二：标注泵轴尺寸

本例着重介绍编辑标注文字位置命令的使用以及表面粗糙度的标注方法，同时，对尺寸偏差的标注进行进一步的巩固练习。标注完成的泵轴如图 12-99 所示。

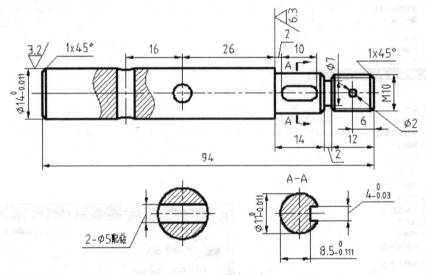

图 12-99 泵轴尺寸

 操作步骤

1. 标注设置

（1）打开光盘中的源文件"泵轴.dwg"，如图 12-100 所示。

（2）创建一个新层【BZ】用于尺寸标注，单击【图层】工具栏中的【图层特性管理器】按钮，打开【图层特性管理器】对话框。创建一个新层【BZ】，线宽为 0.09mm，其他设置不变，用于标注尺寸，并将其设置为当前层。

（3）设置文字样式【SZ】，选择菜单栏中的【格式】/【文字样式】命令，弹出【文字样式】对话框，创建一个新的文字样式【SZ】。

(4) 设置尺寸标注样式，单击【标注】工具栏中的【标注样式】按钮，设置标注样式。在打开的【标注样式管理器】对话框中，单击【新建】按钮，创建新的标注样式【机械图样】，用于标注图样中的尺寸。

(5) 单击【继续】按钮，对打开的【新建标注样式：机械图样】对话框中的各个选项卡，进行设置，如图 12-101～图 12-103 所示。不再设置其他标注样式。

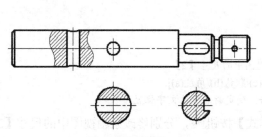

图 12-100　泵轴

图 12-101　【线】选项卡

图 12-102　【文字】选项卡

图 12-103　【调整】选项卡

2. 标注尺寸

(1) 在【标注样式管理器】对话框中，选择【机械图样】标注样式，单击【置为当前】按钮，将其设置为当前标注样式。

(2) 标注泵轴视图中的基本尺寸，单击【标注】工具栏中的【线性标注】按钮，方法同前，标注泵轴主视图中的线性尺寸【m10】、【⌀7】及【6】。

(3) 单击【标注】工具栏中的【基线标注】按钮，以尺寸【6】的右端尺寸线为基线，进行基线标注，标注尺寸【12】及【94】。

(4) 单击【标注】工具栏中的【连续标注】按钮，选择尺寸【12】的左端尺寸线，标注连续尺寸【2】及【14】。

(5) 单击【标注】工具栏中的【线性标注】按钮，标注泵轴主视图中的线性尺寸【16】。

(6) 单击【标注】工具栏中的【连续标注】按钮，标注连续尺寸【26】、【2】及【10】。

(7) 单击【标注】工具栏中的【直径标注】按钮，标注泵轴主视图中的直径尺寸【⌀2】。

(8) 单击【标注】工具栏中的【线性标注】按钮，标注泵轴剖面图中的线性尺寸【2-⌀5配钻】，此时应输入标注文字【2-%%c5配钻】。

(9) 单击【标注】工具栏中的【线性标注】按钮，标注泵轴剖面图中的线性尺寸【8.5】和【4】，结果如图12-104所示。

(10) 修改泵轴视图中的基本尺寸：

命令: dimtedit↙
选择标注：   //选择主视图中的尺寸【2】
指定标注文字的新位置或 [左(l)/右(r)/中心(c)/默认(h)/角度(a)]:
                         //拖动鼠标，在适当位置处单击，确定新的标注文字位置

(11) 单击【标注】工具栏中的【标注样式】按钮，分别修改泵轴视图中的尺寸【2-⌀5配钻】及【2】，结果如图12-105所示。

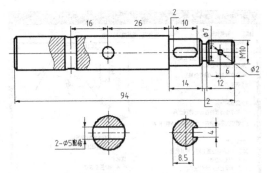
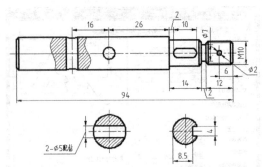

图12-104　基本尺寸　　　　　图12-105　修改视图中的标注文字位置

(12) 用重新输入标注文字的方法，标注泵轴视图中带尺寸偏差的线性尺寸

命令: dimlinear↙
指定第一条尺寸界线原点或 <选择对象>：(捕捉泵轴主视图左轴段的左上角点)
指定第二条尺寸界线原点：(捕捉泵轴主视图左轴段的左下角点)
指定尺寸线位置或[多行文字(M)/文字(T)/角度(A)/水平(H)/垂直(V)/旋转(R)]: t↙
输入标注<14>: %%c14{\h0.7x;\s0^−0.011;}↙
指定尺寸线位置或[多行文字(M)/文字(T)/角度(A)/水平(H)/垂直(V)/旋转(R)]:
                         //拖动鼠标，在适当位置处单击
标注文字 =14

(13) 标注泵轴剖面图中的尺寸【⌀11】，输入标注文字【 %%c11{\h0.7x;\s0^ 　0.011;}】，结果如图12-106所示。

(14) 用标注替代的方法，为泵轴剖面图中的线性尺寸添加尺寸偏差，单击【标注】工具栏中的【标注样式】按钮，在打开的【标注样式管理器】的样式列表中选择【机械图样】，单击【替代】按钮。

(15) 系统打开【替代当前样式】对话框，单击【主单位】选项卡，将【线性标注】选项区中的【精度】值设置为 0.000；单击【公差】选项卡，在【公差格式】选项区中，将【方式】设置为【极限偏差】，设置【上偏差】为 0，下偏差为 0.111，【高度比例】为 0.7，设置完成后单击【确定】按钮。

(16) 单击【标注】工具栏中的【标注更新】按钮，选择剖面图中的线性尺寸【8.5】，即可为该尺寸添加尺寸偏差。

(17) 继续设置替代样式。设置【公差】选项卡中的【上偏差】为 0，下偏差为 0.030。单击【标注】工具栏中的【标注更新】按钮，选择线性尺寸【4】，即可为该尺寸添加尺寸偏差，结果如图 12-107 所示。

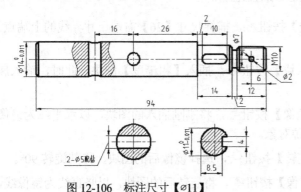

图 12-106　标注尺寸【∅11】　　　　图 12-107　替代剖面图中的线性尺寸

(18) 标注主视图中的倒角尺寸，单击【标注】工具栏中的【标注样式】按钮，设置同前。

3. 标注粗糙度

(1) 标注泵轴主视图中的表面粗糙度。在功能区【插入】选项卡中单击【插入】按钮，打开【插入】对话框，如图 12-108 所示，单击【浏览】按钮，选择前面保存的块图形文件【粗糙度】；在【比例】选项区中，勾选【统一比例】复选框，单击【确定】按钮。命令行提示与操作如下：

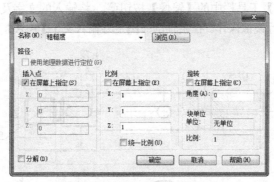

图 12-108　插入【粗糙度】图块

指定插入点或 [基点(B)/比例(S)/旋转(R)]:
　　　　　//捕捉∅14 尺寸上端尺寸界线的最近点，作为插入点
输入属性值

请输入表面粗糙度值 <1.6>: 3.2↵   //输入表面粗糙度的值 3.2，结果如图 12-109 所示

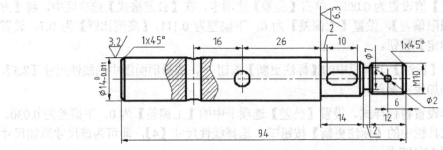

图 12-109　标注表面粗糙度

（2）单击【绘图】面板中的【直线】按钮，捕捉尺寸【26】右端尺寸界线的上端点，绘制竖直线。

（3）单击【绘图】面板中的【插入块】按钮，插入【粗糙度】图块。此时，输入属性值为 6.3。

（4）单击【修改】工具栏中的【镜像】按钮，将刚刚插入的图块，以水平线为镜像线，进行镜像操作，并且镜像后不保留源对象。

（5）单击【修改】工具栏中的【旋转】按钮，选择镜像后的图块，将其旋转 90°。

（6）单击【修改】工具栏中的【镜像】按钮，将旋转后的图块，以竖直线为镜像线，进行镜像操作，并且镜像后不保留源对象。

（7）标注泵轴剖面图的剖切符号及名称，选择菜单栏中的【标注】/【多重引线】命令，用多重引线标注命令，从右向左绘制剖切符号中的箭头。

（8）将【轮廓线】层设置为当前层，单击【绘图】面板中的【直线】按钮，捕捉带箭头引线的左端点，向下绘制一小段竖直线。

（9）在命令行输入 text，或者选择菜单栏中的【绘图】/【文字】/【单行文字】命令，在适当位置单击一点，输入文字【A】。

（10）单击【修改】工具栏中的【镜像】按钮，将输入的文字及绘制的剖切符号，以水平中心线为镜像线，进行镜像操作。在泵轴剖面图上方输入文字【A-A】，结果如图 12-110 所示。

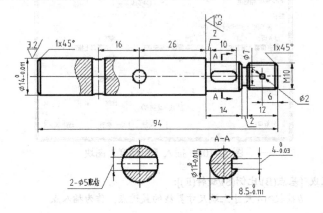

图 12-110　输入文字

第 13 章　图纸中的文字与表格注释

本章导读

标注尺寸以后，还要添加说明文字和明细表格，这样才算一幅完整的工程图。本章将着重介绍 AutoCAD 2016 文字和表格的添加与编辑，并让读者详细了解文字样式、表格样式的编辑方法。

学习要求

文字注释概述
使用文字样式
单行文字
多行文字
符号与特殊符号
表格的创建与编辑

13.1　文字注释概述

文字注释是 AutoCAD 图形中很重要的图形元素，也是机械制图、建筑工程图等制图中不可或缺的重要组成部分。在一个完整的图样中，包括一些文字注释来标注图样中的一些非图形信息。例如，机械图形中的技术要求、装配说明、标题栏信息、选项卡，以及建筑工程图中的材料说明、施工要求等。

文字注释功能可通过在【文字】面板、【文字】工具条中选择相应命令进行调用，也可通过在菜单栏选择【绘图】/【文字】命令，在弹出的【文字】面板中选择。【文字】面板如图 13-1 所示，【文字】工具条如图 13-2 所示。

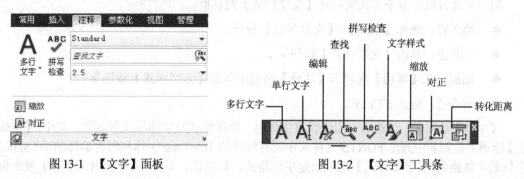

图 13-1　【文字】面板　　　　　　　　图 13-2　【文字】工具条

图形注释文字包括单行文字或多行文字。对于不需要多种字体或多行的简短项，可以创建单行文字。对于较长、较为复杂的内容，可以创建多行或段落文字。

在创建单行或多行文字前，要指定文字样式并设置对齐方式，文字样式设置文字对象的默认特征。

13.2 使用文字样式

在 AutoCAD 中，所有文字都有与之相关联的文字样式。文字样式包括文字【字体】、【字型】、【高度】、【宽度系数】、【倾斜角】、【反向】、【倒置】以及【垂直】等参数。在图形中输入文字时，当前的文字样式决定输入文字的字体、字号、角度、方向和其他文字特征。

13.2.1 创建文字样式

在创建文字注释和尺寸标注时，AutoCAD 通常使用当前的文字样式，用户也可根据具体要求重新设置文字样式或创建新的样式。文字样式的新建、修改是通过【文字样式】对话框来设置的，如图 13-3 所示。

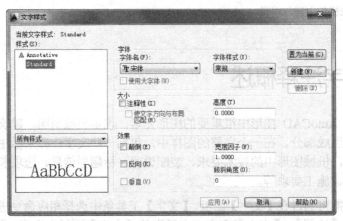

图 13-3 【文字样式】对话框

用户可通过以下命令方式来打开【文字样式】对话框：

- 菜单栏：选择【格式】/【文字样式】命令。
- 工具条：单击【文字样式】按钮 。
- 面板：在【常用】选项卡【注释】面板中单击【文字样式】按钮 。
- 命令行：输入 STYLE。

【字体】选项卡：该选项卡用于设置字体名、字体格式及字体样式等属性。其中，【字体名】选项下拉列表中列出 FONTS 文件夹中所有注册的 TrueType 字体和所有编译的形（SHX）字体的字体族名。【字体样式】选项指定字体格式，如粗体、斜体等。【使用大字体】复选框用于指定亚洲语言的大字体文件，只有在【字体名】列表下选择带有 SHX 后缀的字体文件，该复选框才被激活，如选择 iso.shx。

13.2.2 修改文字样式

修改多行文字对象的文字样式时，已更新的设置将应用到整个对象中，单个字符的某些格式可能不会被保留，或者会保留。例如，颜色、堆叠和下画线等格式将继续使用原格式，而粗体、字体、高度及斜体等格式，将随着修改的格式而发生改变。

通过修改设置，可以在【文字样式】对话框中修改现有的样式；也可以更新使用该文字样式的现有文字来反映修改的效果。

> **提示**
> 某些样式设置对多行文字和单行文字对象的影响不同。例如，修改【颠倒】和【反向】选项对多行文字对象无影响，修改【宽度因子】和【倾斜角度】对单行文字无影响。

13.3 单行文字

对于不需要多种字体或多行的简短项，可以创建单行文字。使用【单行文字】命令创建文本时，可创建单行的文字，也可创建多行文字，但创建的多行文字的每一行都是独立的，可对其进行单独编辑，如图 13-4 所示。

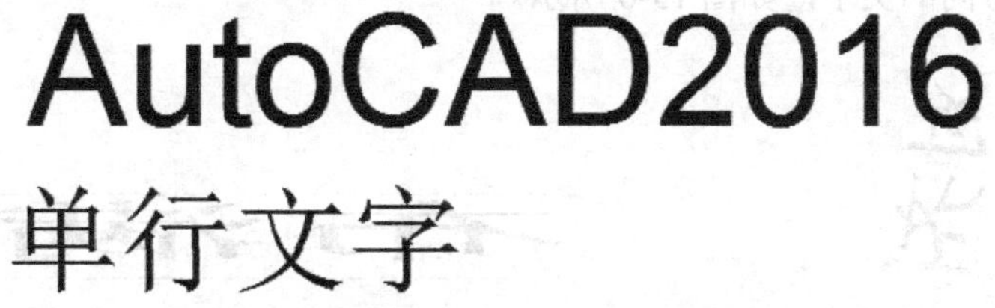

AutoCAD2016
单行文字

图 13-4　使用【单行文字】命令创建多行文字

13.3.1 创建单行文字

单行文字可输入单行文本，也可输入多行文本。在文字创建过程中，在图形窗口中选择一个点作为文字的起点，并输入文本文字，通过按 Enter 键来结束每一行，若要停止命令，则按 Esc 键。单行文字的每行文字都是独立的对象，可以重新定位、调整格式或进行其他修改。

用户可通过以下命令方式来执行此操作：

- 菜单栏：选择【绘图】/【文字】/【单行文字】命令。
- 工具条：单击【单行文字】按钮 AI。
- 面板：在【注释】选项卡【文字】面板中单击【单行文字】按钮 AI。

- 命令行：输入 TEXT。

执行 TEXT 命令，命令行将显示如下操作提示：

```
命令：text
当前文字样式：【Standard】    文字高度：2.5000   注释性：否    //文字样式设置
指定文字的起点或 [对正(J)/样式(S)]:                           //文字选项
```

上述操作提示中的选项含义如下：

- 文字的起点：指定文字对象的起点。当指定文字起点后，命令行再显示【指定高度<2.5000>：】，若要另行输入高度值，直接输入即可创建指定高度的文字。若使用默认高度值，按 Enter 键即可。

- 对正：控制文字的对正方式。

- 样式：指定文字样式，文字样式决定文字字符的外观。使用此选项，需要在【文字样式】对话框中新建文字样式。

在操作提示中若选择【对正】选项，接着命令行会显示如下提示：

```
输入选项
[对齐(A)/布满(F)/居中(C)/中间(M)/右对齐(R)/左上(TL)/中上(TC)/右上(TR)/左中(ML)/正中(MC)/右中(MR)/左下(BL)/中下(BC)/右下(BR)]:
```

此操作提示下的各选项含义如下：

- 对齐：通过指定基线端点来指定文字的高度和方向，如图 13-5 所示。

- 布满：指定文字按照由两点定义的方向和一个高度值布满一个区域。此选项只适用于水平方向的文字，如图 13-6 所示。

图 13-5 对齐文字　　　　　　　　图 13-6 布满文字

> **提示**
> 对于对齐文字，字符的大小根据其高度按比例调整。文字字符串越长，字符越矮。

- 居中：从基线的水平中心对齐文字，此基线是由用户给出的点指定的，另外居中文字还可以调整其角度，如图 13-7 所示。

- 中间：文字在基线的水平中点和指定高度的垂直中点上对齐，中间对齐的文字不保持在基线上，如图 13-8 所示（【中间】选项也可使文字旋转）。

图 13-7 居中文字 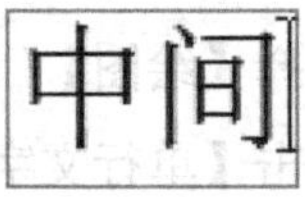　　　　　　　　图 13-8 中间文字

其余选项所表示的文字对正方式如图 13-9 所示。

图 13-9　文字的对正方式

13.3.2　编辑单行文字

编辑单行文字包括编辑文字的内容、对正方式及缩放比例。用户可通过在菜单栏中选择【修改】/【对象】/【文字】命令，在弹出的下拉子菜单中选择相应命令来编辑单行文字。编辑单行文字的命令如图 13-10 所示。

用户也可以在图形区中双击要编辑的单行文字，然后重新输入新内容。

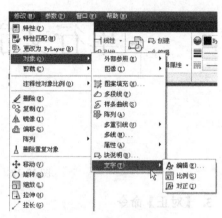

图 13-10　编辑单行文字的命令

1. 【编辑】命令

【编辑】命令用于编辑文字的内容。执行【编辑】命令后，选择要编辑的单行文字，即可在激活的文本框中重新输入文字，如图 13-11 所示。

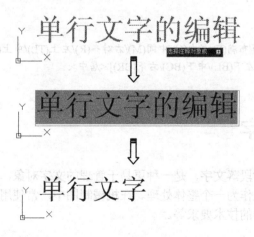

图 13-11　编辑单行文字

2. 【比例】命令

【比例】命令用于重新设置文字的图纸高度、匹配对象和比例因子，如图 13-12 所示。

命令行提示如下：

```
SCALETEXT
选择对象: 找到 1 个
选择对象: 找到 1 个 (1 个重复), 总计 1 个
选择对象:
输入缩放的基点选项
[现有(E)/左对齐(L)/居中(C)/中间(M)/右对齐(R)/左上(TL)/中上(TC)/右上(TR)/左中(ML)/正中(MC)/右中(MR)/左下(BL)/中下(BC)/右下(BR)] <现有>: C
指定新模型高度或 [图纸高度(P)/匹配对象(M)/比例因子(S)] <1856.7662>:
1 个对象已更改
```

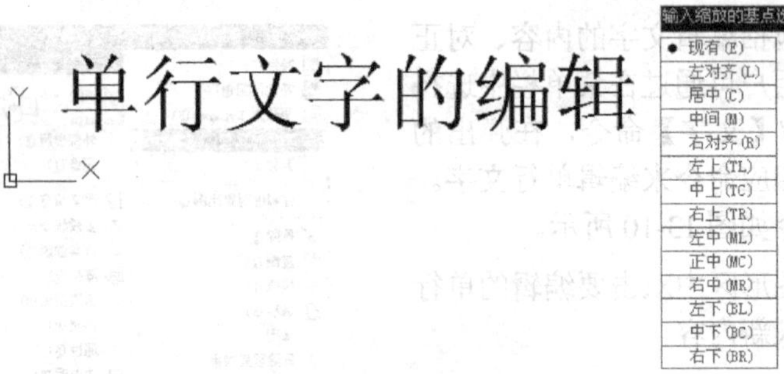

图 13-12　设置单行文字的比例

3. 【对正】命令

【对正】命令用于更改文字的对正方式。执行【对正】命令，选择要编辑的单行文字后，图形区显示对齐菜单。命令行提示如下：

```
命令: _justifytext
选择对象: 找到 1 个
选择对象:
输入对正选项
[左对齐(L)/对齐(A)/布满(F)/居中(C)/中间(M)/右对齐(R)/左上(TL)/中上(TC)/右上(TR)/左中(ML)/正中(MC)/右中(MR)/左下(BL)/中下(BC)/右下(BR)] <居中>:
```

13.4　多行文字

【多行文字】又称为段落文字，是一种更易于管理的文字对象，可以由两行以上的文字组成，而且各行文字都是作为一个整体处理。在机械制图中，常使用多行文字功能创建较为复杂的文字说明，如图样的技术要求等。

13.4.1 创建多行文字

在 AutoCAD 2016 中，多行文字创建与编辑功能得到了增强。用户可通过以下命令方式来执行此操作：

- 菜单栏：选择【绘图】/【文字】/【多行文字】命令。
- 工具条：单击【多行文字】按钮 A。
- 面板：在【注释】选项卡【文字】面板中单击【多行文字】按钮 A。
- 命令行：输入 MTEXT。

执行 MTEXT 命令，命令行显示的操作信息，提示用户需要在图形窗口中指定两点作为多行文字的输入起点与段落对角点。指定点后，程序会自动打开【文字编辑器】选项卡和"在位文字编辑器"。【文字编辑器】选项卡如图 13-13 所示。

图 13-13 【文字编辑器】选项卡

AutoCAD 在位文字编辑器如图 13-14 所示。

【文字编辑器】选项卡包括【样式】面板、【格式】面板、【段落】面板、【插入】面板、【拼写检查】面板、【工具】面板、【选项】面板和【关闭】面板。

图 13-14 文字编辑器

1. 【样式】面板

【样式】面板用于设置当前多行文字样式、注释性和文字高度。面板中包含 3 个命令：选择文字样式、注释性、选择和输入文字高度，如图 13-15 所示。

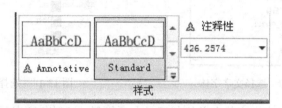

图 13-15 【样式】面板

面板中各命令含义如下:

- 文字样式:对多行文字对象应用文字样式。如果用户没有新建文字样式,单击【展开】按钮,在弹出的样式列表中选择可用的文字样式。
- 注释性:单击【注释性】按钮,打开或关闭当前多行文字对象的注释性。
- 选择和输入文字高度:按图形单位设置新文字的字符高度或修改选定文字的高度。用户可在文本框内输入新的文字高度来替代当前文本高度。

2.【格式】面板

【格式】面板用于字体的大小、粗细、颜色、下画线、倾斜、宽度等格式设置,如图 13-16 所示。

面板中的命令含义如下:

- 粗体:开启或关闭选定文字的粗体格式。此选项仅适用于使用 TrueType 字体的字符。
- 斜体:打开和关闭新文字或选定文字的斜体格式。此选项仅适用于使用 TrueType 字体的字符。
- 下画线:打开和关闭新文字或选定文字的下画线。
- 上画线:打开和关闭新文字或选定文字的上画线。
- 选择文字的字体:为新输入的文字指定字体或改变选定文字的字体。单击下拉三角按钮,即刻弹出文字字体列表,如图 13-17 所示。
- 选择文字的颜色:指定新文字的颜色或更改选定文字的颜色。单击单击下拉三角按钮,即刻弹出字体颜色下拉列表,如图 13-18 所示。

图 13-16 【格式】面板

图 13-17 选择文字字体

图 13-18 选择文字颜色

- 倾斜角度:确定文字是向前倾斜还是向后倾斜。倾斜角度表示的是相对于 90°角方向的偏移角度。输入一个-85 到 85 之间的数值使文字倾斜。倾斜角度的值为正时文字向右倾斜，倾斜角度的值为负时文字向左倾斜。
- 追踪：增大或减小选定字符之间的空间。1.0 设置是常规间距，大于 1.0 可增大间距，小于 1.0 可减小间距。
- 宽度因子：扩展或收缩选定字符。1.0 设置代表此字体中字母的常规宽度。

3. 【段落】面板

【段落】面板包含段落的对正、行距的设置、段落格式设置、段落对齐，以及段落的分布、编号等功能。在【段落】面板右下角单击 按钮，会弹出【段落】对话框，如图 13-19 所示。【段落】对话框可以为段落和段落的第一行设置缩进。指定制表位和缩进，控制段落对齐方式、段落间距和段落行距等。

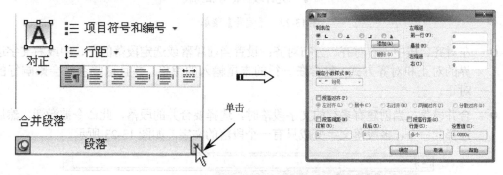

图 13-19 【段落】面板与【段落】对话框

【段落】面板中的命令含义如下：

- 对正：单击【对正】按钮，弹出文字对正方式菜单，如图 13-20 所示。
- 行距：单击此按钮，显示程序提供的默认间距值菜单，如图 13-21 所示。选择菜单上的【其他】命令，则弹出【段落】对话框，在该对话框中设置段落行距。

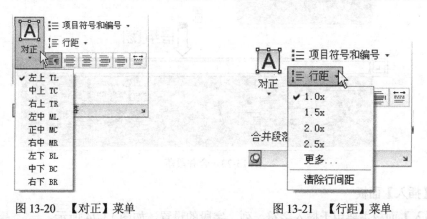

图 13-20 【对正】菜单　　　　图 13-21 【行距】菜单

> **提示**
> 行距是多行段落中文字的上一行底部和下一行顶部之间的距离。在 AutoCAD 2007 及早期版本中，并不是所有针对段落和段落行距的新选项都受支持。

- 项目符号和编号：单击此按钮，显示用于创建列表的选项菜单，如图 13-22 所示。

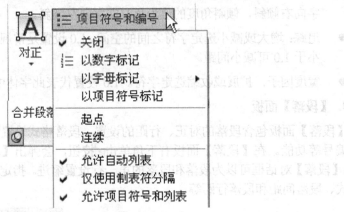

图 13-22 【编号】菜单

- 左对齐、居中、右对齐、分布对齐：设置当前段落或选定段落的左、中或右文字边界的对正和对齐方式。包含在一行的末尾输入的空格，并且这些空格会影响行的对正。
- 合并段落：当创建有多行的文字段落时，选择要合并的段落，此命令被激活，然后选择此命令，多段落文字变成只有一个段落的文字，如图 13-23 所示。

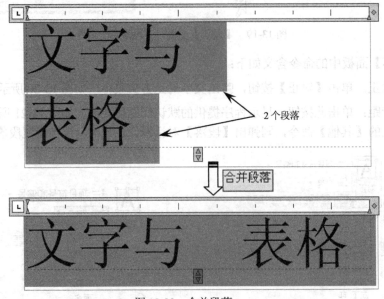

图 13-23 合并段落

4. 【插入】面板

【插入】面板主要用于插入字符、列、字段的设置，如图 13-24 所示。

第 13 章　图纸中的文字与表格注释

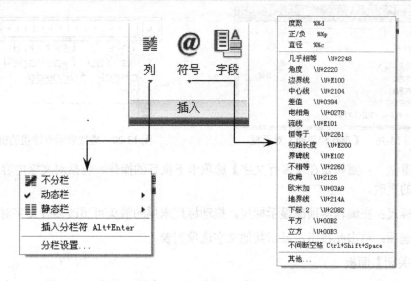

图 13-24　【插入】面板

面板中的命令含义如下：
- 符号：在光标位置插入符号或不间断空格，也可以手动插入符号。单击此按钮，弹出符号菜单。
- 字段：单击此按钮，打开【字段】对话框，从中可以选择要插入到文字中的字段。
- 列：单击此按钮，显示栏弹出型菜单，该菜单提供三个栏选项：【不分栏】、【静态栏】和【动态栏】。

5.【拼写检查】、【工具】和【选项】面板

3 个命令执行面板主要用于字体的查找和替换、拼写检查，以及文字的编辑等。如图 13-25 所示。

图 13-25　3 个命令执行的面板

面板中的命令含义如下：
- 查找和替换：单击此按钮，可弹出【查找和替换】对话框，如图 13-26 所示。在该对话框中输入字体以查找并替换。
- 拼写检查：打开或关闭【拼写检查】状态。在文字编辑器中输入文字时，使用该功能可以检查拼写错误。例如，在输入有拼写错误的文字时，该段文字下将以红色虚线标记，如图 13-27 所示。
- 放弃：放弃在【多行文字】选项卡下执行的操作，包括对文字内容或文字格式的更改。

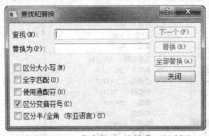
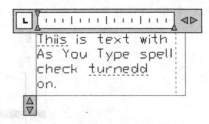

图 13-26　【查找和替换】对话框　　　图 13-27　虚线表示有错误的拼写

- 重做：重做是在【多行文字】选项卡下执行的操作，包括对文字内容或文字格式的更改。
- 标尺：在编辑器顶部显示标尺。拖动标尺末尾的箭头可更改多行文字对象的宽度。
- 选项：单击此按钮，显示其他文字选项列表。

6.【关闭】面板

【关闭】面板上只有一个选项命令，即【关闭文字编辑器】命令，执行该命令，将关闭在位文字编辑器。

动手操作——创建多行文字

（1）打开光盘中的源文件"ex-1.dwg"。

（2）在【文字】面板上单击【多行文字】按钮 ，然后按命令行的提示进行操作：

```
命令：_mtext
当前文字样式："Standard"  文字高度：2.5  注释性：否
指定第一角点：                    //指定多行文字的角点 1
指定对角点或 [高度(H)/对正(J)/行距(L)/旋转(R)/样式(S)/宽度(W)/栏(C)]：
                                  //指定多行文字的角点 2
```

（3）按提示进行操作指定的角点如图 13-28 所示。

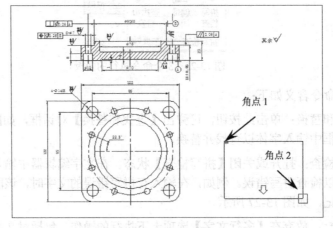

图 13-28　指定角点

（4）打开在位文字编辑器后，输入如图 13-29 所示的文本。

（5）在文字编辑器中选择【技术要求】4 个字，然后在【多行文字】选项卡的【样式】面板中输入新的文字高度值【4】，并按 Enter 键，字体高度随之而改变，如图 13-30 所示。

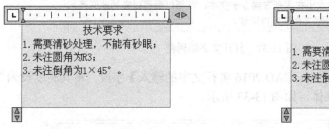
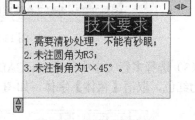

图 13-29　书写文字　　　　　　　　　　图 13-30　更改文字高度

（6）在【关闭】面板中单击【关闭文字编辑器】按钮，退出文字编辑器，并完成多行文字的创建，如图 13-31 所示。

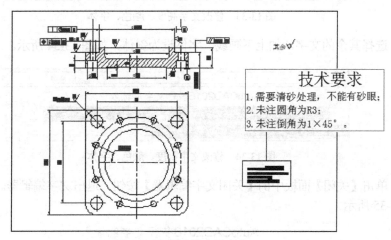

图 13-31　创建的多行文字

13.4.2　编辑多行文字

多行文字的编辑，可通过在菜单栏选择【修改】/【对象】/【文字】/【编辑】命令，或者在命令行输入 DDEDIT，并选择创建的多行文字，打开多行文字编辑器，然后修改并编辑文字的内容、格式、颜色等特性。

用户也可以在图形窗口中双击多行文字，打开文字编辑器。

下面以实例来说明多行文字的编辑。本例是在原多行文字的基础上再添加文字，并改变文字高度和颜色。

动手操作——编辑多行文字

（1）打开光盘中的源文件"多行文字.dwg"。

(2)在图形窗口中双击多行文字,程序则打开文字编辑器,如图 13-32 所示。

图 13-32　打开文字编辑器

(3)选择多行文字中的【AutoCAD 2016 多行文字的输入】字段,将其高度设为 70,颜色设为红色,取消【粗体】字体,如图 13-33 所示。

图 13-33　修改文字高度、颜色、字体

(4)选择其余的文字,加上下画线,字体设为斜体,如图 13-34 所示。

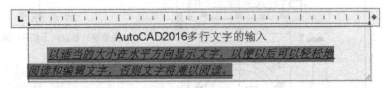

图 13-34　修改文字高度、颜色、字体

(5)单击【关闭】面板中的【关闭文字编辑器】按钮,退出文字编辑器。创建的多行文字如图 13-35 所示。

AutoCAD2016多行文字的输入
以适当的大小在水平方向显示文字,以便以后可以轻松地
阅读和编辑文字,否则文字将难以阅读。

图 13-35　创建、编辑的多行文字

(6)最后将创建的多行文字另存为"编辑多行文字.dwg"。

13.5　符号与特殊字符

在工程图标注中,往往需要标注一些特殊的符号和字符。例如度的符号"°"、公差符号"±"或直径符号"∅",从键盘上不能直接输入。因此,AutoCAD 通过输入控制代码或 Unicode 字符串可以输入这些特殊字符或符号。

AutoCAD 常用标注符号的控制代码、字符串及符号如表 13-1 所示。

表 13-1 AutoCAD 常用标注符号

控制代码	字符串	符号
%%C	\U+2205	直径（∅）
%%D	\U+00B0	度（°）
%%P	\U+00B1	公差（±）

若要插入其他的数学、数字符号，可在展开的【插入】面板上单击【符号】按钮，或在右键菜单中选择【符号】命令，或在文本编辑器中输入适当的 Unicode 字符串。如表 13-2 所示为其他常见的数学、数字符号及字符串。

表 13-2 数学、数字符号及字符串

名称	符号	Unicode 字符串	名称	符号	Unicode 字符串
约等于	≈	\U+2248	界碑线	M	\U+E102
角度	∠	\U+2220	不相等	≠	\U+2260
边界线	ℬ	\U+E100	欧姆	Ω	\U+2126
中心线	℄	\U+2104	欧米加	Ω	\U+03A9
增量	△	\U+0394	地界线	℞	\U+214A
电相位	φ	\U+0278	下标 2	5_2	\U+2082
流线	℉	\U+E101	平方	5^2	\U+00B2
恒等于	≌	\U+2261	立方	5^3	\U+00B3
初始长度	⟲	\U+E200			

用户还可以通过利用 Windows 提供的软键盘来输入特殊字符，先将 Windows 的文字输入法设为【智能 ABC】，用鼠标右键单击【定位】按钮，然后在弹出的菜单中选择符号软键盘命令，打开软键盘后，即可输入需要的字符，如图 13-36 所示。打开的【数学符号】软键盘如图 13-37 所示。

图 13-36 右键菜单命令

图 13-37 【数学符号】软键盘

13.6 表格的创建与编辑

表格是由包含注释（以文字为主，也包含多个块）的单元构成的矩形阵列。在 AutoCAD 2016 中，可以使用【表格】命令建立表格，还可以从其他应用软件 Microsoft Excel 中直接复制表格,并将其作为 AutoCAD 表格对象粘贴到图形中。此外,还可以输出来自 AutoCAD 的表格数据,以供在 Microsoft Excel 或其他应用程序中使用。

13.6.1 新建表格样式

表格样式控制一个表格的外观,用于保证标准的字体、颜色、文本、高度和行距。可以使用默认的表格样式,也可以根据需要自定义表格样式。

创建新的表格样式时,可以指定一个起始表格。起始表格是图形中用作设置新表格样式格式的样例的表格。一旦选定表格,用户即可指定要从此表格复制到表格样式的结构和内容。表格样式是在【表格样式】对话框中来创建的,如图 13-38 所示。

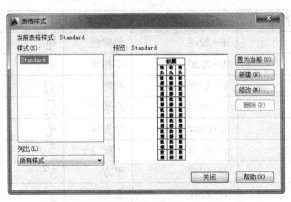

图 13-38 【表格样式】对话框

用户可通过以下命令方式来打开此对话框:

- 菜单栏:选择【格式】/【表格样式】命令。
- 面板:在【注释】选项卡【表格】面板中单击【表格样式】按钮。
- 命令行:输入 TABLESTYLE。

执行 TABLESTYLE 命令,弹出【表格样式】对话框。单击该对话框的【新建】按钮,弹出【创建新的表格样式】对话框,如图 13-39 所示。

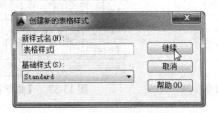

图 13-39 【创建新的表格样式】对话框

输入新的表格样式名后,单击【继续】按钮,即可在随后弹出的【新建表格样式】对话框中设置相关选项,以此创建新表格样式,如图 13-40 所示。

第 13 章　图纸中的文字与表格注释

图 13-40　【新建表格样式】对话框

【新建表格样式】对话框包含 4 个功能选项卡和一个预览区域。

1.【起始表格】选项

该选项使用户可以在图形中指定一个表格用作样例来设置此表格样式的格式。选择表格后，可以指定要从该表格复制到表格样式的结构和内容。

单击【选择一个表格用作此表格样式的起始表格】按钮，程序暂时关闭对话框，用户在图形窗口中选择表格后，会再次弹出【新建表格样式】对话框。单击【从此表格样式中删除起始表格】按钮，可以将表格从当前指定的表格样式中删除。

2.【常规】选项

该选项用于更改表格的方向。在选项卡的【表格方向】下拉列表框中，包括【向上】和【向下】两个方向选项，如图 13-41 所示。

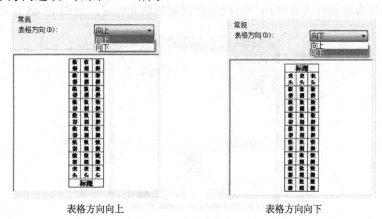

表格方向向上　　　　　　　　　　表格方向向下

图 13-41　【常规】选项卡

3.【单元样式】选项

该选项可定义新的单元样式或修改现有单元样式，也可以创建任意数量的单元样式。该选项包含 3 个选项卡：常规、文字、边框，如图 13-42 所示。

429

【常规】选项卡　　　　　　　【文字】选项卡　　　　　　　【边框】选项卡

图 13-42　【单元格式】选项卡

【常规】选项卡主要设置表格的背景颜色、对齐方式、表格的格式、类型，以及页边距等。【文字】选项卡主要设置表格中文字的高度、样式、颜色、角度等特性。【边框】选项卡主要设置表格的线宽、线型、颜色以及间距等特性。

在【单元样式】下拉列表框中，列出了多个表格样式，以便用户自行选择合适的表格样式，如图 13-43 所示。

单击【创建新单元样式】按钮，可在弹出的【创建新单元样式】对话框中输入新名称，以创建新样式，如图 13-44 所示。

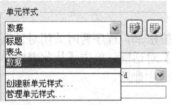 

图 13-43　【单元样式】列表框　　　　　　图 13-44　【创建新单元样式】对话框

若单击【管理单元样式】按钮，则弹出【管理单元样式】对话框，该对话框显示当前表格样式中的所有单元样式并使用户可以创建或删除单元样式，如图 13-45 所示。

图 13-45　【管理单元样式】对话框

4. 【单元样式预览】选项

该选项显示当前表格样式设置效果的样例。

13.6.2 创建表格

表格是在行和列中包含数据的对象。创建表格对象，首先要创建一个空表格，然后在其中添加要说明的内容。

用户可通过以下命令方式来执行此操作：

- 菜单栏：选择【绘图】/【表格】命令。
- 面板：在【注释】选项卡【表格】面板中单击【表格】按钮。
- 命令行：输入 TABLE。

执行 TABLE 命令，弹出【插入表格】对话框，如图 13-46 所示。该对话框包括【表格样式】选项、【插入选项】选项、【预览】选项、【插入方式】选项、【列和行设置】选项和【设置单元样式】选项：

- 表格样式：在要从中创建表格的当前图形中选择表格样式。通过单击下拉列表旁边的按钮，用户可以创建新的表格样式。
- 插入选项：指定插入选项的方式，包括【从空表格开始】、【自数据链接】和【自图形中的对象数据】。
- 预览：显示当前表格样式的样例。
- 插入方式：指定表格位置，包括【指定插入点】和【指定窗口】。
- 列和行设置：设置列和行的数目和大小。
- 设置单元样式：对于那些不包含起始表格的表格样式，需要指定新表格中行的单元格式。

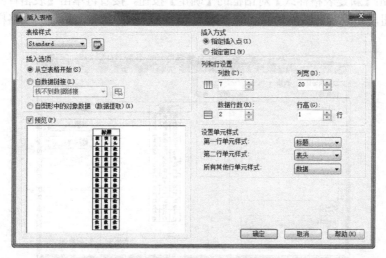

图 13-46 【插入表格】对话框

> **提示**
> 表格样式的设置尽量按照 IOS 国际标准或国家标准。

动手操作——创建表格

(1) 新建文件。

(2) 在【注释】选项卡【表格】面板中单击【表格样式】按钮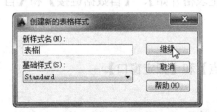，弹出【表格样式】对话框。单击该对话框中的【新建】按钮，弹出【创建新的表格样式】对话框，并在该对话框输入新的表格样式名称【表格】，如图13-47所示。

(3) 单击【继续】按钮，弹出【新建表格样式】对话框。在该对话框的【单元样式】选项的【文字】选项卡下，设置【文字颜色】为红色；在【边框】选项卡下设置所有边框颜色为【蓝色】，并单击【所有边框】按钮，将设置的表格特性应用到新表格样式中，如图13-48所示。

图13-47 【创建新的表格样式】对话框   图13-48 设置新表格样式的特性

(4) 单击【新建表格样式】对话框的【确定】按钮，接着再单击【表格样式】对话框的【关闭】按钮，完成新表格样式的创建，如图13-49所示。此时，新建的表格样式被自动设为当前样式。

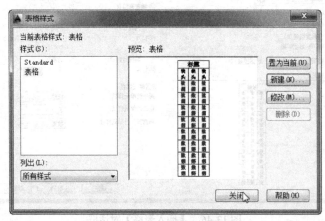

图13-49 完成新表格样式的创建

(5) 在【表格】面板中单击【表格】按钮，弹出【插入表格】对话框，在【列和行设置】选项中设置列数7和数据行数4，如图13-50所示。

（6）保留该对话框其余选项为默认设置，单击【确定】按钮，关闭对话框。然后在图形区中指定一个点作为表格的放置位置，即可创建一个 7 列 2 行的空表格，如图 13-51 所示。

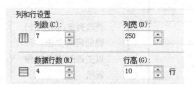

图 13-50　设置列数与行数

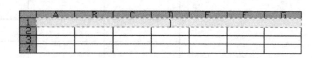

图 13-51　在窗口中插入的空表格

（7）插入空表格后，同时程序自动打开文字编辑器及【多行文字】选项卡。利用文字编辑器在孔表格中输入文字，如图 13-52 所示。将主题文字高度设为 60，其余文字高度为 40。

提示

在输入文字过程中，可以使用 Tab 键或方向键在表格的单元格上左右上下移动，双击某个单元格，可对其进行文本编辑。

	A	B	C	D	E	F	G
1	零件明细表						
2	序号	代号	名称	数量	材料	重量	备注
3	1	9	皮带轮轴	5	45	100Kg	
4	2	17	皮带轮	1	HT20	50Kg	

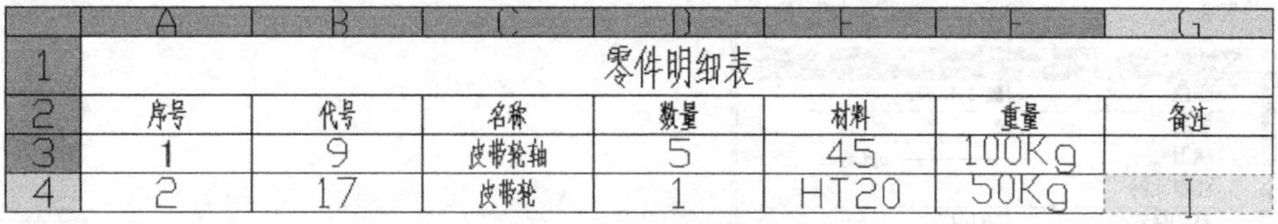

图 13-52　在空表格中输入文字

提示

若输入的字体没有在单元格中间，可使用【段落】面板中的【正中】工具来对正文字。

（8）最后按 Enter 键，完成表格对象的创建，结果如图 13-53 所示。

零件明细表						
序号	代号	名称	数量	材料	重量	备注
1	9	皮带轮轴	5	45	100Kg	
2	17	皮带轮	1	HT20	50Kg	

图 13-53　创建的表格对象

13.6.3　修改表格

表格创建完成后，用户可以单击或双击该表格上的任意网格线以选中该表格，然后通过使用【特性】选项板或夹点来修改该表格。单击表格线显示的表格夹点如图 13-54 所示。

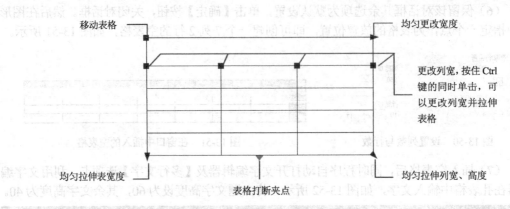

图 13-54 使用夹点修改表格

双击表格线显示的【特性】选项面板和属性面板,如图 13-55 所示。

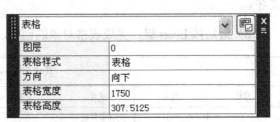

图 13-55 表格的【特性】选项面板和属性面板

1. 修改表格行与列

用户在更改表格的高度或宽度时,只有与所选夹点相邻的行或列才会更改,表格的高度或宽度均保持不变,如图 13-56 所示。

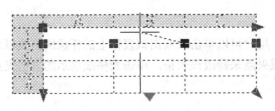

图 13-56 更改列宽、表格大小不变

使用列夹点时按住 Ctrl 键可根据行或列的大小按比例来编辑表格的大小，如图 13-57 所示。

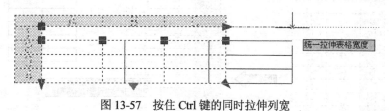

图 13-57　按住 Ctrl 键的同时拉伸列宽

2. 修改单元表格

用户若要修改单元表格，可在单元表格内单击以选中，单元边框的中央将显示夹点。拖动单元上的夹点可以使单元及其列或行更宽或更窄，如图 13-58 所示。

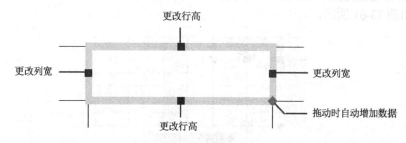

图 13-58　编辑单元格

> **提示**
> 选择一个单元，再按 F2 键可以编辑该单元格内的文字。

若要选择多个单元，单击第一个单元格后，然后在多个单元上拖动。或者按住 Shift 键并在另一个单元内单击，也可以同时选中这两个单元以及它们之间的所有单元，如图 13-59 所示。

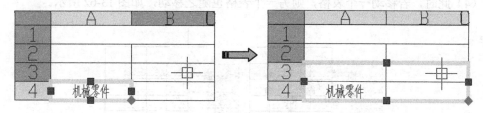

图 13-59　选择多个单元格

3. 打断表格

当表格太多时，用户可以将包含大量数据的表格打断成主要和次要的表格片断。使用表格底部的表格打断夹点，可以使表格覆盖图形中的多列或操作已创建的不同的表格部分。

🖥 动手操作——打断表格的操作

（1）打开光盘中的源文件"ex-2.dwg"。

（2）单击表格线，然后拖动表格打断夹点向表格上方拖动至如图 13-60 所示的位置。

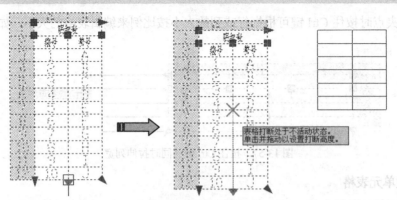

图 13-60 拖动打断夹点

（3）在合适位置处单击鼠标，原表格被分成两个表格排列，但两部分表格之间仍然有关联关系，如图 13-61 所示。

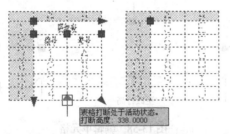

图 13-61 分成两部分的表格

> **提示**
> 被分隔出去的表格，其行数为原表格总数的一半。如果将打断点移动至少于总数一半的位置时，将会自动生成 3 个及 3 个以上的表格。

（4）此时，若移动一个表格，则另一个表格也随之移动，如图 13-62 所示。

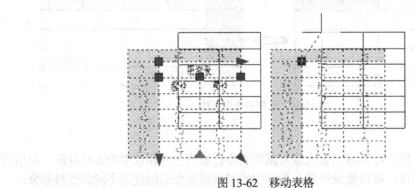

图 13-62 移动表格

（5）单击右键，并在弹出的快捷菜单中选择【特性】命令，弹出【特性】选项面板。在【特性】选项面板【表格打断】选项组的【手动位置】列表中选择【是】，如图 13-63 所示。

（6）关闭【特性】选项面板，移动单个表格，另一个表格则不移动，如图 13-64 所示。

（7）最后将打断的表格保存。

图 13-63 设置表格打断的特性

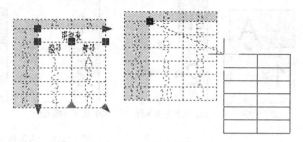

图 13-64 移动表格

13.6.4 功能区【表格单元】选项卡

在功能区处于活动状态时单击某个单元表格，功能区将显示【表格单元】选项卡，如图 13-65 所示。

图 13-65 【表格单元】选项卡

1.【行数】面板与【列数】面板

【行数】面板与【列数】面板主要是编辑行与列，如插入行、列或删除行与列。【行数】面板与【列数】面板如图 13-66 所示。

图 13-66 【行数】面板与【列数】面板

面板中的选项含义如下：

- 从上方插入：在当前选定单元或行的上方插入行，如图 13-67(a)所示。
- 从下方插入：在当前选定单元或行的下方插入行，如图 13-67(b)所示。
- 删除行：删除当前选定行。

- 从左侧插入：在当前选定单元或行的左侧插入列，如图 13-67(c)所示。
- 从右侧插入：在当前选定单元或行的右侧插入列，如图 13-67(d)所示。
- 删除列：删除当前选定列。

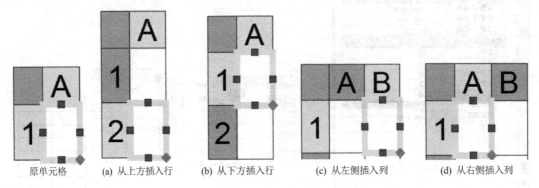

图 13-67　插入行与列

2.【合并】面板、【单元样式】面板和【单元格式】面板

【合并】面板、【单元样式】面板和【单元格式】面板的主要功能是合并和取消合并单元、编辑数据格式和对齐、改变单元边框的外观、锁定和解锁编辑单元，以及创建和编辑单元样式，如图 13-68 所示。

图 13-68　三个面板的工具命令

面板中的选项含义如下：

- 合并单元：当选择多个单元格后，该命令被激活。执行此命令，将选定单元合并到一个大单元中，如图 13-69 所示。

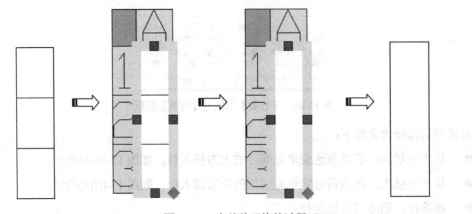

图 13-69　合并单元格的过程

- 取消合并单元：对之前合并的单元取消合并。
- 匹配单元：将选定单元的特性应用到其他单元。
- 【单元样式】列表：列出包含在当前表格样式中的所有单元样式。单元样式标题、表头和数据通常包含在任意表格样式中且无法删除或重命名。
- 背景填充：指定填充颜色。选择【无】或选择一种背景色，或者选择【选择颜色】命令，以打开【选择颜色】对话框，如图 13-70 所示。
- 编辑边框：设置选定表格单元的边界特性。单击此按钮，将弹出如图 13-71 所示的【单元边框特性】对话框。

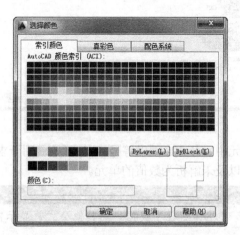 

图 13-70　【选择颜色】对话框　　　　图 13-71　【单元边框特性】对话框

- 【对齐方式】列表：对单元内的内容指定对齐。内容相对于单元的顶部边框和底部边框进行居中对齐、上对齐或下对齐。内容相对于单元的左侧边框和右侧边框居中对齐、左对齐或右对齐。
- 单元锁定：锁定单元内容或格式（无法进行编辑），或对其解锁。
- 数据格式：显示数据类型列表（角度、日期、十进制数等），从而可以设置表格行的格式。

3.【插入】面板和【数据】面板

【插入】面板和【数据】面板上的工具命令所起的主要作用是插入块、字段和公式、将表格链接至外部数据等，如图 13-72 所示。

图 13-72　【插入】面板和【数据】面板

面板中所包含的工具命令的含义如下：

- 块：将块插入当前选定的表格单元中。单击此按钮，将弹出【在表格单元中插入块】对话框，如图 13-73 所示。
- 字段：将字段插入当前选定的表格单元中。单击此按钮，将弹出【字段】对话框，如图 13-74 所示。

图 13-73 　【在表格单元中插入块】对话框

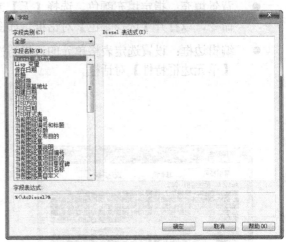

图 13-74 　【字段】对话框

- 公式：将公式插入当前选定的表格单元中。公式必须以等号（=）开始。用于求和、求平均值和计数的公式将忽略空单元以及未解析为数值的单元。

> **提示**
> 如果在算术表达式中的任何单元为空，或者包含非数字数据，则其他公式将显示错误（#）。

- 管理单元内容：显示选定单元的内容。可以更改单元内容的次序以及单元内容的显示方向。
- 链接单元：将数据从 Microsoft Excel 中创建的电子表格链接至图形中的表格。
- 从源下载：更新由已建立的数据链接中的已更改数据参照的表格单元中的数据。

13.7 综合范例

13.7.1 范例一：在机械零件图纸中建立表格

通过为一张机械零件图样添加文字及制作明细表格的过程，来温习前面几节中所涉及的文字样式、文字编辑、添加文字、表格制作等内容。本例的蜗杆零件图样如图 13-75 所示。

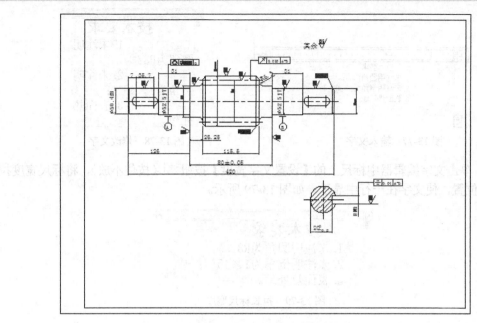

图 13-75　蜗杆零件图样

本例操作的过程是，首先为图样添加技术要求等说明文字，然后创建空格，并编辑表格，最后在空表格中添加文字。

操作步骤

1. 添加多行文字

零件图样的技术要求是通过多行文字来输入的，创建多行文字时，可利用默认的文字样式，最后可利用【多行文字】选项卡下的工具来编辑多行文字的样式、格式、颜色、字体等。

（1）打开光盘中的源文件"蜗杆零件图.dwg"。

（2）在【注释】选项卡【文字】面板中单击【多行文字】按钮，然后在图样中指定两个点以放置多行文字，如图 13-76 所示。

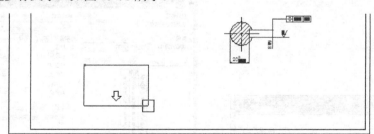

图 13-76　指定多行文字放置点

（3）指定点后，程序打开文字编辑器。在文字编辑器中输入文字，如图 13-77 所示。

（4）在【多行文字】选项卡下，设置【技术要求】字体高度为 8，字体颜色为红色，并加粗。将下面几点要求的字体高度设为 6，字体颜色为蓝色，如图 13-78 所示。

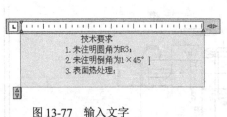

图 13-77　输入文字　　　　　　图 13-78　修改文字

（5）单击文字编辑器中标尺上的【设置文字宽度】按钮 ，（按住不放），将标尺宽度拉长到合适位置，使文字在一行中显示，如图 13-79 所示。

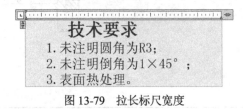

图 13-79　拉长标尺宽度

（6）单击鼠标，完成图样中技术要求的输入。

2. 创建空表格

根据零件图样的要求，需要制作两个空表格对象，一是用作技术参数明细表，再则是标题栏。创建表格之前，还需创建新表格样式。

（1）在【注释】选项卡【表格】面板中单击【表格样式】按钮 ，弹出【表格样式】对话框。单击该对话框中的【新建】按钮，弹出【创建新的表格样式】对话框，在该对话框中输入新的表格样式名称【表格 样式1】，如图 13-80 所示。

（2）单击【继续】按钮，弹出【新建表格样式】对话框。在该对话框的【单元样式】选项的【文字】选项卡下，设置【文字颜色】为蓝色，在【边框】选项卡下设置所有边框颜色为红色，并单击【所有边框】按钮 ，将设置的表格特性应用到新表格样式中，如图 13-81 所示。

图 13-80　新建表格样式

图 13-81　设置表格样式的特性

(3）单击【新建表格样式】对话框中的【确定】按钮，再单击【表格样式】对话框中的【关闭】按钮，完成新表格样式的创建，新建的表格样式被自动设为当前样式。

（4）在【表格】面板中单击【表格】按钮，弹出【插入表格】对话框，在【列和行设置】选项中设置列数（10）、数据行数（5）、列宽（30）、行高（2）。在【设置单元样式】选项中设置所有行单元的样式为【数据】，如图13-82所示。

（5）保留其余选项默认设置，单击【确定】按钮，关闭对话框。然后在图纸中的右下角指定一个点并放置表格，再单击【关闭】面板中的【关闭文字编辑器】按钮，退出文字编辑器。创建的空表格如图13-83所示。

图13-82 设置列数与行数

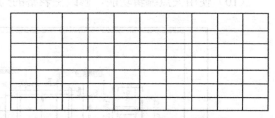
图13-83 在图纸中插入的空表格

（6）使用夹点编辑功能，单击表格线，修改空表格的列宽，并将表格边框与图纸边框对齐，如图13-84所示。

（7）在单元格中单击，并打开【表格】选项卡。选择多个单元格，再使用【合并】面板上的【合并全部】命令，将选择的多个单元格合并，最终合并完成的结果如图13-85所示。

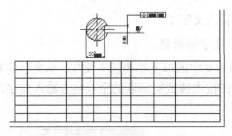
图13-84 修改表格列宽

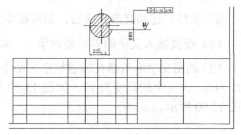
图13-85 合并单元格

（8）在【表格】面板中单击【表格】按钮，弹出【插入表格】对话框，在【列和行设置】选项中设置列数为3、数据行数为9、列宽为30、行高为2。在【设置单元样式】选项中设置所有行单元的样式为【数据】，如图13-86所示。

（9）保留其余选项默认设置，单击【确定】按钮，关闭对话框。然后在图纸中的右上角指定一个点并放置表格，再单击【关闭】面板中的【关闭文字编辑器】按钮，退出文字编辑器。创建的空表格如图13-87所示。

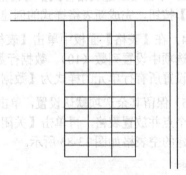

图 13-86　设置列数与行数　　　　图 13-87　在图纸中插入的空表格

（10）使用夹点编辑功能，修改空表格的列宽，如图 13-88 所示。

图 13-88　调整表格列宽

3. 输入字体

当空表格创建和修改完成后，即可在单元格内输入文字了。

（1）在要输入文字的单元格内单击，即可打开文字编辑器。

（2）利用文字编辑器在标题栏空表格中需要添加文字的单元格内输入文字，小文字的高度均为 8，大文字的高度为 12，如图 13-89 所示。在技术参数明细表的空表格内输入文字，如图 13-90 所示。

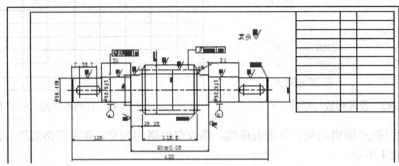

图 13-89　输入标题栏文字　　　　图 13-90　输入参数明细表文字

（3）添加文字和表格的完成结果如图 13-91 所示。

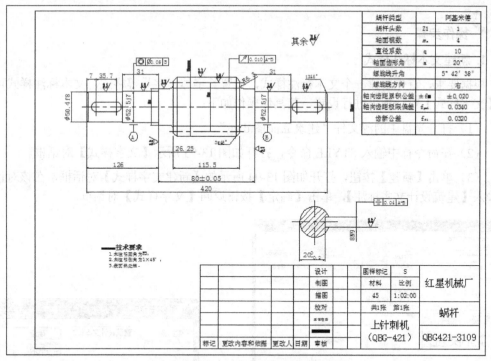

图 13-91 添加文字和表格的最终结果

（4）最后将结果保存。

13.7.2 范例二：在建筑立面图中进行文字注释

新建一个文本标注样式，使用该标注样式对如图 13-92 所示沙发背景立面图进行文本标注，在该立面图的右侧输入备注内容，最后使用 FIND 命令将标注文本中的【门窗】替换为【窗户】。其中，标注样式名为【建筑设计文本标注】，标注文本的字体为楷体，字号为 150；设置文本以【左上】方式对齐，宽度为 5 000；并调整其行间距至少为 1.5 倍。

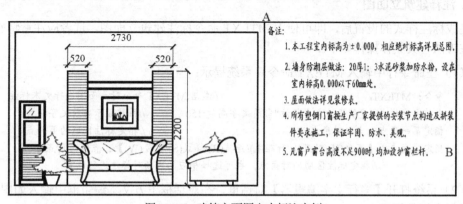

图 13-92 建筑立面图文本标注实例

 **操作步骤**

1. 新建文本标注样式

根据要求，首先新建一个文本标注样式，设置其字体、字号等格式，文本标注样式可通过【文字样式】对话框来进行设置。其具体操作如下：

（1）打开光盘中的源文件"建筑立面图.dwg"。

（2）在命令行中输入 STYLE 命令，打开如图 13-93 所示【文字样式】对话框。

（3）单击【新建】按钮，打开如图 13-94 所示的【新建文字样式】对话框，在该对话框中输入【建筑设计文本标注】，单击【确定】按钮返回【文字样式】对话框。

图 13-93　【文字样式】对话框　　　　　图 13-94　【新建文字样式】对话框

（4）在【字体】栏的【字体名】下拉列表框中选择【楷体_GB2312】选项，在【高度】文本框中输入【150】。

提示

不同的 Windows 操作系统，自带的字体也会有所不同。如果没有楷体_GB2312 字体，可以从网络中下载再存放到 C:\Windows\Fonts 文件夹中。

（5）其他选项采用默认设置，单击【应用】按钮，再单击【完成】按钮。

2. 注释建筑立面图

完成标注样式的设置后，即可使用 MTEXT 命令标注建筑立面图，读者应注意特殊符号的标注方法。其具体操作如下：

（1）在命令行中输入 MTEXT 命令，系统提示：

命令：MTEXT↙　　　　　　　　　　　　　//激活 MTEXT 命令对立面图进行文本标注
当前文字样式:"建筑设计文本标注"当前文字高度:150　　//系统显示当前文字样式
指定第一角点：点取对角点 1　　　　　　　//指定标注区域的第一点
指定对角点或【高度(H)/对正(J)/行距(L)/旋转(R)/样式(S)/宽度(W)】：点取对角点 2
　　//指定标注区域的对角点，也可选择相应的选项对标注进行设置

（2）系统打开【多行文字编辑器】对话框，在对话框下方文本编辑框中输入如图 13-95 所示图形右侧的标注文本。

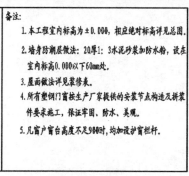

图 13-95　输入文字

> **提示**
>
> 读者试思考如何在标注文本中输入【±0.000】。

（3）单击【特性】选项卡，在【对正】下拉列表框中选择【左上】方式，在【宽度】下拉列表框中输入 5000。

（4）单击【行距】选项卡，在【行距】下拉列表框中选择【至少】选项，再在其后的【精度值】下拉列表框中选择【1.5 倍】选项。

（5）单击【确定】按钮。

3. 替换标注文本

完成文本标注后，再使用 FIND 命令将【门窗】替换为【窗户】。其具体操作如下：

（1）在命令行中输入 FIND 命令，系统打开如图 13-96 所示的【查找和替换】对话框。

（2）在【查找内容】下拉列表框中输入【门窗】，在【替换为】下拉列表框中输入【窗户】，确定要查找和替换的字符。

（3）在【搜索范围】下拉列表框中选择【整个图形】选项。

（4）单击【选项】下拉菜单按钮，在该对话框中选中【标注/引线文字】、【单行/多行文字】和【全字匹配】复选框，如图 13-97 所示。

图 13-96　【查找和替换】对话框

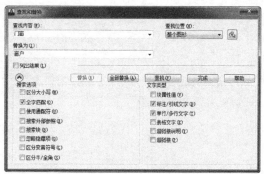

图 13-97　【查找和替换选项】对话框

（5）单击【全部替换】按钮，在【查找和替换】对话框下方将显示替换的结果。

（6）单击【完成】按钮。

第 14 章 图层、特性与样板制作

本章导读

图层与图形特性是 AutoCAD 中的重要内容，本章将介绍图层的基础知识、应用和控制图层的方法，最后还将介绍图形的特性，从而使读者能够全面地了解并掌握图层和图形特性的功能。

学习要求

图层概述
操作图层
图形特性
CAD 标准图纸样板

14.1 图层概述

图层是 AutoCAD 提供的一个管理图形对象的工具。用户可以利用图层对图形几何对象、文字、标注等进行归类处理并管理它们，这样不仅能使图形的各种信息清晰、有序，便于观察，而且也会给图形的编辑、修改和输出带来很大的方便。图层相当于图纸绘图中使用的重叠图纸，如图 14-1 所示。

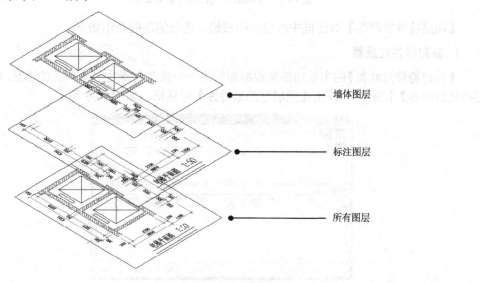

图 14-1 图层的分层含义图

AutoCAD 2016 向用户提供了多种图层管理工具，这些工具包括图层特性管理器、图层工具等，其中图层工具中又包含【将对象的图层置于当前】、【上一个图层】、【图层漫游】等功能。接下来将图层管理、图层工具等功能做简要介绍。

14.1.1 图层特性管理器

AutoCAD 提供了图层特性管理器，利用该工具用户可以很方便地创建图层以及设置其基本属性。用户可通过以下命令方式打开【图层特性管理器】对话框：

- 在菜单栏选择【格式】/【图层】命令。
- 在【默认】标签【图层】面板中单击【图层特性】按钮 。
- 在命令行输入 LAYER。

【图层特性管理器】对话框如图 14-2 所示。新的【图层特性管理器】提供了更加直观的管理和访问图层的方式。在该对话框的右侧新增了图层列表框，用户在创建图层时可以清楚地看到该图层的从属关系及属性，同时还可以添加、删除和修改图层。

图 14-2 【图层特性管理器】对话框

【图层特性管理器】对话框中所包含的按钮、选项的功能介绍如下。

1. 新建特性过滤器

【新建特性过滤器】的主要功能是根据图层的一个或多个特性创建图层过滤器。单击【新建特性过滤器】按钮 ，弹出【图层过滤器特性】对话框，如图 14-3 所示。

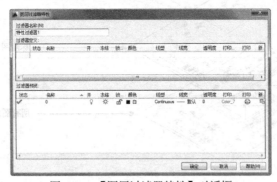

图 14-3 【图层过滤器特性】对话框

在【图层特性管理器】对话框的树状图选定图层过滤器后,将在列表视图中显示符合过滤条件的图层。

2. 新建组过滤器

【新建组过滤器】的主要功能是创建图层过滤器,其中包含选择并添加到该过滤器的图层。

3. 图层状态管理器

【图层状态管理器】的主要功能是显示图形中已保存的图层状态列表。单击【图层状态管理器】按钮 ,弹出【图层状态管理器】对话框(也可在菜单栏选择【格式】/【图层状态管理器】命令),如图14-4所示。用户通过该对话框可以创建、重命名、编辑和删除图层状态。

图 14-4 【图层状态管理器】对话框

【图层状态管理器】对话框的选项、功能按钮含义如下:

- 图层状态:列出已保存在图形中的命名图层状态、保存它们的空间(模型空间、布局或外部参照)、图层列表是否与图形中的图层列表相同以及可选说明。
- 【不列出外部参照中的图层状态】复选框:控制是否显示外部参照中的图层状态。
- 【关闭未在图层状态中找到的图层】复选框:恢复图层状态后,请关闭未保存设置的新图层,以使图形看起来与保存命名图层状态时一样。
- 【将特性作为视口替代应用】复选框:将图层特性替代应用于当前视口。仅当布局视口处于活动状态并访问图层状态管理器时,此选项才可用。
- 更多恢复选项 :控制【图层状态管理器】对话框中其他选项的显示。
- 【新建】按钮:为在图层状态管理器中定义的图层状态指定名称和说明。
- 【保存】按钮:保存选定的命名图层状态。
- 【编辑】按钮:显示选定的图层状态中已保存的所有图层及其特性,视口替代特性除外。
- 【重命名】按钮:为图层重命名。
- 【删除】按钮:删除选定的命名图层状态。

- 【输入】按钮：显示标准的文件选择对话框，从中可以将之前输出的图层状态（LAS）文件加载到当前图形。
- 【输出】按钮：显示标准的文件选择对话框，从中可以将选定的命名图层状态保存到图层状态（LAS）文件中。
- 【恢复】按钮：将图形中所有图层的状态和特性设置恢复为之前保存的设置（仅恢复使用复选框指定的图层状态和特性设置）。

4. 新建图层

【新建图层】工具用来创建新图层。单击【新建图层】按钮，列表中将显示名为【图层1】的新图层，图层名文本框处于编辑状态。新图层将继承图层列表中当前选定图层的特性（颜色、开或关状态等），如图14-5所示。

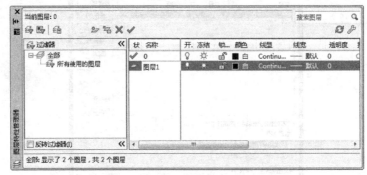

图14-5 新建的图层

5. 所有视口中已冻结的新图层

【所有视口中已冻结的新图层】工具用来创建新图层，然后在所有现有布局视口中将其冻结。单击【在所有视口中都被冻结的新图层】按钮，列表中将显示名为【图层2】的新图层，图层名文本框处于编辑状态。该图层的所有特性被冻结，如图14-6所示。

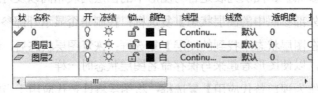

图14-6 新建图层的所有特征被冻结

6. 删除图层

【删除图层】工具只能删除未被参照的图层。图层 0 和 DEFPOINTS、包含对象（包括块定义中的对象）的图层、当前图层以及依赖外部参照的图层是不能被删除的。

7. 设为当前

【设为当前】工具可以将选定图层设置为当前图层。将某一图层设置为当前图层后，在列表中该图层的状态呈✓显示，然后用户就可以在图层中创建图形对象了。

8. 树状图

在【图层特性管理器】对话框中的树状图窗格，可以显示图形中图层和过滤器的层次结构列表，如图 14-7 所示。顶层节点（全部）显示图形中的所有图层。单击窗格中的【收拢图层过滤器】按钮 《，即可将树状图窗格收拢，再单击此按钮，则展开树状图窗格。

9. 列表视图

列表视图显示了图层和图层过滤器及其特性和说明。如果在树状图中选定了一个图层过滤器，则列表视图将仅显示该图层过滤器中的图层。树状图中的【全部】过滤器将显示图形中的所有图层和图层过滤器。当选定某一个图层特性过滤器并且没有符合其定义的图层时，列表视图将为空。要修改选定过滤器中某一个选定图层或所有图层的特性，请单击该特性的图标。当图层过滤器中显示了混合图标或【多种】时，表明在过滤器的所有图层中，该特性互不相同。

【图层特性管理器】对话框的列表视图如图 14-8 所示。

图 14-7　树状图

图 14-8　列表视图

列表视图中各项目含义如下：

- 状态：指示项目的类型（包括图层过滤器、正在使用的图层、空图层或当前图层）。
- 名称：显示图层或过滤器的名称。当选择一个图层名称后，按 F2 键即可编辑图层名。
- 开：打开和关闭选定图层。单击电灯泡形状的符号按钮 ，即可将选定图层打开或关闭。当 符号呈亮色时，图层已打开；当 符号呈暗灰色时，图层已关闭。
- 冻结：冻结所有视口中选定的图层，包括【模型】选项卡。单击 符号按钮，可冻结或解冻图层，图层冻结后将不会显示、打印、消隐、渲染或重生成冻结图层上的对象。当 符号呈亮色时，图层已解冻；当 符号呈暗灰色时，图层已冻结。
- 锁定：锁定和解锁选定图层。图层被锁定后，将无法更改图层中的对象。单击 符号按钮（此符号表示为锁已打开），图层被锁定，单击 符号按钮（此符号表示为锁已关闭），图层被解除锁定。
- 颜色：更改与选定图层关联的颜色。默认状态下，图层中对象的颜色呈黑色，单击【颜色】按钮 ■，弹出【选择颜色】对话框，如图 14-9 所示。在此对话框中用户可选择任意颜色来显示图层中的对象元素。
- 线型：更改与选定图层关联的线型。选择线型名称（如 Continuous），则会弹出【选择线型】对话框，如图 14-10 所示。单击【选择线型】对话框中的【加载】按钮，弹出【加载或重载线型】对话框，如图 14-11 所示。在此对话框中，用户可选择任意线型来加载，使图层中的对象线型为加载的线型。

- 线宽：更改与选定图层关联的线宽。选择线宽的名称后，弹出【线宽】对话框，如图 14-12 所示。通过该对话框，来选择适合图形对象的线宽值。

图 14-9 　【选择颜色】对话框

图 14-10 　【选择线型】对话框

图 14-11 　【加载或重载线型】对话框

图 14-12 　【线宽】对话框

- 打印样式：更改与选定图层关联的打印样式。
- 打印：控制是否打印选定图层中的对象。
- 新视口冻结：在新布局视口中冻结选定图层。
- 说明：描述图层或图层过滤器。

14.1.2 图层工具

图层工具是 AutoCAD 向用户提供的图层创建、编辑的管理工具。在菜单栏选择【格式】/【图层工具】命令，即可打开图层工具菜单，如图 14-13 所示。

图层工具菜单上的工具命令除在【图层特性管理器】对话框中已介绍的打开或关闭图层、冻结或解冻图层、锁定或解锁图层、删除图层外，还包括上一个图层、图层漫游、图层匹配、更改为当前图层、将对象复制到新图层、图层隔离、将图层隔离到当前视口、取消图层隔离及图层合并等工具，接下来就对这些图层工具进行简要介绍。

图 14-13　图层工具菜单

1. 上一个图层

【上一个图层】工具用来放弃对图层设置所做的更改，并返回到上一个图层状态。用户可通过以下命令方式来执行此操作：

- 菜单栏：选择【格式】/【图层工具】/【上一个图层】命令。
- 面板：在【默认】标签【图层】面板中单击【上一个】按钮。
- 命令行：输入 LAYERP。

2. 图层漫游

【图层漫游】工具的作用是显示选定图层上的对象并隐藏所有其他图层上的对象。用户可通过以下命令方式来执行此操作：

- 菜单栏：选择【格式】/【图层工具】/【图层漫游】命令。
- 面板：在【默认】标签【图层】面板中单击【图层漫游】按钮。
- 命令行：输入 LAYWALK。

在【默认】标签【图层】面板中单击【图层漫游】按钮后，则弹出【图层漫游】对话框，如图 14-14 所示。通过该对话框，用户可在图形窗口中选择对象或选择图层来显示、隐藏。

3. 图层匹配

【图层匹配】工具的作用是更改选定对象所在的图层，使之与目标图层相匹配。用户可通过以下命令方式来执行此操作：

- 菜单栏：选择【格式】/【图层工具】/【图层匹配】命令。

- 面板：在【默认】标签【图层】面板中单击【图层匹配】按钮。
- 命令行：输入 LAYMCH。

图 14-14 【图层漫游】对话框

4. 更改为当前图层

【更改为当前图层】工具的作用是将选定对象所在的图层更改为当前图层。用户可通过以下命令方式来执行此操作：

- 菜单栏：选择【格式】/【图层工具】/【更改为当前图层】命令。
- 面板：在【默认】标签【图层】面板中单击【更改为当前图层】按钮。
- 命令行：输入 LAYCUR。

5. 将对象复制到新图层

【将对象复制到新图层】工具的作用是将一个或多个对象复制到其他图层。用户可通过以下命令方式来执行此操作：

- 菜单栏：选择【格式】/【图层工具】/【将对象复制到新图层】命令。
- 面板：在【默认】标签【图层】面板中单击【将对象复制到新图层】按钮。
- 命令行：输入 COPYTOLAYER。

6. 图层隔离

【图层隔离】工具的作用是隐藏或锁定除选定对象所在图层外的所有图层。用户可通过以下命令方式来执行此操作：

- 在菜单栏选择【格式】/【图层工具】/【图层隔离】命令。
- 在【默认】标签【图层】面板中单击【图层隔离】按钮。
- 在命令行输入 LAYISO。

7. 将图层隔离到当前视口

【将图层隔离到当前视口】工具的作用是冻结除当前视口以外的所有布局视口中的选定图层。用户可通过以下命令方式来执行此操作：

- 菜单栏：选择【格式】/【图层工具】/【将图层隔离到当前视口】命令。
- 面板：在【默认】标签【图层】面板中单击【将图层隔离到当前视口】按钮。
- 命令行：输入 LAYVPI。

8. 取消图层隔离

【取消图层隔离】工具的作用是恢复使用 LAYISO（图层隔离）命令隐藏或锁定的所有图层。用户可通过以下命令方式来执行此操作：

- 菜单栏：选择【格式】/【图层工具】/【取消图层隔离】命令。
- 面板：在【默认】标签【图层】面板中单击【取消图层隔离】按钮 。
- 命令行：输入 LAYUNISO。

9. 图层合并

【图层合并】工具的作用是将选定图层合并到目标图层中，并将以前的图层从图形中删除。用户可通过以下命令方式来执行此操作：

- 菜单栏：选择【格式】/【图层工具】/【图层合并】命令。
- 面板：在【默认】标签【图层】面板中单击【图层合并】按钮 。
- 命令行：输入 LAYMRG。

动手操作——利用图层绘制楼梯间平面图

楼梯间平面图如图 14-15 所示。

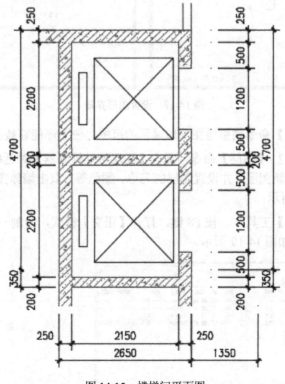

图 14-15　楼梯间平面图

（1）选择【文件】/【新建】命令，弹出【创建新图形】对话框，单击【使用向导】按钮并选择【快速设置】选项，如图 14-16 所示。

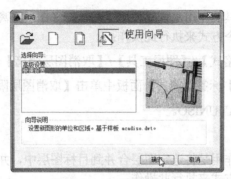

图 14-16 【启动】对话框

（2）单击【确定】按钮，关闭对话框，弹出【快速设置】对话框，选择【建筑】单选按钮。单击【下一步】按钮，设置图形界限，如图 14-17 所示，单击【完成】按钮，创建新的图形文件。

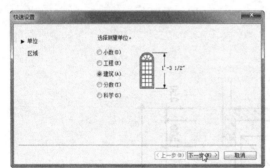 

图 14-17 设置图形界限

（3）使用【视图】命令调整绘图窗口显示的范围，使图形能够被完全显示。

（4）选择【格式】/【图层】命令，弹出【图层特性管理器】对话框，单击【新建图层】按钮 创建所需要的新图层，并设置图层的名称、颜色等。双击墙体图层，将图层设置为当前图层，如图 14-18 所示。

（5）选择【直线】工具 ，按 F8 键，打开【正交】模式，绘制一条垂直方向和一条水平方向的线段，效果如图 14-19 所示。

图 14-18 置为当前图层　　　　图 14-19 绘制线段

（6）选择【偏移】工具 偏移线段图形，如图14-20所示；选择【修剪】工具对线段图形进行修剪，制作出墙体效果，如图14-21所示。

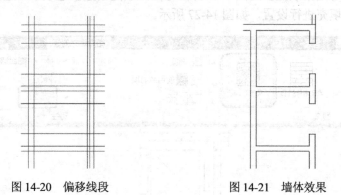

图14-20　偏移线段　　　　图14-21　墙体效果

（7）在【图层】工具栏的图层列表中选择电梯图层，设置电梯图层为当前图层。用【直线】工具在电梯门口位置绘制一条线段，将图形连接起来，如图14-22所示；再使用与前面相同的偏移复制和修剪方法，绘制出一部电梯的图形效果，如图14-23所示。

（8）用【直线】工具捕捉矩形的端点，在图形内部绘制交叉线标记电梯图形，如图14-24所示。

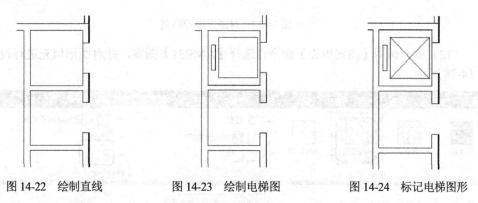

图14-22　绘制直线　　　　图14-23　绘制电梯图　　　　图14-24　标记电梯图形

（9）选择【复制】工具 选择所绘制的电梯图形，复制到下面的电梯井空间中，效果如图14-25所示。用【直线】工具绘制线段将墙体图形封闭，如图14-26所示。

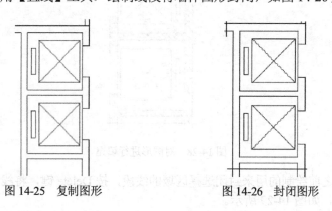

图14-25　复制图形　　　　图14-26　封闭图形

(10) 在【图层】工具栏的图层列表中选择填充图层，设置填充图层为当前图层。

(11) 选择【图案填充】工具，弹出【图案填充创建】选项卡，选择【AR-CONC】图案，并对图形填充进行设置，如图 14-27 所示。

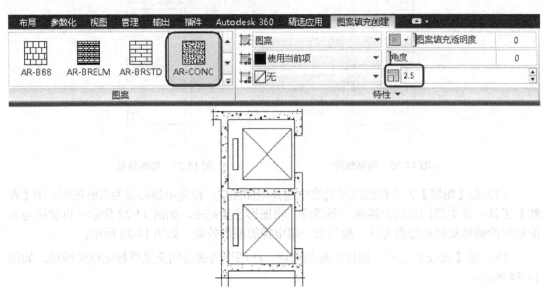

图 14-27　对图形进行填充

(12) 重新调用【图案填充】命令，选择【ANSI31】图案，并对图形填充进行设置，如图 14-28 所示。

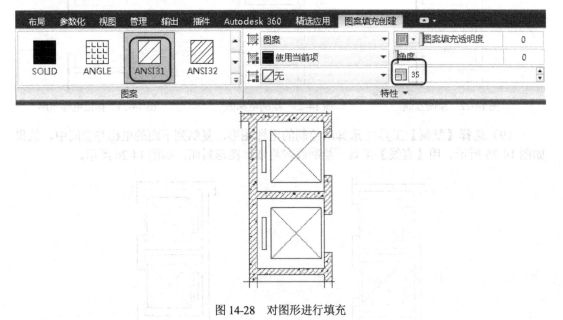

图 14-28　对图形进行填充

(13) 选择之前绘制的用来封闭选择区域的线段，按 Delete 键，将线段删除，完成电梯间平面图的绘制，如图 14-29 所示。

第 14 章 图层、特性与样板制作

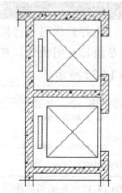

图 14-29 绘制完成的电梯间

14.2 操作图层

在绘图过程中，如果绘图区中的图形过于复杂，将不便于对图形进行操作，此时可以使用图层功能将暂时不用的图层进行关闭或冻结处理，以便进行图形操作。

14.2.1 打开/关闭图层

利用打开和关闭图层的方法，可以打开被关闭的图层，以及关闭暂时不需要显示的图层。

1. 关闭暂时不用的图层

在 AutoCAD 中，可以将图层中的对象暂时隐藏起来，或将图层中隐藏的对象显示出来。隐藏图层中的图形将不能被选择、编辑、修改、打印。

默认情况下，所有的图层都处于打开状态，通过以下两种方法可以关闭图层。

- 在【图层特性管理器】面板中单击要关闭图层前方的 ♀ 图标，此时，该图标将变为 ♀，表示该图层已关闭，如图 14-30 所示。
- 在【默认】选项卡的【图层】面板中单击【图层控制】下拉列表中的【开/关图层】图标 ♀，此时，该图标将变为 ♀，表示该图层已关闭，如图 14-31 所示。

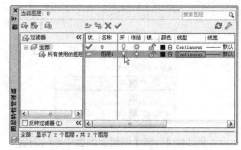

图 14-30 关闭图层

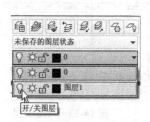

图 14-31 在【图层】面板中关闭图层

> **提示**
> 如果进行关闭的图层是当前层，将打开询问对话框，在对话框中选择【关闭当前图层】选项即可。如果不小心对当前层执行关闭操作，可以在打开的对话框中单击【使当前图层保持打开状态】链接，如图 14-32 所示。

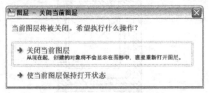

图 14-32　关闭当前图层

2. 打开被关闭的图层

打开图层的操作与关闭图层的操作相似。当图层被关闭后，在【图层特性管理器】对话框中单击图层前面的【打开】图标💡，或在【图层】面板中单击【图层控制】下拉列表中的【开/关图层】图标💡，可以打开被关闭的图层，此时图层前面的图标💡将变为💡。

14.2.2　冻结/解冻图层

利用冻结和解冻图层的方法，可以冻结暂时不需要修改的图层，以及解冻被冻结的图层。

1. 冻结不需要修改的图层

在绘图操作中，可以对图层中不需要进行修改的对象进行冻结处理，以避免这些图形受到错误操作的影响。另外，还可以缩短绘图过程中系统生成图形的时间，从而提高计算机的速度，因此在绘制复杂图形时冻结图层非常重要。被冻结的图层对象将不能被选择、编辑、修改和打印。

默认情况下，所有图层都处于解冻状态，可以通过以下两种方法将图层冻结。

- 在【图层特性管理器】对话框中选择要冻结的图层，单击该图层前面的【冻结】图标☼，该图标☼将变为❄，表示该图层已经被冻结，如图 14-33 所示。
- 在【图层】面板中单击【图层控制】下拉列表中的【在所有视口冻结/解冻图层】图标☼，图层前面的图标☼将变为❄，表示该图层已经被冻结，如图 14-34 所示。

图 14-33　冻结图层

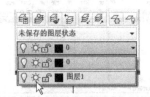

图 14-34　在【图层】面板中冻结图层

2. 解冻被冻结的图层

解冻图层的操作与冻结图层的操作相似。当图层被冻结后，在【图层特性管理器】对话框中单击图层前面的【解冻】图标，或在【图层】面板中单击【图层控制】下拉列表中的【在所有视口中冻结/解冻】图标，可以解冻被冻结的图层，此时图层前面的图标将变为。

14.2.3 锁定/解锁图层

利用锁定和解锁图层的方法，可以锁定暂时不需要修改的图层，以及解锁被锁定的图层。

1. 锁定不需要修改的图层

在 AutoCAD 中，锁定图层可以将该图层中的对象锁定。锁定图层后，图层上的对象仍然处于显示状态，但是用户无法对其进行选择和编辑修改等操作。

默认情况下，所有的图层都处于解锁状态，可以通过以下两种方法将图层锁定。

- 在【图层特性管理器】对话框中选择要锁定的图层，单击该图层前面的【锁定】图标，图标将变为，表示该图层已经被锁定，如图 14-35 所示。
- 在【图层】面板中单击【图层控制】下拉列表中的【锁定/解锁图层】图标，图层前面的图标将变为，表示该图层已经被锁定，如图 14-36 所示。

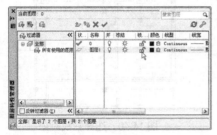
图 14-35　锁定图层

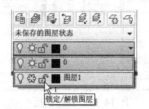
图 14-36　在【图层】面板中锁定图层

2. 解锁被锁定的图层

解锁图层的操作与锁定图层的操作相似。当图层被锁定后，在【图层特性管理器】对话框中单击图层前面的【解锁】图标，或在【图层】面板中单击【图层控制】下拉列表中的【锁定/解锁图层】图标，可以解锁被锁定的图层，此时图层前面的图标将变为。

动手操作——图层基本操作

（1）打开光盘中的源文件"建筑结构图.dwg"，如图 14-37 所示。单击【常用】选项卡，在【图层】面板中单击【图层特性】按钮，如图 14-38 所示。

图 14-37 打开光盘中的源文件　　　　　图 14-38 单击【图层特性】按钮

（2）在打开的【图层特性管理器】对话框中创建【墙体】、【门窗】和【轴线】3 个图层，各个图层的特性如图 14-39 所示。

（3）关闭【图层特性管理器】对话框，然后在建筑结构图中选择所有的轴线对象，如图 14-40 所示。

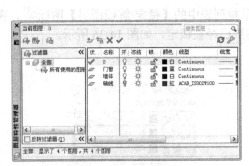
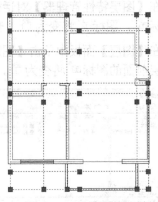

图 14-39 创建图层　　　　　　　　　图 14-40 选择轴线对象

（4）在【图层】面板中单击【图层控制】下拉按钮，在弹出的下拉列表中选择【轴线】图层，如图 14-41 所示。

（5）按 Esc 键取消图形的选择状态，然后选择建筑结构图中的门窗图形，如图 14-42 所示。

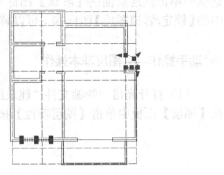

图 14-41 选择图层　　　　　　　　　图 14-42 选择图层中的对象

（6）在【图层】面板中单击【图层控制】下拉按钮，在弹出的下拉列表中选择【门窗】图层，如图 14-43 所示，然后按 Esc 键取消图形的选择状态。

（7）在【图层】面板中单击【图层控制】下拉按钮，在弹出的下拉列表中单击【轴线】图层前面的【开/关图层】图标♀，将【轴线】图层关闭，如图 14-44 所示。

图 14-43　选择图层

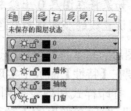
图 14-44　关闭图层

（8）选择建筑结构图中的所有墙体图形，然后在【图层】面板中单击【图层控制】下拉按钮，在弹出的下拉列表中选择【墙体】图层，如图 14-45 所示。

（9）按 Esc 键取消图形的选择状态，完成对图形的修改，如图 14-46 所示。

图 14-45　选择图层

图 14-46　完成修改

14.3　图形特性

前面学习了在图层中赋予图层各种属性的方法，在实际制图过程中也可以直接为实体对象赋予需要的特性。设置对象的特性通常包括线型、线宽和颜色。

14.3.1　修改对象特性

绘制的每个对象都具有独特的特性。某些特性是基本特性，适用于大多数对象，例如图层、颜色、线型和打印样式。有些特性是特定于某个对象的特性，例如，圆的特性包括半径和面积，直线的特性包括长度和角度。

> **提示**
> 如果将特性值设置为【BYLAYER】，则将为对象指定与其所在图层相同的值。例如，如果将在图层0上绘制的直线的颜色指定为【BYLAYER】，并将图层0的颜色指定为【红】，则该直线的颜色将为红色。如果将特性设置为一个特定值，则该值将替代为图层设置的值。例如，如果将在图层0上绘制的直线颜色指定为【蓝】，并将图层0的颜色指定为【红】，则该直线的颜色将为蓝色。

大多数图形的基本特性可以通过图层指定给对象，也可以直接指定给对象。直接指定特性给对象需要在【特性】面板中实现，在【常用】选项卡的【特性】面板中，包括对象颜色、线宽、线型、打印样式和列表等列表控制栏。选择要修改的对象，单击【特性】面板中相应的控制按钮，然后在弹出的下拉列表中选择需要的特性即可修改对象的特性，如图14-47所示。

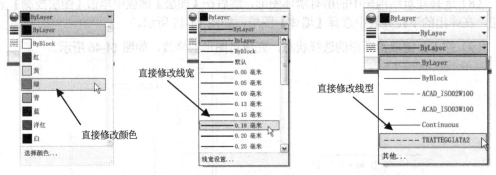

图14-47 直接修改特性

单击【特性】面板右下方的【特性】按钮，将打开【特性】选项板，在该选项板中可以修改选择对象的完整特性。如果在绘图区选择了多个对象，【特性】选项板中将显示这些对象的共同特性，如图14-48所示。

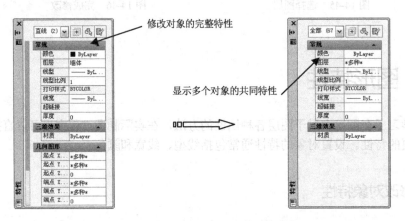

图14-48 在【特性】选项板中修改特性

14.3.2 匹配对象特性

使用【特性匹配】命令，可以将一个对象所具有的特性复制给其他对象，可以复制的特性包括颜色、图层、线型、线型比例、厚度和打印样式，有时也包括文字、标注和图案填充特性。

在功能区【默认】选项卡【特性】面板中单击【特性匹配】按钮，系统将提示【选择源对象:】，此时需要用户选择已具有所需要特性的对象，选择源对象后，系统将提示【选择目标对象或［设置（S）]:】，此时选择应用源对象特性的目标对象即可，如图14-49所示。

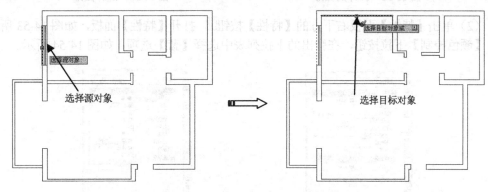

图 14-49 特性匹配

在执行【特性匹配】命令的过程中，当系统提示【选择目标对象或［设置（S）]:】时输入【S】并按空格键进行确定或者单击【设置（s）】选项，将打开【特性设置】对话框，在该对话框中可以设置需要复制的特性，其中包括基本特性和特殊特性两种，如图14-50所示。

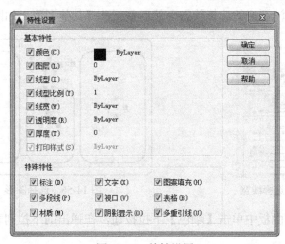

图 14-50 特性设置

💻 动手操作——特性匹配操作

（1）打开光盘中的源文件"面盆平面图.dwg"，如图14-51所示。选择图形中的圆角矩形，如图 14-52 所示。

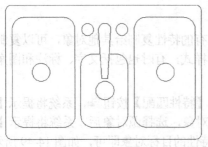
图 14-51 打开的图形

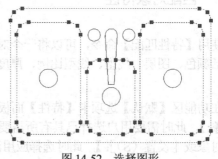
图 14-52 选择图形

（2）单击【特性】面板右下方的【特性】按钮，打开【特性】面板，如图 14-53 所示。单击【颜色控制】下拉按钮，在弹出的下拉列表中选择【蓝】选项，如图 14-54 所示。

图 14-53 打开【特性】面板

图 14-54 设置颜色

（3）单击【线宽】下拉按钮，在弹出的下拉列表中选择【0.30mm】选项，如图 14-55 所示。

（4）按 Esc 键取消图形的选择状态，然后重新选择其他图形，如图 14-56 所示。

图 14-55 选择线宽

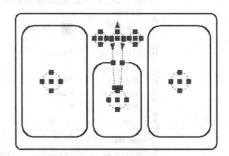
图 14-56 选择图形

（5）在【特性】面板中单击【颜色】下拉按钮，在弹出的下拉列表中选择【红】选项，如图 14-57 所示。

（6）单击【特性】面板中的【关闭】按钮 ✕ 关闭【特性】面板，完成对线条特性的修改，如图 14-58 所示。

图 14-57 设置颜色

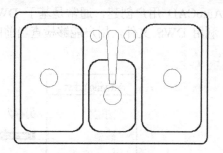
图 14-58 完成修改

14.4 CAD 标准图纸样板

为维护图形文件的一致性，可以创建标准文件以定义常用属性。标准为命名对象（例如图层和文字样式）定义一组常用特性。为了增强一致性，用户或用户的 CAD 管理员可以创建、应用和核查图形中的标准。因为标准可使其他人容易对图形做出解释，在合作环境下，许多人都致力于创建一个图形，所以标准特别有用。

用户可以为存储在一个标准样板文件中的图层、线型、尺寸标注和文字样式创建标准，也可以使用 DWS 文件来运行一个图形或者图形集的检查，修复或者忽略标准文件和当前图形之间的不一致，如图 14-59 所示。

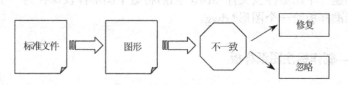
图 14-59 图形处理过程

CAD 标准样板是一个 CAD 管理器在其产品环境中，用来创建和管理标准的 CAD 工具。当标准发生冲突的时候，CAD 标准功能的许多用户界面增强提供了一个状态栏图标通知以及气泡式通知。

一旦创建了一个标准文件（DWS），用户能将它与当前图形关联，并且校验图形与 CAD 标准之间的依从关系，如图 14-60 所示。

图 14-60 图形关联

用户可以用一个图形样板文件（DWT）开始新的图形。CAD 标准样板文件（DWS）由有经验的 AutoCAD 用户创建，通常是基于 DWT 文件的，但是也可以基于一个图形文件（DWG）。利用 DWS 文件，用户能够检查当前图形文件，检查它与标准的依从关系，如图 14-61 所示。

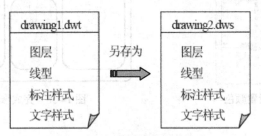

图 14-61 标准样板和图形关系

DWS 文件至少包含图层、线型、标注样式和文字样式。更复杂的标准样板还包括系统变量设置和图形单位。一旦用户创建了 CAD 标准样板，【配置标准】对话框将作为一个标准管理器，用户可以进行以下操作：

- 指定 CAD 标准样板。
- 在用户计算机上标识插入模块。
- 检查 CAD 标准冲突。
- 评估、忽略或者应用解决方案。

下面以实例来说明创建和附加 CAD 标准样板的步骤。在本例中，用户基于图层、线型以及其他规定创建一个图形样板文件*.dwt，然后将这个图形样板保存为一个标准样板*.dws，最后附加这个标准样板给一个图形*.dwg。

动手操作——制作标注图纸样板

（1）在【快速工具选项栏】中单击【新建】按钮，弹出【选择样板】对话框。选择基于 AutoCAD 的 acad.dwt 样板文件并打开，如图 14-62 所示。

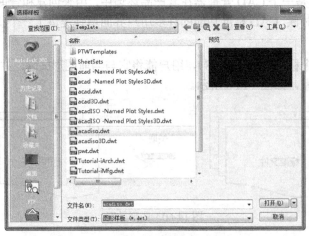

图 14-62 【选择样板】对话框

（2）在【常用】标签【图层】面板中单击【图层特性】按钮，在打开的【图层特性管理器】选项板中单击【新建图层】按钮，然后依次创建 5 个新图层，然后关闭该选项板，如图 14-63 所示。

（3）在【特性】面板的【选择线型】下拉列表中，选择【其他】选项，在弹出的【线型管理器】对话框中，单击【加载】按钮，如图 14-64 所示。

图 14-63　新建 5 个图层　　　　　　　　　图 14-64　【线型管理器】对话框

（4）在弹出的【加载或重载线型】对话框中，从 acad.lin 文件的【可用线型】列表中，按住 Ctrl 键，选择两个线型：BORDER 和 DASHDOT2，单击【确定】按钮，如图 14-65 所示。

（5）在【图层】面板中，单击【图层特性】按钮，打开【图层特性管理器】选项板。在新建图层 2 的【线型】列表中单击，即可打开【选择线型】对话框，在该对话框的【从加载的线型】列表中选择 DASHDOT2 线型，并单击【确定】按钮，如图 14-66 所示。

图 14-65　加载线型　　　　　　　　　　　图 14-66　选择线型

（6）同理，将新建图层 3 中的线型更改为 BORDER，如图 14-67 所示。

（7）在【常用】标签【注释】面板中单击【标注样式】按钮，然后在打开的【标注样式管理器】对话框中，单击【新建】按钮，在弹出的【创建新标注样式】对话框中输入新样式名【机械标准标注】，如图 14-68 所示。

图 14-67　更改线性　　　　　　　图 14-68　新建标注样式

（8）在弹出的【新建标注样式】对话框【符号和箭头】标签中，分别设置【第一个】和【第二个】箭头为【建筑标记】选项，如图 14-69 所示。

（9）单击【确定】按钮，关闭【标注样式管理器】对话框。然后在【注释】面板上的【选择标注样式】列表中选择【机械标准标注】选项，如图 14-70 所示。

图 14-69　设置箭头　　　　　　　图 14-70　选择样式

（10）单击【注释】面板中的【文字样式】按钮，弹出【文字样式】对话框。单击【新建】按钮，即可打开【新建文字样式】对话框，在【样式名】文本框中输入【标准样式 1】，单击【确定】按钮，如图 14-71 所示。

（11）从【字体名】下拉列表中选择 simplex.shx 字体，然后在【效果】选项卡中指定【宽度比例】为 0.75。使用相同的方法，创建另一个名为【标准样式 2】的文字样式，并且使用 simplex.shx 字体与 0.50 的宽度比例。单击【应用】按钮，再关闭该对话框，如图 14-72 所示。

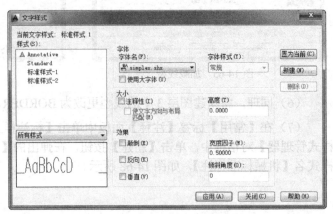

图 14-71　新建文字样式　　　　　　图 14-72　设置文字样式

（12）在菜单栏选择【文件】/【另存为】命令，以 AutoCAD 图形样板文件类型*.dwt 保存文件，并且给该文件取名为【标准图形样板】。AutoCAD 将这个文件保存在 Template 目录下，如图 14-73 所示。

472

第 14 章　图层、特性与样板制作

图 14-73　另存为样板文件类型

（13）在弹出的【样板选项】对话框中输入 Office drawing template-DWT，并单击【确定】按钮。程序自动保存样板文件，如图 14-74 所示。

（14）同理，选择【文件】/【另存为】命令，从下拉列表中选择 AutoCAD 图形标准样板文件类型*.dws，然后在【文件名】文本框中输入【标准图形样板.dws】，单击【保存】按钮，如图 14-75 所示。

图 14-74　书写样板说明

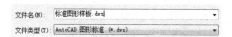

图 14-75　另存为 DWS 文件

（15）附加标准文件到图形。打开光盘中的源文件"零件图形.dwg"，如图 14-76 所示。

（16）在菜单栏中选择【工具】/【CAD 标准】/【配置】命令，弹出【配置标准】对话框。单击该对话框中的【添加标准文件】按钮，然后从【选择标准文件】对话框中的 Template 目录下选择标准图形样板.dws 文件，【配置标准】对话框的【说明】列表中显示了 CAD 标准文件的描述信息。单击【确定】按钮，CAD 标准样板文件与当前图形关联，如图 14-77 所示。

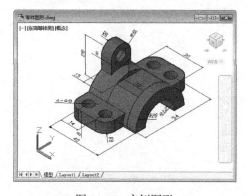

图 14-76　实例图形

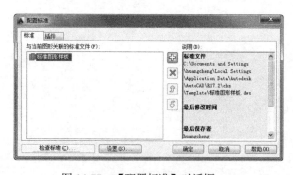

图 14-77　【配置标准】对话框

> 提示
>
> 用户可选择【工具】/【CAD 标准】/【图层转换器】命令，将当前图形转换成自定义的新图层。

第 15 章 在 AutoCAD 中建立模型

本章导读

在本章的学习中,我们将初步了解和掌握 **AutoCAD 2016** 的三维建模空间中的基本功能与操作,以及三维建模命令的实战应用。

学习要求

- 三维建模概述
- 简单三维模型的建立
- 由曲线创建实体或曲面
- 创建三维实体图元
- 网格曲面模型

15.1 三维建模概述

在状态栏单击【切换模型空间】按钮,就可以将【二维草图与注释】空间切换到【三维建模】空间。【三维建模】空间的整个工作环境布置与【二维草图与注释】空间类似,工作界面主要由快速访问工具栏、信息中心、菜单栏、功能区、工具选项板、图形窗口(绘图区域)、文本窗口与命令行、状态栏等元素组成,如图 15-1 所示。

15.1.1 设置三维视图投影方式

在三维空间中工作时,可以通过控制三维视图的投影方式,展现不同的视觉效果。例如,设置图形的观察视点、图形的投影方向、角度等,可以帮助用户在设计模型时,能直观地了解每一个环节,避免设计操作失误。

1. 设置平行投影视图

在 AutoCAD 2016 中,平行投影视图也称为预设视图,是程序默认的投影视图。平行视图包括俯视、仰视、左视、右视、前视、后视、西南等轴测、东南等轴测、东北等轴测和西北等轴测等。这些平行视图不具有任何可编辑特性,但用户可以将平行视图另存为模型视图,然后再编辑模型视图即可。

> **提示**
> 在三维空间中查看仅限于模型空间。如果在图纸空间中工作,则不能使用三维查看命令定义图纸空间视图。图纸空间的视图始终为平面视图。

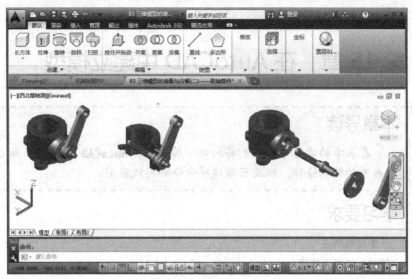

图 15-1 三维建模空间

平行视图的工具，可通过以下命令方法来选择：

- 功能区面板：选择【可视化】选项卡【视图】面板中的【俯视】或其他视图命令。
- 菜单栏：选择【视图】/【三维视图】/【俯视】或其他视图命令。
- 图形区：在图形区左上角的视图工具列表中的视图工具。
- 命令行：输入 VIEW。

图形区左上角【视图】工具列表如图 15-2 所示。

图 15-2 【视图】工具列表

将三维实体模型视图设置为平行投影视图的效果如图 15-3 所示。

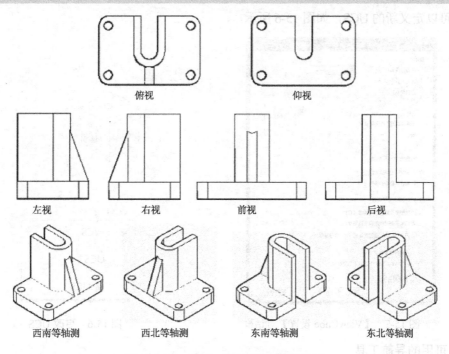

图 15-3　AutoCAD 的 8 种平行投影视图

2. 三维导航工具 ViewCube

ViewCube 是在三维模型空间启动图形系统时，显示在窗口右上角的三维导航工具。通过 ViewCube，用户可以在标准视图和等轴测视图间切换。

ViewCube 显示后，将以不活动状态显示在其中一角（位于模型上方的图形窗口中）。ViewCube 处于不活动状态时，将显示基于当前 UCS 和通过模型的 WCS 定义北向的模型的当前视口。将光标悬停在 ViewCube 上方时，ViewCube 将变为活动状态。用户可以切换至可用预设视图之一、滚动当前视图或更改为模型的主视图，如图 15-4 所示。

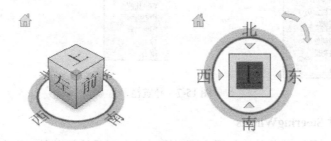

图 15-4　ViewCube 导航工具

在导航工具位置选择右键菜单【ViewCube 设置】命令，将弹出【ViewCube 设置】对话框，如图 15-5 所示。通过该对话框可控制 ViewCube 导航工具的可见性和显示特性。

3. 通过 ViewCube 更改 UCS

通过 ViewCube 工具，可以将模型的当前 UCS 更改为随模型一起保存的已命名 UCS 之一，也可以定义新的 UCS，如图 15-6 所示。

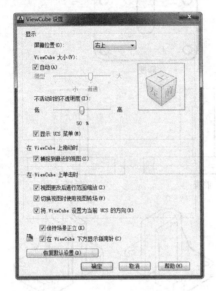

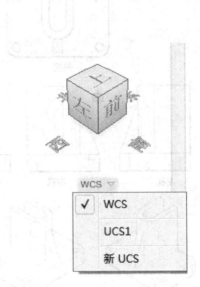

图 15-5 【ViewCube 设置】对话框　　　　图 15-6　更改 UCS

4. 可用的导航工具

导航栏是一种用户界面元素，用户可以从中访问通用导航工具和特定于产品的导航工具，如图 15-7 所示。

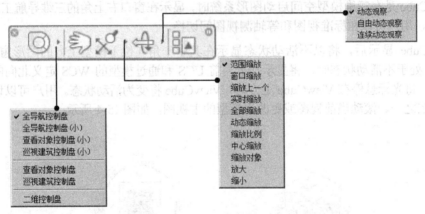

图 15-7　导航栏

5. 导航控制盘 SteeringWheels

SteeringWheels 是追踪菜单，使用户可以通过单一工具访问各种二维和三维导航工具。SteeringWheels（也称作控制盘）将多个常用导航工具结合到一个单一界面中，从而为用户节省了时间。控制盘是任务特定的，通过控制盘可以在不同的视图中导航和设置模型方向。

如图 15-8 所示为各种可用的控制盘。

第 15 章 在 AutoCAD 中建立模型

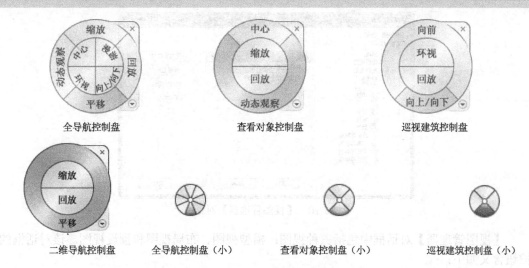

图 15-8 各种可用的控制盘

6. 重新定位和重新定向导航栏

导航栏的位置和方向可以调整。在导航栏下方展开的菜单中执行【固定位置】/【链接至 ViewCube】命令，然后光标拖动导航栏至绘图区域的任意位置，如图 15-9 所示。

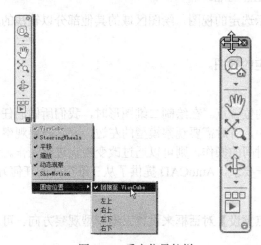

图 15-9 重定位导航栏

15.1.2 视图管理器

执行 VIEW 命令，程序将弹出【视图管理器】对话框，如图 15-10 所示。通过该对话框，可以创建、设置、重命名、修改和删除命名视图（包括模型命名视图）、相机视图、布局视图和预设视图。在视图列表中选择一个视图，右边将显示该视图的特性。

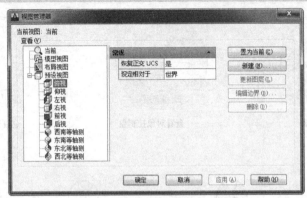

图 15-10 【视图管理器】对话框

【视图管理器】对话框中包括三种视图：模型视图、布局视图和预设视图。该对话框的按钮含义如下：

- 置为当前：恢复选定的视图。
- 新建：单击此按钮，可创建新的平行视图。
- 更新图层：更新与选定的视图一起保存的图层信息，使其与当前模型空间和布局视口中的图层可见性匹配。
- 编辑边界：显示选定的视图，绘图区域的其他部分以较浅的颜色显示，从而显示命名视图的边界。
- 删除：删除选定的视图。

1. 视点设置

视点就是观察模型的位置点。在绘制二维图形时，我们所做的任何操作都是正对着 XY 平面的。而在三维造型中，有时需要观察模型的左边，有时需要观察模型的前面，并且要在该视点中进行很长一段时间的操作，则可以通过改变视点进行工作。该视点允许用户同时看到 3 个面，为了满足这一要求，AutoCAD 提供了从三维空间的任何方向设置视点的命令。

2. 视点预设

用户可以通过【视点预设】对话框来设置三维模型观察方向。可以通过以下命令方式来打开此对话框：

- 菜单栏：选择【视图】/【三维视图】/【视点预设】命令。
- 命令行：输入 DDVPOIN。
- 执行 DDVPOIN 命令，将弹出如图 15-11 所示的对话框。

该对话框中各选项的含义如下：

- 设置观察角度：相对于世界坐标系 WCS 或用户坐标系 UCS)来设置查看方向。
- 绝对于 WCS：相对于 WCS 设置查看方向。
- 相对于 UCS：相对于当前 UCS 设置查看方向。
- X 轴：指定与 X 轴的角度。

- XY 平面：指定与 XY 平面的角度。
- 设置为平面视图：设置查看角度以相对于选定坐标系显示 XY 平面视图。

定义视点需要两个角度：一个为 XY 平面上的角度，另一个为与 XY 平面的夹角，这两个角度组合决定了观察者相对于目标点的位置。

在该对话框的视点布置预览中，左边的图形代表视线在 XY 平面上的角度，右边的图形代表视线与 XY 平面的夹角。也可以通过该对话框中间的两个文本框来直接定义这两个参数，其初始值反映了当前视线的设置，如图 15-12 所示。

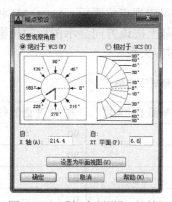
图 15-11 【视点预置】对话框

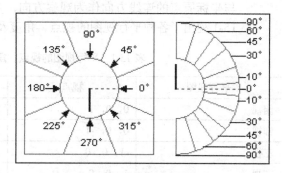
图 15-12 设置观察角度

> **提示**
> 可以在预览区域中利用鼠标任意指定视线在 XY 平面上的角度值或视线与 XY 平面的夹角，如图 15-13 所示。

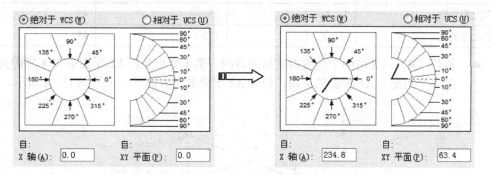
图 15-13 利用鼠标选择角度和夹角

如果单击【设置为平面视图】按钮，则系统将相对于选定坐标系产生平面视图。确定视点方位后，单击【确定】按钮，AutoCAD 将按该视点显示图形。

3. 视点

在三维空间中，为便于观察模型，可以使用 VPOINT 命令任意修改视点的位置。AutoCAD 默认的视点为（0,0,1），即从（0,0,1）点（Z 轴正向上）向（0,0,0）点（原点）观察模型。在机械设计中，XY 平面的正交视图是前视图。

用户可以通过以下命令方式来执行此操作：

- 菜单栏：选择【视图】/【三维视图】/【视点】命令。
- 命令行：输入 VPOINT。

执行 VPOINT 命令，命令行则显示如下操作提示：

```
命令：VPOINT
当前视图方向：VIEWDIR=-7.4969,-9.0607,10.9983        //当前视点坐标
指定视点或 [旋转(R)]<显示指南针和三轴架>：           //视点选项
```

操作提示中各选项含义如下：

- 指定视点：确定一点作为视点方向，为默认项。确定视点位置后，AutoCAD 将该点与坐标原点的连线方向作为观察方向，并在屏幕上按该方向显示图形的投影。表 15-1 列出了各种平行视图的视点、角度及夹角对应关系。

表 15-1 平行视图的视点、角度及夹角对应关系

平行视图	视点	在 XY 平面上的角度	与 XY 平面的夹角
俯视	0，0，1	270	90
仰视	0，0，-1	270	90
左视	-1，0，0	180	0
右视	1，0，0	0	0
前视	0，-1，0	270	0
后视	0，1，0	90	0
西南等轴测	-1，-1，1	205	45
东南等轴测	1，-1，1	315	45
东北等轴测	1，1，1	45	45
西北等轴测	-1，1，1	135	45

- 旋转（R）：使用两个角度指定新的方向。第 1 个角是在 XY 平面中与 X 轴的夹角，第 2 个角是与 XY 平面的夹角，位于 XY 平面的上方或下方，如图 15-14 所示。

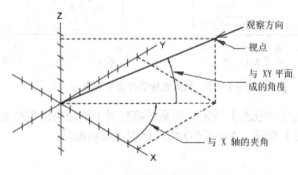

图 15-14 指定角度与夹角

- 显示指南针和三轴架：如果不输入任何坐标值而用按 Enter 键响应指定视点的提示，那么将出现指南针和三轴架，如图 15-15 所示。

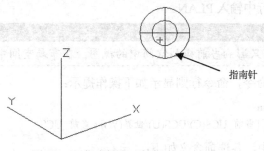

图 15-15 指南针和三轴架

用指南针和三轴架确定视点的方法如下：拖动鼠标使光标在坐标球范围内移动时，三轴架的 X、Y 轴也会绕着 Z 轴转动。三轴架转动的角度与光标在指南针上的位置对应。光标位于指南针的不同位置，相应的视点也不相同。

指南针的二维表示如下：它的中心点为北极（0,0,1），相当于视点位于 Z 轴正方向；内环为赤道（n,n,0）；整个外环为南极（0,0,-1），如图 15-16 所示。当光标位于内环时，相当于视点在球体的上半球体；光标位于内环与外环之间，表示视点在球体的下半球体。

随着光标的移动，三轴架也随着变化，即视点位置在发生变化。确定视点位置后按 Enter 键，AutoCAD 将按该视点显示对象。

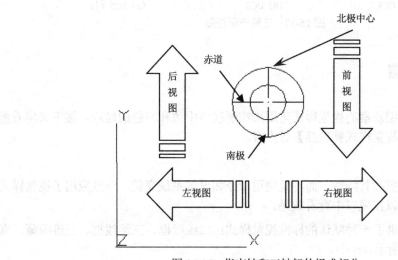

图 15-16 指南针和三轴架的组成部分

15.1.3 设置平面视图

平面视图是从正 Z 轴上的一点指向原点（0,0,0）的视图。选择的平面视图可以基于当前用户坐标系、以前保存的用户坐标系或世界坐标系。

用户可以通过以下命令方式来执行此操作：

- 在菜单栏中选择【视图】/【三维视图】/【平面视图】命令。

- 在命令行中输入 PLAN。

> **提示**
> PLAN 命令只影响当前模型空间中的视图，在布局空间中不能使用 PLAN 命令。

执行 PLAN 命令，命令行则显示如下操作提示：

命令：plan
输入选项 [当前 UCS(C)/UCS(U)/世界(W)] <当前 UCS>：

在操作提示中，各选项含义如下：

- 当前 UCS：该选项表示将在当前视口中生成相对于当前 UCS 的平面视图，如图 15-17（a）所示。
- UCS：该选项表示恢复命名存储的 UCS 的平面视图，如图 15-17（b）所示。
- 世界：该选项则生成相对于 WCS 的平面视图，如图 15-17（c）所示。

(a) 当前 UCS　　　　　(b) UCS　　　　　(c) 世界坐标

图 15-17　三种平面视图

15.1.4 视觉样式设置

在三维空间中，模型观察的视觉样式可用来控制视口中边和着色的显示。接下来将着重介绍【视觉样式】和【视觉样式管理器】等内容。

1. 视觉样式

设置视觉样式，是更改其特性，而不是使用命令和设置系统变量。一旦应用了视觉样式或更改了其设置，就可以在视口中查看效果。

AutoCAD 2016 提供了 5 种默认的标准视觉样式：二维线框、三维线框、三维隐藏、真实和概念，如图 15-18 所示。

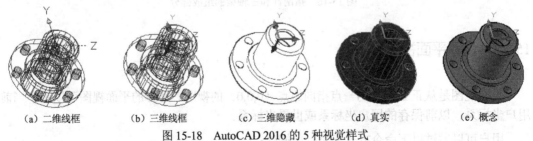

(a) 二维线框　　(b) 三维线框　　(c) 三维隐藏　　(d) 真实　　(e) 概念

图 15-18　AutoCAD 2016 的 5 种视觉样式

用户可通过以下命令方式来设置模型视觉样式：

- 菜单栏：选择【视图】/【视觉样式】命令，并在【视觉样式】菜单中选择相应命令。
- 菜单栏：选择【工具】/【选项板】/【视觉样式】命令，并拖曳视觉样式至窗口中。
- 面板：在【可视化】选项卡【视觉样式】面板中单击相应的按钮。
- 命令行：输入 VISUALSTYLES。

在着色视觉样式中来回移动模型时，跟随视点的两个平行光源将会照亮面。该默认光源被设计为照亮模型中的所有面，以便从视觉上可以辨别这些面。

2．视觉样式管理器

视觉样式管理器用于创建和修改视觉样式。执行 VISUALSTYLES 命令，程序弹出【视觉样式管理器】选项板，如图 15-19 所示。

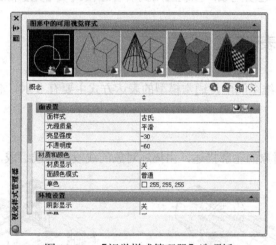

图 15-19　【视觉样式管理器】选项板

在【视觉样式管理器】选项板中，各选项含义如下：

- 图形中的可用视觉样式：显示图形中可用的视觉样式的样例图像。选定的视觉样式的面设置、环境设置和边设置将显示在设置面板中。选定的视觉样式显示黄色边框。选定的视觉样式的名称显示在设置面板的底部。
- 【创建新的视觉样式】按钮：单击此按钮，将弹出【创建新的视觉样式】对话框，如图 15-20 所示。在该对话框中用户可以输入名称和可选说明。
- 【将选定的视觉样式应用于当前视口】按钮：单击此按钮，将选定的视觉样式应用于当前的视口。
- 【将选定的视觉样式输出到工具选项板】按钮：为选定的视觉样式创建工具并将其置于活动工具选项板上，如图 15-21 所示。

图 15-20　【创建新的视觉样式】对话框

图 15-21　添加视觉样式至工具选项板

- 【删除选定的视觉样式】按钮：删除选择的视觉样式。只有创建了新的视觉样式，此命令才被激活。

> **提示**
> 默认的 5 种标准视觉样式或当前的视觉样式则无法被删除。

- 【面设置】选项区域：控制模型面在视口中的外观。
- 【材质和颜色】选项区域：控制模型面上的材质和颜色的显示。
- 【环境设置】选项区域：控制阴影和背景。
- 【边设置】选项区域：控制如何显示边。
- 【边修改器】选项区域：控制应用到所有边模式（【无】除外）的设置。

15.1.5 三维模型的表现形式

在 AutoCAD 的三维空间中，通常模型的表达方式主要有 3 种，包括线框模型、表面模型和实体模型。

1. 线框模型

线框模型是三维对象的轮廓描述，由描述对象的线段和曲线组成，如图 15-22 所示。

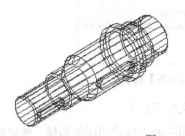 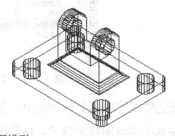

图 15-22　三维线框模型

线框模型结构简单，但构成模型的各条线需要分别来绘制。此外，线框模型没有面和体的特征，即不能对其进行面积、体积、重心、转动惯量、惯性矩等的计算，也不能进行消隐、渲染等操作。

2. 表面模型

表面模型用面描述三维对象，它不仅定义了三维对象的边界，而且还定义了表面，即具有面的特征。表面模型的几个示例，如图 15-23 所示。

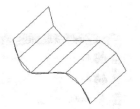 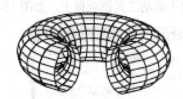

图 15-23　表面模型

AutoCAD 的表面模型用多边形网格定义表面中的各个小平面，这些小平面组合起来即可近似构成曲面。很显然，多边形网格越密，曲面的光滑程度越高。用户可以直接编辑构成表面模型的各多边形网格。由于表面模型具有面的特征，因此可以对它进行计算面积、消隐、着色、渲染、求两表面交线等操作。

表面模型适合于构造复杂曲面，如模具、发动机叶片、汽车、飞机等复杂零件的表面，以及地形、地貌、矿产资源、自然景物模拟、计算结果显示等。

3. 实体模型

实体模型不仅具有线、面的特征，而且还具有体的特征。对于实体模型，可以直接了解它的特征，如体积、重心、转动惯量、惯性矩等；可以对它进行消隐、剖切、装配干涉检查等操作，还可以对具有基本形状的实体进行并、交、差等布尔运算，以构造复杂的组合体。如图 15-24 所示为实体模型的几个示例。

 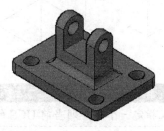

图 15-24　实体模型

此外，由于着色、渲染等技术的运用，可以使实体表面表现出很好的可视性，因而实体模型还广泛应用于三维动画、广告设计等领域。

15.1.6　三维 UCS

在 AutoCAD 2016 的三维空间中，要有效地进行三维建模，必须控制用户坐标系 UCS。在三维中工作时，用户坐标系对于输入坐标、在二维工作平面上创建三维对象以及在三维中旋转对象很有用。在三维环境中创建或修改对象时，可以在三维模型空间中移动和重新定向 UCS 以简化工作。

1. 定义 UCS

使用功能区【视图】选项卡【坐标】面板中的 UCS 功能，用户可以自定义创建三维模型时所需的 UCS。这些功能命令包括【三点】、【Z 轴矢量】、【原点】、【对象】及【面】等。

用户可通过以下命令方式来执行相关操作：

- 菜单栏：选择【工具】/【新建 UCS】命令，然后在子菜单中选择相关命令。
- 面板：在【视图】选项卡【坐标】面板中单击相关命令按钮。
- 工具栏：在【UCS】工具栏上单击相关按钮。
- 命令行：输入 UCS。

执行 UCS 命令，命令行将显示如下操作提示：

命令：_ucs
当前 UCS 名称：*世界*
指定 UCS 的原点或 [面(F)/命名(NA)/对象(OB)/上一个(P)/视图(V)/世界(W)/X/Y/Z 轴(ZA)] <世界>:

在 UCS 的操作提示中各选项的含义介绍如下。

（1）三点。

在操作提示中按默认的 UCS 选项，或者在【坐标】面板中单击【三点】按钮，可以指定新的 UCS 原点及 X、Y 轴方向，如图 15-25 所示。

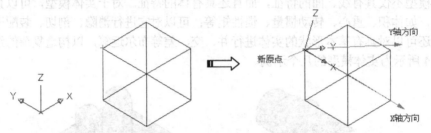

图 15-25　以【三点】方式定义 UCS

> **提示**
> 如果仅指定一个点，则当前 UCS 的原点将会移动但不会更改 X、Y 和 Z 轴的方向。

（2）面。

选择【面】选项，将使新的 UCS 与三维实体的选定面对齐。要选择面，在此面的边界内或面的边上单击，被选中的面将亮显，UCS 的 X 轴将与找到的第一个面上的最近的边对齐，如图 15-26 所示。

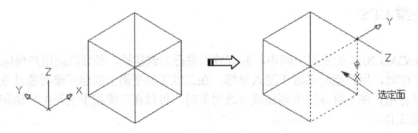

图 15-26　以【面】方式定义 UCS

（3）命名。

选择【命名】选项，可按名称保存并恢复通常使用的 UCS 方向。用户也可在【坐标】面板中单击【已命名】按钮，然后在随后弹出的【UCS】对话框中对新建的 UCS 命名，如图 15-27 所示。

（4）对象。

选择【对象】选项，根据选定三维对象定

图 15-27　【UCS】对话框

义新的坐标系。新建 UCS 的 Z 轴正方向与选定对象的拉伸方向相同，如图 15-28 所示。

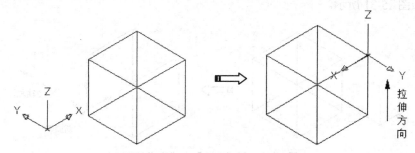

图 15-28 以【对象】方式定义 UCS

（5）上一个。

选择【上一个】选项，即可恢复上一个创建的 UCS。程序会保留在图纸空间中创建的最后 10 个坐标系和在模型空间中创建的最后 10 个坐标系。

（6）视图。

选择【视图】选项，以垂直于观察方向（平行于屏幕）的平面为 XY 平面，建立新的坐标系。UCS 原点保持不变，如图 15-29 所示。

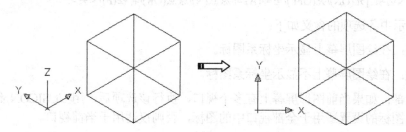

图 15-29 以【视图】方式定义 UCS

（7）世界。

选择【世界】选项，将当前用户坐标系设置为世界坐标系。WCS 是所有用户坐标系的基准，不能被重新定义。

（8）X/Y/Z。

选择 X、Y 或者 Z 选项，可以绕指定轴旋转当前 UCS，如图 15-30 所示。

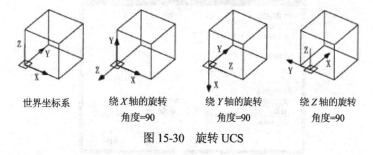

图 15-30 旋转 UCS

（9）Z 轴。

选择【Z 轴】选项，可以定义 Z 轴方向来确定 UCS。指定新原点和位于新建 Z 轴正半轴上的点，如图 15-31 所示。

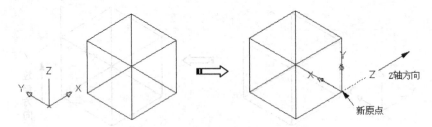

图 15-31　以【Z 轴】方式定义 UCS

2. 显示 UCS 图标

【显示 UCS 图标】命令用于控制坐标系图标的可见性和位置。用户要显示坐标系图标，可以在命令行中输入 UCSICON，或者在【坐标】面板中单击【显示 UCS 图标】按钮，即可显示或隐藏 UCS 图标。

执行 UCSICON 命令，命令行将显示如下操作提示：

命令：_ucsicon
输入选项 [开(ON)/关(OFF)/全部(A)/非原点(N)/原点(OR)/特性(P)] <关>：

操作提示中各选项的含义如下：

- 开：在绘图屏幕上显示坐标系图标。
- 关：在绘图屏幕上不显示坐标系图标。
- 全部：如果当前图形屏幕上有多个视口，执行该选项后，用 UCSICON 命令对坐标系图标的设置适用于全部视口中的图标，否则仅适用于当前视口。
- 非原点：不管当前坐标系的坐标原点在什么地方，坐标系图标将显示在当前视口的左下角。
- 原点：将坐标系图标显示在当前视口的坐标原点上。提醒一下如果坐标原点不在当前屏幕显示范围内，坐标系图标显示在当前视口的左下角。
- 特性：选择该选项，弹出如图 15-32 所示的【UCS 图标】对话框。利用此对话框，用户可以方便地设置坐标系图标的样式、大小以及颜色等特性。

图 15-32　【UCS 图标】对话框

15.2 简单三维模型的建立

在 AutoCAD 中,实体模型可以由实体和曲面创建,三维对象也可以通过模拟曲面(三维厚度)表示为线框模型或网格模型。本节将介绍创建三维模型所需的简单图形元素,包括三维点和三维多段线。

15.2.1 创建三维点

绘制三维图形时,免不了要确定三维空间的点。用户可以利用 AutoCAD 的【对象捕捉】功能捕捉一些特殊的点,如圆心、端点、中心等。还可以通过键盘输入点的坐标,既可以用绝对坐标方式,也可以用相对坐标的方式输入。而且在每一种坐标方式中,又有直角坐标、极坐标、柱面坐标和球面坐标之分。

1. 绝对坐标

点的绝对坐标是指相对于当前坐标原点的坐标。包括以下几种形式:

- 柱坐标:柱坐标是表示三维空间点的另一种形式。用三个参数表示,XY 距离、XY 平面角度和 Z 坐标表示,如图 15-33 所示。

> **提示**
> 其格式为:XY 距离<XY 平面角度, Z 坐标(绝对坐标)或@XY 距离<XY 平面角度, Z 坐标(相对坐标)。例如:50<60, 30=和@45<30, 60=都是合理的柱坐标。

- 球坐标:球坐标用于确定三维空间的点,是极坐标的推广。球坐标系具有点到原点的 *XYZ* 距离、*XY* 平面角度和 *XY* 平面的夹角三个参数,如图 15-34 所示。

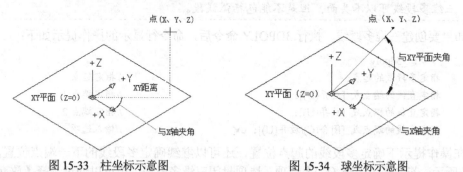

图 15-33 柱坐标示意图   图 15-34 球坐标示意图

> **提示**
> 其格式为:XYZ 距离<XY 平面角度<和 XY 平面的夹角(绝对坐标)或@XYZ 距离<XY 平面角度<和 XY 平面的夹角(相对坐标)。例如,120<80<60=和@100<60<45=都是合理的球坐标。

- 直角坐标:直角坐标用点的 *X*、*Y*、*Z* 坐标值表示,坐标值之间用逗号隔开。例如,要输入一个点，其 X 坐标为 100，Y 坐标为 200，Z 坐标为 300，则在确定点的提示后输入（100,200,300）。绘二维图时，点的 Z 坐标为 0，故不需要输入该坐标值。

- 极坐标：极坐标可以用来表示位于当前坐标系 XY 面上的二维点，用相对于坐标原点的距离和与 Z 轴正方向的夹角来表示点的位置。其表示方法为距离＜角度。系统规定 X 轴正向为 0°，Y 轴正向为 90°。例如，某二维点距坐标系原点的距离为 240，坐标系原点与该点的连线相对于坐标系 X 轴正方向的夹角为 30°，那么该点的极坐标为：240＜30。

2. 相对坐标

相对坐标是指相对于当前点的坐标。相对坐标也有直角坐标、极坐标、柱面坐标和球面坐标四种形式，其输入格式与绝对坐标相同，但要在坐标的前面加上符号【@】。

例如，已知当前点的直角坐标为（168,228,-180），如果在输入点的提示后输入【@100,-45,100】，则相当于该点的绝对坐标为（268,183,-80）。

15.2.2 绘制三维多段线

使用 3DPOLY 命令，可以创建能够产生 POLYLINE 对象类型的非平面多段线。三维多段线是作为单个对象创建的直线段相互连接而成的序列。

用户可以通过以下命令方式旋转此操作：

- 菜单栏：选择【绘图】/【三维多段线】命令。
- 面板：在【默认】选项卡【绘图】面板中单击【三维多段线】按钮。
- 命令行：输入 3DPOLY。

> **提示**
> 三维多段线可以不共面，但是不能包括弧线段。

如果要创建三维多段线，执行 3DPOLY 命令后，命令行显示的操作提示如下：

```
命令：_3dpoly
指定多段线的起点：                          //指定起点
指定直线的端点或 [放弃(U)]:                 //指定端点 1
指定直线的端点或 [放弃(U)]:                 //指定端点 2
指定直线的端点或 [闭合(C)/放弃(U)]: c↙      //输入选项
```

在操作提示下确定多段线的起点位置，还可以继续确定多段线的下一端点位置，如图 15-35 所示。若选择【闭合（C）】选项，选项封闭三维多段线。也可以通过选择【放弃（U）】选项放弃上次操作，如图 15-36 所示。

图 15-35 指定端点

图 15-36 放弃操作

三维多段线的绘制方法及步骤与二维多段线相同，因此这里就不重复介绍了。

用户可以使用 PEDIT 命令编辑三维多段线，还可以使用 SPLINEDIT 命令编辑三维样条曲线。

15.3　由曲线创建实体或曲面

在二维环境下绘制的直线、圆弧、椭圆弧、样条曲线、多段线等曲线，可以使用三维建模的【拉伸】、【扫掠】、【旋转】、【放样】等工具来构建任意形状的实体或曲面。

15.3.1　创建拉伸特征

使用【拉伸】命令，可以通过拉伸二维对象创建三维实体或曲面。当图形对象为封闭曲线时，则生成实体，若图形对象为开放的曲线，拉伸则生成曲面，如图 15-37 所示。

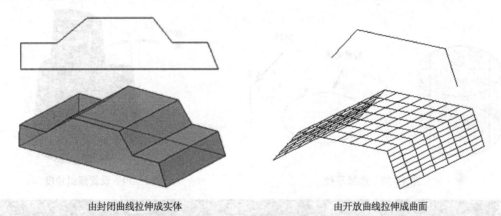

由封闭曲线拉伸成实体　　　　　　　　　　　由开放曲线拉伸成曲面

图 15-37　拉伸图形对象

> **提示**
> 所谓封闭曲线，必须是多边形、圆、椭圆，以及在绘制时选择【闭合】选项来绘制的闭合图线。

用户可通过以下命令方式执行此操作：

- 菜单栏：选择【绘图】/【建模】/【拉伸】命令。
- 面板：在【常用】选项卡【建模】面板中单击【拉伸】按钮。
- 命令行：输入 EXTRUDE。

创建拉伸实体或曲面，必须要先绘制二维平面对象。执行 EXTRUDE 命令，选择要拉伸的对象后，命令行显示如下操作提示：

　　命令：_extrude
　　当前线框密度：ISOLINES=50　　　　　　　　　　　　　　　　　//网格的密度

选择要拉伸的对象: 找到 1 个　　　　　　　　　　　　　　　　　　　　//选择要拉伸的对象
选择要拉伸的对象:
指定拉伸的高度或 [方向(D)/路径(P)/倾斜角(T)]:　　　　　　　　　//输入拉伸选项

操作提示中各选项含义如下:

- 要拉伸的对象：选择要拉伸的对象，包括开放的直线、圆弧、椭圆弧、多段线、样条曲线等。

> **提示**
> 不能拉伸包含在块中的对象，也不能拉伸具有相交或自交线段的多段线。

- 拉伸的高度：对象在 Z 轴正负方向上的拉伸长度值。
- 方向：通过指定两点来确定拉伸的长度和方向。
- 路径：选择基于指定曲线对象的拉伸路径。路径将移动到轮廓的质心，然后沿选定路径拉伸选定对象的轮廓以创建实体或曲面，如图 15-38 所示。
- 倾斜角：是指拔模的锥角，若输入正角度，将从基准对象逐渐变细地拉伸，而负角度则将从基准对象逐渐变粗地拉伸，如图 15-39 所示。

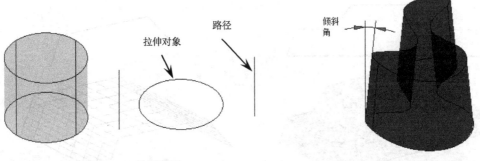

图 15-38　选择路径　　　　　　　图 15-39　设置倾斜角度

> **提示**
> 拉伸路径不能与对象处于同一平面，也不能具有高曲率的部分。

动手操作——创建拉伸曲面

（1）新建文件。在"草图与注释"空间中绘制 2 段椭圆弧，使 2 段椭圆弧连接成整个椭圆。

（2）进入"三维建模"空间。将图形视图由俯视图切换到西南轴测图，如图 15-40 所示。

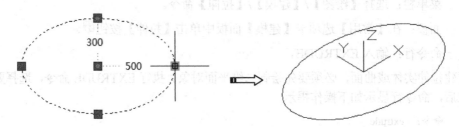

图 15-40　切换图形视图

> **提示**
> 要想创建曲面，上图中的椭圆不能是一个整圆，须由两段椭圆弧组合而成。

（3）执行 EXTRUDE 命令，然后将图形向+Z 方向拉伸 50，并倾斜 15°。命令行的操作提示如下：

```
命令：_extrude
当前线框密度：ISOLINES=4
选择要拉伸的对象：指定对角点：找到 2 个          //选择要拉伸的对象
选择要拉伸的对象：
指定拉伸的高度或 [方向(D)/路径(P)/倾斜角(T)]：t↙   //输入 t 选项
指定拉伸的倾斜角度：15↙                         //输入倾斜角度
值必须非零。
指定拉伸的高度或 [方向(D)/路径(P)/倾斜角(T)]：300↙  //输入拉伸高度并按 Enter 键
```

（4）创建的拉伸曲面如图 15-41 所示。

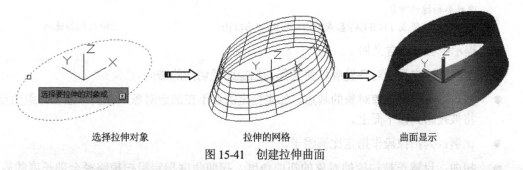

选择拉伸对象　　　　　拉伸的网格　　　　　曲面显示

图 15-41　创建拉伸曲面

> **提示**
> 在指定拉伸高度时，输入正值则向+Z 方向拉伸；若输入负值，则向-Z 方向拉伸。

15.3.2　创建扫掠特征

使用 SWEEP 命令可以沿路径扫掠开放的平面曲线（轮廓）来创建实体或曲面。扫掠的路径可以是二维的也可以是三维的，如图 15-42 所示。在同一平面内，还可以扫掠多个对象以创建扫掠特征。

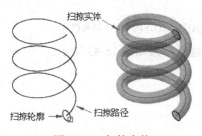

图 15-42　扫掠实体

> **提示**
>
> 选择要扫掠的对象时,该对象将自动与用作路径的对象对齐。也就是说,扫掠轮廓可以绘制在绘图区域中的任何位置。

用户可通过以下命令方式执行此操作:

- 菜单栏:选择【绘图】/【建模】/【扫掠】命令。
- 面板:在【常用】选项卡【建模】面板中单击【扫掠】按钮⑤。
- 命令行:输入 SWEEP。

同样,创建扫掠特征,也要先绘制二维图形对象。执行 EXTRUDE 命令,选择要扫掠的对象后,命令行显示如下操作提示:

```
命令: _sweep
当前线框密度: ISOLINES=4
选择要扫掠的对象: 找到 1 个                          //选择扫掠对象
选择要扫掠的对象:
选择扫掠路径或 [对齐(A)/基点(B)/比例(S)/扭曲(T)]:      //输入扫掠选项
```

操作提示中各选项含义如下:

- 对齐:指定是否对齐轮廓以使其作为扫掠路径切向的法向。
- 基点:指定要扫掠对象的基点。如果指定的点不在选定对象所在的平面上,则该点将被投影到该平面上。
- 比例:为扫掠操作指定比例因子。
- 扭曲:设置正被扫掠的对象的扭曲角度。扭曲角度指定沿扫掠路径全部长度的旋转量。

💻 动手操作——创建扫掠实体

(1) 打开光盘中的源文件"ex-1.dwg"。

(2) 执行 SWEEP 命令,然后按命令行的提示进行操作:

```
命令: _sweep
当前线框密度: ISOLINES=4
选择要扫掠的对象: 找到 1 个                          //选择扫掠对象
选择要扫掠的对象: ✓
选择扫掠路径或 [对齐(A)/基点(B)/比例(S)/扭曲(T)]:      //指定扫掠路径
```

(3) 创建扫掠实体的过程及结果如图 15-43 所示。

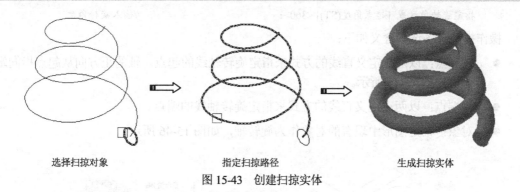

选择扫掠对象　　　　　　　　指定扫掠路径　　　　　　　　生成扫掠实体

图 15-43　创建扫掠实体

15.3.3　创建旋转特征

旋转体是通过绕轴旋转开放或闭合对象来创建的。如果旋转闭合对象，程序将生成实体；如果旋转开放对象，则生成曲面。

创建旋转特征可以同时选择多个对象，而旋转的角度可以是 0°～360°之间的任意指定角度，如图 15-44 所示。

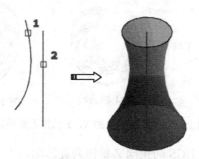

图 15-44　旋转实体

> **提示**
> 不能旋转包含在块中的对象，不能旋转具有相交或自交线段的多段线。

用户可通过以下命令方式执行此操作：

- 菜单栏：选择【绘图】/【建模】/【旋转】命令。
- 面板：在【常用】选项卡【建模】面板中单击【旋转】按钮。
- 命令行：输入 REVOLVE。

执行 REVOLVE 命令，命令行显示如下操作提示：

```
命令：_revolve
当前线框密度：ISOLINES=4
选择要旋转的对象：找到 1 个，总计 1 个                    //选择旋转对象
选择要旋转的对象：
指定轴起点或根据以下选项之一定义轴 [对象(O)/X/Y/Z] <对象>：  //定义轴起点或输入选项
指定轴端点：                                          //定义轴端点
```

指定旋转角度或 [起点角度(ST)] <360>:　　　　　　　　//输入旋转角度

操作提示中各选项含义如下:

- 轴起点：以两点定义直线的方式来指定旋转轴线的起点。轴的正方向从起点指向端点，如图 15-45 所示。
- 轴端点：以两点定义直线的方式来指定旋转轴线的端点。
- 对象：指定图形中现有的对象作为旋转轴，如图 15-46 所示。

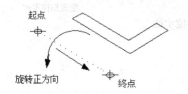 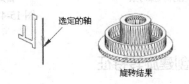

图 15-45　指定轴起点与端点　　　　　图 15-46　选择对象作为轴

- X（轴）：使用当前 UCS 的正向 X 轴作为旋转轴。
- Y（轴）：使用当前 UCS 的正向 Y 轴作为旋转轴，如图 15-47 所示。

图 15-47　使用 UCS 的 X、Y 轴作为旋转轴

- Z（轴）：使用当前 UCS 的正向 Z 轴作为旋转轴。
- 旋转角度：以指定的角度旋转对象，默认的角度为 360°。正角将按逆时针方向旋转对象，负角将按顺时针方向旋转对象，如图 15-48 所示。
- 起点角度：指定从旋转对象所在平面开始的旋转偏移。

图 15-48　指定旋转角度

💻 动手操作——创建旋转实体

（1）打开光盘中的源文件"ex-2.dwg"。

(2) 执行 REVOLVE 命令,选择除图形中最长直线外的其余图线作为旋转对象,并旋转整圆。命令行操作提示如下:

```
命令: _revolve
当前线框密度: ISOLINES=4
选择要旋转的对象: 指定对角点: 找到 13 个              //选择旋转对象
选择要旋转的对象: ✓
指定轴起点或根据以下选项之一定义轴 [对象(O)/X/Y/Z] <对象>: ✓  //选择【对象】选项
选择对象:                                          //选择作为轴的对象
指定旋转角度或 [起点角度(ST)] <360>: ✓
```

(3) 创建旋转实体的过程与结果如图 15-49 所示。

选择旋转对象　　　　　　选择旋转轴　　　　　　旋转实体

图 15-49　创建旋转实体

15.3.4　创建放样特征

【放样】就是通过对包含两条或两条以上横截面曲线的一组曲线来创建三维实体或曲面。横截面定义了结果实体或曲面的轮廓(形状)。横截面(通常为曲线或直线)可以是开放的(例如圆弧),也可以是闭合的(例如圆)。创建的放样特征如图 15-50 所示。

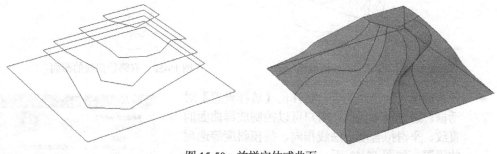

图 15-50　放样实体或曲面

> **提示**
> 创建放样实体或曲面时,至少指定 2 个或 2 个以上的横截面。放样时使用的曲线必须全部开放或全部闭合。也就是说,在一组截面中,包含开放曲线又包含闭合曲线。

如果对一组开放的横截面曲线进行放样,则生成曲面;对闭合曲线放样,就生成实体特征。用户可通过以下命令方式执行此操作:

- 菜单栏：选择【绘图】/【建模】/【放样】命令。
- 面板：在【常用】选项卡【建模】面板中单击【放样】按钮。
- 命令行：输入 LOFT。

执行 LOFT 命令，命令行显示如下操作提示：

```
命令：LOFT
按放样次序选择横截面：找到 1 个                          //选择截面 1
按放样次序选择横截面：找到 1 个，总计 2 个              //选择截面 2
按放样次序选择横截面：✓
输入选项 [导向(G)/路径(P)/仅横截面(C)]<仅横截面>：     //选择放样选项
```

操作提示中各选项含义如下：

- 导向：指定控制放样实体或曲面形状的导向曲线。导向曲线是直线或曲线，可通过将其他线框信息添加至对象来进一步定义实体或曲面的形状，可以使用导向曲线来控制点如何匹配相应的横截面以防止出现不希望看到的效果（例如结果实体或曲面中的皱褶），如图 15-51 所示。创建放样曲面或实体所选择的导向曲线数目是任意的。

> **提示**
> 每条导向曲线必须满足以下条件：与每个横截面相交；始于第一个横截面；止于最后一个横截面。

- 路径：指定放样实体或曲面的单一路径。路径曲线必须与横截面的所有平面相交，如图 15-52 所示。

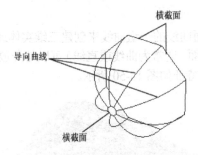

图 15-51　有导向曲线的截面

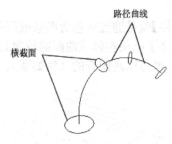

图 15-52　有路径曲线的截面

- 仅横截面：选择此选项，将弹出【放样设置】对话框。通过该对话框，用户可以控制放样曲面的直纹、平滑拟合度、法线指向、拔模斜度等选项的设置，如图 15-53 所示。

【放样设置】对话框的选项含义介绍如下：

- 直纹：指定实体或曲面在横截面之间是直纹（直的），并且在横截面处具有鲜明边界。
- 平滑拟合：指定在横截面之间绘制平滑实体或曲面，并且在起点和终点横截面处具有鲜明边界。

图 15-53　【放样设置】对话框

- 法线指向:控制实体或曲面在其通过横截面处的曲面法线。该下拉列表中包含【起点横截面】、【终点横截面】、【起点和终点横截面】和【所有横截面】选项。【起点横截面】表示指定曲面法线为起点横截面的法向;【终点横截面】表示指定曲面法线为端点横截面的法向;【起点和终点横截面】选项表示指定曲面法线为起点和终点横截面的法向;【所有横截面】选项表示指定曲面法线为所有横截面的法向。
- 拔模斜度:控制放样实体或曲面的第一个和最后一个横截面的拔模斜度和幅值。拔模斜度为曲面的开始方向。如图 15-54 所示为定义 3 种拔模角度的放样实体。

拔模斜度设置为 0　　　　拔模斜度设置为 90　　　　拔模斜度设置为 180

图 15-54　定义 3 种拔模角度的放样实体

- 起点角度:起点横截面的拔模斜度。
- 起点幅值:在曲面开始弯向下一个横截面之前,控制曲面到起点横截面在拔模斜度方向上的相对距离。
- 端点角度:端点横截面拔模斜度。
- 端点幅值:在曲面开始弯向上一个横截面之前,控制曲面到端点横截面在拔模斜度方向上的相对距离。
- 闭合曲面或实体:闭合和开放曲面或实体。使用该选项时,横截面应该形成圆环形图案,以便放样曲面或实体可以形成闭合的圆管。该选项在选中【法线指向】选项时不可用。如图 15-55 所示为勾选或不勾选此选项时的两种放样情况。

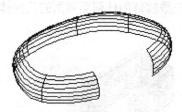 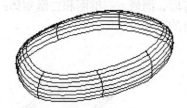

不勾选该选项　　　　　　　　　勾选该选项

图 15-55　勾选【闭合曲面或实体】选项前后的两种结果

动手操作——创建放样实体

(1)打开光盘中的源文件"ex-3.dwg"。

(2)执行 LOFT 命令,然后按命令行的操作提示来创建放样实体。操作提示如下:

```
命令:_loft
按放样次序选择横截面:找到 1 个                    //指定截面 1
按放样次序选择横截面:找到 1 个,总计 2 个          //指定截面 2
按放样次序选择横截面:找到 1 个,总计 3 个          //指定截面 3
```

按放样次序选择横截面：找到1个，总计4个　　　　　　　　//指定截面4
按放样次序选择横截面：找到1个，总计5个　　　　　　　　//指定截面5
按放样次序选择横截面：✔
输入选项 [导向(G)/路径(P)/仅横截面(C)] <仅横截面>: ✔

（3）创建放样实体的操作过程与结果如图15-56所示。

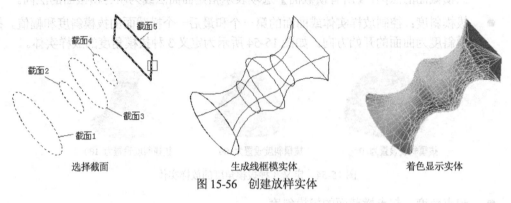

图 15-56　创建放样实体

15.3.5　创建【按住并拖动】实体

【按住并拖动】实体是指使用【按住并拖动】命令，选择由共面直线或边围成的区域，拖动该区域来创建的实体。使用此工具的方法是在有边界区域内部单击或按 Ctrl+Alt 组合键，然后选择该区域，随着光标移动，用户要按住或拖动的区域将动态更改并创建一个新的三维实体，如图15-57所示。

可以按住或拖动的对象类型的有限区域包括：任何可以通过以零间距公差拾取点来填充的区域；由交叉共面和线性几何体（包括边和块中的几何体）围成的区域；由共面顶点组成的闭合多行段、面域、三维面和二维实体；由与三维实体的任何面共面的几何体（包括面上的边）创建的区域。

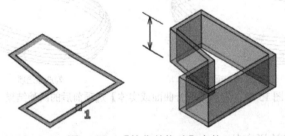

图 15-57　【按住并拖动】实体

> **提示**
> 使用【按住/拖动】命令，只能创建实体，且不能创建带有倾斜度的实体。不能选择开放曲线来创建【按住/拖动】实体或曲面。

用户可通过以下命令方式执行此操作：

- 面板：在【常用】选项卡【建模】面板中单击【按住并拖动】按钮 ⬚。

第 15 章　在 AutoCAD 中建立模型

- 键盘组合键：按住 Ctrl+Alt 组合键。
- 命令行：输入 PRESSPULL。

执行 PRESSPULL 命令，命令行显示如下操作提示：

```
命令：_presspull
单击有限区域以进行按住或拖动操作。                    //选择有限的区域
已提取 1 个环。
已创建 1 个面域。
```

提示

　　在操作提示下，选择一个有限的区域，程序自动提取有限区域的边界来创建面域，向 Z 轴的正负方向拖移，就能创建实体。

动手操作——利用【按住并拖动】创建实体

（1）打开光盘中的源文件"ex-4.dwg"。

（2）执行 PRESSPULL 命令，然后按命令行的操作提示来创建第 1 个【按住并拖动】实体。操作提示如下：

```
命令：_presspull
单击有限区域以进行按住或拖动操作。✔                //选择有限的区域
已提取 1 个环。
已创建 1 个面域。
```

（3）创建实体特征的操作过程与结果如图 15-58 所示。

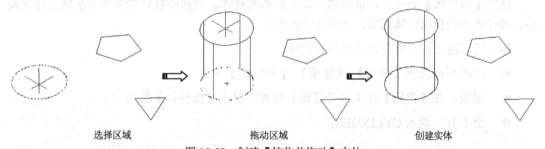

选择区域　　　　　　　拖动区域　　　　　　　创建实体

图 15-58　创建【按住并拖动】实体

提示

　　选择有限区域时，需在图形边界内进行。若选择了边界，则不能创建实体。另外，使用该命令，一次只能选择一个有限区域来创建实体。

（4）同理，继续执行 PRESSPULL 命令，来创建其余两个实体，完成结果如图 15-59 所示。

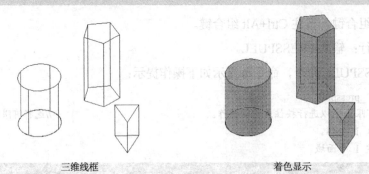

三维线框　　　　　　　　　　　　　着色显示

图 15-59　"按住并拖动"实体

15.4　创建三维实体图元

在 AutoCAD 中绘制三维模型时，可以通过程序提供的基本实体命令绘制出一些简单的实体造型。基本实体包括圆柱体、圆锥体、球体、长方体、棱锥体、楔体和圆环体。这些实体是将来构造其他复杂实体的基本组成元素，如果与其他绘制、编辑方法相结合将能生成用户所需要的三维图形。

15.4.1　圆柱体

使用【圆柱体】命令，可以创建三维的实心圆柱体。创建圆柱体的基本方法就是指定圆心、圆柱体半径和圆柱体高度，如图 15-60 所示。

用户可以通过以下命令方式来执行此操作：

- 菜单栏：选择【绘图】/【建模】/【圆柱体】命令。
- 面板：在【常用】选项卡【建模】面板中单击【圆柱体】按钮 。
- 命令行：输入 CYLINDER。

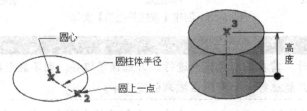

图 15-60　圆柱体

执行 CYLINDER 命令，命令行将显示如下操作提示：

命令：_cylinder
指定底面的中心点或 [三点(3P)/两点(2P)/切点、切点、半径(T)/椭圆(E)]：　　//圆柱体底面选项
指定底面半径或 [直径(D)]：　　//指定圆柱体底面半径或直径

指定高度或 [两点(2P)/轴端点(A)]:　　　　　　　　//指定高度或选择选项

操作提示中各选项含义如下：

- 底面中心点：底面的圆心。
- 三点：通过指定三个点来定义圆柱体的底面周长和底面。
- 两点（圆柱体底面选项）：通过指定两个点来定义圆柱体的底面直径。
- 切点、切点、半径：定义具有指定半径，且与两个对象相切的圆柱体底面。
- 椭圆：将圆柱体底面定义为椭圆。
- 底面半径或直径：指定圆柱体底面半径或直径。
- 高度：指定圆柱体的高度。
- 两点（高度选项）：以指定两个点的距离来确定圆柱体高度。
- 轴端点：指定圆柱体轴的端点位置。轴端点是圆柱体顶面的中心点。

> **提示**
> 用户可以通过设置 FACETRES 系统变量来控制着色或隐藏视觉样式的三维曲面实体（例如圆柱体）的平滑度。

动手操作——创建圆柱体

（1）打开光盘中的源文件"ex-5.dwg"。

（2）执行 CYLINDER 命令，并创建一个底面半径为 15、高度为 30 的圆柱体。命令行操作提示如下：

```
命令：_cylinder
指定底面的中心点或 [三点(3P)/两点(2P)/切点、切点、半径(T)/椭圆(E)]: //指定底面中心点
指定底面半径或 [直径(D)] <15.4600>: 15✓              //输入底面半径
指定高度或 [两点(2P)/轴端点(A)] <12.2407>: 30✓       //输入圆柱高度
```

（3）创建圆柱体的过程及结果如图 15-61 所示。

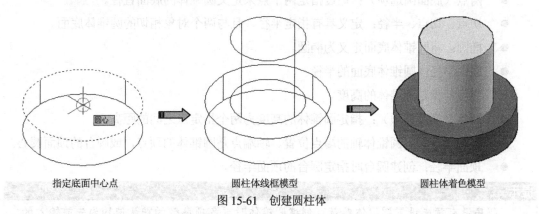

指定底面中心点　　　　圆柱体线框模型　　　　圆柱体着色模型

图 15-61　创建圆柱体

15.4.2 圆锥体

使用【圆锥体】命令，可以以圆或椭圆为底面、将底面逐渐缩小到一点来创建实体圆锥体。也可以通过逐渐缩小到与底面平行的圆或椭圆平面来创建圆台，如图 15-62 所示。

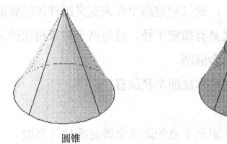

圆锥　　　　　　　圆台

图 15-62　圆锥体

用户可以通过以下命令方式来执行此操作：

- 菜单栏：选择【绘图】/【建模】/【圆锥体】命令。
- 面板：在【常用】选项卡【建模】面板中单击【圆锥体】按钮△。
- 命令行：输入 CONE。

执行 CONE 命令，命令行将显示如下操作提示：

```
命令：_cone
指定底面的中心点或 [三点(3P)/两点(2P)/切点、切点、半径(T)/椭圆(E)]:           //底面圆选项
指定底面半径或 [直径(D)]:                                                //指定底面半径或直径
指定高度或 [两点(2P)/轴端点(A)/顶面半径(T)]:                              //圆锥高度选项
```

操作提示中各选项含义如下：

- 底面中心点：底面的圆心。
- 三点：通过指定三个点来定义圆锥体的底面周长和底面。
- 两点（底面圆选项）：通过指定两个点来定义圆锥体的底面直径。
- 切点、切点、半径：定义具有指定半径，且与两个对象相切的圆锥体底面。
- 椭圆：将圆锥体底面定义为椭圆。
- 底面半径：圆锥体底面的半径。
- 高度：指定圆锥体的高度。
- 两点（高度选项）：指定圆锥体的高度为两个指定点之间的距离。
- 轴端点：指定圆锥体轴的端点位置。轴端点是圆锥体的顶点，或圆台的顶面圆心。
- 顶面半径：创建圆台时指定圆台的顶面半径。

> **提示**
> 程序没有预先设置圆锥体参数，创建圆锥体时，各项参数的默认值均为先前输入的任意实体的相应参数值。

动手操作——创建圆锥体

(1) 打开光盘中的源文件"ex-6.dwg"。

(2) 执行 CONE 命令,然后在打开的模型上创建一个底面半径为 25、顶面半径为 15、高度为 20 的圆锥体。命令行操作提示如下:

```
命令:_cone
指定底面的中心点或 [三点(3P)/两点(2P)/切点、切点、半径(T)/椭圆(E)]:    //指定底面中心点
指定底面半径或 [直径(D)] <15.0000>: 25↵                                //输入底面半径
指定高度或 [两点(2P)/轴端点(A)/顶面半径(T)] <14.8749>: T↵               //选择 T 选项
指定顶面半径 <7.5000>: 15↵                                            //输入顶面半径
指定高度或 [两点(2P)/轴端点(A)] <14.8749>: 20↵                          //输入圆锥体高度
```

(3) 创建圆锥体的过程及结果如图 15-63 所示。

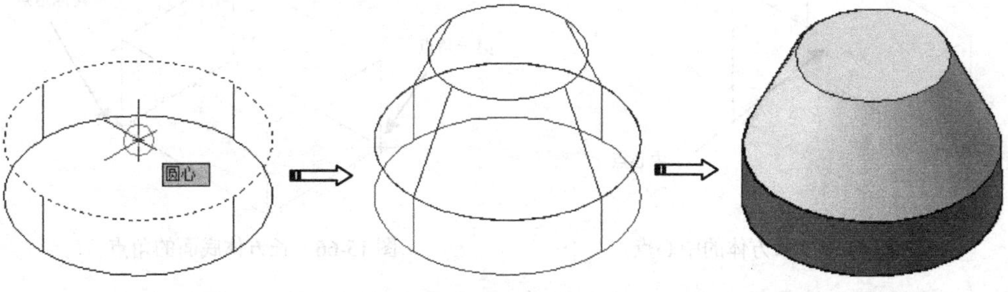

指定底面中心点　　　　　　圆锥体线框模型　　　　　　圆锥体着色模型

图 15-63　创建圆锥体

15.4.3　长方体

使用【长方体】命令,创建三维实体长方体。长方体的底面始终与当前 UCS 的 *XY* 平面(工作平面)平行。在 *Z* 轴方向上可以指定长方体的高度,高度可为正值和负值,如图 15-64 所示。

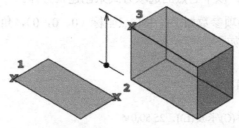

图 15-64　长方体

用户可以通过以下命令方式来执行此操作:

- 菜单栏:选择【绘图】/【建模】/【长方体】命令。
- 面板:在【常用】选项卡【建模】面板中单击【长方体】按钮 。

- 命令行：输入 BOX。

执行 BOX 命令，命令行将显示如下操作提示：

```
命令：_box
指定第一个角点或 [中心(C)]:                    //指定长方体底面角点或选择选项
指定其他角点或 [立方体(C)/长度(L)]:            //指定长方体底面对角点或选择选项
指定高度或 [两点(2P)]:                         //指定高度或选择选项
```

操作提示中各选项含义如下：

- 第一个角点：底面的第一个角点。
- 中心：指定长方体的中心点，如图 15-65 所示。
- 其他角点：长方体底面的另一对角点，如图 15-66 所示。

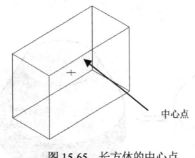
图 15-65　长方体的中心点

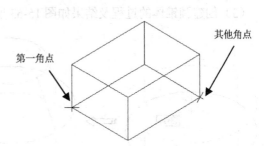
图 15-66　长方体底面的角点

- 立方体：选择此选项，可创建一个长、宽、高都相同的长方体。
- 长度：按照指定长宽高创建长方体。长度与 X 轴对应，宽度与 Y 轴对应，高度与 Z 轴对应。
- 高度：指定长方体的高度。
- 两点：指定长方体的高度为两个指定点之间的距离。

动手操作——创建长方体

（1）执行 BOX 命令，以中心点的选项方式来创建长方体。

（2）创建长方体的各项参数如下：中心点坐标（0，0，0），角点坐标（25，50，0），高度为 20。命令行操作提示如下：

```
命令：_box
指定第一个角点或 [中心(C)]: c↵                       //输入 C 选项
指定中心: 0,0,0↵                                      //输入中心点坐标
指定角点或 [立方体(C)/长度(L)]: 25,50,0↵              //输入角点坐标
指定高度或 [两点(2P)] <22.4261>: 20↵                  //输入高度值
```

（3）创建长方体的过程及结果如图 15-67 所示。

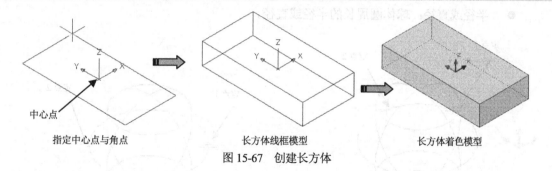

图 15-67　创建长方体

15.4.4　球体

使用【球体】命令，指定圆心和半径或者直径，就可以创建球体，如图 15-68 所示。

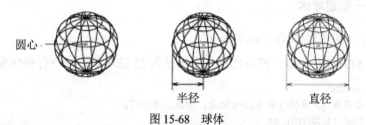

图 15-68　球体

> **提示**
> 可以通过设置 FACETRES 系统变量来控制着色或隐藏视觉样式的曲面三维实体（例如球体）的平滑度。

用户可以通过以下命令方式来执行此操作：

- 菜单栏：选择【绘图】/【建模】/【球体】命令。
- 面板：在【常用】选项卡【建模】面板中单击【球体】按钮 ◯。
- 命令行：输入 SPHERE。

执行 SPHERE 命令，命令行将显示如下操作提示：

```
命令：_sphere
指定中心点或 [三点(3P)/两点(2P)/切点、切点、半径(T)]:        //选择中心点及其选项
指定半径或 [直径(D)]:                                      //指定半径或直径
```

操作提示中各选项含义如下：

- 中心点：球体的中心点。指定圆心后，将放置球体以使其中心轴与当前用户坐标系 UCS 的 Z 轴平行。
- 三点：通过在三维空间的任意位置指定三个点来定义球体的圆周，如图 15-69 所示。
- 两点：通过在三维空间的任意位置指定两个点来定义球体的圆周，如图 15-70 所示。
- 切点、切点、半径：通过指定半径定义可与两个对象相切的球体。

- 半径或直径：球体圆周长的半径或直径。

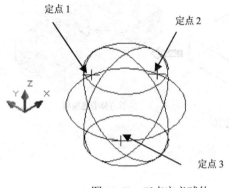
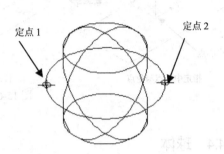

图 15-69　三点定义球体　　　　图 15-70　两点定义球体

动手操作——创建球体

（1）打开光盘中的源文件"ex-8.dwg"。

（2）执行 SPHERE 命令，然后创建一个半径为 25 的球体。命令行操作提示如下：

　　命令：_sphere
　　指定中心点或 [三点(3P)/两点(2P)/切点、切点、半径(T)]:
　　指定半径或 [直径(D)]: 25

（3）创建球体的过程及结果如图 15-71 所示。

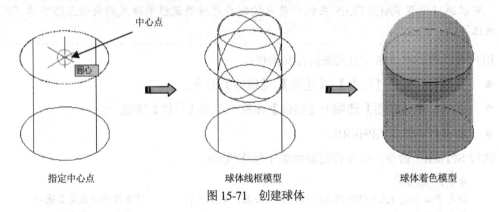

指定中心点　　　　球体线框模型　　　　球体着色模型

图 15-71　创建球体

15.4.5　棱锥体

使用【棱锥体】命令，可以创建三维实体棱锥体。在创建棱锥体过程中，可以定义棱锥体的侧面数（介于 3 到 32 之间），还可以指定顶面半径来创建棱台，如图 15-72 所示。

用户可以通过以下命令方式来执行此操作：

- 菜单栏：选择【绘图】/【建模】/【棱锥体】命令。

四棱锥　　　　　　　　多棱锥　　　　　　　　棱台

图 15-72　棱锥体

- 面板：在【常用】选项卡【建模】面板中单击【棱锥体】按钮。
- 命令行：输入 PYRAMID。

执行 PYRAMID 命令，命令行将显示如下操作提示：

```
命令：_pyramid
 4 个侧面　外切
指定底面的中心点或 [边(E)/侧面(S)]：              //指定底面中心点或选择选项
指定底面半径或 [内接(I)] <25.0000>：              //指定底面半径
指定高度或 [两点(2P)/轴端点(A)/顶面半径(T)] <30.0000>：  //指定高度或选择选项
```

> **提示**
>
> 最初，默认底面半径未设置任何值。执行绘图任务时，底面半径的默认值始终是先前输入的任意实体图元的底面半径值。

操作提示中各选项含义如下：

- 底面中心点：棱锥体底面外切圆的圆心。
- 边：指定棱锥体底面一条边的长度。
- 侧面：指定棱锥体的侧面数。
- 底面半径：棱锥体底面外切圆的半径。
- 高度：棱锥体高度。
- 两点：将棱锥体的高度指定为两个指定点之间的距离。
- 轴端点：指定棱锥体轴的端点位置，该端点是棱锥体的顶点。
- 顶面半径：指定棱锥体的顶面外切圆半径。

默认情况下，可以通过基点的中心、边的中点和确定高度的另一个点来定义一个棱锥体，如图 15-73 所示。

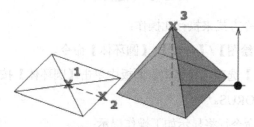

图 15-73　按默认选项来定义棱锥体

动手操作——创建棱锥体

(1) 打开光盘中的源文件 "ex-9.dwg"。

(2) 执行 PYRAMID 命令,然后创建一个高度为 25 的棱锥体。命令行操作提示如下:

```
命令:_pyramid
 4 个侧面  外切
指定底面的中心点或 [边(E)/侧面(S)]: E↙                          //输入 E 选项
指定边的第一个端点:                                              //指定边的端点 1
指定边的第二个端点:                                              //指定边的端点 2
指定高度或 [两点(2P)/轴端点(A)/顶面半径(T)] <30.0000>: 25↙       //输入棱锥体高度
```

(3) 创建棱锥体的过程及结果如图 15-74 所示。

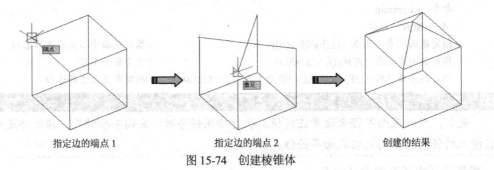

指定边的端点 1　　　　　指定边的端点 2　　　　　创建的结果

图 15-74　创建棱锥体

15.4.6　圆环体

使用【圆环体】命令,可以创建与轮胎内胎相似的环形实体。圆环体由两个半径值定义,一个是圆管的半径,另一个是从圆环体中心到圆管中心的距离。用户可以通过指定圆环体的圆心、半径或直径以及围绕圆环体的圆管的半径或直径创建圆环体,如图 15-75 所示。

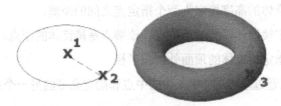

图 15-75　创建圆环体

用户可以通过以下命令方式来执行此操作:

- 菜单栏:选择【绘图】/【建模】/【圆环体】命令。
- 面板:在【常用】选项卡【建模】面板中单击【圆环体】按钮⊚。
- 命令行:输入 TORUS。

执行 TORUS 命令,命令行将显示如下操作提示:

```
命令：_torus
指定中心点或 [三点(3P)/两点(2P)/切点、切点、半径(T)]:   //指定中心点或选择选项
指定半径或 [直径(D)] <21.2132>:                      //指定半径或直径
指定圆管半径或 [两点(2P)/直径(D)]:                    //指定圆管半径或选择选项
```

> **提示**
> 可以通过设置 FACETRES 系统变量来控制圆环体着色或隐藏视觉样式的平滑度。

操作提示中各选项含义如下：

- 中心点：圆环体的中心点，或者圆环圆心。
- 三点：用指定的三个点定义圆环体的圆周。
- 两点：用指定的两个点定义圆环体的圆周。
- 切点、切点、半径：使用指定半径定义可与两个对象相切的圆环体。
- 半径：圆环半径。
- 圆管半径：圆环体截面的半径。

15.4.7 楔体

使用【楔体】命令，可以创建三维实体楔体。通过指定楔体底面两个端点，以及楔体的高度，就能创建实体楔体，如图 15-76 所示。输入正值将沿当前 UCS 的 Z 轴正方向绘制高度，输入负值将沿 Z 轴负方向绘制高度。

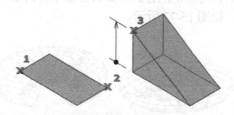

图 15-76　楔体

> **提示**
> 楔体斜面的倾斜方向始终沿 UCS 的 X 轴正方向。

用户可以通过以下命令方式来执行此操作：

- 菜单栏：选择【绘图】/【建模】/【楔体】命令。
- 面板：在【常用】选项卡【建模】面板中单击【楔体】按钮 。
- 命令行：输入 WEDGE。

执行 WEDGE 命令，命令行将显示如下操作提示：

```
命令：_wedge
指定第一个角点或 [中心(C)]:                //指定楔体底面的第一个角点或选择选项
指定其他角点或 [立方体(C)/长度(L)]:         //指定楔体底面的第一角点的对角点或选择选项
```

```
指定高度或 [两点(2P)] <10.0000>:          //指定高度或选择选项
```

操作提示中各选项含义如下:
- 第一个角点:确定楔体底面的第一个顶点。
- 中心:使用指定的圆心创建楔体。
- 其他角点:指定楔体底面的第一角点的对角点。
- 立方体:选择此选项,可创建等边的楔体。
- 长度:按照指定长宽高创建楔体。长度与 X 轴对应,宽度与 Y 轴对应,高度与 Z 轴对应。
- 高度:楔体的高度。
- 两点:指定楔体的高度为两个指定点之间的距离。

15.5 网格曲面模型

在机械设计过程中,将常实体或曲面模型,利用假想的线或面将连续的介质的内部和边界分割成有限个大小的、有限数目的、离散的单元来进行有限元分析。直观上,模型被划分成"网"状,每一个单元就称为"网格"。

网格密度控制镶嵌面的数目,它由包含 M×N 个顶点的矩阵定义,类似于由行和列组成的栅格。网格可以是开放的也可以是闭合的。如果在某个方向上网格的起始边和终止边没有接触,则网格就是开放的,如图 15-77 所示。

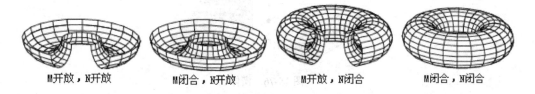

图 15-77　网格的开放与闭合

15.5.1 多段体

使用【多段体】命令,可以创建具有固定高度和宽度的直线段和曲线段的墙体,如图 15-78 所示。创建多段体的方法与绘制多段线一样,但需要设置多段体的高度和宽度。

用户可以通过以下命令方式来执行此操作:
- 菜单栏:选择【绘图】/【建模】/【多段体】命令。
- 面板:在【常用】选项卡【建模】面板中单击【多段体】按钮⑦。
- 命令行:输入 POLYSOLID。

第 15 章 在 AutoCAD 中建立模型

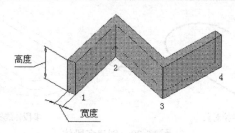

图 15-78 多段体

执行 POLYSOLID 命令，命令行将显示如下操作提示：

命令：_Polysolid 高度 = 5.0000, 宽度 = 0.25000, 对正 = 居中
指定起点或 [对象(O)/高度(H)/宽度(W)/对正(J)] <对象>：　　　　//指定多段体起点或选择选项

> **提示**
> 可以在命令行输入 PSOLWIDTH 系统变量来设置实体的默认宽度，输入 SOLHEIGHT 系统变量来设置实体的默认高度。

操作提示中各选项含义如下：

- 起点：多段体的起点。
- 对象：指定要转换为实体的对象。这些对象包括直线、圆、圆弧和二维多段线。
- 高度：指定实体的高度。
- 宽度：指定实体的宽度。
- 对正：使用命令定义轮廓时，可以将实体的宽度和高度设置为左对正、右对正或居中。对正方式由轮廓的第一条线段的起始方向决定。

动手操作——创建多段体

（1）打开光盘中的源文件"ex-10.dwg"。

（2）执行 POLYSOLID 命令。然后创建一个高度为 10、宽为 20 的多段体。命令行操作提示如下：

```
命令：_Polysolid 高度 = 5.0000, 宽度 = 0.2500, 对正 = 居中
指定起点或 [对象(O)/高度(H)/宽度(W)/对正(J)] <对象>：H↙        //输入 H 选项
指定高度 <5.0000>：10↙                                        //输入多段体高度
高度 = 20.0000, 宽度 = 0.2500, 对正 = 居中
指定起点或 [对象(O)/高度(H)/宽度(W)/对正(J)] <对象>：W↙        //输入 W 选项
指定宽度 <0.2500>：20↙                                        //输入多段体宽度
高度 = 20.0000, 宽度 = 50.0000, 对正 = 居中
指定起点或 [对象(O)/高度(H)/宽度(W)/对正(J)] <对象>：O↙        //输入 O 选项
选择对象：                                                    //选择二维多段线
```

（3）创建的多段体如图 15-79 所示。

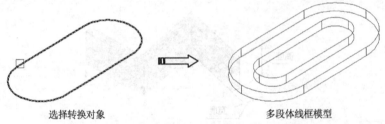

选择转换对象　　　　　　　多段体线框模型

图 15-79　创建多段体

> **提示**
> 创建多段体,其路径就是二维多段线。多段体的宽度始终是以二维多段线为中心线来确定的,如图 15-80 所示。

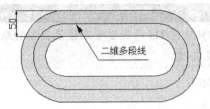

图 15-80　多段体与二维多段线

15.5.2　平面曲面

使用【平面曲面】命令,可以从图形中现有的对象创建曲面,所包含的转换对象有二维实体,面域,体,开放的、具有厚度的零宽度多段线,具有厚度的直线,具有厚度的圆弧,三维平面等,如图 15-81 所示。

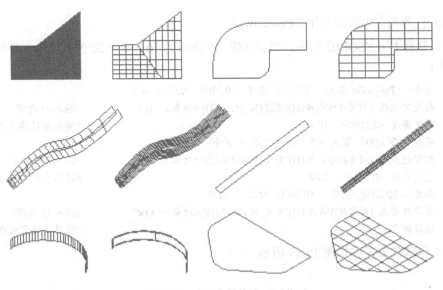

图 15-81　将对象转换成平面曲面

用户可以通过以下命令方式来执行此操作：

- 菜单栏：选择【绘图】/【建模】/【平面曲面】命令。
- 面板：在【曲面】选项卡【创建】面板中单击【平面】按钮。
- 命令行：输入 CONVTOSURFACE。

执行 CONVTOSURFACE 命令，命令行将显示如下操作提示：

```
命令：_Planesurf
指定第一个角点或 [对象(O)] <对象>：    //指定平面的第 1 个角点或选择选项
指定其他角点：                          //指定其对角点
```

> **提示**
> 设置 DELOBJ 系统变量可以控制在创建曲面时是否自动删除选定的对象，或是否提示删除该对象。

操作提示中各选项含义如下：

- 第一个角点：指定四边形平面曲面的第一个角点。
- 对象：指定要转换为平面曲面的对象。
- 其他角点：指定第一角点的对角点。

15.5.3　二维实体填充

【二维实体填充】曲面是以实体填充的方法来创建不规则的三角形或四边形曲面，如图 15-82 所示。用户可通过以下命令方式执行此操作：

- 命令行：输入 SOLID

图 15-82　二维实体填充曲面

动手操作——二维实体填充

（1）执行 SOLID 命令，命令行显示如下操作提示：

```
命令：_solid 指定第一点：              //指定多边形的第 1 点
指定第二点：                           //指定多边形的第 2 点
指定第三点：                           //指定多边形的第 3 点
指定第四点或 <退出>：                  //指定多边形的第 4 点
指定第三点：                           //指定相连三角形或相连四边形的第 3 点
指定第四点或 <退出>：                  //指定相连四边形的第 4 点
```

（2）第 1 点和第 2 点确定多边形的一条边，第 3 点和第 4 点是确定其余边的顶点。如果第 3 点和第 4 点的位置不同，生成的填充曲面形状也不同，结果如图 15-83 所示。

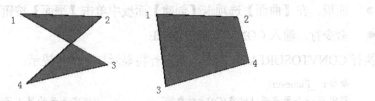

图 15-83　不同的位置确定不同的形状

（3）多边形第 3 顶点和第 4 顶点又确定了相连三角形或四边形的固定边，接下来若只指定一个顶点，则创建为相连三角形，若指定两个点，则创建为相连四边形，如图 15-84 所示。

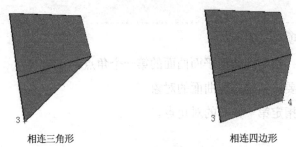

图 15-84　相连多边形形状

（4）同理，相连多边形的后两点又构成下一填充区域的第一条边，命令行将重复提示输入第 3 点和第 4 点。连续指定第 3 点和第 4 点将在单个实体对象中创建更多相连的三角形和四边形，按 Enter 键结束 SOLID 命令。

> **提示**
> 仅当 FILLMODE 系统变量设置为开并且查看方向与二维实体正交时才填充二维实体。

15.5.4　三维面

三维面是指在三维空间中的任意位置创建三侧面或四侧面。三维面与二维填充面相似，都是平面曲面。指定 3 个顶点就创建为三侧面，指定 4 个顶点就创建为四侧面。也可以连续创建相连的三侧面或四侧面。

用户可通过以下命令方式执行此操作：

- 菜单栏：选择【绘图】/【建模】/【网格】/【三维面】命令。
- 命令行：输入 3DFACE。

动手操作——构建三维面

（1）执行 3DFACE 命令，命令行显示如下操作提示：

命令:_3dface 指定第一点或 [不可见(I)]:	//指定多侧面的第 1 点
指定第二点或 [不可见(I)]:	//指定多侧面的第 2 点
指定第三点或 [不可见(I)] <退出>:	//指定多侧面的第 3 点
指定第四点或 [不可见(I)] <创建三侧面>:	//指定多侧面的第 4 点
指定第三点或 [不可见(I)] <退出>:	//指定三侧面或四侧面的第 3 点
指定第四点或 [不可见(I)] <创建三侧面>:	//指定四侧面的第 4 点

提示

操作提示中的【不可见】选项，表示为控制三维面各边的可见性，以便建立有孔对象的正确模型。在确定边的第一点之前输入 i 或 invisible 可以使该边不可见，如图 15-85 所示。

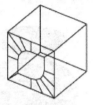
可见边

不可见边

图 15-85　侧面边的可见性

（2）多侧面的第 1 点和第 2 点确定起始边，第 3 点和第 4 点是确定其余边的顶点。第 3 点和第 4 点的位置不同，生成的多侧面形状也不同，如图 15-86 所示。

图 15-86　不同的位置确定不同的形状

（3）创建一个多侧面后，操作提示中将重复提示指定相连多侧面的第 3 点和第 4 点。若只指定一个顶点，则创建为相连三侧面，若指定两个点，则创建为相连四侧面。按 Enter 键可以结束当前 SOLID 命令，如图 15-87 所示。

相连三侧面　　　　　相连四侧面

图 15-87　相连多侧面

> **提示**
> 不可见属性必须在使用任何对象捕捉模式、XYZ 过滤器或输入边的坐标之前定义。若要创建规则的多侧面或二维填充曲面，可通过设置图限或者输入点坐标来精确定义顶点。

15.5.5 旋转网格

使用【旋转网格】命令，通过将路径曲线或轮廓（直线、圆、圆弧、椭圆、椭圆弧、闭合多段线、多边形、闭合样条曲线或圆环）绕指定的轴旋转创建一个近似于旋转曲面的多边形网格，如图 15-88 所示。

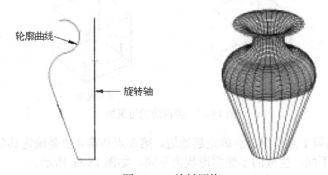

图 15-88　旋转网格

用户可通过以下命令方式执行此操作：

- 菜单栏：选择【绘图】/【建模】/【网格】/【旋转网格】命令。
- 面板：在【网格】标签【图元】面板中单击【建模，网格，旋转曲面】按钮 。
- 命令行：输入 REVSURF。

执行 REVSURF 命令，命令行显示如下操作提示：

```
命令: _revsurf
当前线框密度: SURFTAB1=6  SURFTAB2=6           //提示线框密度
选择要旋转的对象:                              //选择旋转的轮廓曲线
选择定义旋转轴的对象:                          //指定旋转轴
指定起点角度 <0>:                              //指定旋转初始角度
指定包含角 (+=逆时针，-=顺时针) <360>:          //指定旋转终止角度
```

操作提示中选项含义如下：

- 线宽密度：线框显示的疏密程度（M 和 N 方向）。此值若小，使生成的旋转曲面的截面看似多边形，因此在命令行输入【SURFTAB1（M 方向）】或【SURFTAB2（N 方向）】变量来设置此值。如图 15-89 所示为旋转曲面线框密度分别为 6 和 50 的比较。

> **提示**
> 线框密度越高，曲面就越平滑。

第 15 章 在 AutoCAD 中建立模型

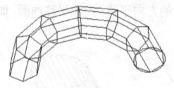
线框密度为 6

线框密度为 50

图 15-89 线框密度

- 要旋转的对象：是指路径曲线或轮廓曲线。
- 定义旋转轴的对象：可以选择直线或开放的二维、三维多段线作为旋转轴。
- 起点角度：旋转起点角度。若旋转截面为平面图形对象，则起点角度就是起点位置与平面截面之间的夹角。若旋转截面为空间曲线，则起点角度就是曲线顶点位置与初始位置的夹角。
- 包含角：旋转终止角度值。输入【+】号则逆时针旋转轮廓，输入【-】号，则顺时针旋转轮廓。

动手操作——创建旋转曲面

（1）打开光盘中的源文件"ex-13.dwg"。

（2）执行 REVSURF 命令，然后创建旋转起点角度为 0，终止角度为 270 的旋转曲面。操作提示如下：

```
命令：_revsurf
当前线框密度：SURFTAB1=50  SURFTAB2=50
选择要旋转的对象：                        //选择轮廓曲线
选择定义旋转轴的对象：                    //选择旋转轴
指定起点角度 <0>：↵                      //输入旋转起点角度
指定包含角 (+=逆时针, -=顺时针)<360>：270↵ //输入旋转终止角度
```

（3）创建的旋转曲面如图 15-90 所示。

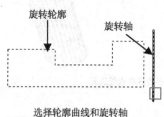
选择轮廓曲线和旋转轴

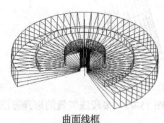
曲面线框

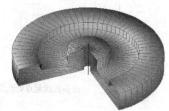
着色曲面

图 15-90 创建旋转曲面

15.5.6 平移曲面

【平移曲面】就是通过将路径曲线或轮廓（直线、圆、圆弧、椭圆、椭圆弧、闭合多段线、多边形、闭合样条曲线或圆环）绕指定的轴旋转创建一个近似于旋转曲面的多边形网格。

使用【平移曲面】命令可以将路径曲线沿方向矢量的方向平移，构成平移曲面，如图 15-91 所示。

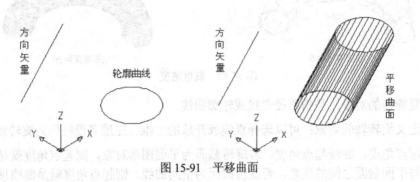

图 15-91 平移曲面

用户可通过以下命令方式执行此操作：

- 菜单栏：选择【绘图】/【建模】/【网格】/【平移曲面】命令。
- 面板：在【网格】标签【图元】面板中单击【平移曲面】按钮 。
- 命令行：输入 TABSURF。

执行 TABSURF 命令，命令行显示如下操作提示：

```
命令：_tabsurf
当前线框密度：SURFTAB1=30
选择用作轮廓曲线的对象：              //选择轮廓曲线
选择用作方向矢量的对象：              //选择方向矢量
```

若用作方向矢量的对象为多段线，仅考虑多段线的第一点和最后一点，而忽略中间的顶点。方向矢量指出形状的拉伸方向和长度。在多段线或直线上选定的端点决定了拉伸的方向，如图 15-92 所示。

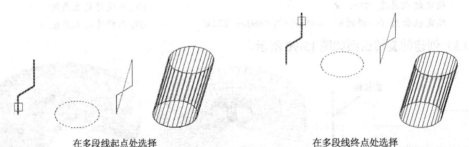

在多段线起点处选择　　　　　　　　在多段线终点处选择

图 15-92 多段线矢量的选择方法

> 提示
> TABSURF 将构造一个 2×n 的多边形网格，其中 n 由 SURFTAB1 系统变量确定。网格的 M 方向始终为 2，且沿着方向矢量。N 方向沿着轮廓曲线的方向。

动手操作——创建平移曲面

（1）打开光盘中的源文件"ex-14.dwg"。

（2）执行 TABSURF 命令，然后按命令行操作提示进行操作：

命令：_tabsurf
当前线框密度：SURFTAB1=30
选择用作轮廓曲线的对象：　　　　　　　　　　　　//选择轮廓曲线
选择用作方向矢量的对象：　　　　　　　　　　　　//选择方向矢量对象

（3）创建的平移曲面如图 15-93 所示。

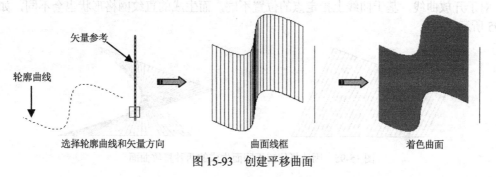

图 15-93　创建平移曲面

15.5.7　直纹曲面

使用【直纹曲面】命令，可以在两条直线或曲线之间创建网格。作为直纹网格【轨迹】的两个对象必须全部开放或全部闭合，点对象可以与开放或闭合对象成对使用。

可以使用以下两个不同的对象定义直纹网格的边界：【直线】、【点】、【圆弧】、【圆】、【椭圆】、【椭圆弧】、【二维多段线】、【三维多段线】或【样条曲线】，如图 15-94 所示。

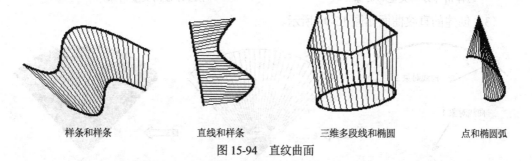

图 15-94　直纹曲面

用户可通过以下命令方式执行此操作：

- 菜单栏：选择【绘图】/【建模】/【网格】/【直纹曲面】命令。
- 面板：在【网格】标签【图元】面板中单击【直纹曲面】按钮。
- 命令行：输入 RULESURF。

执行 RULESURF 命令，命令行显示如下操作提示：

命令：_rulesurf
当前线框密度：SURFTAB1=30
选择第一条定义曲线：　　　　　　　　　　　　　　//选择直纹曲线对象 1

选择第二条定义曲线： //选择直纹曲线对象2

选定的对象用于定义直纹网格的边，该对象可以是点、直线、样条曲线、圆、圆弧或多段线。

提示

如果有一个边界是闭合的，那么另一个边界必须也是闭合的。

对于开放曲线，基于曲线上指定点的位置不同，而生成的直纹网格形状也会不同，如图15-95所示。

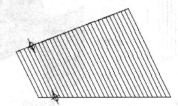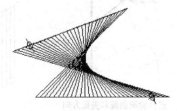

图15-95 因选择位置不同而生成的两种直纹曲面

动手操作——创建直纹曲面

（1）打开光盘中的源文件"ex-15.dwg"。

（2）执行 RULESUR 命令，然后按命令行操作提示进行操作：

```
命令：_rulesurf
当前线框密度：SURFTAB1=30
选择用作轮廓曲线的对象：           //选择轮廓曲线
选择用作方向矢量的对象：           //选择方向矢量对象
```

（3）创建的直纹曲面如图15-96所示。

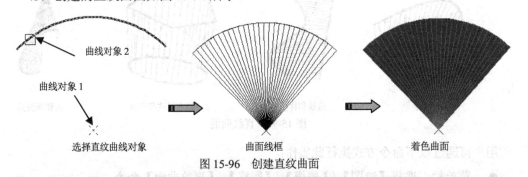

图15-96 创建直纹曲面

提示

点对象可以与其他曲线对象任意搭配来创建直纹曲面。

15.5.8 边界曲面

使用【边界曲面】命令，可以选择多边曲面的边界来创建【孔斯曲面片】网格，孔斯曲面片是插在四个边界间的双三次曲面（一条 M 方向上的曲线和一条 N 方向上的曲线）。边界可以是圆弧、直线、多段线、样条曲线和椭圆弧，并且必须形成闭合环和共享端点，如图 15-97 所示。

边界曲面的边界可以是直线、圆弧、样条曲线或开放的二维或三维多段线，这些边必须在端点处相交以形成一个拓扑形式的矩形的闭合路径。

用户可通过以下命令方式执行此操作：

- 菜单栏：选择【绘图】/【建模】/【网格】/【边界曲面】命令。
- 面板：在【网格】标签【图元】面板中单击【边界曲面】按钮 。
- 命令行：输入 EDGESURF。

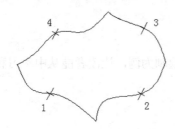 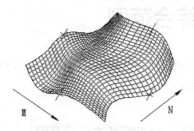

图 15-97　创建边界曲面

执行 EDGESURF 命令，命令行显示如下操作提示：

```
命令：_edgesurf
当前线框密度：SURFTAB1=30　SURFTAB2=30
选择用作曲面边界的对象 1：                    //选择边界曲面的边
选择用作曲面边界的对象 2：
选择用作曲面边界的对象 3：
选择用作曲面边界的对象 4：
```

提示

创建边界曲面的边数只能是 4 条，少或是多，都不能创建边界曲面。

可以用任何次序选择这四条边。第一条边决定了生成网格的 M 方向，该方向是从距选择点最近的端点延伸到另一端。与第一条边相接的两条边形成了网格的 N 方向的边。

动手操作——创建边界曲面

（1）打开光盘中的源文件"ex-16.dwg"。

（2）执行 EDGESURF 命令，然后按命令行操作提示进行操作：

```
命令：_tabsurf
当前线框密度：SURFTAB1=30
选择用作轮廓曲线的对象：                      //选择轮廓曲线
选择用作方向矢量的对象：                      //选择方向矢量对象
```

（3）创建的边界曲面如图 15-98 所示。

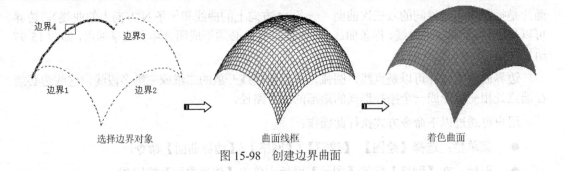

图 15-98　创建边界曲面

15.6　综合范例

本节中将以机械零件及建筑三维模型的实体绘制为例，让读者能从中学习和掌握建模方面的绘制技巧。

15.6.1　范例一：创建基本线框模型

下面以实例来说明使用二维绘图命令来创建线框模型的操作过程，创建结果如图 15-99 所示。

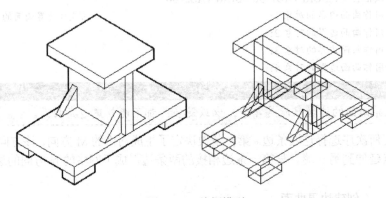

图 15-99　线框模型

**操作步骤**

（1）创建新图形文件。

（2）打开对象捕捉，设定捕捉方式为"端点"、"交点"。

（3）单击【视图】/【三维视图】/【东南等轴测】命令，切换到东南轴测视图。

（4）绘制长、宽、高分别为 138×270×20 的长方体。再绘制 1 个小长方体，长、宽、高为 28×50×15，结果如图 15-100 所示。

(5) 移动及复制小长方体，结果如图 15-101 所示。

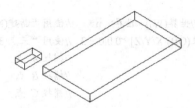 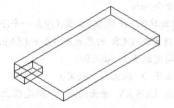

图 15-100　绘制长方体　　　　　　　图 15-101　移动及复制小长方体

(6) 绘制长方体 A、B，其尺寸分别为 138×20×120 和 138×120×20（长、宽、高），如图 15-102 所示。

(7) 移动长方体 A、B，结果如图 15-103 所示。

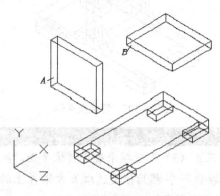 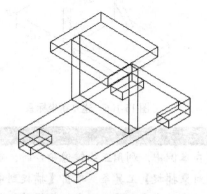

图 15-102　绘制长方体　　　　　　　图 15-103　移动长方体

(8) 绘制楔形体，如图 15-104 所示。命令行操作提示如下：

```
命令: _ai_wedge
指定角点给楔体表面:                    //单击一点
指定长度给楔体表面: 40                 //输入楔形体的长度
指定楔体表面的宽度: 12                 //输入楔形体的宽度
指定高度给楔体表面: 40                 //输入楔形体的高度
指定楔体表面绕 Z 轴旋转的角度: -90      //输入楔形体绕 z 轴旋转的角度
```

(9) 移动及复制楔形体，结果如图 15-105 所示。

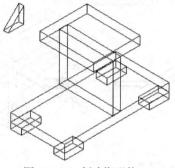 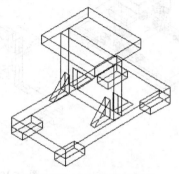

图 15-104　创建楔形体　　　　　　　图 15-105　移动及复制对象

(10) 创建新坐标系, 如图 15-106 所示。命令行操作提示如下：

```
命令: ucs
[新建(N)/移动(M)/正交(G)/上一个(P)//应用(A)/?/世界(W)] <世界>: n        //使用"新建(N)"选项
指定新 UCS 的原点或 [Z 轴(ZA)/三点(3)/对象(OB)/X/Y/Z] <0,0,0>: 3      //使用"三点(3)"选项
指定新原点 <0,0,0>:                                                //捕捉 A 点
在正 X 轴范围上指定点:                                              //捕捉 B 点
在 UCS XY 平面的正 Y 轴范围上指定点:                                 //捕捉 C 点
```

(11) 用 MIRROR 命令镜像楔形体, 结果如图 15-107 所示。

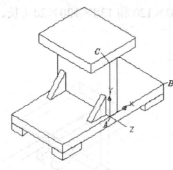

图 15-106　建立新坐标系

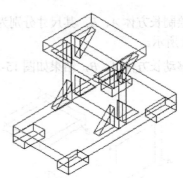

图 15-107　镜像楔形体

> **提示**
> 在本例中, 利用三维镜像命令时, 选择"三点(3)"选项来确定镜像平面。然后打开【对象捕捉】工具条, 单击【捕捉到中点】按钮, 然后依次选取长方体 A 上的 3 条竖直棱边的中点, 依次完成镜像操作, 如图 15-108 所示。

(12) 最后将结果保存。

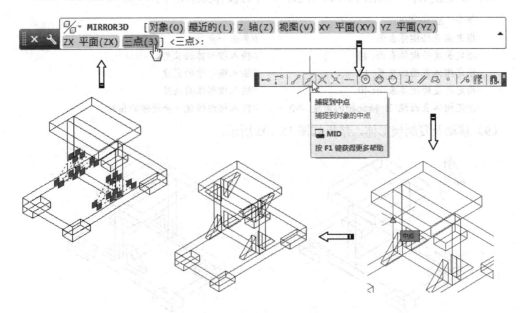

图 15-108　镜像操作示意图

15.6.2 范例二：法兰盘建模

以绘制法兰盘为例，来说明二维绘图、编辑工具与三维【旋转】、【拉伸】等工具的巧妙应用。法兰盘的结构如图 15-109 所示。

法兰盘零件的绘制方法比较简单，主要结构为回转体，因此可使用【旋转】工具来创建主体，其次孔是使用【拉伸】工具来创建的，类似创建孔实体并运用【差集】运算工具将其减除，最后将孔阵列即可。

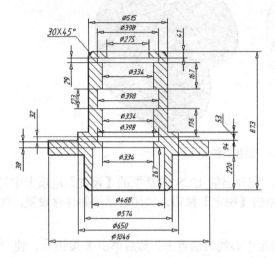
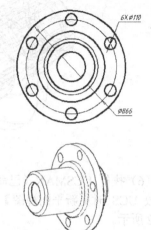

图 15-109 法兰盘结构图

操作步骤

（1）新建文件。

（2）在三维空间中将视觉样式设为【二维线框】，并切换为俯视视图。

（3）在状态栏打开【正交模式】。使用【直线】工具，绘制如图 15-110 所示的旋转中心线和旋转轮廓线。

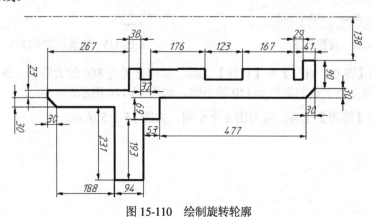

图 15-110 绘制旋转轮廓

> **提示**
> 绘制轮廓线时，可采用绝对坐标输入方法。也可以打开【正交模式】，绘制一条直线，将第二条直线的端点所处方向确定后，直接输入直线长度即可。

（4）使用【面域】工具，选择所有轮廓线来创建一个面域。

（5）切换视图为【西南等轴测】，然后使用三维【旋转】工具，选择前面绘制的轮廓线作为旋转对象，再选择中心线作为旋转轴，创建完成的旋转实体如图 15-111 所示。

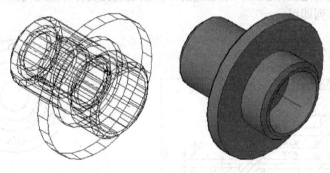

图 15-111　创建旋转实体

（6）执行 UCSMAN（已命名）命令，在弹出的 UCS 对话框的【设置】选项卡中勾选【修改 UCS 时更新平面视图】复选框，单击【确定】按钮，关闭对话框并保存设置，如图 15-112 所示。

（7）使用【原点】工具，将 UCS 移动至中心线的端点上，然后单击 X 按钮，使 UCS 绕 X 轴旋转 $90°$，如图 15-113 所示。

图 15-112　设置 UCS

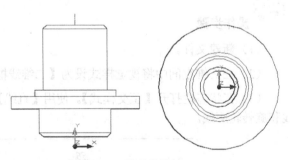

图 15-113　移动并旋转 UCS

（8）使用【圆心，直径】和【直线】工具，绘制直径为 866 的大圆和一条中心线，然后在中心线与大圆交点上绘制直径为 110 的小圆，如图 15-114 所示。

（9）使用【阵列】工具，阵列出 6 个小圆，如图 15-115 所示。

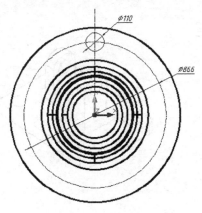
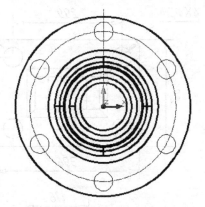

图 15-114　绘制圆　　　　　　　　图 15-115　阵列圆

（10）删除定位的中心线，并切换视图为【西南等轴测】。使用【按住并拖动】工具，依次选择 6 个小圆作为拖动对象，创建出如图 15-116 所示的【按住并拖动】实体。

（11）使用【差集】工具，选择旋转实体作为求差目标对象，再选择 6 个【按住并拖动】实体作为减除的对象，并完成差集运算，最后将二维图线清除。至此，法兰盘零件创建完成，结果如图 15-117 所示。

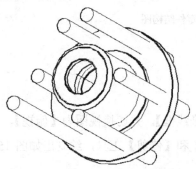
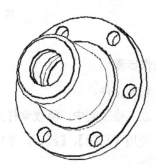

图 15-116　创建【按住并拖动】实体　　　　图 15-117　法兰盘零件

（12）最后将结果另存为"法兰盘.dwg"。

15.6.3　范例三：轴承支架建模

通过绘制支架零件实例，熟练应用二维绘图、编辑工具与三维实体绘制、编辑工具来创建较复杂的机械零件。

支架零件二维图形及三维模型如图 15-118 所示。

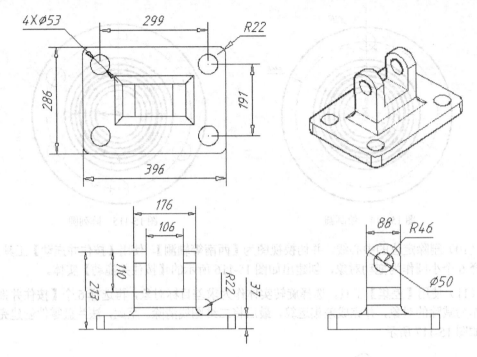

图 15-118 支架零件结构图

 **操作步骤**

（1）新建文件。

（2）在三维空间中，将视觉样式设为【二维线框】，并切换视图为【俯视】。

（3）使用【直线】、【圆心，半径】、【倒圆】和【修剪】工具，绘制出如图 15-119 所示的平面图形。

（4）使用【面域】工具，选择图形区中所有图线来创建面域，创建的面域数为 5 个。

> **提示**
> 若不创建面域，拉伸的就不会是实体，只能是曲面。在没有创建面域的情况下，用户也可以使用【按住/拖动】工具来创建实体，但不能创建精确高度的实体。

（5）使用【拉伸】工具，选择所有的面域，然后创建 5 个高度为 37 的拉伸实体（1 个底座主体和 4 个孔实体），如图 15-120 所示。

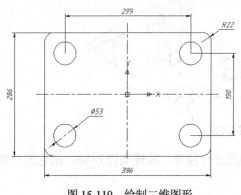
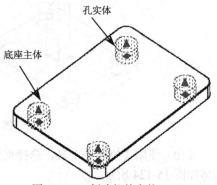

图 15-119　绘制二维图形　　　　　图 15-120　创建拉伸实体

（6）使用布尔【差集】工具，选择底座主体作为求差的目标体，再选择 4 个孔实体作为要减除的对象，并完成差集运算。创建完成的支架底座如图 15-121 所示。

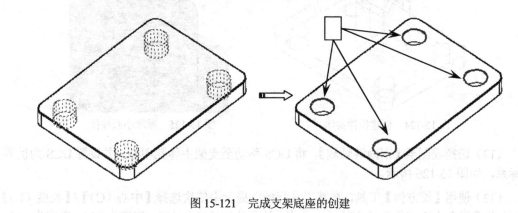

图 15-121　完成支架底座的创建

（7）将视图切换为【左视】，然后使用【直线】、【圆弧】和【修剪】工具绘制如图 15-122 所示的图形。

图 15-122　绘制图形

（8）使用【面域】工具，选择整个图形来创建面域，面域个数为 2。

（9）切换视图至【西南等轴测】。然后使用【Y】工具，将 UCS 绕 Y 轴旋转-90°，如图 15-123 所示。

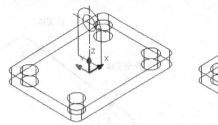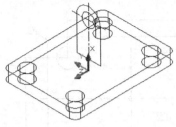

图 15-123 旋转 UCS

（10）使用【拉伸】工具，选择前面绘制的图形进行拉伸，拉伸高度为 88，创建的拉伸实体如图 15-124 所示。

（11）使用【差集】工具，将支架主体中的小圆柱体减除，结果如图 15-125 所示。

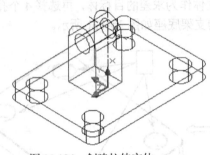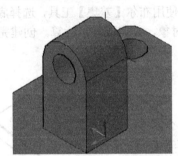

图 15-124 创建拉伸实体　　　　　　图 15-125 减除小圆柱体

（12）切换视图至【东南等轴测】，将 UCS 移动至支架主体孔中心，并设置 UCS 为世界坐标系，如图 15-126 所示。

（13）使用【长方体】工具，在其工具行操作提示中依次选择【中心（C）】/【长度（L）】选项，并选择孔中心点作为长方体的中心点，长方体的长度为 100、宽度为 106、高度为 110，创建的长方体如图 15-127 所示。

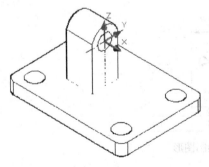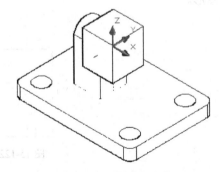

图 15-126 移动 UCS　　　　　　图 15-127 创建长方体

（14）使用布尔【差集】工具，选择支架的一半主体作为求差目标体，再选择长方体作为要减除的对象，差集运算后的结果如图 15-128 所示。

（15）使用【三维镜像】工具，选择一半支架主体作为要镜像对象，然后选择 YZ 平面作为镜像平面，镜像操作的结果如图 15-129 所示。

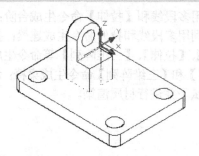
图 15-128 差集运算

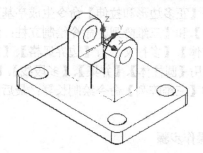
图 15-129 镜像支架主体

（16）使用【并集】工具，将零散的支架主体部分实体和底座实体做并集运算，合并求和的结果如图 15-130 所示。

（17）使用【倒圆】工具，将支架主体与底座连接处的边进行倒圆，且圆角半径为 22，如图 15-131 所示。

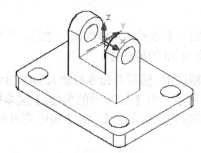
图 15-130 合并实体

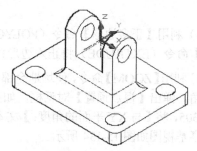
图 15-131 倒圆处理

（18）至此，支架零件创建完成。

15.6.4 范例四：绘制凉亭模型

本范例介绍如图 15-132 所示的凉亭模型绘制方法。

图 15-132 凉亭

利用【正多边形和拉伸】命令生成亭基，利用多段线和【拉伸】命令生成台阶；再利用【圆柱体】和【三维阵列】命令绘制立柱；然后利用多段线和拉伸命令生成连梁；接下来利用【长方体】、【多行文字】、【边界风格】、【旋转】、【拉伸】、【三维阵列】等命令生成牌匾和亭顶；利用【圆柱体】、【并集】、【多段线】、【旋转】和【三维阵列】命令生成桌椅；利用【长方体】和【三维阵列】命令绘制长凳；最后进行赋予并进行材质渲染。

 操作步骤

1. 绘制凉亭外体

（1）新建图形文件。

（2）利用 LIMITS 命令设置图幅：500×500。

（3）将鼠标移到已弹出的工具栏上，单击鼠标右键，打开工具栏快捷菜单，选中【UCS】、【UCS II】、【建模】、【实体编辑】、【视图】、【视觉样式】和【渲染】工具栏，使其出现在屏幕上。

（4）利用【正多边形】命令（POLYGON）绘制一个边长为 120 的正六边形，然后利用【拉伸】命令（EXTRUDE）将正六边形拉伸成高度为 30 的棱柱体。

（5）利用【ZOOM】命令，使场地全部出现在绘图区中。然后在命令行输入 DDVIPOINT，切换视角。弹出【视点预置】对话框，如图 15-133 所示。将【与 X 轴的角度：】文本框内的值改为 305，将【与 XY 平面的角度：】文本框内的值改为 20，单击【确定】按钮关闭对话框，此时的亭基视图如图 15-134 所示。

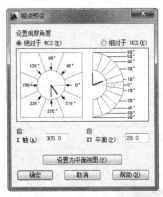
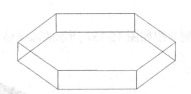

图 15-133　【视点预置】对话框　　　　图 15-134　亭基视图

（6）使用【UCS】命令建立如图 15-135 所示的新坐标系，然后再次使用 UCS 将坐标系绕 Y 轴旋转 -90°得到如图 15-136 所示的坐标系。

```
命令： ucs ↙
当前 UCS 名称： *世界*
指定 UCS 的原点或 [面(F)/命名(NA)/对象(OB)/上一个(P)/视图(V)/世界(W)/X/Y/Z 轴(ZA)]
<世界>：        //输入新坐标系原点，打开目标捕捉功能，用鼠标选择图 15-138 中 1 角点
指定 X 轴上的点或 <接受><309.8549,44.5770,0.0000>：     //选择图 15-138 中的 2 角点
指定 XY 平面上的点或 <接受><307.1689,45.0770,0.0000>：  //选择图 15-138 中的 3 角点
命令： ucs ↙
```

```
当前 UCS 名称: *没有名称*
指定 UCS 的原点或 [面(F)/命名(NA)/对象(OB)/上一个(P)/视图(V)/世界(W)/X/Y/Z/Z 轴(ZA)]
<世界>: y ↵
指定绕 Y 轴的旋转角度 <90>: -90 ↵
```

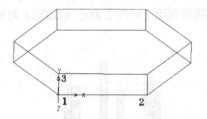

图 15-135 三点方式建立新坐标系

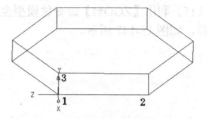

图 15-136 旋转变换后的新坐标系

（7）利用【多段线】命令（PLINE）绘制台阶横截面轮廓线。多段线起点坐标为（0,0），其余各点坐标依次为：（0,30）、（20,30）、（20,20）、（40,20）、（40,10）、（60,10）、（60,0）和（0,0）。利用【拉伸】命令（EXTRUDE）将多段线沿 Z 轴负方向拉伸成宽度为 80 的台阶模型。使用三维动态观察工具将视点稍做偏移，拉伸前后的模型分别如图 15-137 和图 15-138 所示。

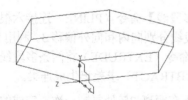

图 15-137 台阶横截面轮廓线

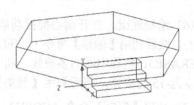

图 15-138 台阶模型

（8）利用【移动】命令（MOVE）将台阶移动到与其所在边的中心位置（如图 15-139 所示）。

（9）建立台阶两侧的滑台模型。利用【多段线】命令（PLINE）绘制出滑台横截面轮廓线，然后利用【拉伸】命令（EXTRUDE）将其拉伸成高度为 20 的三维实体。最后利用【复制】命令（COPY）将滑台复制到台阶的另一侧。

（10）利用【并集】命令（UNION）将亭基、台阶和滑台合并成一个整体，结果如图 15-140 所示。

（11）利用【直线】命令（LINE）连接正六边形亭基顶面的三条对角线作为辅助线。

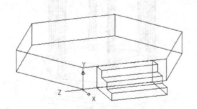

图 15-139 移动后的台阶模型

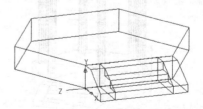

图 15-140 制作完成的亭基和台阶模型

（12）使用【UCS】命令的三点建立新坐标系的方法建立如图 15-141 所示的新坐标系。

（13）绘制凉亭立柱：利用【圆柱体】命令（CYLINDER）绘制一个底面中心坐标为（20,0,0）、底面半径为8、高为200的圆柱体。

（14）利用【三维阵列】命令（ARRAY）阵列凉亭的六根立柱，阵列中心点为前面绘制的辅助线交点，Z轴为旋转轴。

（15）利用【ZOOM】命令使模型全部可见，接着利用【消隐】命令（HIDE）对模型进行消隐，如图15-142所示。

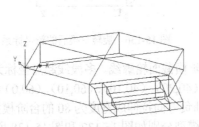
图15-141 建立新坐标系

图15-142 三维阵列后的立柱模型

（16）绘制连梁。打开圆心捕捉功能，利用【多段线】命令（PLINE）连接六根立柱的顶面中心，然后利用【偏移】命令（OFFEST）将多段线分别向内和向外偏移3。利用【删除】命令（ERASE），删除中间的多段线。利用【拉伸】命令（EXTRUDE）将两条多段线分别拉伸成高度为-15的实体，然后利用【差集】命令（SUBTRACT）求差集生成连梁。

（17）利用【复制】命令（COPY），将连梁向下在距离25处复制一次，完成的连梁模型如图15-143所示。

（18）绘制牌匾。使用【UCS】命令的3点建立坐标系的方式建立一个坐标原点在凉亭台阶所在边的连梁外表面的顶部左上角点，X轴与连梁长度方向相同的新坐标系。然后利用【长方体】命令（BOX）绘制一个长为40、高为20、厚为3的长方体，并使用【移动】命令（MOVE）将其移动到连梁中心位置，如图15-144所示。最后使用【多行文字】命令（MTEXT）在牌匾上题上亭名（例如【东亭】）。

图15-143 完成连梁后的凉亭模型

图15-144 加上牌匾的凉亭模型

（19）利用【UCS】命令将坐标系绕X轴旋转-90°。

（20）绘制如图 15-145 所示的辅助线。利用【多段线】命令（PLINE）绘制连接柱顶中心的封闭多段线，利用【直线】命令（LINE）连接柱顶面正六边形的对角线。接着利用【偏移】命令（OFFEST）将封闭多段线向外偏移 80。利用【直线】命令（LINE）画一条起点在柱上顶面中心、高为 60 的竖线，并在竖线顶端绘制一个外切圆半径为 10 的正六边形。

（21）利用【直线】命令（LINE）按图 15-146 所示连接辅助线，并移动坐标系到点 1、2、3 所构成的平面上。

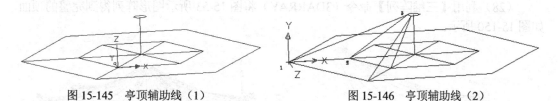

图 15-145　亭顶辅助线（1）　　　　图 15-146　亭顶辅助线（2）

（22）利用【圆弧】命令（ARC）在点 1、2、3 所构成的平面内绘制一条弧线作为亭顶的一条脊线。然后利用【三维镜像】命令（MIRRIOR3D）将其镜像到另一侧，在镜像时，选择图 15-146 中边 1、边 2、边 3 的中点作为镜像平面上的 3 点。

（23）将坐标系绕 X 轴旋转 90°，然后利用【圆弧】命令（ARC）在亭顶的底面上绘制弧线，最后将坐标系恢复到先前状态。绘制的亭顶轮廓如图 15-147 所示。

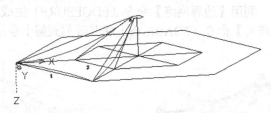

图 15-147　亭顶轮廓线

（24）利用【直线】命令（LINE）连接两条弧线的顶部。利用【EDGESURF】命令生成曲面，如图 15-148 所示。四条边界线为上面绘制的三条圆弧线以及连接两条弧线的顶部的直线。

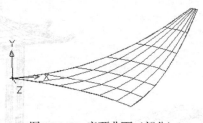

图 15-148　亭顶曲面（部分）

（25）绘制亭顶边缘。利用【复制】命令（COPY）将下边缘轮廓线向下复制 5，然后使用【直线】命令（LINE）连接两条弧线的端点，并使用【Edgesurf】命令生成边缘曲面。

（26）绘制亭顶脊线。使用三点方式建立新坐标系，使坐标原点位于脊线的一个端点，且 Z 轴方向与弧线相切，然后利用【圆】命令（CIRCLE）在其一个端点绘制一半径为 5 的圆,最后使用拉伸工具将圆按弧线拉伸成实体。

(27) 绘制挑角。将坐标系绕 Y 轴旋转 90°,利用【圆弧】命令(CIRCLE)绘制一段连接脊线的圆弧,然后按照上步骤所示的方法在其一端绘制半径为 5 的圆并将其拉伸成实体。最后利用【球体】命令(SPHERE)在挑角的末端绘制一半径为 5 的球体。使用【并集】命令(UNION)将脊线和挑角连成一个实体,并利用【消隐】命令(HIDE)得到如图 15-149 所示的结果。

(28) 利用【三维阵列】命令(3DARRAY)将图 15-53 所示图形阵列得到完整的顶面,如图 15-150 所示。

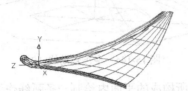
图 15-149　亭顶脊线和挑角

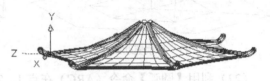
图 15-150　阵列后的亭顶

(29) 绘制顶缨。将坐标系移动到顶部中心位置,且使 XY 平面在竖直面内。利用【多段线】命令(PLINE)绘制顶缨半截面,然后利用【旋转】命令(REVOLVE)绕中轴线旋转生成实体,完成的亭顶外表面如图 15-151 所示。

(30) 绘制内表面。利用【边界网络】命令(EDGESURF)生成图 15-152 所示的亭顶内表面,并利用【三维阵列】命令(3DARRAY)将其阵列到整个亭顶,如图 15-153 所示。

图 15-151　完成的亭顶外表面

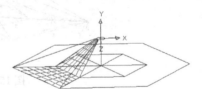
图 15-152　亭顶内表面(局部)

(31) 利用【消隐】命令(HIDE)消隐模型,如图 15-154 所示。

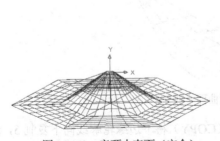
图 15-153　亭顶内表面(完全)

图 15-154　凉亭效果图

2. 绘制凉亭桌椅

(1) 调用【UCS】命令将坐标系移至亭基的左上角。

(2) 绘制桌脚。利用【圆柱体】命令（CYLINDER）绘制一个底面中心在亭基上表面中心位置，底面半径为5、高为40的圆柱体。利用【ZOOM】命令，选取桌脚部分放大视图，使用 UCS 命令将坐标系移动到桌脚顶面圆心处。

(3) 绘制桌面。利用【圆柱体】命令（CYLINDER）绘制一个底面中心在点（0,0,0）、底面半径为40，高为3的圆柱体。

(4) 利用【并集】命令（UNION）将桌脚和桌面连成一个整体。

(5) 利用【消隐】命令（HIDE）对图形进行消隐处理，绘制完成的桌子如图 15-155 所示。

(6) 利用【UCS】命令移动坐标系至桌脚底部中心处。

(7) 利用【圆柱体】命令（CYLINDER）绘制一个中心在点（0,0）处、半径为50的辅助圆。

(8) 利用【UCS】命令将坐标系移动到辅助圆的某一个四分点上，并将其绕 X 轴旋转 90°，得到如图 15-156 所示的坐标系。

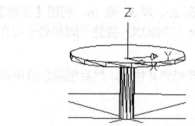

图 15-155 消隐处理后的桌子模型

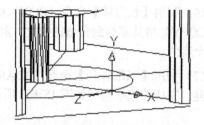

图 15-156 经平移和旋转后的新坐标系

(9) 利用【多段线】命令（PLINE）绘制椅子的半剖面，命令行操作提示如下：

命令：
命令：_pline
指定起点: 0,0
当前线宽为 0.0000
指定下一个点或 [圆弧(A)/半宽(H)/长度(L)/放弃(U)/宽度(W)]: @0,25
指定下一点或 [圆弧(A)/闭合(C)/半宽(H)/长度(L)/放弃(U)/宽度(W)]: @10,0
指定下一点或 [圆弧(A)/闭合(C)/半宽(H)/长度(L)/放弃(U)/宽度(W)]: @0,-1
指定下一点或 [圆弧(A)/闭合(C)/半宽(H)/长度(L)/放弃(U)/宽度(W)]: A //转绘制圆弧
指定圆弧的端点(按住 Ctrl 键以切换方向)或
[角度(A)/圆心(CE)/闭合(CL)/方向(D)/半宽(H)/直线(L)/半径(R)/第二个点(S)/放弃(U)/宽度(W)]: 6,0 //输入圆弧端点坐标
指定圆弧的端点(按住 Ctrl 键以切换方向)或
[角度(A)/圆心(CE)/闭合(CL)/方向(D)/半宽(H)/直线(L)/半径(R)/第二个点(S)/放弃(U)/宽度(W)]: L //转绘制直线
指定下一点或 [圆弧(A)/闭合(C)/半宽(H)/长度(L)/放弃(U)/宽度(W)]: C

(10) 生成椅子实体，利用【旋转】命令（REVOLVE）旋转步骤9绘制的多段线。

(11) 利用【消隐】命令（HIDE）观察选择生成的椅子，如图 15-157 所示。

（12）利用【三维阵列】命令（3DARRAY）在桌子四周列阵四张椅子。

（13）利用【删除】命令（ERASE）删除辅助圆。

（14）利用【消隐】命令（HIDE）观看建立的座椅模型，如图15-158所示。

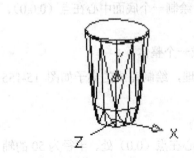 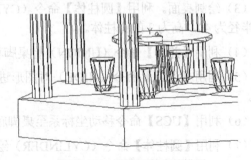

图15-157 旋转生成的椅子模型　　　　图15-158 消隐后的座椅模型

（15）利用【长方体】命令（BOX）绘制一个长方体（两个对角顶点分别为（0,-8,0）、(16,8,3)），然后将其向上平移20。

（16）利用【长方体】命令（BOX）绘制凳脚，等角高20、厚3、宽16，利用【复制】命令（COPY）将其复制到合适的位置。利用【并集】命令（UNION）将凳子脚和凳子面合并成一个实体。

（17）利用【三维阵列】命令（3DARRAY）将长凳阵列到其他边，然后删除台阶所在边的长凳。完成的凉亭模型如图15-159所示。

图15-159 绘制完成的凉亭模型

第 16 章 在 AutoCAD 中编辑模型

本章导读

在 AutoCAD 2016 中，用户可以使用三维编辑命令，在三维建模空间中移动、复制、镜像、对齐以及阵列三维对象，剖切实体以获取实体的截面，编辑它们的面、边或体。本章将着重介绍在三维空间中，模型三维操作与编辑的高级应用知识。

学习要求

基本操作工具
三维布尔运算
曲面编辑工具
实体编辑工具

16.1 基本操作工具

AutoCAD 2016 的【三维建模】空间的【常用】选项卡向用户提供了便于快速设计的模型操作工具，例如移动、复制、镜像、对齐、阵列等。操作三维模型，离不开三维空间中的控件工具，因为它们都是通过三维夹点来移动、复制、镜像等操作的。

16.1.1 三维小控件工具

三维小控件工具是用户用于在三维视图中方便地将对象选择集的移动或旋转约束到轴或平面上的图标。AutoCAD 2016 包含 3 种类型的夹点工具：移动控件工具、旋转控件工具和缩放控件工具，如图 16-1 所示。

移动控件

旋转控件

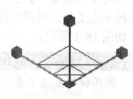
缩放控件

图 16-1 小控件工具

- 移动控件工具：沿轴或平面旋转选定的对象。
- 旋转控件工具：绕指定轴旋转选定的对象。
- 缩放控件工具：沿指定平面或轴，或沿全部三条轴统一缩放选定的对象。

> **提示**
> 仅在已应用三维视觉样式的三维视图中才显示夹点工具。如果当前视觉样式为【二维线框】，使用 3DMOVE 命令或 3DROTATE 命令，程序将自动将视觉样式更改为【三维线框】。

无论何时，用户只要选择三维视图中的对象，图形区中均会显示默认小控件。

如果正在执行小控件操作，则可以重复按空格键以在其他类型的小控件之间循环。通过此方法切换小控件时，小控件活动会约束到最初选定的轴或平面上。

此外，在执行小控件操作过程中，用户还可以在快捷菜单上选择其他类型的小控件。

16.1.2 三维移动

使用【三维移动】工具，可以在三维视图中显示移动夹点工具，并沿指定方向将对象按指定距离移动，如图 16-2 所示。

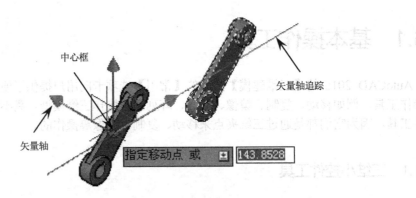

图 16-2　三维移动

16.1.3 三维旋转

使用【三维旋转】工具，可以在三维视图中显示旋转夹点工具并围绕基点旋转对象。使用旋转夹点工具，用户可以自由旋转之前选定的对象和子对象，或将旋转目标约束到旋转轴上，如图 16-3 所示。

> **提示**
> 选择旋转夹点工具上的轴句柄，可以确定旋转轴。轴句柄表示对象旋转的方向。

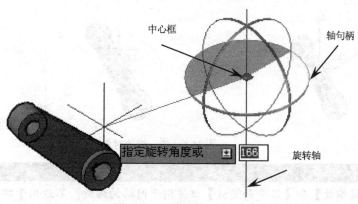

图 16-3 三维旋转

16.1.4 三维缩放

使用【三维缩放】工具，可以统一更改三维对象的大小，也可以沿指定轴或平面进行更改。

选择要缩放的对象和子对象后，可以约束对象缩放，方法是单击小控件轴、平面或所有三条轴之间的小控件的部分。

三维缩放有 3 种形式：沿轴缩放三维对象、沿平面缩放三维对象和统一缩放对象。

- 沿轴缩放三维对象：将网格对象缩放约束到指定轴。将光标移动到三维缩放小控件的轴上时，将显示表示缩放轴的矢量线。通过在轴变为黄色时单击该轴，可以指定缩放轴，如图 16-4 所示。

- 沿平面缩放三维对象：将网格对象缩放约束到指定平面。每个平面均由从各自轴控制柄的外端开始延伸的条标识。通过将光标移动到一个条上来指定缩放平面。条变为黄色后，单击该条即可，如图 16-5 所示。

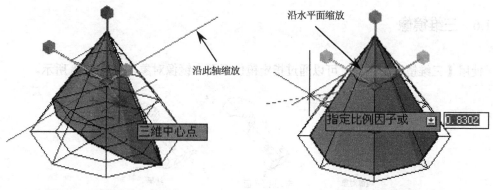

图 16-4　沿轴缩放三维对象　　　图 16-5　沿平面缩放三维对象

- 统一缩放对象：沿所有轴按统一比例缩放实体、曲面和网格对象。朝小控件的中心点移动光标时，亮显的三角形区域指示用户可以单击以沿全部三条轴缩放选定的对象和子对象，如图 16-6 所示。

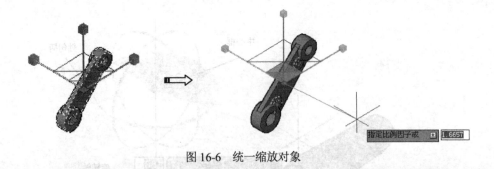

图 16-6 统一缩放对象

> **提示**
> 【沿轴缩放】和【沿平面缩放】仅适用于网格的缩放，不适用于实体和曲面。

16.1.5 三维对齐

使用【三维对齐】工具，可以在二维和三维空间中将对象与其他对象对齐，如图 16-7 所示。此工具常用于模型的装配。

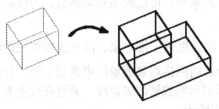

图 16-7 三维对齐

> **提示**
> 使用三维实体模型时，建议打开动态 UCS 以加速对目标平面的选择。

16.1.6 三维镜像

使用【三维镜像】工具，可以通过指定镜像平面来镜像对象，如图 16-8 所示。

图 16-8 三维镜像

镜像平面可以是以下平面：
- 平面对象所在的平面。

- 通过指定点且与当前 UCS 的 *XY*、*YZ* 或 *XZ* 平面平行的平面。
- 由三个指定点（2、3 和 4）定义的平面。

16.1.7 三维阵列

使用【三维阵列】工具，可以在三维空间中创建对象的矩形阵列或环形阵列，如图 16-9 所示。

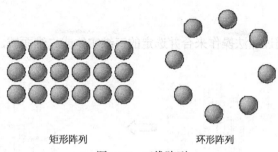

图 16-9 三维阵列

1. 矩形阵列

【矩形阵列】类型是指在行（*Y* 轴）、列（*X* 轴）和层（*Z* 轴）矩形阵列中复制对象，且一个阵列必须具有至少两个行、列或层。矩形阵列中各参数示意图如图 16-10 所示。

2. 环形阵列

【环形阵列】是绕旋转轴复制对象。环形阵列中各参数示意图如图 16-11 所示。

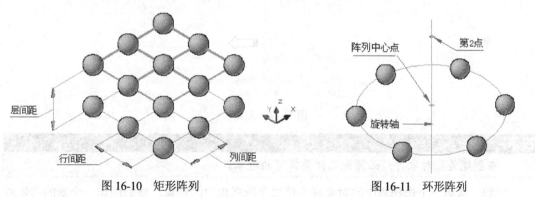

图 16-10 矩形阵列　　　　　　　图 16-11 环形阵列

16.2 三维布尔运算

在 AutoCAD 中，使用程序提供的布尔运算工具，可以从两个或两个以上实体对象创建并集对象、差集对象和交集对象，如图 16-12 所示。

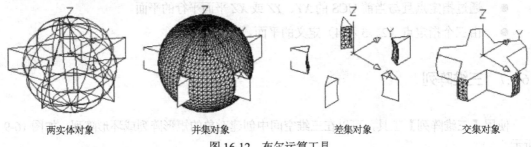

| 两实体对象 | 并集对象 | 差集对象 | 交集对象 |

图 16-12 布尔运算工具

1. 并集

【并集】运算是通过加法操作来合并选定的三维实体或二维面域，如图 16-13 所示。

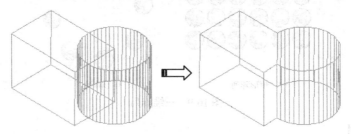

图 16-13 并集

2. 差集

【差集】运算是通过减法操作来合并选定的三维实体或二维面域，如图 16-14 所示。

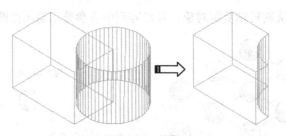

图 16-14 差集

> **提示**
> 在创建差集对象时，必须先选择要保留的对象。

例如，从第一个选择集中的对象减去第二个选择集中的对象，然后创建一个新的实体或面域，如图 16-15 所示。

选择要保留对象　　　　　选择要减的对象　　　　差集对象

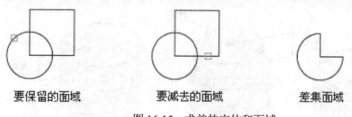

图 16-15 求差的实体和面域

3. 交集

【交集】运算从重叠部分或区域创建三维实体或二维面域,如图 16-16 所示。

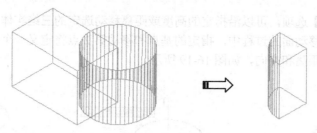

图 16-16 交集

与并集类似,交集的选择集可包含位于任意多个不同平面中的面域或实体。通过拉伸二维轮廓然后使它们相交,可以快速创建复杂的模型,如图 16-17 所示。

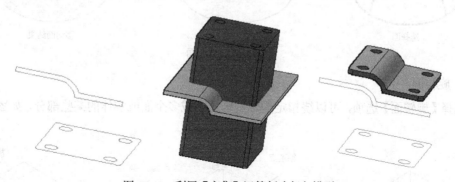

图 16-17 利用【交集】运算创建复杂模型

16.3 曲面编辑工具

在三维空间的【曲面】选项卡中,可以使用【拉伸面】、【移动面】、【旋转面】、【偏移面】、【倾斜面】、【删除面】、【复制面】和【着色面】工具,来修改三维实体面,使其符合造型设计要求。

1. 拉伸面

选择【拉伸面】选项,可以将选定的三维实体对象的平整面拉伸到指定的高度或沿一路径拉伸,可以垂直拉伸,也可以按指定斜度进行拉伸,如图 16-18 所示。

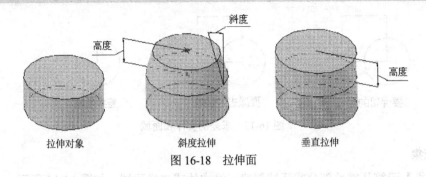

图 16-18 拉伸面

2. 移动面

选择【移动面】选项，可以沿指定的高度或距离移动选定的三维实体对象的面。一次可以选择多个面。在移动面的过程中，指定的基点和移动第 2 点将定义一个位移矢量，用于指示选定的面移动的距离和方向，如图 16-19 所示。

图 16-19 移动面

3. 旋转面

选择【旋转面】选项，可以绕指定的轴旋转一个或多个面或实体的某些部分，如图 16-20 所示。

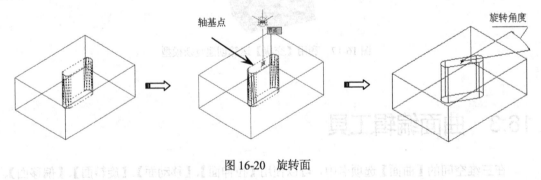

图 16-20 旋转面

4. 偏移面

选择【偏移面】选项，可以按指定的距离或通过指定的点，将面均匀地偏移。正值增大实体尺寸或体积，负值减小实体尺寸或体积。

执行偏移面操作，可以使实体外部面偏移一定距离，也可以在实体内部偏移孔面，如图

16-21 所示。

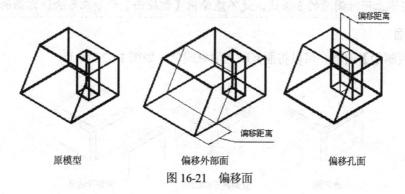

图 16-21 偏移面

5. 倾斜面

选择【倾斜面】选项，可以按一个角度将面进行倾斜。倾斜角的旋转方向由选择基点和第二点（沿选定矢量）的顺序决定。如图 16-22 所示为倾斜选定面的过程。

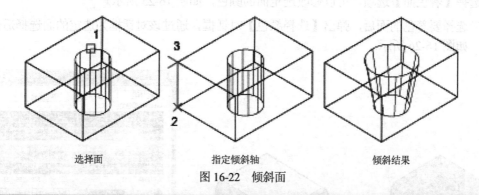

图 16-22 倾斜面

> **提示**
> 正角度将往里倾斜选定的面，负角度将往外倾斜待定的面。默认角度为 0°，可以垂直于平面拉伸面。选择集中所有选定的面将倾斜相同的角度。

6. 删除面

选择【删除面】选项，可以删除选定的面，包括圆角和倒角，如图 16-23 所示。

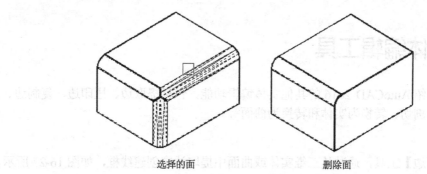

图 16-23 删除面

> **提示**
> 对于实体上同时倒圆的 3 条边，是不能使用【删除面】命令来删除选定面的。

7. 复制面

选择【复制面】选项，可以将面复制为面域或体，如图 16-24 所示。

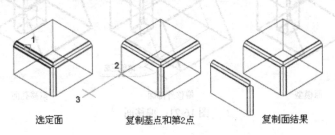

图 16-24 复制面

8. 着色面

选择【着色面】选项，可以修改选定面的颜色，如图 16-25 所示。

当选择要着色的面后，弹出【选择颜色】对话框，通过该对话框为选定的面选择适合的颜色，如图 16-26 所示。

图 16-25 着色面　　　　　　　　图 16-26 【选择颜色】对话框

16.4 实体编辑工具

下面继续介绍 AutoCAD 2016 的其他实体编辑功能，包括提取边、压印边、复制边、分割实体、抽壳、剖切、转换为实体和转换为曲面等。

1. 提取边

使用【提取边】工具，通过从三维实体或曲面中提取边来创建线框，如图 16-27 所示。

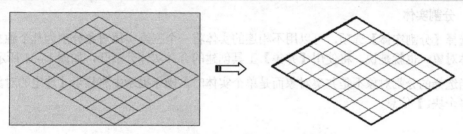

图 16-27 提取边

为了能更清楚地观察提取的边框与曲面,将曲面移动一定的距离后,即可看见提取的边框,如图 16-28 所示。

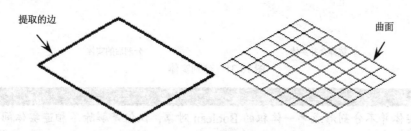

图 16-28 观察提取的边和曲面

2. 压印边

使用【压印】工具,可以将对象压印到选定的实体上,如图 16-29 所示。

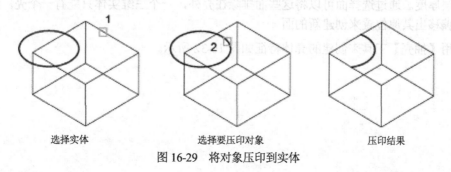

图 16-29 将对象压印到实体

3. 复制边

执行【SOLIDEDIT】命令,然后依次选择【边】选项和【复制】选项,可以复制三维边,选择的所有三维实体边将被复制为直线、圆弧、圆、椭圆或样条曲线,如图 16-30 所示。

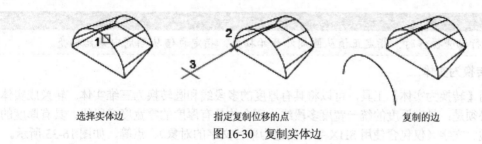

图 16-30 复制实体边

4. 分割实体

选择【分割实体】选项，可以用不相连的实体将一个三维实体对象分割为几个独立的三维实体对象。也就是说，将使用【并集】工具创建的合并实体分割开，如图 16-31 所示。

当选择的分割对象不是并集对象而是单个实体时，操作提示中将显示【选定的对象中不能有多个块。】信息。

 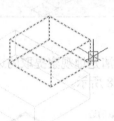

选择合并实体　　　　　　　　　　　　　分割后的实体

图 16-31　分割实体

> **提示**
>
> 分割实体并不分割形成单一体积的 Boolean 对象，仅仅是解除不相连实体间的并集关系。

5. 抽壳

抽壳是用指定的厚度创建一个空的薄层。选择【抽壳】选项，可以为所有面指定一个固定的薄层厚度。通过选择面可以将这些面排除在壳外，一个三维实体只能有一个壳。通过将现有面偏移出其原位置来创建新的面。

使用【抽壳】工具来创建的壳体特征如图 16-32 所示。

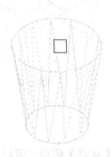  

选择删除的面　　　　　　抽壳偏移"10"　　　　　　抽壳偏移"-10"

图 16-32　抽壳

> **提示**
>
> 执行抽壳操作时，指定正值从圆周外开始抽壳，指定负值从圆周内开始抽壳。

6. 转换为实体

使用【转换为实体】工具，可以将具有厚度的多段线和圆转换为三维实体。转换成实体的对象必须是：具有厚度的统一宽度多段线、闭合的具有厚度的零宽度多段线、具有厚度的圆、直线、文字（仅包含使用 SHX 字体创建为单行文字的对象）、点等，如图 16-33 所示。

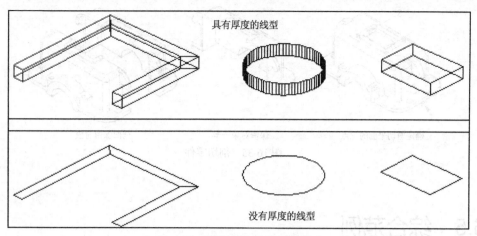

图 16-33　能转换为实体的对象

7. 转换为曲面

使用【转换为曲面】工具，可以将以下对象转换为曲面：二维实体、面域、开放的具有厚度的零宽度多段线、具有厚度的直线、具有厚度的圆弧、三维平面等，如图 16-34 所示。

将具有厚度的对象转换为曲面的操作过程与转换为实体的操作过程相同，这里不再赘述。

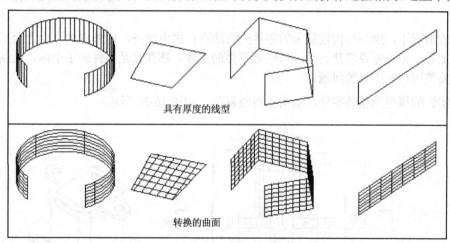

图 16-34　转换成曲面

8. 剖切

在机械设计中，通常一些内部结构比较复杂且无法观察的零件，需要创建出剖切内部结构的剖面视图，使其清晰、直观地表达出零件的特性。使用【剖切】工具，就可以通过剖切现有实体来创建新实体。创建剖切实体需要定义剪切平面，AutoCAD 提供了多种方式来定义剪切平面，包括指定点或者选择曲面或平面对象。

使用【剖切】工具剖切实体时，可以保留剖切实体的一半或全部，剖切实体不保留创建它们的原始形式的历史记录，剖切实体保留原实体的图层和颜色特性，如图 16-35 所示。

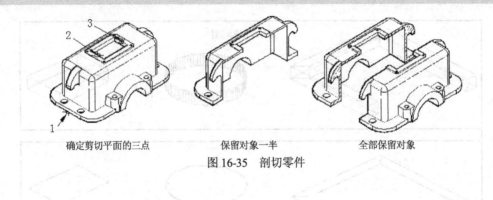

图 16-35　剖切零件

16.5　综合范例

本节将以机械零件和建筑模型的三维模型高级绘制为例，让读者能从中学习和掌握三维建模中实体操作、编辑等方面的应用技巧。

16.5.1　范例一：箱体零件建模

一般情况下，绘制结构较复杂的零件的方法有：由内向外、由外向内、由上至下，或者由下至上等。但必须要清楚的是，哪些是零件的主体，哪些又是零件的子个体，绘制这样的实体需要使用什么工具等问题。

本实例的模型为箱体零件，结构相对较复杂，如图 16-36 所示。

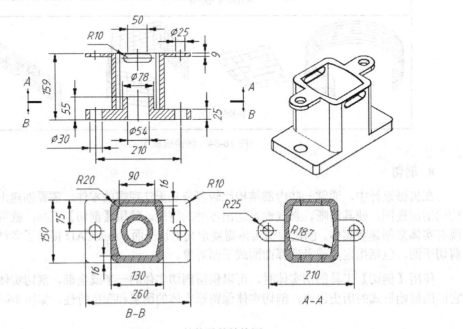

图 16-36　箱体零件结构图

第 16 章 在 AutoCAD 中编辑模型

从箱体零件结构图中可知：箱体零件的主要组成部分是底座和底座上面的箱体，次要组成部分包括底座孔、箱体孔和两个护耳。

 **操作步骤**

1. 创建箱体底座

（1）新建文件。

（2）在三维空间中，设置视觉样式为【二维线框】，并将视图切换为【俯视】。

（3）使用【直线】、【偏移】、【圆心，半径】、【倒圆】、【修剪】以及圆弧的【起点，端点，半径】工具，绘制出如图 16-37 所示的图形。

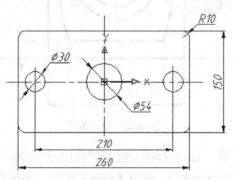

图 16-37　绘制图形

（4）使用【面域】工具，选择图形以创建面域。

（5）切换视图至【西南等轴测】。使用【拉伸】工具，选择面域进行拉伸，且拉伸高度为 25，创建的拉伸实体如图 16-38 所示。

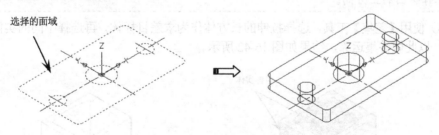

图 16-38　创建拉伸实体

（6）使用【差集】工具，将 3 个孔实体从长方体中减除，差集运算结果如图 16-39 所示。

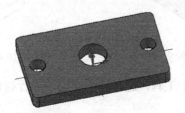

图 16-39　减除孔实体

2. 创建箱体主体

（1）切换视图至【仰视】。使用【直线】、【圆心，半径】、【偏移】、【修剪】工具，绘制出如图 16-40 所示的图形。

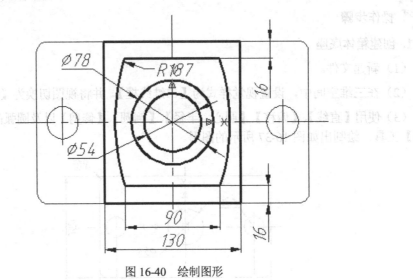

图 16-40　绘制图形

（2）使用【面域】工具，选择绘制的图形来创建多个面域。

（3）切换视图至【西南等轴测】。使用【拉伸】工具，由外向内先选择大的两个面域进行拉伸，且拉伸高度为-159，创建的拉伸实体如图 16-41 所示。

> **提示**
> 在创建拉伸实体时，高度应输入负值。这是由于程序默认的拉伸方向始终是垂直于当前工作平面的正方向。

（4）使用【差集】工具，选择拉伸的长方体作为求差目标体，再选择中间的实体作为减除对象，以此做并集运算，结果如图 16-42 所示。

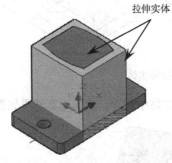
图 16-41　创建拉伸实体

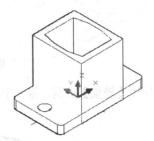
图 16-42　差集运算结果

（5）同理，使用【拉伸】工具，选择两个圆面域进行拉伸，且拉伸高度为-55，创建的拉伸实体如图 16-43 所示。

（6）使用【差集】工具，选择拉伸的大圆柱体作为求差目标体，再选择中间的小圆柱体作为减除对象，以此做并集运算，结果如图 16-44 所示。

（7）使用【并集】工具，将创建的底座部分和箱体主体部分合并。

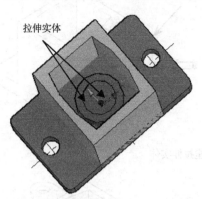 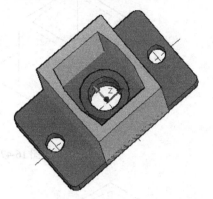

图 16-43　选择圆面域创建拉伸实体　　　　图 16-44　差集运算结果

3. 创建箱体其余结构

（1）切换视图至【仰视】。使用【直线】、【圆心，半径】、【偏移】和【修剪】工具，绘制如图 16-45 所示的图形。

（2）使用【面域】工具，选择绘制的图形以创建面域。

（3）打开【正交模式】，使用【移动】工具，将图形向 Z 轴正方向移动 159，如图 16-46 所示。

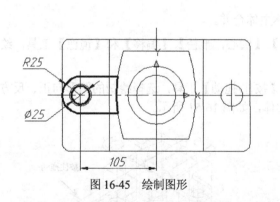 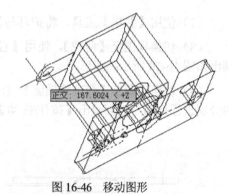

图 16-45　绘制图形　　　　图 16-46　移动图形

> **提示**
> 在复制实体边时，需要切换视图，以查看复制的边是否与绘制的图形为同平面，若没有在同一平面，将复制的边移动至图形中。

（4）切换视图至【西南等轴测】。使用【拉伸】工具，选择面域进行拉伸，且拉伸高度为 9，创建的拉伸实体如图 16-47 所示。

（5）使用【差集】工具，从大的拉伸实体中减除小圆柱体，如图 16-48 所示。

（6）使用【三维镜像】工具，以 ZY 轴作为镜像平面，创建另一护耳。镜像操作结果如图 16-49 所示。

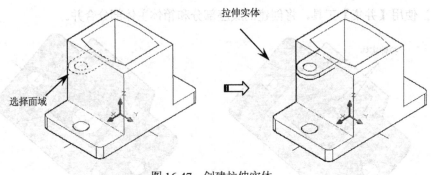

图 16-47 创建拉伸实体

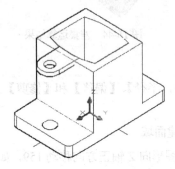

图 16-48 减除小圆柱体

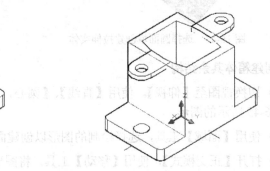

图 16-49 镜像护耳

（7）使用【并集】工具，将护耳与箱体主体合并。

（8）切换视图至【前视】。使用【直线】、【圆心，半径】、【偏移】和【镜像】工具，绘制出如图 16-50 所示的图形。

（9）切换视图至【西南等轴测】。使用【按住/拖动】工具，选择绘制的图形向正、反方向分别进行拖动，以创建出【按住/拖动】实体，如图 16-51 所示。

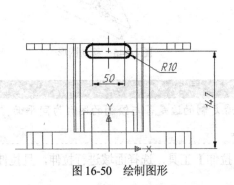

图 16-50 绘制图形

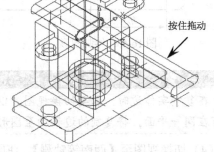

图 16-51 创建【按住/拖动】实体

（10）使用【差集】工具，将【按住/拖动】实体从箱体主体中减除，差集运算结果如图 16-52 所示。至此，箱体零件已绘制完成。

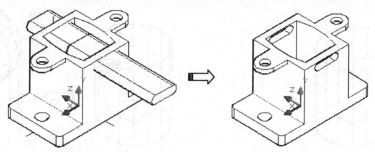

图 16-52 减除【按住/拖动】实体，完成零件的绘制

（11）最后将结果保存。

16.5.2 范例二：摇柄手轮建模

以摇柄手轮的实例演示，来说明盘形类零件的三维绘制方法。绘制摇柄手轮会多次使用【扫掠】、【旋转】、【三维阵列】等实体绘制和编辑工具。

摇柄手轮的结构示意图如图 16-53 所示。

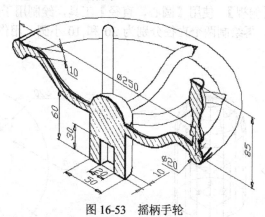

图 16-53 摇柄手轮

摇柄手轮总体上由主轮轴、固定架、支杆和摇柄等组件构成。其造型较为简单，创建方法是：先创建主轴，然后绘制固定架和支杆的扫掠路径，并创建扫掠实体，最后创建回转体摇柄。

操作步骤

（1）新建文件。

（2）在三维空间中，切换视图为【西南等轴测】。

（3）使用【圆柱体】工具，在 UCS 原点创建直径为 50、高度为 60 的圆柱体，如图 16-54 所示。

（4）使用【球体】工具，在圆柱体顶端面中心点上创建一个直径为 50 的球体，如图 16-55 所示。

 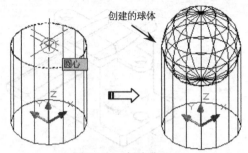

图 16-54　创建圆柱体　　　　　　图 16-55　创建球体

> **提示**
> 要使球体高密度线框显示，在功能区【可视化】标签中需将视图样式设为【二维线框】、【无着色】和【镶嵌面边】。

（5）使用【并集】工具，合并圆柱体和球体。

（6）使用【长方体】工具，并选择【中心】/【长度】选项，然后在 UCS 原点上创建长、宽、高分别为 20、20、60 的长方体。使用【差集】工具，将长方体从合并的实体中减除，结果如图 16-56 所示。

（7）切换视图至【俯视】。使用【圆心，直径】工具，绘制用于创建固定架扫掠体的路径圆，该圆直径为 250。再绘制两个直径分别为 20 和 10 小圆，用作扫掠截面，如图 16-57 所示。

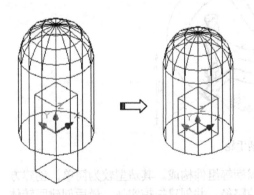 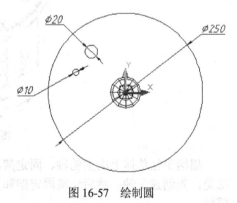

图 16-56　创建长方体并求差　　　　　　图 16-57　绘制圆

（8）将大圆向 Z 轴正方向移动 80。

（9）使用【原点】工具，将 UCS 移动至（0，-20，60），单击【X】按钮将 Z 轴绕 X 轴旋转 90°，如图 16-58 所示。

（10）使用二维的【样条曲线】工具，以相对坐标输入的方式，使样条曲线通过点（0，0，0）、点（0，0，35）、点（0，10，55）、点（0，25，75）和点（0，20，105）。绘制完成的样条曲线如图 16-59 所示。

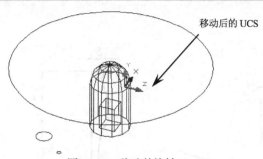 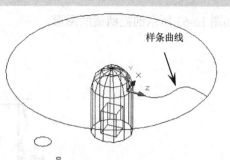

图 16-58　移动并旋转 UCS　　　　　　　　图 16-59　绘制样条曲线

（11）使用三维的【扫掠】工具，选择直径为 20 的小圆作为扫掠对象，再选择直径为 250 的大圆作为扫掠路径，创建出固定架扫掠实体，如图 16-60 所示。

（12）同理，再使用【扫掠】工具，选择直径为 10 的小圆作为扫掠对象，样条曲线作为扫掠路径，创建出支杆的扫掠实体，如图 16-61 所示。

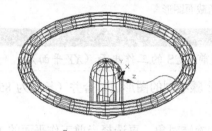 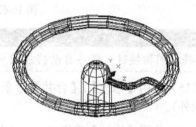

图 16-60　创建固定架　　　　　　　　图 16-61　创建支杆

（13）将 UCS 设为世界坐标系。使用【三维阵列】工具，创建出阵列数目为 8、阵列中心为 UCS 原点的其他支杆阵列，创建的支杆阵列如图 16-62 所示。工具行操作提示如下：

```
工具：_3darray
选择对象：找到 1 个                          //选择支杆为阵列对象
选择对象：↙
输入阵列类型 [矩形(R)/环形(P)] <矩形>：p↙    //输入 P 选项
输入阵列中的项目数目：8↙                     //输入阵列的数目
指定要填充的角度 (+=逆时针, -=顺时针) <360>：↙
旋转阵列对象？[是(Y)/否(N)] <Y>：↙
指定阵列的中心点：0,0,60↙                   //输入旋转轴的起点坐标
指定旋转轴上的第二点：0,0,100↙              //输入旋转轴的第 2 点坐标
```

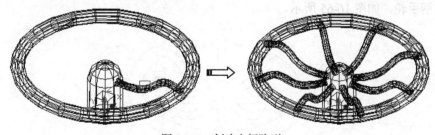

图 16-62　创建支杆阵列

（14）切换视图为【前视】，并打开【正交模式】。使用【直线】和【样条曲线】工具绘

制如图 16-63 所示的摇柄截面图形。

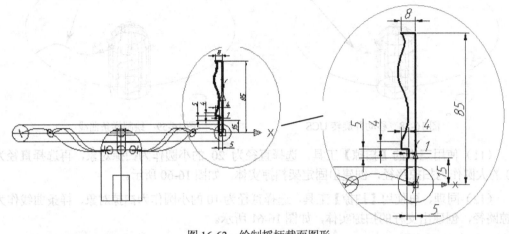

图 16-63 绘制摇柄截面图形

> **提示**
> 将视图切换时，程序自动将视图平面作为当前 UCS 的工作平面（XY 平面）。

（15）使用【修改】/【合并】命令，选择上步骤绘制的图形进行合并（长度为 85 的竖直线除外）。

（16）使用【旋转】建模工具，选择面域作为旋转对象，再选择当前工作平面的 Y 轴作为旋转轴，创建的摇柄旋转实体如图 16-64 所示。

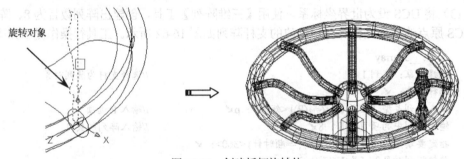

图 16-64 创建摇柄旋转体

（17）使用【并集】工具，将主轴、支杆、固定架和摇柄等实体合并，合并后的造型实体即是摇柄手轮，如图 16-65 所示。

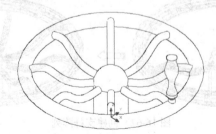

图 16-65 摇柄手轮

（18）最后将结果保存。

16.5.3 范例三：手动阀门建模

手动阀门是由多个零部件装配而成的装配体。本范例将详细介绍手动阀门的零部件创建、零部件装配，让读者轻松掌握多零件的绘制、装配的操作过程与方法。手动阀门的零部件如图 16-66 所示。

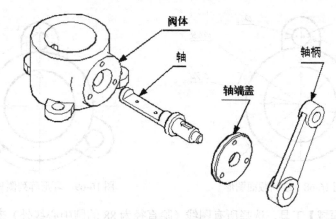

图 16-66　手动阀门

手动阀门的绘制方法是：每个零部件在不同的图纸模板中绘制；然后利用 AutoCAD 2016 设计中心功能将各零部件图形以块的形式插入到新装配体中。

1. 创建阀体

阀体主要由一个圆柱主体、端盖连接部及 3 个侧耳组成，其结构示意图如图 16-67 所示。

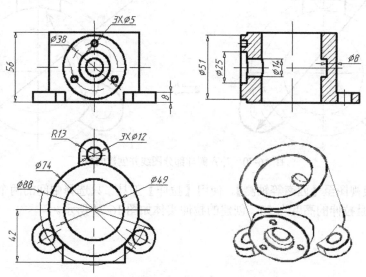

图 16-67　阀体

 **操作步骤**

（1）新建一个文件，并命名为【联轴底座】。在三维空间中将视觉样式设置为【二维线框】，并切换视图至【俯视】。

（2）使用【直线】、【圆心，直径】和【修剪】工具，绘制出如图 16-68 所示的截面图形。

（3）使用【阵列】工具，将侧耳的截面图线以坐标原点为中心进行环形阵列，阵列数目为 3，阵列的结果如图 16-69 所示。

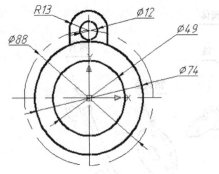
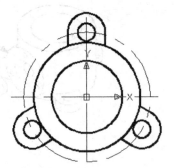

图 16-68　绘制截面图形　　　　图 16-69　环形阵列侧耳的图线

（4）使用【面域】工具，选择所有图线（除直径为 88 的圆中心线外）来创建多个面域。侧耳的图线部分不完整，因此没有创建面域。

（5）补齐侧耳部分图线（圆弧曲线），然后再选择侧耳图线创建面域，如图 16-70 所示。

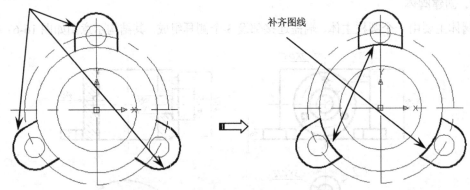

图 16-70　补齐侧耳部分图线并创建面域

（6）切换视图至【西南等轴测】。使用【拉伸】工具，只选择中间的两个大圆面域来创建圆柱实体，且拉伸的高度为 56，创建的拉伸实体如图 16-71 所示。

第 16 章　在 AutoCAD 中编辑模型

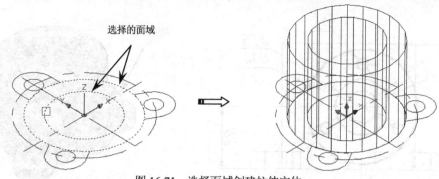

图 16-71　选择面域创建拉伸实体

（7）同理，再使用【拉伸】工具，选择侧耳部分的面域来创建高度为 8 的拉伸实体，如图 16-72 所示。

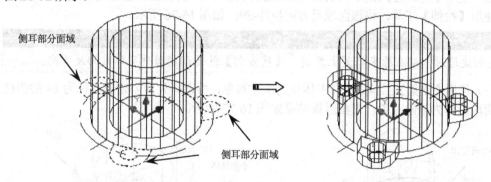

图 16-72　选择侧耳的面域来创建拉伸实体

（8）使用【差集】工具，将侧耳部分实体中小圆柱体减除，差集运算的结果如图 16-73 所示。

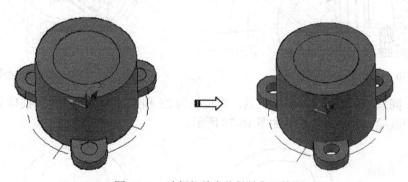

图 16-73　选择拉伸实体做差集运算

（9）切换视图至【前视图】。使用【直线】、【圆心，直径】、【阵列】和【修剪】工具，绘制如图 16-74 所示的二维图形。

（10）使用【面域】工具，选择 6 个粗实线圆来创建面域。

（11）切换视图至【西南等轴测】。使用【拉伸】工具，同时选择 6 个圆面域来创建高度为 42 的多个拉伸实体。创建的拉伸实体如图 16-75 所示。

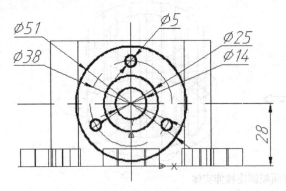
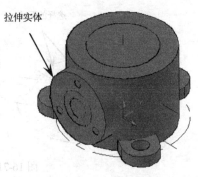

图 16-74 绘制二维图形　　　　　　　图 16-75 创建的拉伸实体

（12）使用【复制边】工具，在拉伸起点处将直径为 14 的圆柱体边缘复制，然后创建面域。再使用【拉伸】工具，将该面域反方向拉伸-29，如图 16-76 所示。

提示

复制此边时，应在原来位置上复制。【反方向】就是创建拉伸实体时的反方向。

（13）使用【差集】工具，选择主体作为求差对象，再选择先前创建的直径为 14 的圆柱体（有两段）作为减除对象，差集运算结果如图 16-77 所示。

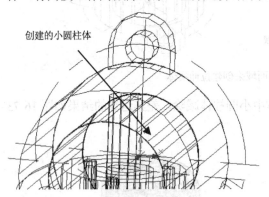
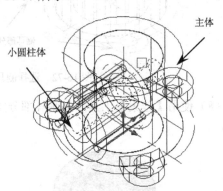

图 16-76 创建反方向小圆柱体　　　　　图 16-77 从主体中减除小圆柱体

（14）同理，再使用【差集】工具，将直径为 25 和直径为 5 的 4 个圆柱体从直径为 51 的圆柱体中减除，差集运算结果如图 16-78 所示。

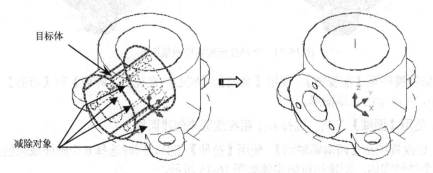

图 16-78 从直径为 51 的圆柱体中减除其他小圆柱体

（15）最后使用【差集】工具，选择差集运算后的直径为 51 的圆柱体和底座主体（直径 74）作为求差的目标体，再选择主体中直径为 49 的圆柱体作为减除对象，差集运算的结果如图 16-79 所示。

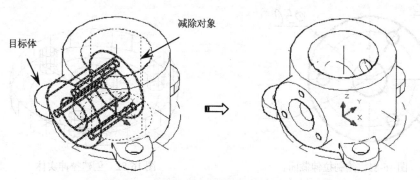

图 16-79　从直径为 51 的圆柱体中减除主体中的圆柱体

（16）使用【并集】工具，将创建的所有实体进行合并，即完成了联轴底座的创建。

2. 创建轴端盖

轴端盖是几个零部件中结构最简单的零件，可以采用拉伸实体和倒角相结合的方法，来创建端盖零件。端盖零件的结构示意图如图 16-80 所示。

为了后续装配的需要，绘制端盖零件时先创建一个新文件，以便作为块插入到装配体中。

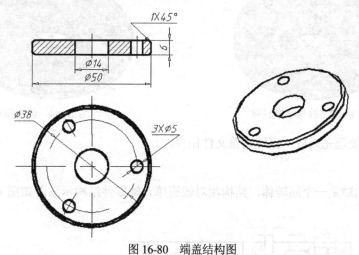

图 16-80　端盖结构图

操作步骤

（1）单击【新建】按钮，创建一个新图形文件，并命名文件为【轴端盖】。

（2）在三维空间中，设置视觉样式为【二维线框】，并切换视图为【俯视】。

（3）使用【直线】、【圆心，直径】和【阵列】工具，绘制如图 16-81 所示的拉伸截面。

（4）使用【面域】工具，除中心线外选择其余图线以创建多个面域。

（5）切换视图至【西南等轴测】。使用【拉伸】工具，选择所有面域并创建拉伸高度为6的拉伸实体，如图16-82所示。

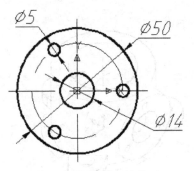 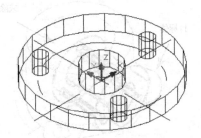

图16-81　绘制拉伸截面　　　　　　图16-82　创建拉伸实体

（6）使用【差集】工具，将4个小圆柱体从最大圆柱体中减除，差集运算结果如图16-83所示。

（7）使用【倒角】工具，选择拉伸实体作为倒角对象，接着选择曲面【当前】选项，并输入基面倒角距离为1，输入其他面倒角距离为1，最后选择实体上边缘进行倒角，结果如图16-84所示。

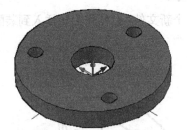 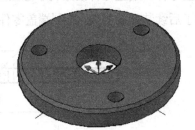

图16-83　减除小圆柱体　　　　　　图16-84　创建倒角

（8）倒角处理完成后，将轴端盖文件保存。

3. 创建轴

手动阀门的轴是一个回转体，结构相对较简单。轴零件结构示意图如图16-85所示。

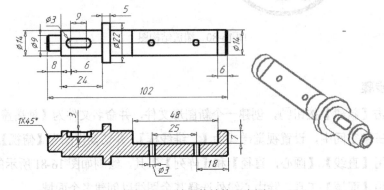

图16-85　轴零件结构示意图

轴的创建方法是：首先创建轴主体（旋转实体），然后创建孔实体并利用差集运算得到轴孔特征，最后创建一个长方体并利用差集运算以获得轴上的缺口特征（长度为48）。

 **操作步骤**

（1）新建一个文件，命名文件为【轴】。

（2）在三维空间中，设置视觉样式为【二维线框】，并切换视图至【俯视】。

（3）打开【正交模式】。使用【直线】、【倒角】工具，绘制如图 16-86 所示的旋转截面图形。

（4）使用【面域】工具，选择图形以创建面域。

（5）切换视图至【西南等轴测】，然后使用【旋转】工具，选择面域为旋转截面，选择中心线为旋转轴，并创建出旋转实体，如图 16-87 所示。

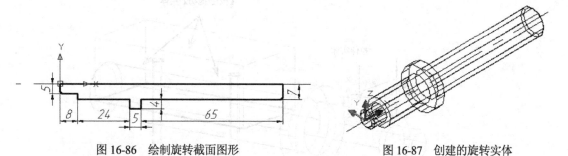

图 16-86　绘制旋转截面图形　　　　　图 16-87　创建的旋转实体

（6）将视图切换至【俯视】。然后使用【直线】、【圆心，直径】和【修剪】工具，绘制如图 16-88 所示的图形。

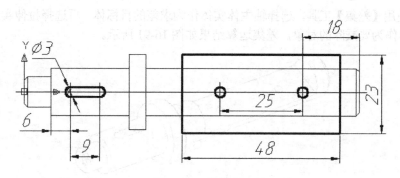

图 16-88　绘制图形

（7）使用【面域】工具，选择绘制的键槽图形来创建单个面域。然后将孔圆图形和面域向 Z 轴正方向移动 10（长方形图形不做移动），如图 16-89 所示。

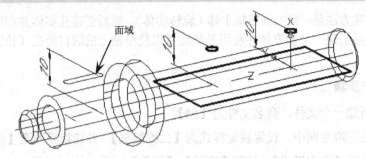

图16-89 创建面域并移动图形

(8) 使用【拉伸】工具，选择面域来创建拉伸高度为-6的拉伸实体。再使用【按住/拖动】工具，选择长方形向Z轴正方向拖动并创建出【按住/拖动】实体（应用超出轴主体）。继续使用该工具，选择孔圆图形向Z轴负方向拖动并创建出【按住/拖动】实体（应超出轴主体），结果如图16-90所示。

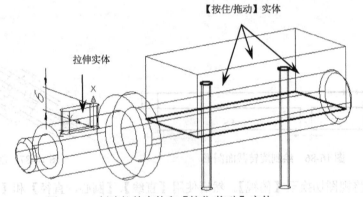

图16-90 创建拉伸实体和【按住/拖动】实体

(9) 使用【差集】工具，选择轴主体实体作为求差的目标体，再选择拉伸实体和【按住/拖动】实体作为要减除的对象，差集运算结果如图16-91所示。

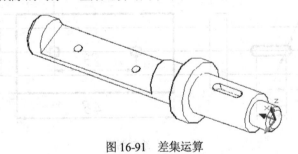

图16-91 差集运算

(10) 将创建完成的轴零件文件保存。

4. 创建轴柄

轴柄零件为对称件，其结构示意图如图16-92所示。

轴柄的创建方法是：创建轴柄主体的拉伸实体和孔实体，减除孔实体后，使用【移动面】工具选择中间的实体面进行移动，以此创建出柄部特征。

第 16 章　在 AutoCAD 中编辑模型

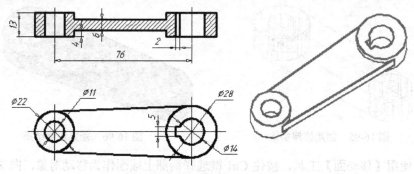

图 16-92　轴柄结构示意图

操作步骤

（1）新建一个文件，命名文件为【轴柄】。

（2）在三维空间中，设置视觉样式为【二维线框】，并切换视图为【俯视】。

（3）使用【直线】、【偏移】、【圆心，直径】和【修剪】工具，绘制如图 16-93 所示的图形。

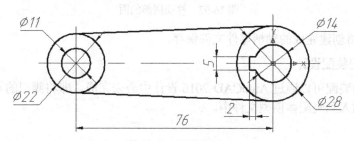

图 16-93　绘制的图形

（4）使用【面域】工具，选择所有图形（除中心线）以创建多个面域。由于两条斜线没有封闭，因此就没有创建面域，使用圆弧的【三点】工具补齐图线，然后再选择两条斜线和补齐的两圆弧来创建面域，如图 16-94 所示。

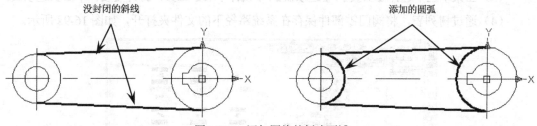

图 16-94　添加图线并创建面域

（5）切换视图至【西南等轴测】。然后使用【拉伸】工具，选择所有面域创建出拉伸高度为 13 的拉伸实体，如图 16-95 所示。

（6）使用【差集】工具，选择两端的大圆柱体作为求差的目标体，再选择小圆柱体和带有键孔特征的实体作为要减除的对象，差集运算结果如图 16-96 所示。

573

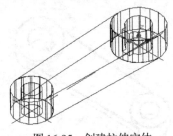
图 16-95 创建拉伸实体
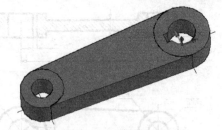
图 16-96 差集运算结果

（7）使用【移动面】工具，按住 Ctrl 键选择柄部上端面作为移动对象，向 Z 轴负方向移动-4。同理，选择柄部下端面向 Z 轴正方向移动 4。移动面的结果如图 16-97 所示。

（8）使用【并集】工具，将上述操作后保留的实体进行合并。

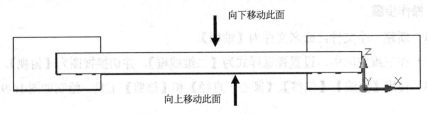
图 16-97 移动柄部的面

（8）最后将创建完成的轴柄零件文件保存。

5. 手动阀门装配设计

手动阀门的装配可以通过 AutoCAD 2016 设计中心来完成，即将阀门的零部件以图形插入的方式相继插入到装配体模型文件中。

操作步骤

（1）新建一个文件，将文件命名为【手动阀门】。

（2）在三维空间中将视觉样式设置为【真实】，并切换视图为【东南等轴测】。

（3）在菜单栏中选择【工具】/【选项板】/【设计中心】工具，打开【设计中心】选项板。

（4）通过树列表，将阀门零部件保存在系统路径下的文件夹打开，如图 16-98 所示。

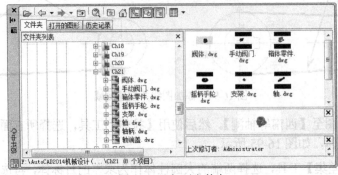
图 16-98 打开文件夹

(5) 用鼠标右键单击【阀体.dwg】文件，并在弹出的快捷菜单中执行【插入为块】命令，随后弹出【插入】对话框，保留对话框默认设置，单击【确定】按钮，完成该块的创建，如图 16-99 所示。

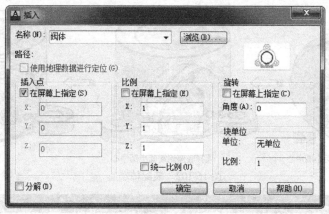

图 16-99　创建块

(6) 关闭【插入】对话框后，在窗口中任意放置图形块。同理，照此方法依次将手动阀门中的其余零件也插入到当前窗口中，且放置位置为任意，如图 16-100 所示。完成后关闭【设计中心】选项板。

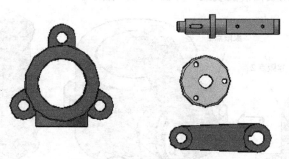

图 16-100　相继插入的图形块

(7) 首先将轴装配到阀体上。打开【正交模式】，使用【对齐】工具，选择轴作为要对齐的对象，然后在轴端面指定 2 个点（确定方向），并按 Enter 键。接着在底座内部小孔端面指定其圆心作为第 1 个目标点，最后在正交的 X 轴方向上指定第 2 个目标点，再按 Enter 键随后完成轴的装配，如图 16-101 所示。

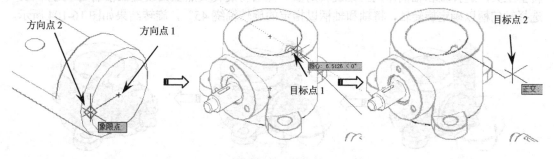

图 16-101　装配轴

(8)装配轴端盖。使用【对齐】工具,以轴端盖作为对齐对象,然后选择底端面的三个小圆中心点以确定源平面,接着选择底座侧端面的三个小圆中心点来确定目标平面,并完成轴端盖的装配,如图16-102所示。

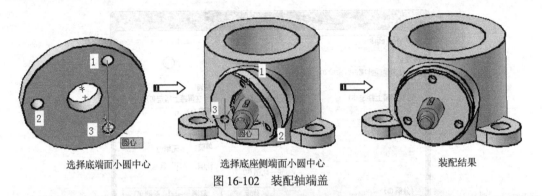

图16-102 装配轴端盖

提示
确定源平面和目标平面上的3个定义点必须一一对应,否则不能正确装配零件。

(9)装配轴柄。使用【对齐】工具,以轴柄作为对齐对象,然后选择轴柄上平面的圆中心点及两个象限点来确定源平面,接着再选择轴端盖外侧的圆中心点及相对应的两个象限点来确定目标平面,并完成轴柄的装配,如图16-103所示。

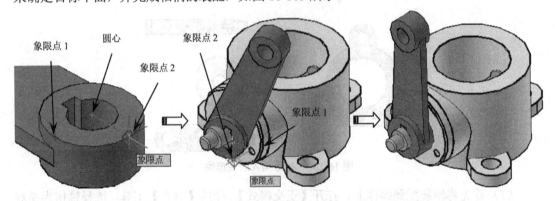

图16-103 装配轴端盖

(10)为了让装配的手动阀门有动感,需要将轴及轴柄旋转一定的角度。使用【三维旋转】工具,选择轴和轴柄作为三维旋转对象,然后将旋转夹点工具放置在轴端面中心点上,选择轴句柄以确定旋转轴,将轴和轴柄以指定的旋转轴绕-45°,旋转结果如图16-104所示。

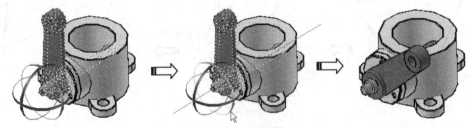

图16-104 三维旋转轴及轴柄

（11）手动阀门装配操作完成后，最后将文件保存。

16.5.4 范例四：建筑单扇门的三维模型

绘制单扇门三维模型主要是为了方便建筑三维模型的绘制。单扇门的规格为宽 1 200、高 2 600、厚 50。门的上部带有扇形玻璃组成的图案，下部主要有方形的门板块和安在门边上的门把手。

操作步骤

1. 绘制门及辅助线

（1）打开 AutoCAD 2016，然后建立一个新图形文件。

（2）单击【图层】工具栏中的【图层特性管理器】按钮，新建图层【辅助线】，一切设置采用默认设置。将新建图层置为当前。

（3）按 F8 键打开【正交】模式。单击【绘图】面板中的【构造线】按钮，绘制一个十字交叉的辅助线。然后单击【修改】工具栏中的【偏移】按钮，将竖直构造线向左边偏移 600，将水平构造线向上连续偏移 2 000、600，得到的辅助线如图 16-105 所示。

（4）单击【图层】工具栏中的【图层特性管理器】按钮，新建图层【门】，设定颜色为红色，其他一切设置采用默认设置。将新建图层置为当前。单击【绘图】面板中的【矩形】按钮，根据辅助线绘制如图 16-106 所示的矩形。

图 16-105　门辅助线示意图　　　　　图 16-106　绘制矩形

（5）单击【修改】工具栏中的【偏移】按钮，将中间的水平辅助线向上偏移 100，将最左边的竖直辅助线向右偏移 160。然后单击【绘图】面板中的【圆】按钮，根据辅助线绘制一个圆，如图 16-107 所示。

（6）单击【绘图】面板中的【圆】按钮，绘制一个同心圆，指定圆半径为 160。单击【修改】工具栏中的【旋转】按钮，把通过圆心的辅助线旋转 45°。然后单击【绘图】面板中的【构造线】按钮，在原来的位置补上一条构造线，绘制结果如图 16-108 所示。

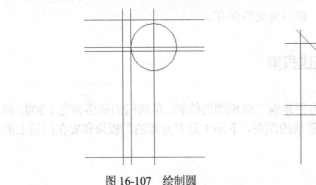
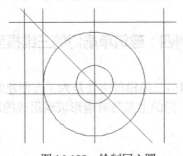

图 16-107　绘制圆　　　　　　　　图 16-108　绘制同心圆

（7）单击【修改】工具栏中的【偏移】按钮，将外边的圆向外偏移 30，将里边的圆向里偏移 30，绘制结果如图 16-109 所示。

（8）单击【修改】工具栏中的【修剪】按钮，修剪掉所有圆的 3/4 部分，只保留左上方的 1/4 圆，修剪结果如图 16-110 所示。

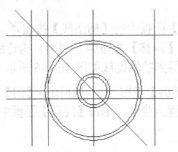
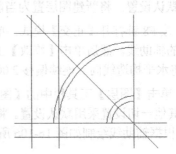

图 16-109　偏移圆结果　　　　　　图 16-110　修剪圆结果

（9）单击【绘图】面板中的【多段线】按钮，使用多段线绕着如图 16-111 选中的线框旋转一圈，要特别注意其中有两段圆弧。

（10）单击【修改】工具栏中的【偏移】按钮，让刚才绘制的多段线往里偏移 30，结果如图 16-112 所示。

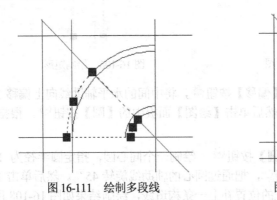
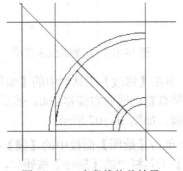

图 16-111　绘制多段线　　　　　　图 16-112　多段线偏移结果

（11）采用同样的方法绘制另一边的扇形，结果如图 16-113 所示。

（12）单击【修改】工具栏中的【偏移】按钮，将最右边的竖直构造线向左边偏移 60；

将最下边的水平构造线向上连续偏移 250、790、100、380、100 即可得到进一步的辅助线网，结果如图 16-114 所示。

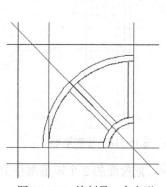
图 16-113　绘制另一个扇形

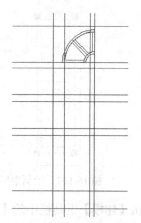
图 16-114　绘制辅助线网

（13）单击【绘图】面板中的【矩形】按钮，根据辅助线网绘制如图 16-115 所示的矩形。

（14）单击【建模】工具栏中的【拉伸】按钮，把前面绘制的 4 个矩形、2 个扇形都往上拉伸 25，结果如图 16-116 所示。

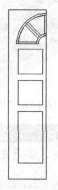
图 16-115　绘制矩形

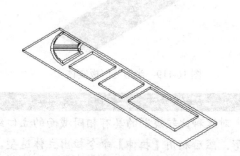
图 16-116　拉伸操作结果

（15）单击【建模】工具栏中的【差集】按钮，根据命令提示选择最外边的长方体作为母体，其他的实体作为子体进行求差运算。这样就得到一块在上面开有 3 个矩形门洞和 2 个扇形门洞的门板实体。

（16）单击【图层】工具栏中的【图层特性管理器】按钮，新建图层【门板 1】，设定颜色为蓝色，其他一切设置采用默认设置。将新建图层置为当前。单击【绘图】面板中的【矩形】按钮，绘制一个如图 16-117 所示的矩形。单击【图层】工具栏中的【图层特性管理器】按钮，新建图层【门板 2】，设定颜色为青色，其他一切设置采用默认设置。将新建图层置为当前。再单击【绘图】面板中的【矩形】按钮，绘制一个如图 16-118 所示的矩形。

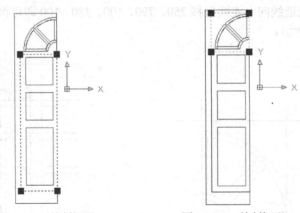

图 16-117 绘制矩形　　　　图 16-118 绘制矩形

（17）单击【建模】工具栏中的【拉伸】按钮，把前面的 2 个矩形都往上拉伸 15，得到的门板实体如图 16-119 所示。

（18）选择菜单栏中的【修改】/【三维操作】/【三维镜像】命令，得到另一半的门板实体，结果如图 16-120 所示。

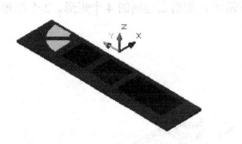
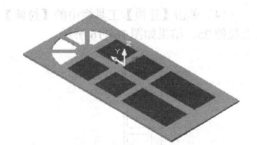

图 16-119 半边的门板实体　　　　图 16-120 门板实体

> **提示**
> 对这种比较规则的具有相同截面的立体结构，最简便的绘制方法是先绘制截面平面图形，然后利用【拉伸】命令拉出立体造型。

2. 绘制门把手

（1）单击【图层】工具栏中的【图层特性管理器】按钮，新建图层【门把手】，设定颜色为红色，其他一切设置采用默认设置。将新建图层置为当前。单击【绘图】面板中的【多段线】按钮，绘制如图 16-121 所示的门把手截面。

（2）单击【建模】工具栏中的【旋转】按钮，让门把手的截面绕着自己的中心线旋转 360°，就得到门把手实体，如图 16-122 所示。选择菜单栏中的【视图】/【消隐】命令，消隐效果如图 16-123 所示。

第 16 章　在 AutoCAD 中编辑模型

 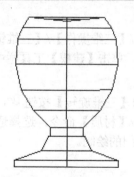 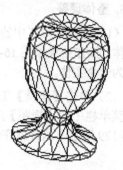

图 16-121　绘制门把手截面　　图 16-122　旋转得到门把手　　图 16-123　门把手消隐图

（3）这样得到的门把手并不光滑，离现实中的门把手还有一定的差距。可以使用【圆角】命令使得门把手变得光滑。单击【修改】工具栏中的【圆角】按钮，逐个给门把手的棱进行圆角处理，结果如图 16-124 所示。选择菜单栏中的【视图】/【渲染】/【材质】命令，选择适当的材质附加在实体上，结果如图 16-125 所示。

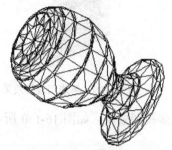 

图 16-124　门把手的圆角结果　　　　图 16-125　门把手的体着色结果

（4）这个门把手是在空白处绘制的，如图 16-126 所示，需要把它移动到合适的地方。

（5）单击【修改】工具栏中的【移动】按钮，把门把手移动到门框上，结果如图 16-127 所示。

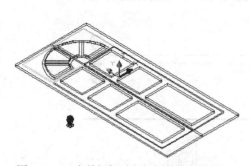 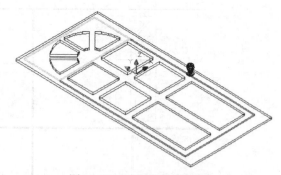

图 16-126　当前门把手和门板的相对位置　　图 16-127　安置门把手结果

提示

对这种具有回转面的结构，最简单的绘制方法是利用【旋转】命令以回转轴为轴线进行旋转处理。

3. 整体调整

（1）选择菜单栏中的【修改】/【三维操作】/【三维镜像】命令，得到下面另一半的门板实体，操作结果如图 16-128 所示。单击【建模】工具栏中的【并集】按钮 ⓞ，把同样的实体并为一个实体。

（2）单击【建模】工具栏中的【三维旋转】按钮 ⓞ，把门实体旋转到正放位置，然后选择菜单栏中的【视图】/【渲染】/【材质】命令，选择适当的材质附加在实体上，结果如图 16-129 所示。这样就完成了单扇门的绘制。

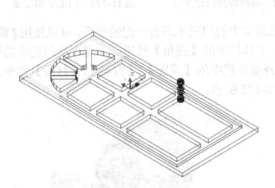 

图 16-128　三维镜像操作结果　　　　图 16-129　单扇门最终效果

（3）为了更清楚地表达出这扇门的效果，采取多视图效果，如图 16-130 所示。从中可以清楚地看到门的各个面以及三维情况。

> **提示**
> 利用三维动态观察器和视图变换功能，可以从各个角度观察绘制的三维造型，也可以辅助进行准确的三维绘制。因为在计算机屏幕上是以二维平面反映三维造型，如果不进行视图变换或观察角度变化，很难准确确定各图线在三维空间中的位置。

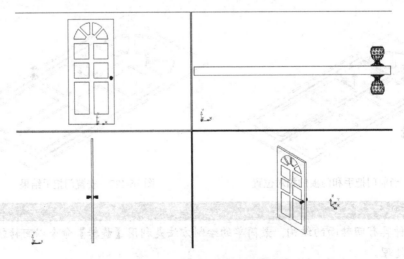

图 16-130　单扇门的多视图效果

16.5.5 范例五：建筑双扇门的三维模型

绘制单扇门三维模型主要是为了方便建筑三维模型的绘制。双扇门的规格：宽为 2 000（半边宽为 1 000）、高为 2 600、厚为 50。门的下部带有钢制长条把手。

操作步骤

1. 绘制门体

（1）打开 AutoCAD 2016，新建一个新图形文件。

（2）单击【图层】工具栏中的【图层特性管理器】按钮，新建图层【辅助线】，一切设置采用默认设置。将新建图层置为当前。

（3）按 F8 键打开【正交】模式。单击【绘图】面板中的【构造线】按钮，绘制一个十字交叉的辅助线。然后单击【修改】工具栏中的【偏移】按钮，将竖直构造线向左边偏移 1 000，将水平构造线向上偏移 2 600，得到的辅助线如图 16-131 所示。

（4）单击【图层】工具栏中的【图层特性管理器】按钮，新建图层【门】，设定颜色为红色，其他一切设置采用默认设置。将新建图层置为当前。单击【绘图】面板中的【矩形】按钮，根据辅助线绘制一个矩形。然后单击【修改】工具栏中的【偏移】按钮，将刚才绘制的矩形连续两次向内偏移 40，结果如图 16-132 所示。

（5）单击【建模】工具栏中的【拉伸】按钮，把前面的最里边和最外边的两个矩形都往上拉伸 50，结果如图 16-133 所示。

图 16-131　门的辅助线网　　　　　图 16-132　矩形偏移结果

（6）单击【建模】工具栏中的【差集】按钮，根据命令提示选择最外边的长方体作为母体，里边的长方体作为子体进行求差运算，结果如图 16-133 所示。

（6）单击【建模】工具栏中的【拉伸】按钮，把图 16-134 中的中间的矩形往上拉伸 30，得到门板实体，拉伸结果如图 16-135 所示。

（7）单击【修改】工具栏中的【移动】按钮，采用相对坐标（@0,0,10）使得门板实体往上移动 10，结果如图 16-136 所示。

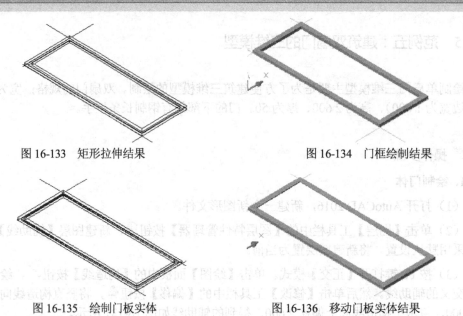

图 16-133 矩形拉伸结果　　　　　　　图 16-134 门框绘制结果

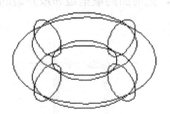
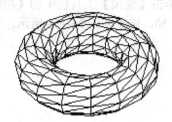

图 16-135 绘制门板实体　　　　　　　图 16-136 移动门板实体结果

2. 绘制门把手

（1）在空白处绘制一个圆环体。单击【建模】工具栏中的【圆环体】按钮，根据命令提示指定圆环体的半径为 40，圆管的半径为 15，绘制出来的圆环体如图 16-137 所示。选择菜单栏中的【视图】/【消隐】命令，消隐效果如图 16-138 所示。

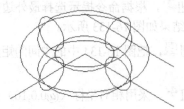
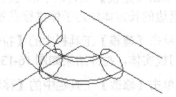

图 16-137 绘制圆环体　　　　　　　图 16-138 圆环体消隐效果

（2）单击【绘图】面板中的【直线】按钮，在【正交】模式下绘制过圆环体中心的两条垂直直线。然后单击【修改】工具栏中的【移动】按钮，采用相对坐标（@0,0,30）使得一条直线往上移动 30，结果如图 16-139 所示。

（3）选择菜单栏中的【修改】/【三维操作】/【剖切】命令，沿着刚才绘制的由直线组成的剖切面把圆环体剖切掉一半，结果如图 16-140 所示。

图 16-139 绘制直线　　　　　　　图 16-140 剖切圆环体

(4）选择菜单栏中的【修改】/【三维操作】/【剖切】命令，沿着刚才绘制的由直线组成的另一个剖切面把剩下的圆环体剖切为两部分，结果如图 16-141 所示。所选中的就是其中的一部分。

(5）单击【绘图】面板中的【直线】按钮，在【正交】模式下绘制过圆管中心的直线，如图 16-142 所示。

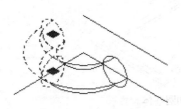 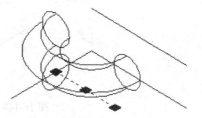

图 16-141　剖切圆环体　　　　　图 16-142　绘制直线

(6）单击【建模】工具栏中的【三维旋转】按钮，让右边的圆管绕着前面绘制的直线旋转 90°，结果如图 16-143 所示。选择菜单栏中的【视图】/【消隐】命令，消隐效果如图 16-144 所示。

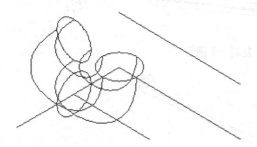 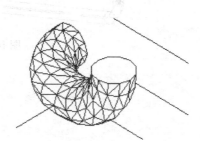

图 16-143　旋转圆管结果　　　　　图 16-144　圆管消隐效果

(7）单击【建模】工具栏中的【圆柱体】按钮，根据命令提示指定圆柱体的半径为 15，圆柱体的高度为 30，结果如图 16-145 所示。

(8）选择菜单栏中的【修改】/【三维操作】/【对齐】命令，把圆柱体安置到圆管的一头，结果如图 16-146 所示。选择菜单栏中的【视图】/【消隐】命令，消隐效果如图 16-147 所示。

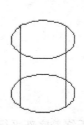 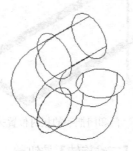 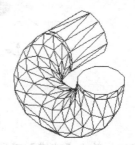

图 16-145　绘制圆柱体　　　图 16-146　安置圆柱体　　　图 16-147　圆柱和圆管消隐效果

(9)单击【建模】工具栏中的【圆柱体】按钮,绘制一个半径为 15,高度为 1 100 的圆柱体。然后单击【修改】工具栏中的【移动】按钮,把圆柱体移动到圆管的另一头,结果如图 16-148 所示。

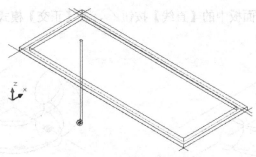

图 16-148 给圆管增加圆柱体

(10)单击【修改】工具栏中的【复制】按钮,复制一个如图 16-149 所示的选中的圆管到另一头。然后再单击【修改】工具栏中的【复制】按钮,复制一个半径为 15、高度为 30 的圆柱体到圆管头,这样就得到一个门把手。绘制结果如图 16-150 所示。

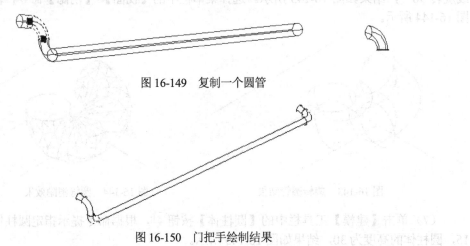

图 16-149 复制一个圆管

图 16-150 门把手绘制结果

(11)当前的门把手和门板的相对位置关系如图 16-151 所示。需要把门把手安置好。

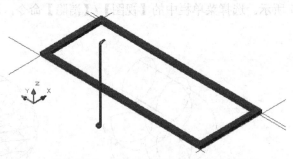

图 16-151 门和门把手的相对位置关系

(12)单击【建模】工具栏中的【三维旋转】按钮,使得门把手绕着底部平行于 OX 轴的直线旋转 90°,结果如图 16-152 所示。

(13) 单击【建模】工具栏中的【三维旋转】按钮,使得门把手绕着底部平行于 OY 轴的直线旋转 90°,结果如图 16-153 所示。

(14) 单击【修改】工具栏中的【旋转】按钮,让门把手绕着自己的一端旋转 180°,结果如图 16-154 所示。

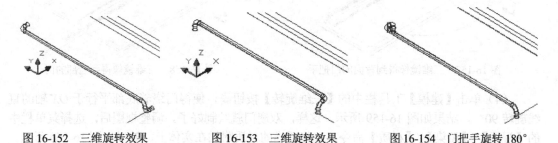

图 16-152　三维旋转效果　　　图 16-153　三维旋转效果　　　图 16-154　门把手旋转 180°

(15) 单击【修改】工具栏中的【移动】按钮,把门把手移动到门框上安置好,这样就得到一个带有门把手的门板。绘制结果如图 16-155 所示。

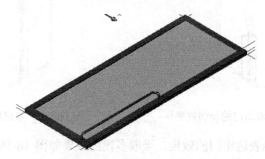

图 16-155　带有门把手的门板

3. 整体调整

(1) 下面考虑使用【镜像】命令来获得门背面的门把手。单击【绘图】面板中的【圆】按钮,绘制一个圆。单击【修改】工具栏中的【移动】按钮,把圆往上移动 25,结果如图 16-156 所示。所得到的这个圆将作为门把手的镜像面。

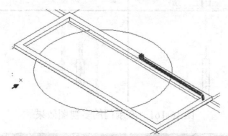

图 16-156　绘制一个圆作为镜像面

(2) 选择菜单栏中的【修改】/【三维操作】/【三维镜像】命令,以门把手作为镜像对象,圆作为镜像面,则三维镜像结果如图 16-157 所示。

(3) 单击【修改】工具栏中的【删除】按钮,删除作为镜像面的圆。然后选择菜单栏中的【修改】/【三维操作】/【三维镜像】命令,得到另外一边的门和门把手,结果如图

16-158 所示。

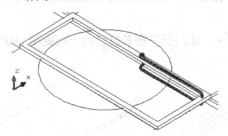
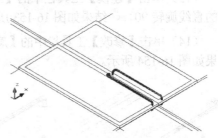

图 16-157　三维镜像得到背面的门把手　　　图 16-158　三维镜像得到全部的门

（4）单击【建模】工具栏中的【三维旋转】按钮，使得门绕着底部平行于 OX 轴的直线旋转 90°，结果如图 16-159 所示。这样，双扇门就绘制好了。调整视图后，选择菜单栏中的【视图】/【渲染】/【材质】命令，选择适当的材质附加在实体上，效果如图 16-160 所示。

图 16-159　双扇门的绘制效果　　　　　图 16-160　双扇门的着色图

（5）为了更清楚地表达出门的效果，采取多视图效果如图 16-161 所示。从中可以清楚地看到门的各个面以及三维情况。

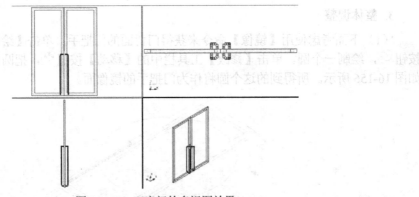

图 16-161　双扇门的多视图效果

> **提示**
>
> 在三维绘图中，为了完成一些复杂造型结构，需要大量用到三维编辑命令，比如上面用到过的【拉伸】、【旋转】、【布尔运算】、【镜像】、【剖切】等，这些命令的作用与二维绘图中对应命令有相似之处，但操作更复杂。在学习过程中，应参照二维编辑命令，触类旁通地灵活应用三维编辑命令。